科学与工程计算技术丛书

刘卫国 / 主编

MATLAB 科学计算实战

微课视频版

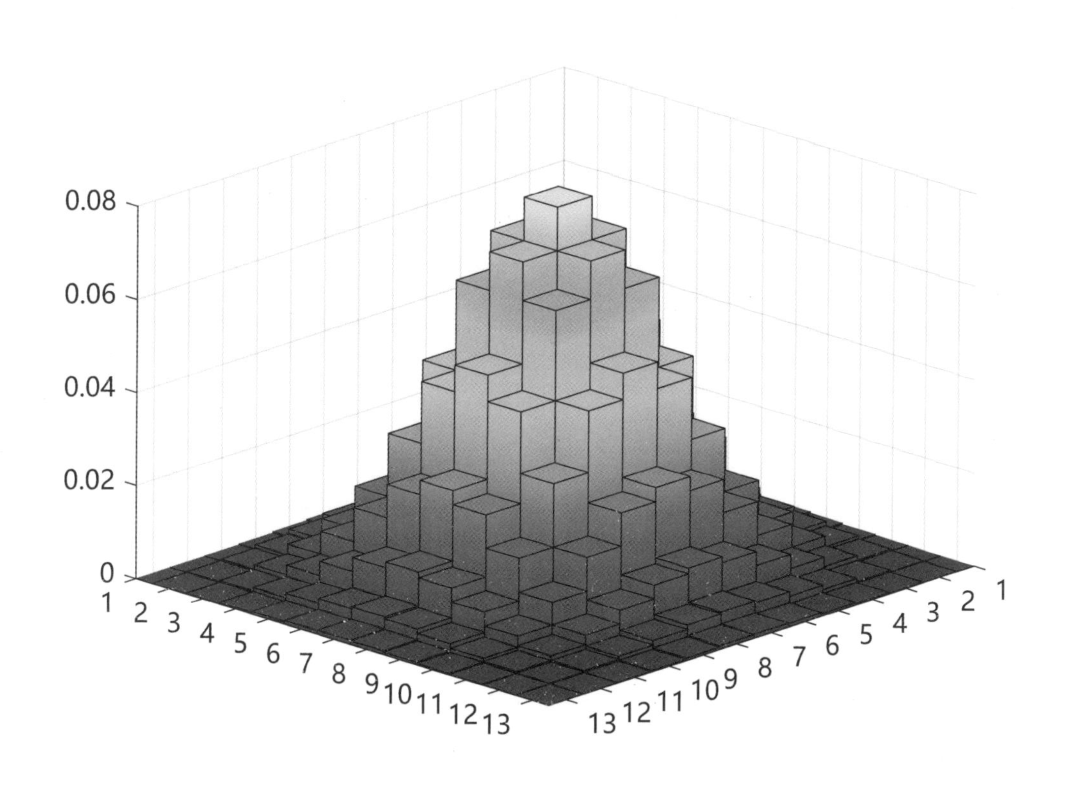

清華大學出版社
北京

内容简介

MATLAB作为一个集数值计算、符号计算、图形处理、程序流程控制、动态系统建模仿真等功能于一体的科学计算软件，目前已被广泛应用于科学研究与工程应用领域。本书介绍MATLAB的基础知识与应用技术，强调采用MATLAB实现的数学方法和算法原理，注重应用案例分析，为读者利用MATLAB进行学科应用打下良好基础。本书内容包括MATLAB概述、数据的表示与基本运算、矩阵处理、程序流程控制、图形绘制、数据分析与多项式计算、方程与最优化问题数值求解、数值微积分、符号计算、图形对象、App设计、Simulink系统仿真、外部应用接口等。

本书既可作为高等学校相关专业MATLAB课程的教学用书，也可供广大在校学生、工程技术与科研人员阅读参考。

图书在版编目(CIP)数据

MATLAB科学计算实战：微课视频版/刘卫国主编. —北京：清华大学出版社，2023.5(2025.2重印)
(科学与工程计算技术丛书)
ISBN 978-7-302-63041-8

Ⅰ. ①M… Ⅱ. ①刘… Ⅲ. ①Matlab软件－高等学校－教材 Ⅳ. ①TP317

中国国家版本馆CIP数据核字(2023)第043971号

责任编辑：刘 星 李 晔
封面设计：吴 刚
责任校对：郝美丽
责任印制：沈 露

出版发行：清华大学出版社
网 址：https://www.tup.com.cn，https://www.wqxuetang.com
地 址：北京清华大学学研大厦A座 **邮 编**：100084
社 总 机：010-83470000 **邮 购**：010-62786544
投稿与读者服务：010-62776969，c-service@tup.tsinghua.edu.cn
质量反馈：010-62772015，zhiliang@tup.tsinghua.edu.cn
课件下载：https://www.tup.com.cn，010-83470236
印 装 者：三河市龙大印装有限公司
经 销：全国新华书店
开 本：188mm×260mm **印 张**：21 **字 数**：514千字
版 次：2023年7月第1版 **印 次**：2025年2月第3次印刷
印 数：2501～4000
定 价：69.00元

产品编号：086114-01

前言

当前，科学计算已经成为科学研究、技术创新的重要方法与手段，而作为实现工具的科学计算软件无疑具有至关重要的作用。在高等学校，MATLAB 已成为数学建模、线性代数、信号处理、自动控制原理等许多课程的解题工具，这将人们从繁杂的计算中解放出来，有利于计算机和其他课程的结合，有利于对学科知识的掌握。“MATLAB 科学计算”已成为高等学校很受重视的一门基础课程。

编者从 1998 年起开始该课程的建设和改革实践，从 2000 年起在中南大学为理工科相关专业开设“MATLAB 科学计算”课程。在长期的课程建设与教学改革实践中，特别是在 2016 年以来的慕课(MOOC)建设和混合式教学实践中，获得了许多新的教学体会，也积累了大量的教学资源，因此编写本书，希望能总结近年课程建设成果，深化课程内容改革，体现 MATLAB 的发展和应用成果。书中内容突出应用实战，充分利用丰富的教学资源，以更好地适应不断深入的混合式教学的实际需要。可以说，本书源于教学改革实践，又将服务于教学改革实践，从而促进一流课程建设。

本书遵循三点改革思路：一是考虑到 MATLAB 版本不断更新、功能不断加强、应用范围不断扩大，教材要有时代感；二是针对国内外计算机教育界大力倡导的计算思维(computational thinking)能力培育，教材要有厚重感；三是考虑新型学习方式的兴起，教材不仅要有文字载体，还要有视频载体，教材要有立体感。

首先，关于 MATLAB 版本的更新。MATLAB 是 MATrix LABoratory(矩阵实验室)的缩写，自 1984 年由美国 MathWorks 公司推出以来，已有近 40 年的发展历程。从 2006 年起，MathWorks 公司每年发布两次以年份命名的 MATLAB 版本，其中 3 月份左右发布 a 版，9 月份左右发布 b 版，包括 MATLAB R2006a(7.2 版)、MATLAB R2006b(7.3 版)……MATLAB R2012a(7.14 版)。2012 年 9 月，MathWorks 公司推出了 MATLAB R2012b，即 MATLAB 8.0 版，从操作界面到系统功能都有重大改变和加强，随后推出了 MATLAB R2013a(8.1 版)……MATLAB R2015b(8.6 版)。2016 年 3 月，MathWorks 公司推出了 MATLAB R2016a，即 MATLAB 9.0 版。2016 年 9 月，MathWorks 公司推出了 MATLAB R2016b(即 MATLAB 9.1)，一直到 2022 年 3 月推出 MATLAB R2022a(9.12 版)，以后还会不断推出新的版本。随着 MATLAB 版本的变化，其应用方法和功能都有变化，本书以 MATLAB R2022a 作为操作环境，反映 MATALAB 的时代变化。(注：本书编写时为最新版本，目前已又推出了 MATLAB R2023a)

其次，关于计算思维能力培养。计算思维不仅反映了计算的原理，更重要的是体现了基于计算机的问题求解思路与方法。本书主要介绍科学计算问题的 MATLAB 实现方法。科学计算是研究工程问题及其他应用问题的求解方法，并在计算机上进行编程实现的一门课程，既有数学类课程中理论上的抽象性和严谨性，又有程序设计课程中技术上的实用性和实验性的特征。MATLAB 使科学计算问题的实现变得十分方便。科学计算方法及其软件工具的应用就

前言

是对实际问题进行分析并进行约简和抽象，从而建立数学模型，然后根据精度和效率的要求选择合适的计算方法，进而设计算法并运用程序设计方法实现。本书不仅介绍 MATLAB 的功能使用，更能体现计算思维的理念；通过应用性案例诠释问题求解的思维方法，培养计算思维能力，反映教材的“厚度”，也就是要体现教材的“高阶性”。

最后，关于新型学习模式。在移动互联网时代，由于智能手机、平板电脑等移动设备的大量应用，带来了知识传播模式和学习方式的深刻变化。教材将重要知识点或实例做成微课视频，读者可利用智能移动设备扫描书中的二维码直接观看，形成立体化的新形态教材。

配套资源

- **程序代码等资源**：扫描目录上方的“配套资源”二维码下载。
- **教学课件、教学大纲等资源**：扫描封底的“书圈”二维码在公众号下载，或者到清华大学出版社官方网站本书页面下载。
- **微课视频（600 分钟，86 集）**：扫描书中相应章节中的二维码在线学习。

注：请先扫描封底刮刮卡中的文泉云盘防盗码进行绑定后再获取配套资源。

基于以上改革思路，本书体现了以下特色：

第一，强调数学方法、算法原理和 MATLAB 实现技术并重，从而帮助读者更好地理解和应用 MATLAB。以算法原理为基础，讲授利用 MATLAB 进行科学计算的方法。通过学习，读者能够掌握 MATLAB 的基本功能，理解其应用规律，从而为科学研究和技术创新提供重要的方法与手段。

第二，注重理论与实践相结合，突出 MATLAB 在有关学科领域的应用，贴近读者需要。MATLAB 具备和学科应用结合的天然优势，所以 MATLAB 课程是助力“新工科”建设的重要课程（但 MATLAB 的应用范围绝不限于“工科”）。以课程开发的教学案例为基础，与学科结合、与应用结合，鼓励读者应用 MATLAB 去解决实际问题。书中大量的应用案例既是对 MATLAB 重点和难点的诠释，又具有很强的示范性。突出学科应用使得该教材能很好地反映“新工科”的教育理念，助力“新工科”人才培养。

第三，教学资源丰富，教学适用性强。纸质教材、微视频、慕课资源采用一体化设计，不重复，相互补充，共同支撑课程教学。微视频帮助读者化解难点、掌握重点、领悟方法；PPT 和程序代码让读者的学习更高效。丰富的教学资源，为线上/线下混合式教学、构建开放式教学课堂提供基础保证。

在本书编写过程中，吸取了许多老师的宝贵意见和建议，在此表示衷心的感谢。

由于编者水平有限，书中难免存在疏漏之处，恳请广大读者批评指正。

刘卫国

2023 年 5 月于中南大学

微课视频清单

序号	视 频 名 称	视 频 内 容	书 中 位 置
1	M0101	搜索路径	P6　1.2.3 节节首
2	M0102	绘制函数曲线	P11 【例 1-1】
3	M0103	求多项式方程的根	P12 【例 1-2】
4	M0104	求定积分	P12 【例 1-3】
5	M0105	求解线性方程组	P12 【例 1-4】
6	M0201	预定义变量 i 和 j 的含义	P22　2.2.1 节节尾
7	M0202	创建矩阵	P24　2.3.1 节节首
8	M0203	引用矩阵元素	P26　2.3.2 节节首
9	M0204	点运算	P31　2.4.1 节“2. 点运算”
10	M0205	函数操作	P33
11	M0206	字符串处理	P39 【例 2-2】
12	M0207	垂直上抛的小球	P43 【例 2-3】
13	M0301	建立零矩阵	P48 【例 3-1】
14	M0302	建立随机矩阵	P49 【例 3-2】
15	M0303	建立魔方矩阵	P50 【例 3-3】
16	M0304	建立希尔伯特矩阵	P50 【例 3-4】
17	M0305	求逆矩阵	P55 【例 3-8】
18	M0306	验证特征值和特征向量	P61　3.4 节
19	M0307	矩阵稀疏存储	P63 【例 3-9】
20	M0308	三对角线性代数方程组求解	P67 【例 3-11】
21	M0401	求一元二次方程的根	P75 【例 4-2】
22	M0402	字符判断	P77 【例 4-4】
23	M0403	if 语句和 switch 语句比较	P78 【例 4-5】
24	M0404	求水仙花数	P80 【例 4-7】
25	M0405	for 语句的一般形式	P82 【例 4-9】
26	M0406	while 语句的应用	P82 【例 4-10】
27	M0407	求解不定方程	P84 【例 4-12】
28	M0408	函数的定义与调用	P86 【例 4-14】
29	M0409	函数的递归调用	P86 【例 4-15】
30	M0410	函数参数的可调性	P87 【例 4-16】
31	M0411	匿名函数举例	P89　4.4.2 节节首
32	M0412	求定积分	P93 【例 4-19】
33	M0413	求斐波那契数列	P94 【例 4-20】
34	M0414	求矩阵指数	P95 【例 4-21】
35	M0501	绘制函数曲线	P101 【例 5-1】
36	M0502	图像标注	P108 【例 5-4】
37	M0503	图形保持	P112 【例 5-7】
38	M0504	对数坐标图	P113 【例 5-9】
39	M0505	三维曲线	P121 【例 5-15】
40	M0506	网格坐标矩阵	P123　5.3.2 节
41	M0507	不同形式的三维曲面图	P126 【例 5-18】

续表

序号	视频名称	视频内容	书中位置
42	M0508	不同视点的曲面	P131 【例 5-22】
43	M0601	矩阵的最大值和最小值	P147 【例 6-2】
44	M0602	多项式求值	P156 【例 6-17】
45	M0603	多项式方程求根	P157 【例 6-19】
46	M0604	对比两种插值方法	P159 【例 6-21】
47	M0605	二次多项式拟合	P163 【例 6-25】
48	M0606	粮食储仓的通风控制问题	P165 【例 6-27】
49	M0701	直接解法求解线性方程组	P172 【例 7-1】
50	M0702	雅可比迭代法	P177 【例 7-5】
51	M0703	高斯-赛德尔迭代法	P178 【例 7-6】
52	M0704	求一元函数的根	P180 【例 7-8】
53	M0705	求解非线性方程组	P181 【例 7-9】
54	M0706	微分方程数值求解	P183 【例 7-10】
55	M0707	求解范德波尔方程	P184 【例 7-11】
56	M0708	求最小值	P187 【例 7-13】
57	M0709	有约束最优化问题	P188 【例 7-15】
58	M0710	平面桁架结构受力分析	P190 【例 7-17】
59	M0711	常微分方程数值求解	P191 【例 7-18】
60	M0712	仓库选址问题	P192 【例 7-19】
61	M0801	求数值导数	P197 【例 8-1】
62	M0802	差分运算	P197 【例 8-2】
63	M0803	求定积分	P201 【例 8-3】
64	M0804	梯形积分法	P201 8.2.2 节“3. 梯形积分法”
65	M0901	符号对象及运算	P209 9.1.1 节节首
66	M0902	求符号极限	P219 【例 9-1】
67	M0903	求符号导数	P220 【例 9-2】
68	M0904	求符号积分	P221 【例 9-3】
69	M0905	求级数和	P222 【例 9-4】
70	M0906	泰勒级数展开	P222 【例 9-5】
71	M0907	符号代数方程求解	P223 【例 9-6】
72	M0908	常微分方程求解对比	P225 9.4.2 节节尾
73	M1001	图形对象句柄	P232 【例 10-1】
74	M1002	属性操作	P235 【例 10-2】
75	M1003	图形窗口	P237 【例 10-3】
76	M1004	图形窗口的任意分割	P238 【例 10-4】
77	M1005	曲线对象	P240 【例 10-5】
78	M1006	曲线对象与文本标注	P244 【例 10-10】
79	M1101	菜单设计	P258 【例 11-1】
80	M1102	App 设计	P267 【例 11-6】
81	M1201	Simulink 仿真基本步骤	P276 【例 12-1】
82	M1202	Simulink 仿真求定积分	P285 【例 12-2】
83	M1203	微分方程仿真	P293 【例 12-8】
84	M1301	文件操作基本步骤	P304 【例 13-1】
85	M1302	文件读写	P305 【例 13-2】
86	M1303	二进制文件	P306 【例 13-5】

目录

目录

目录

目录

目录

目录

第1章 MATLAB概述

MATLAB是MATrix LABoratory(矩阵实验室)的缩写,它起源于矩阵运算,并已经发展成一种高度集成的程序设计语言。它将数值计算、符号计算、图形处理、程序流程控制和动态系统建模仿真等功能有机地融合在一起,并具有与其他程序设计语言的接口以及许多面向学科应用的工具箱,在科学研究和工程技术领域有着十分广泛的应用。本章介绍MATLAB的发展、主要功能、系统环境、基本操作以及MATLAB的帮助系统,以便对MATLAB有一个初步认识。

1.1 MATLAB简介

MATLAB自1984年由美国MathWorks公司推出以来,经过不断完善和发展,现已成为国际优秀的工程应用开发环境,具有计算功能强、编程效率高、使用简便、易于扩充等特点,深受广大科技工作者的欢迎。

1.1.1 MATLAB的发展

MATLAB的产生可以追溯到20世纪70年代后期,时任美国新墨西哥大学计算机科学系主任的Cleve Moler教授在给学生讲授线性代数和数值分析课程时,希望学生能够方便地使用当时流行的线性方程软件包LINPACK和矩阵特征系统软件包EISPACK,而不必编写FORTRAN程序,于是,Cleve Moler教授为学生编写了方便使用LINPACK和EISPACK的接口程序并命名为MATLAB,这便是MATLAB的雏形。

初版MATLAB是用FORTRAN语言编写的,它只是一个交互式矩阵计算器,共有71个保留字和函数。早期的MATLAB尽管功能十分简单,但作为免费软件,还是吸引了大批用户。经过几年的校际流传,在Jack Little的推动下,由Jack Little、Cleve Moler和Steve Bangert合作,于1984年成立了MathWorks公司,并正式推出了MATLAB第1版(DOS版)。从这时起,MATLAB的核心采用C语言编写,功能越来越强,除原有的数值计算功能外,还新增了图形处理功能。

以后,MATLAB的版本不断更新。MathWorks公司于1992年推出了具有划时代意义的4.0版,并于1993年推出了其微机版,该版本可以配合Windows操作系统一起使用,随之推出符号计算工具包和用于动态系统建模及仿真分析的集成环境Simulink,并加强了大规模数据处理能力,使其应用范围越来越广。1997年春,MATLAB 5.0版问世,该版本支持了更多的数据结构,如结构数据、单元数据、多维数组、对象与类等,使其成为一种更方便、更完善的科学计算软件。2000年10月,MATLAB 6.0版问世,在操作界面上有了很大改观,在计算性能方面速度更快、功能更强,与之配套的Simulink 4.0版的新功能也特别引人注目。2004年7月,MathWorks公司推出了MATLAB 7.0版,其中集成了MATLAB 7编译器、Simulink 6.0仿真软件以及很多工具箱。

2005年9月,又推出了MATLAB 7.1版。从2006年起,MathWorks公司每年发布两个以年份命名的MATLAB版本,其中3月左右发布a版,9月左右发布b版,包括MATLAB R2006a(7.2版)、MATLAB R2006b(7.3版)……MATLAB R2012a(7.14版)。

2012年9月,MathWorks公司推出了MATLAB R2012b(8.0版),该版本从操作界面到系统功能都有重大改变和加强,随后推出了MATLAB R2013a(8.1版)、MATLAB R2013b(8.2版)……MATLAB R2015b(8.6版)。

2016年3月,MathWorks公司推出了MATLAB R2016a,即MATLAB 9.0版,该版本新

增3D制图和一些有助于加快模型开发和仿真速度的函数，并且提供了更多大数据处理和分析的工具，而且更加规范和实用。同时，新增的App设计工具集成了创建交互式应用程序的两个主要功能——发布可视化组件和设定应用程序的行为，开发者可以用于快速构建MATLAB应用程序。2016年9月，MathWorks公司推出了MATLAB R2016b(即MATLAB 9.1)，该版本提供一个实时编辑器，用于生成实时脚本(live script)，大大优化了代码可读性。一直到2022年3月推出MATLAB R2022a(9.12版)(注：本书编写时为最新版本，目前已又推出了MATLAB R2023a)，以后还会不断推出新的版本。随着MATLAB版本的变化，其应用方法和功能都有变化，本书以MATLAB R2022a作为操作环境。

1.1.2 MATLAB的主要功能

MATLAB是一种应用于科学计算领域的高级语言，它的主要功能包括数值计算、符号计算、绘图、编程语言以及应用工具箱。

1. 数值计算

MATLAB以矩阵作为数据操作的基本单位，这使得矩阵运算变得非常简洁、方便、高效。MATLAB还提供了十分丰富的数值计算函数，而且所采用的数值计算算法都是国际公认的、最先进的、可靠的算法，其程序由世界一流专家编制，并经高度优化。

2. 符号计算

在实际应用中，除了数值计算以外，往往还需要对问题进行解析求解，这就是符号计算。MATLAB先后和著名的符号计算语言Maple与MuPAD(从MATLAB 2008b开始使用MuPAD)相结合，使得MATLAB具有很强的符号计算功能。

3. 绘图

利用MATLAB既可以绘制各种图形，又可以对图形进行修饰和控制，以增强图形的表现效果。MATLAB提供了两种方式的绘图操作：一种是使用绘图命令，用户不需过多地考虑绘图细节，只需给出一些基本参数就能绘制所需图形；另一种是利用MATLAB图形句柄操作，先创建图形对象，然后通过设置该图形对象属性调整图形。

4. 编程语言

MATLAB具有数据类型、输入/输出、程序流程控制、函数调用等程序设计语言特征，所以使用MATLAB也可以像使用FORTRAN、C、C++等传统程序设计语言一样进行程序设计，而且结合MATLAB的数值计算、符号计算、绘图等功能，使得MATLAB程序设计更加方便、编程效率更高。因此，对于从事科学计算、数值分析、系统仿真等领域工作的人来说，用MATLAB进行程序设计的确是一个理想的选择。

尽管MATLAB具备程序设计语言的基本特征，能实现程序流程控制，但MATLAB语言又有别于传统意义上的程序设计语言，它出现的初衷是为了做矩阵运算，因此我们更愿意将MATLAB当作一种科学计算软件或科学计算语言。MATLAB具备和学科应用结合的天然优势，因此在各学科中得到了广泛应用。

5. 应用工具箱

MATLAB的核心内容主要包含两部分：科学计算语言MATLAB以及基于模型的仿真工具Simulink。科学计算语言MATLAB是MathWorks所有产品的基础，包括用于科学计算、数值分析、绘图的函数；Simulink提供一个动态系统建模、仿真和综合分析的集成环境。除了核心内容之外，MATLAB系统还有应用工具箱，它扩展了MATLAB的功能和应用范围,专业性比较强,如控制系统工具箱(control system toolbox)、信号处理工具箱(signal processing toolbox)、图像处理工具箱(image processing toolbox)、神经网络工具箱(neural network toolbox)、最优化工具箱(optimization toolbox)、金融工具箱(financial toolbox)、统计学工具箱(statistics toolbox)等,用户可以直接利用这些工具箱进行相关领域的科学研究。

MATLAB采用开放式的组织结构,除内部函数外,所有MATLAB基本函数和各工具箱都是可读可改的源文件,用户可通过对源文件的修改或加入自己编写的文件来构成新的工具箱。

1.2 MATLAB系统环境

在使用MATLAB之前,首先要安装MATLAB系统。安装时执行安装盘上的setup.exe文件,然后按照系统提示进行操作。安装成功后,就可以使用MATLAB了。

1.2.1 启动和退出MATLAB

1. 启动MATLAB

在Windows平台上启动MATLAB有多种方法。

(1) 在Windows系统桌面,单击任务栏的“开始”按钮,再选择MATLAB选项。

(2) 打开Windows资源管理器,双击MATLAB安装文件夹下的matlab.exe文件。如果在Windows桌面已建立MATLAB快捷方式,则双击快捷方式图标。

(3) 在Windows命令提示符下,输入如下命令:

```
C:\> matlab
```

(4) 如果需要从MATLAB内部启动另一个MATLAB会话,则在MATLAB命令行窗口输入如下命令:

```
>> !matlab
```

2. 退出MATLAB

退出MATLAB有以下方法。

(1) 单击MATLAB桌面中的“关闭”按钮。

(2) 单击MATLAB桌面标题栏左上角的图标,然后从弹出的菜单中选择“关闭”命令。

(3) 在MATLAB命令行窗口输入quit或exit命令,或按组合键Alt+F4。

在退出MATLAB系统时,系统会提示用户保存所有未保存的文件。

1.2.2 MATLAB的操作界面

MATLAB采用图形用户界面,集命令的输入、修改、执行、调试于一体,操作非常直观和方便。在MATLAB中,用户进行操作的基本界面就是MATLAB桌面。

1. MATLAB桌面

MATLAB桌面是MATLAB的主要操作界面,如图1-1所示,包括功能区、快速访问工具栏、当前文件夹工具栏等工具和当前文件夹窗口、命令行窗口、工作区窗口,利用这些工具和窗口可以运行命令、管理文件和查看结果。

窗口可以内嵌在MATLAB桌面中,也可以以子窗口的形式浮动在MATLAB桌面上。单击嵌入在MATLAB桌面中的某个窗口右上角的“显示操作”按钮,再从展开的菜单中选择“取消停靠”命令,即可使该窗口成为浮动子窗口。或选中窗口后,按Ctrl+Shift+U

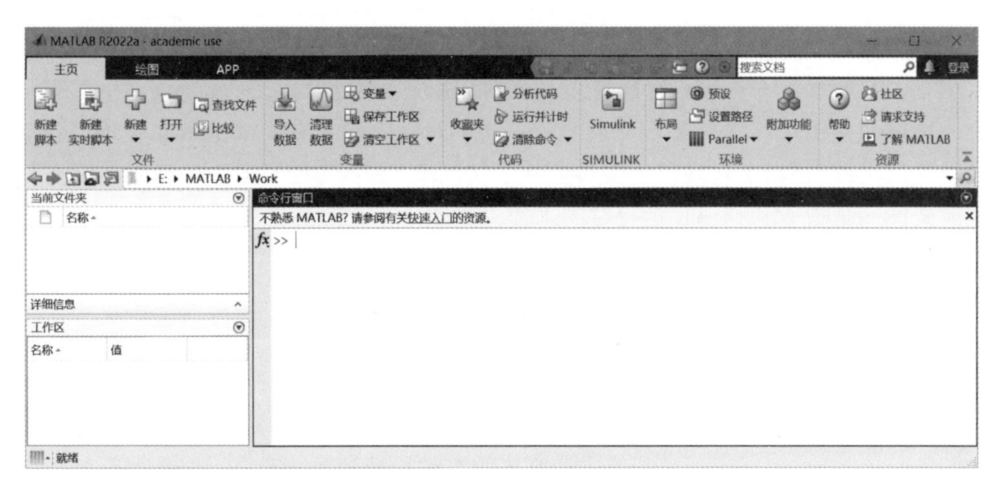

图 1-1　MATLAB 2022a 的桌面

键，也可使该窗口成为浮动子窗口。如果单击浮动子窗口右上角的“显示操作”按钮，再从展开的菜单中选择“停靠”命令或按 Ctrl＋Shift＋D 键，则可使浮动子窗口嵌入到 MATLAB 桌面中。

MATLAB 桌面的功能区提供了“主页”“绘图”和 APP 三个命令选项卡，每个选项卡有对应的工具条，通常按功能分成若干命令组，每个命令组包含若干命令按钮，通过命令按钮来实现相应的操作。“主页”选项卡提供操作文件、访问变量、运行与分析代码、Simulink 操作、设置环境参数、获取帮助等命令，“绘图”选项卡提供了用于绘制图形的命令，APP 选项卡提供多类应用工具。在选项卡右边的是快速访问工具栏，其中包含了一些常用的操作按钮，如文件存盘、文本剪切、复制、粘贴等。功能区下方是当前文件夹工具栏，用于实现当前文件夹的操作。

2. 命令行窗口

命令行窗口用于输入命令并显示除图形以外的所有执行结果。它是 MATLAB 的主要交互工具，用户的很多操作都是在命令行窗口中完成的。

MATLAB 命令行窗口中的“>>”为命令提示符，表示 MATLAB 正处于准备状态。在命令提示符后输入命令并按 Enter 键后，MATLAB 就会解释执行所输入的命令，并在命令下方显示执行结果。

在命令提示符“>>”的前面有一个“函数浏览”按钮 fx，单击该按钮可以快速查找 MATLAB 的函数。

3. 工作区窗口

工作区也称为工作空间，是 MATLAB 用于存储各种变量和结果的内存空间。在工作区窗口中可对变量进行观察、编辑、保存和删除，浮动的工作区窗口如图 1-2 所示。在该窗口中以表格形式显示工作区中所有变量的名称以及其他相关信息。通过表格标题行的右键菜单命令可以选择是否显示变量的相关信息，如变量的值、大小、所占字节数等。从各个变量的右键菜单中可以选择变量复制、删除、重命名等命令来实现相关操作。

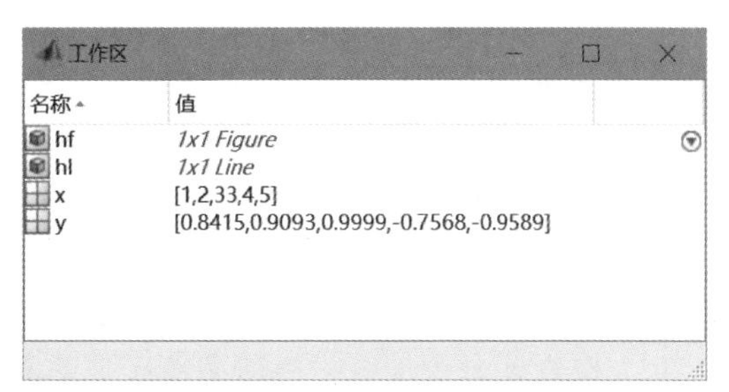

图 1-2　工作区窗口

4. 当前文件夹窗口

MATLAB系统本身包含了数目繁多的文件,再加上用户自己开发的文件,更是数不胜数。如何管理和使用这些文件是十分重要的。为了对文件进行有效的组织和管理,MATLAB有自己严谨的文件结构,不同功能的文件放在不同的文件夹下,而且通过路径来搜索文件。

当前文件夹是指MATLAB运行时的工作文件夹,只有在当前文件夹或搜索路径下的文件、函数才可以被运行或调用。如果没有特殊指明,数据文件也将存放在当前文件夹下。为了便于管理文件和数据,用户可以将自己的工作文件夹设置为当前文件夹,从而使得用户的操作都在当前文件夹中进行。

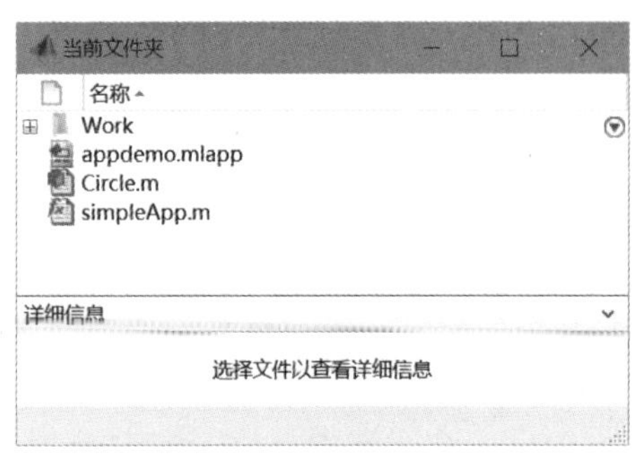

图1-3　当前文件夹窗口

当前文件夹窗口用于显示当前文件夹下的文件及相关信息,如图1-3所示。如果在当前文件夹窗口的右键快捷菜单中选中了“指示不在路径中的文件”命令,则子文件夹以及子文件夹下的文件均显示为灰色,而在当前文件夹下的文件显示为黑色。

可以通过当前文件夹工具栏中的地址框设置某文件夹为当前文件夹,也可使用cd命令。例如,将文件夹E:\MATLAB\Work设置为当前文件夹,可在命令行窗口输入命令:

```
>> cd E:\MATLAB\Work
```

如果要设置打开MATLAB时的初始工作文件夹,可以单击“主页”工具条的“预设”按钮,打开“预设项”对话框,单击左边栏中的“常规”项,然后在右边的“初始工作文件夹”的编辑框内输入指定的文件夹,单击“确定”按钮后保存设置。下次启动MATLAB,当前文件夹就是预设的这个文件夹。

5. 命令历史记录窗口

命令历史记录窗口中会自动保留自安装起所有用过的命令的历史记录,并且还标明了使用时间,从而方便用户查询。若在布局时设置命令历史记录窗口为“弹出”,则当在命令行窗口使用键盘方向键中的↑键,就会在命令行窗口光标处弹出该窗口;若设置为“停靠”,则窗口默认出现在MATLAB桌面的右下部。在命令历史记录窗口中双击某命令可进行命令的再运行。如果要清除这些历史记录,可以从窗口下拉菜单中选择“清除命令历史记录”命令。

视频讲解

1.2.3　MATLAB的搜索路径

如前所述,MATLAB的文件是通过不同的路径进行组织和管理的。当用户在命令行窗口输入一条命令后,MATLAB将按照一定顺序寻找相关的文件。

1. 默认搜索过程

在默认状态下,MATLAB按下列顺序搜索所输入的命令。

(1) 检查该命令是不是一个变量。

(2) 检查该命令是不是一个内部函数。

(3) 检查该命令是否为当前文件夹下的M文件。

(4) 检查该命令是否为MATLAB搜索路径中其他文件夹下的M文件。

假定建立了一个变量 grade，同时在当前文件夹下建立了一个 M 文件 grade. m，如果在命令行窗口输入 grade，按照上面介绍的搜索过程，应该在屏幕上显示变量 grade 的值。如果从工作区删除了变量 grade，则执行 grade. m 文件。

若操作时不指定文件路径，则 MATLAB 将在当前文件夹或搜索路径上查找文件。当前文件夹中的函数优先于搜索路径中任何位置存在的相同文件名的函数。

2. 设置搜索路径

用户可以将自己的工作文件夹列入 MATLAB 搜索路径，从而将用户文件夹纳入 MATLAB 文件系统的统一管理。

(1) 用 path 命令设置搜索路径。使用 path 命令可以把用户文件夹临时纳入搜索路径。例如，将用户文件夹 E:\MATLAB\Work 加到搜索路径下，可在命令行窗口输入命令：

```
>> path(path, 'E:\MATLAB\Work')
```

(2) 用对话框设置搜索路径。在 MATLAB 的“主页”选项卡的“环境”命令组中单击“设置路径”命令按钮或在命令行窗口执行 pathtool 命令，将出现“设置路径”对话框，如图 1-4 所示。

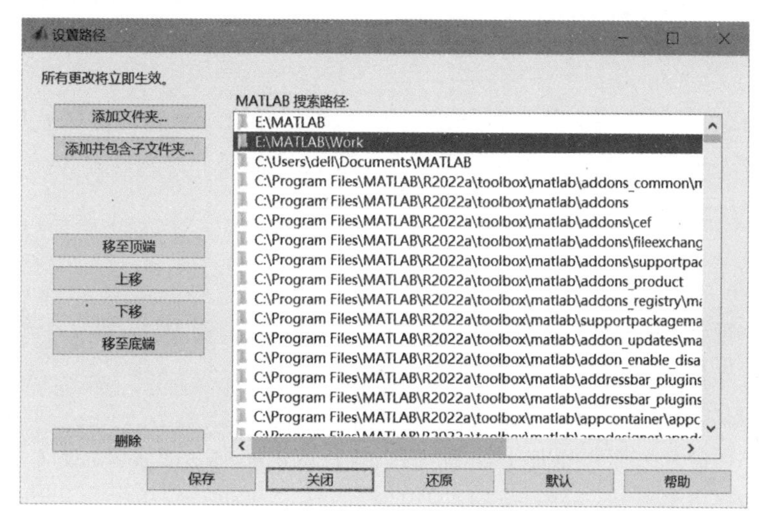

图 1-4 “设置路径”对话框

在搜索路径中的文件夹顺序十分重要。当在搜索路径上的多个文件夹中出现同名文件时，MATLAB 将使用搜索路径中最靠前的文件夹中的文件。通过“添加文件夹”或“添加并包含子文件夹”按钮将指定文件夹添加到搜索路径列表中。对于已经添加到搜索路径列表中的文件夹可以通过“上移”“下移”等按钮修改该文件夹在搜索路径中的顺序。对于那些不需要出现在搜索路径中的文件夹，可以通过“删除”按钮将其从搜索路径列表中删除。

在修改完搜索路径后，单击“保存”按钮，系统将所有搜索路径的信息保存在 MATLAB 的安装文件夹下的 toolbox\local 下的文件 pathdef. m 中，通过修改该文件也可以修改搜索路径。

1.3 MATLAB 的基本操作

在 MATLAB 命令行窗口中输入并执行命令，是 MATLAB 最基本的操作。通过执行命令，可以进行各种计算操作，也可以使用命令打开 MATLAB 的工具，还可以查看函数、命令的帮助信息。

1.3.1 命令格式与基本规则

1. 命令格式

一般来说,一个命令行输入一条命令,按 Enter 键结束。一个命令行也可以输入多条命令,各命令之间以逗号分隔。例如:

```
>> a = 12,b = 23,c = (a + b)/2
a =
    12
b =
    23
c =
   17.5000
```

若命令执行后,不需要显示某个变量的值,则在对应命令后加上分号,例如:

```
>> a = 12;b = 23;c = (a + b)/2
c =
   17.5000
```

前两个命令后面带有分号,a 和 b 的值不显示。

2. 续行符

如果一个命令行很长,一个物理行之内写不下,可以在第 1 个物理行之后加上续行符“...”(3 个小数点),然后接着在下一个物理行继续写命令的其他部分。例如:

```
>> 1 + 1/2 + 1/3 + 1/4 + ...
1/5
ans =
    2.2833
```

上面是一个命令行,但占用两个物理行:第 1 个物理行以续行符结束,第 2 个物理行是上一行的继续。该命令等价于 1+1/2+1/3+1/4+1/5。

3. 注释

在 MATLAB 命令后面可以加上注释,用于解释或说明命令的含义,对命令处理结果不产生任何影响。注释以%开头,后面是注释的内容。

4. 快捷键

在 MATLAB 中,有很多的控制键和方向键可用于命令行的编辑。如果能熟练使用这些键将大大提高操作效率。表 1-1 列出了 MATLAB 命令行编辑的常用控制键及其功能。

表 1-1 命令行编辑的常用控制键及其功能

键 名	功 能	键 名	功 能
↑	前寻式回调已输入过的命令	Home	将光标移到当前行首端
↓	后寻式回调已输入过的命令	End	将光标移到当前行末尾
←	在当前行中左移光标	Del	删除光标右边的字符
→	在当前行中右移光标	Backspace	删除光标左边的字符
PgUp	前寻式翻滚一页	Esc	删除当前行全部内容
PgDn	后寻式翻滚一页		

例如,MATLAB 的 power 函数用于求数的幂,如果前面调用 power 函数求 1.234^5,执行了命令:

```
>> a = power(1.234,5)
```

```
a =
    2.8614
```

那么在后续的操作中需要再次调用 power 函数求$\frac{1}{5.6^3}$时,用户不需要重新输入整行命令,而只需按“↑”键调出前面输入过的命令行,再在相应的位置修改函数的参数并按下 Enter 键即可:

```
>> a = power(5.6, - 3)
a =
    0.0057
```

按 Enter 键时,光标可以在该命令行的任何位置,不需将光标移到该命令行的末尾。反复使用“↑”键,可以回调以前输入的所有命令行。

还可以只输入少量的几个字母,再按“↑”键就可以调出最后一条以这些字母开头的命令。例如,输入 plo 后再按“↑”键,则会调出最后一次使用的以 plo 开头的命令。

如果只需执行前面某条命令中的一部分,那么可按“↑”键调出前面输入的命令行后,选择其中需要执行的部分,按 Enter 键执行选中的部分。

1.3.2 MATLAB 的帮助系统

MATLAB 提供了数目繁多的函数和命令,要全部把它们记下来是不容易的。可行的办法是先掌握一些基本内容,然后在实践中不断地总结和积累,逐步掌握其他内容。通过 MATLAB 集成开发环境提供的帮助系统来学习 MATLAB 的使用是重要的学习方法。

MATLAB 提供了多种获取 MathWorks 产品帮助的方式。用户可以在命令行窗口中访问简短的函数帮助说明,也可以在文档中搜索深入、全面的帮助主题和示例。

1. 帮助浏览器

使用 MATLAB 的帮助浏览器可以检索和查看帮助文档,还能运行有关演示程序。打开 MATLAB 帮助浏览器有多种方法,常用方法如下。

(1) 单击 MATLAB 桌面“主页”选项卡“资源”命令组中的“帮助”按钮或按 F1 键,或单击“帮助”下拉按钮并选择“文档”命令。

(2) 单击 MATLAB 桌面快速访问工具栏中的“帮助”按钮。

(3) 在 MATLAB 命令行窗口中输入 doc 命令。如果需要在帮助文档中检索某个函数的用法,则在 doc 后加入该函数名,例如,要检索 power 函数,可输入命令:

```
>> doc power
```

(4) 在 MATLAB 桌面快速访问工具栏右侧的“搜索文档”框内输入搜索词。

MATLAB 的帮助浏览器默认打开 mathworks. com 网站的在线帮助文档。若要打开本机帮助文档,需要进行设置。单击 MATLAB 桌面“主页”工具栏的“预设”按钮,打开“预设项”对话框,单击左边栏中的“帮助”项,然后在右边的“文档位置”选项框选中“安装在本地”单选按钮,如图 1-5 所示。

在 MATLAB 帮助中心的起始页面中,可以选择 MATLAB 主程序、Simulink 或各种工具箱,然后进入相应的帮助信息页面,如图 1-6 所示。

该页面包括左边的帮助向导栏和右边的帮助信息显示页面两部分。在左边的帮助向导栏选择帮助项目名称,将在右边的帮助显示页面中显示对应的帮助信息。

也可以用其他浏览器查看 MATLAB 提供的在线帮助文档。

图 1-5 “预设项”对话框

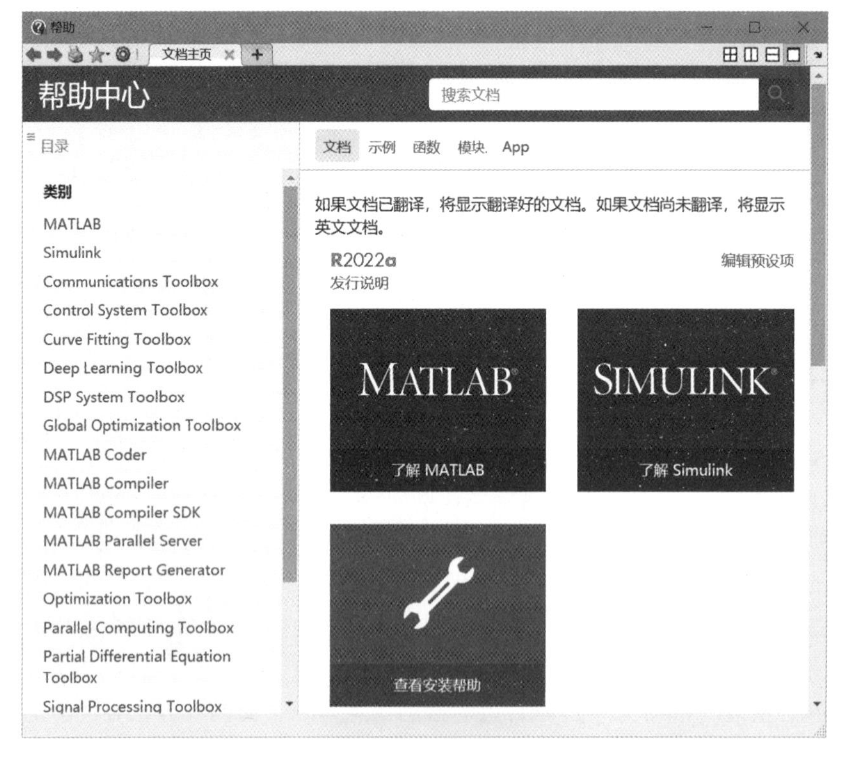

图 1-6 MATLAB 帮助中心的起始页面

2. 获取帮助信息的其他方法

要了解 MATLAB,最简洁快速的方式是在命令行窗口通过 help 命令对特定的内容进行快速查询。

(1) help 命令。

help 命令是查询函数语法的最基本方法,查询信息直接显示在命令行窗口。可以通过 help 加函数名来显示该函数的帮助说明。例如,为了显示 integral 函数的使用方法与功能,可使用如下命令:

```
>> help integral
```

MATLAB 按照函数的不同用途分别存放在不同的子文件夹下,用 help 命令可显示某一类函数。例如,所有的矩阵线性代数函数文件均存放在 MATLAB 安装文件夹的 toolbox\matlab\matfun 子文件夹下,用如下命令可显示所有矩阵线性代数函数:

```
>> help matfun
```

(2) lookfor 命令。

help 命令只搜索出那些关键字完全匹配的结果。lookfor 命令按关键字对搜索路径中的所有 M 文件的帮助文本的第一个注释行进行扫描,然后在命令行窗口显示所有含有该关键字的第一个注释行。例如,下列命令将列出所有第一个注释行包含 Fourier 关键字的函数:

```
>> lookfor fourier
```

若在 lookfor 命令中加上-all 选项,则可对 M 文件进行全文搜索。例如:

```
>> lookfor - all fourier
```

请注意搜索结果的差别。

(3) 函数浏览器和函数提示。

在命令行窗口的命令提示符前有一个"浏览函数"按钮 *fx*,单击此按钮或按 Shift+F1 组合键,将弹出函数浏览器,在其中显示函数的用法和功能。

在命令行窗口输入命令时,可以获得函数用法的帮助提示。在输入函数时,键入左括号之后暂停或按 Ctrl+F1 组合键,在光标处会弹出一个窗口,显示该函数的用法。

1.4 应用实战 1

【例 1-1】 标准正态分布函数是一条钟形曲线,其表达式为:

$$f(x)=\frac{1}{\sqrt{2\pi}}e^{-x^2/2}$$

绘制从 $x=-5$ 到 $x=5$ 的图形。

在 MATLAB 命令行窗口输入如下命令:

```
>> x = - 5:0.01:5;
>> y = 1/sqrt(2 * pi) * exp( - x.^2/2);
>> plot(x,y);
```

其中,第 1 条命令建立 x 向量,这里假定 x 的值从 −5 变化到 5,每次增加 0.01;第 2 条命令求函数值 y,x 和 y 均为向量,其元素个数相同;第 3 条命令绘制曲线。命令执行后,将打开一个图形窗口,并在其中显示函数的曲线,结果如图 1-7 所示。

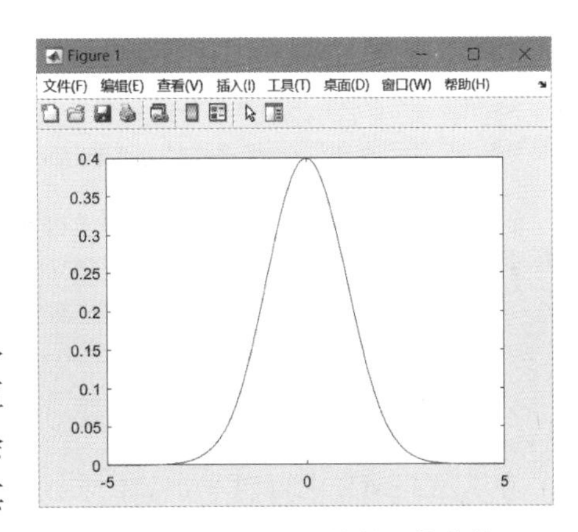

图 1-7 MATLAB 绘制函数曲线

注意,命令中的乘方运算符"^"前面加了一个小数点(必须加),在 MATLAB 中称为点运算,其含义是 x 向量的各个元素进行平方运算,当然也可以用点乘运算,即 x 向量的各个元素对应相乘。

也可以使用 line 函数绘制函数曲线,命令如下:

```
>> x = -5:0.01:5;
>> y = 1/sqrt(2 * pi) * exp( - x.^2/2);
>> line(x,y);
```

视频讲解

【例 1-2】 求方程 $x^3-x-1=0$ 的全部根。

这是一个多项式方程,在 MATLAB 中用 roots 函数来求解。命令如下:

```
>> p = [1, 0, -1, -1];           % 建立多项式系数向量
>> x = roots(p)                  % 求根
x =
    1.3247 + 0.0000i
   -0.6624 + 0.5623i
   -0.6624 - 0.5623i
```

也可以用 solve 函数求符号解,再用 double 函数转换为数值解。在 MATLAB 命令行窗口中输入命令:

```
>> syms x
>> x = solve(x^3 - x - 1);
>> double(x)
ans =
   -0.6624 - 0.5623i
   -0.6624 + 0.5623i
    1.3247 + 0.0000i
```

视频讲解

【例 1-3】 求定积分 $\int_2^5 \frac{\ln x}{x^2}dx$。

利用 MATLAB 求定积分的方法很多,通常是调用数值积分函数。命令如下:

```
>> fun = @(x) log(x)./x.^2;      % 定义被积函数
>> q = integral(fun, 2, 5)       % 调用数值积分函数
q =
    0.3247
```

也可以通过 int 函数来求符号积分,命令如下:

```
>> syms x
>> q1 = int(log(x)./x.^2, 2, 5)
q1 =
3/10 - log((2^(1/2) * 5^(1/5))/2)
>> q1 = eval(q1)
q1 =
    0.3247
```

视频讲解

此外,还可以通过 Simulink 仿真来求定积分。

【例 1-4】 求解线性方程组。

$$\begin{cases} x-15y+8z=6 \\ 17x+4y-z=13 \\ 7x+3y+21z=21 \end{cases}$$

在 MATLAB 中可用 x=A\b 求线性方程组 Ax=b 的解,命令如下:

```
>> A = [1, -15,8;17,4, -1;7,3,21];     % 建立系数矩阵 A
>> b = [6;13;21];                      % 建立常数列向量 b
```

```
>> x = A\b                                      % 方程求解
x =
    0.7978
    0.0415
    0.7281
```

也可以用 inv 函数求系数矩阵 A 的逆矩阵，然后求解。

```
>> A = [1, - 15,8;17,4, - 1;7,3,21];
>> b = [6;13;21];
>> x = inv(A) * b
x =
    0.7978
    0.0415
    0.7281
```

还可以通过符号计算来解此方程。在 MATLAB 命令行窗口中输入命令：

```
>> syms x y z
>> [x,y,z] = solve(x - 15 * y + 8 * z - 6,17 * x + 4 * y - z - 13,7 * x + 3 * y + 21 * z - 21)
x =
4572/5731
y =
238/5731
z =
4173/5731
>> eval([x,y,z])
ans =
    0.7978    0.0415    0.7281
```

上述几个例子展示了 MATLAB 的功能，读者在后续的学习与使用过程中会有更深的体会。作为操作练习，读者可以在 MATLAB 系统环境下验证上面的例子。

练习题

一、选择题

1. MATLAB 一词来自(   )的缩写。

A. Mathematica Laboratory　　B. Matrix Laboratory

C. MathWorks Lab　　D. Matrices Laboratory

2. 下列选项中能反映 MATLAB 特点的是(   )。

A. 算法最优　　B. 不需要写程序

C. 程序执行效率高　　D. 编程效率高

3. 在命令行窗口输入命令时，可以在第一个物理行之后加上续行符并按 Enter 键，然后在下一个物理行继续输入命令的其他部分。续行符的写法是(   )。

A. 省略号(…)　　B. 分号(;)

C. 3 个小数点(...)　　D. 百分号(%)

4. 下列命令的输出结果是(   )。

```
>> 10 + 20 + 30 % 5
```

A. 36　　B. 60　　C. 0　　D. 30

5. 【多选】在当前文件夹和搜索路径中都有 fpp.m 文件，那么在命令行窗口输入 fpp 时，下列说法错误的是(   )。

A. 先执行搜索路径中的 fpp.m 文件，再执行当前文件夹的 fpp.m 文件

B. 执行搜索路径中的 fpp.m 文件

C. 先执行当前文件夹的 fpp.m 文件,再执行搜索路径中的 fpp.m 文件

D. 执行当前文件夹的 fpp.m 文件

二、问答题

1. 利用 MATLAB 求解科学计算问题有何优势?

2. 如何设置 MATLAB 的搜索路径?

3. 以下两个命令行有何区别?

```
>> x = 5,y = x + 10
>> x = 5,y = x + 10;
```

4. 以下两个命令行的输出结果分别是什么?

命令 1:

```
>> 10 + 20 + …
   30
```

命令 2:

```
>> …
10 + 20 + 30
```

5. 如何利用 MATLAB 的帮助功能查询 inv、plot、max、round 等函数的功能及用法?

操作题

1. 分别求 $(1+\pi)^{\pi}$ 和 $\pi^{1+\pi}$ 的值。

2. 当 $x=12, y=10^{-5}$ 时,求 z 的值。

$$z=\frac{2\ln|x-y|}{e^{x+y}-\tan y}$$

3. 已知 $x\in[-2\pi,2\pi]$,绘制函数 $y=\dfrac{6x^3-3x-4}{10+8\sin(5x)}$ 的曲线。

4. 某位同学建立了一个 MATLAB 脚本文件 tt.m,并将其保存到了 F:\Lpp 文件夹中,但在命令行窗口运行程序时,MATLAB 系统提示出错:

```
>> tt
函数或变量 'tt' 无法识别。
```

请分析产生错误的原因并给出解决办法,然后上机验证。

提示:F:\Lpp 不在 MATLAB 的搜索路径中,需要设置搜索路径。

5. 在 MATLAB 系统环境下,建立了一个变量 score,同时又在当前文件夹下建立了一个脚本文件 score.m,如果需要运行 score.m 文件,那么该如何处理? 上机试一试。

提示:在工作区窗口删除变量 score,再运行 score.m 文件。

第2章 数据的表示与基本运算

数据作为计算机处理的对象,它是有类型的,不同类型的数据有不同的存储方式和运算规则。MATLAB 数据类型较为丰富,既有数值型、字符型等基本数据类型,又有结构(structure)、单元(cell)等复杂的数据类型。在 MATLAB 中,没有专门的逻辑型数据,而以数值 1(非零)表示"真",以数值 0 表示"假"。矩阵是 MATLAB 最基本的数据对象形式,这是 MATLAB 的重要特点。本章介绍 MATLAB 的数据类型、各类型数据的表示方法及基本运算、变量的创建与管理、矩阵的表示方法。

2.1 MATLAB 数值数据及操作

MATLAB 数值数据是最基本的一种数据类型,有整型、浮点型和复数型。系统给每种数据类型分配不同字节数的内存单元,由此决定了数据的表示范围。在默认情况下,MATLAB 会将数值数据按双精度浮点类型存储和处理。

2.1.1 数值数据

1. 数值数据类型

(1) 整型。整型数据是指不含小数的数,分为有符号整数和无符号整数。MATLAB 支持以 1 字节、2 字节、4 字节和 8 字节几种形式存储整型数据。以 8 位无符号整数为例,该类型数据在内存中占用 1 字节,可描述的数据范围为 0～255(2^8-1)。表 2-1 列出了各种整型数据的取值范围和将浮点型数据转换为该类型数据的转换函数。

表 2-1 MATLAB 整型数据

类　　型	取值范围	转换函数
8 位无符号整数	$0\sim 2^8-1$	uint8
16 位无符号整数	$0\sim 2^{16}-1$	uint16
32 位无符号整数	$0\sim 2^{32}-1$	uint32
64 位无符号整数	$0\sim 2^{64}-1$	uint64
8 位有符号整数	$-2^7\sim 2^7-1$	int8
16 位有符号整数	$-2^{15}\sim 2^{15}-1$	int16
32 位有符号整数	$-2^{31}\sim 2^{31}-1$	int32
64 位有符号整数	$-2^{63}\sim 2^{63}-1$	int64

MATLAB 默认以双精度浮点形式存储数值数据。要以整数形式存储数据,则可以使用表 2-1 中的转换函数。例如,以下命令将数 12345 以 16 位有符号整数形式存储在变量 x 中。

```
>> x = int16(12345)
x =
  int16
   12345
```

使用表 2-1 中的转换函数将浮点型数据转换为整数时,MATLAB 将舍入到最接近的整数。如果小数部分正好是 0.5,则 MATLAB 会从两个同样邻近的整数中选择绝对值更大的整数。例如:

```
>> x = int16([-1.5, -0.8, -0.23, 1.23, 1.5, 1.89])
x =
  1×6 int16 行向量
   -2    -1    0    1    2    2
```

此外,MATLAB 还提供了 4 种转换函数,用于采取指定方式将浮点型数据转换为整型。

① round 函数：四舍五入为最近的小数或整数。

② fix 函数：朝零方向取整数。

③ floor 函数：朝负无穷大方向取整数。

④ ceil 函数：朝正无穷大方向取整数。

例如：

```
>> x = round([ - 1.5, - 0.8, - 0.23, 1.23, 1.56])
x =
     - 2     - 1      0      1      2
>> x = round([ - 1.5, - 0.8, - 0.23, 1.23, 1.56],1)
x =
   - 1.5000    - 0.8000    - 0.2000     1.2000     1.6000
>> x = fix([ - 1.5, - 0.8, - 0.23, 1.23, 1.56])
x =
     - 1      0      0      1      1
>> x = floor([ - 1.5, - 0.8, - 0.23, 1.23, 1.56])
x =
     - 2     - 1     - 1      1      1
>> x = ceil([ - 1.5, - 0.8, - 0.23, 1.23, 1.56])
x =
     - 1      0      0      2      2
```

(2) 浮点型。浮点型用于存储和处理实型数据，分为单精度(single)和双精度(double)两种。单精度型数在内存中占用 4 字节，双精度型数在内存中占用 8 字节，双精度型数精度更高。

single 函数和 double 函数分别用于将其他数值数据、字符或字符串以及逻辑数据转换为单精度型值和双精度型值。例如：

```
>> single(12345)
ans =
  single
       12345
>> single('a')
ans =
  single
    97
```

(3) 复数型。复数包括实部和虚部两部分，实部和虚部默认为双精度型。在 MATLAB 中，虚数单位用 i 或 j 表示。例如：

```
>> x = 3 + 4i
x =
   3.0000 + 4.0000i
>> y = 5 + 6 * j
y =
   5.0000 + 6.0000i
```

要在不使用 i 和 j 的情况下创建复数，可以使用 complex 函数。使用 real 函数获取复数的实部，使用 imag 函数获取复数的虚部。例如：

```
>> y = complex(3,4)
y =
   3.0000 + 4.0000i
>> real(y)
ans =
     3
>> imag(y)
ans =
     4
```

2. 判别数值数据类型

在 MATLAB 中,可以使用表 2-2 中的函数判别数值数据是否为指定类型。

表 2-2 判别数值数据类型的函数

函　数	说　明	函　数	说　明
isinteger(n)	判断 n 是否为整型	isnumeric(n)	判断 n 是否为数值型
isfloat(n)	判断 n 是否为浮点型	isreal(n)	判断 n 是否只有实部

调用这些函数时,如果函数参数属于该类型,返回值为 1(代表真),否则返回值为 0(代表假)。例如:

```
>> isinteger(1.23)
ans =
  logical
   0
```

也可以使用 isa 函数判别数据对象是否为指定数据类型,isa 函数的调用格式为:

```
isa(obj, DataType)
```

其中,obj 是 MATLAB 数据对象,DataType 是 MATLAB 数据类型名,如果 obj 属于指定数据类型,isa 函数的返回值为 1,否则返回值为 0。例如:

```
>> isa(1.23, 'double')
ans =
  logical
   1
```

还可以使用 class 函数获取某个数据对象的类型,函数的返回值是一个字符串。例如:

```
>> class(1.23)
ans =
    'double'
>> class(12345)
ans =
    'double'
```

这里的结果表明,对于数值型数据,MATLAB 默认的采用双精度型(double)进行存储和处理,如果要采用其他数据类型需要使用类型转函数。例如:

```
>> class(int32(12345))
ans =
    'int32'
```

3. 获取数值数据的特殊值

在 MATLAB 中,可以使用表 2-3 列出的函数获取数值数据的特殊值。

表 2-3 获取数值数据特殊值的函数

函　数	说　明	函　数	说　明
eps	浮点相对精度	realmax	最大正实数
intmax	整数类型的最大值	realmin	最小正实数
intmin	整数类型的最小值		

下面重点说明 eps 函数的用法。由于在计算机中数据都是以二进制来存储的,不同类型的数据占用不同的二进制位数。用有限的 0 和 1 显然无法表示出所有的数,更不用说全体浮点数了。实际的处理方法是把连续的数据区间离散化,让无限个浮点数变成有限个数。对每一个数,定义一个到下一个比它大的数的距离,这就是 eps。在 MATLAB 中,eps 是指计算机用于区分两个浮点数的差的最小常数,如果两个数的差的绝对值小于 eps,则计算机认为这两

个数相等。

eps 函数的调用格式如下：

```
eps
eps(x)
eps(DataType)
```

其中，第一种格式返回从 1.0 到一个与 1.0 最接近的双精度数的距离。第二种格式返回从 x 的绝对值到一个与 x 最接近的浮点数的距离，若 x 为 1，返回值与第一种格式的返回值相同。第三种格式返回从 1.0 到一个与 1.0 最接近的 DataType 类型数的距离，DataType 可以是 'single'或'double'。例如：

```
>> d = eps
d =
   2.2204e-16
>> d = eps('single')
d =
  single
  1.1921e-07
```

eps 是一个接近 0 但不等于 0 的数(约等于 0)。通常在做除法运算时，分母加上 eps，防止分母为 0 而出现结果异常。

2.1.2 数据的输出格式

MATLAB 用十进制数表示一个常数，采用日常记数法和科学记数法两种表示方法。例如，1.23456、−9.8765i、3.4+5i 等是采用日常记数法表示的常数，它们与通常的数学表示一样。又如，1.56789e2、1.234E−5−10i 等采用科学记数法表示常数 1.56789×10^{2}、$1.234\times10^{-5}-10i$，在这里用字母 e 或 E 表示以 10 为底的指数。

在 MATLAB 中，数值数据默认是用双精度数来表示和存储的。数据输出时用户可以用 format 命令设置或改变数据输出格式。format 命令的格式为：

```
format 格式符
```

其中，格式符决定数据的输出格式，各种格式符及其含义如表 2-4 所示。

表 2-4 控制数据输出格式的格式符及其含义

格式符	含义
short	固定十进制短格式(默认格式)，小数点后有 4 位有效数字
long	固定十进制长格式，小数点后有 15 位数字
shortE	短科学记数法。输出时，小数点后有 4 位数字
longE	长科学记数法。输出 double 类型值时，小数点后有 15 位数字；输出 single 类型值时，小数点后有 7 位数字
shortG	从 short 和 shortE 中自动选择最紧凑的输出方式
longG	从 long 和 longE 中自动选择最紧凑的输出方式
rat	近似有理数表示
hex	十六进制表示
+	正/负格式，正数、负数、零分别用+、−、空格表示
bank	货币格式。输出时，小数点后有 2 位数字
compact	输出时隐藏空行
loose	输出时有空行

假定输入以下命令：

```
x = [4/3 1.2345e-6];
```

那么,在各种不同的格式符下的输出为：

```
短格式(short): 1.3333    0.0000
短格式 e 方式(shortE): 1.3333e+00    1.2345e-06
长格式(long): 1.333333333333333    0.000001234500000
长格式 e 方式(longE): 1.333333333333333e+00    1.234500000000000e-06
十六进制格式(hex): 3ff5555555555555    3eb4b6231abfd271
+格式(+): ++
银行格式(bank): 1.33    0.00
```

format 命令只影响数据输出格式,而不影响数据的计算和存储。

hex 输出格式是把计算机内部表示的数据用十六进制数输出。对于整数不难理解,但对于单精度或双精度浮点数(MATLAB 默认的数据类型)就涉及数据在计算机内部的表示形式。这是一个不太容易理解的问题,下面简要说明。

单精度浮点数在内存中表示为 4 字节(32 位)二进制数,其中 1 位为数据的符号位(以 0 代表正数,1 代表负数),8 位为指数部分,23 位为尾数部分。指数部分表示 2 的幂次,存储时加上 127,也就是说,2^0 用 127(二进制 1111111)表示。尾数部分是二进制小数,其所占的 23 位是小数点后面的部分,小数点前面还有一个隐含的 1 并不存储。

双精度浮点数为 64 位二进制,其中 1 位符号位,11 位为指数部分,52 位为尾数部分,其存储方式与单精度数类似,请读者自行分析。

图 2-1 说明了下列命令的输出结果。

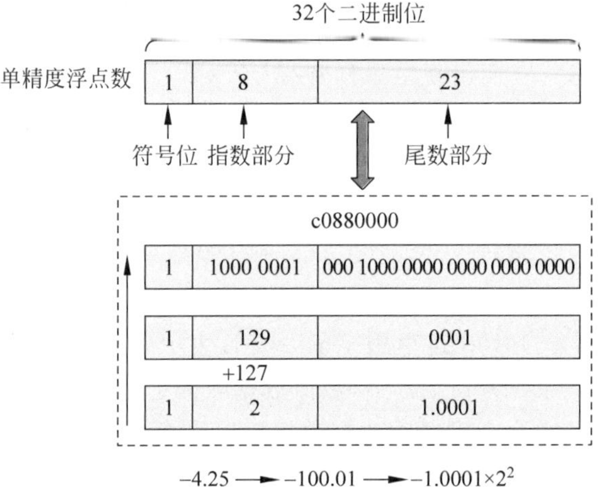

图 2-1　单精度浮点数在计算机内部的表示形式

```
>> format hex
>> single(-4.25)    % 将-4.25 转换为单精度浮点数
ans =
single
   c0880000
```

2.2　变量及其操作

计算机所处理的数据存放在内存单元中,程序通过内存单元的地址来访问内存单元。在高级语言中,无须直接给出内存单元的地址,而只需给内存单元命名,以后通过内存单元的名字来访问内存单元。在程序中,变量需要占据内存单元,在程序运行期间,其内存单元中存放的数据可以根据需要随时改变。从本质上讲,变量是内存单元的抽象。变量一般都有一个名字,变量名即是内存单元的名字。

2.2.1　变量与赋值

1. 变量命名

在 MATLAB 中,变量名是以字母开头,后跟字母、数字或下画线的字符序列,最多 63 个字符。例如，x、x_1、x2 均为合法的变量名。在 MATLAB 中，变量名区分字母的大小写，这样，score、Score 和 SCORE 表示 3 个不同的变量。另外，不能使用 MATLAB 的关键字作为变量名，例如 if、end、for。

注意：定义变量时应避免创建与预定义变量、函数同名的变量，例如 i、j、power、int16、format、path 等。一般情况下，变量名称优先于函数名称。如果创建的变量使用了某个函数的名称，可能导致计算过程、计算结果出现意外情况。可以使用 exist 或 which 函数检查拟用名称是否已被使用。如果不存在与拟用名称同名的变量、函数或 M 文件，exist 函数将返回 0，否则返回一个非零值。例如：

```
>> exist power
ans =
     5
>> exist Power
ans =
     0
```

which 函数用来定位函数和文件，如果函数或文件存在，则显示其完整的路径。例如：

```
>> which power
built - in (C:\Program Files\MATLAB\R2022a\toolbox\matlab\ops\@char\power)   % char method
>> which power1
未找到 'power1'。
```

2. 赋值语句

MATLAB 赋值语句有两种格式：

```
变量 = 表达式
表达式
```

其中，表达式是用运算符将有关运算量连接起来的式子。执行第一种语句，MATLAB 将右边表达式的值赋给左边的变量；执行第二种语句，将表达式的值赋给 MATLAB 的预定义变量 ans。看下列命令的执行结果。

```
>> 23
ans =
    23
>> ans + 15
ans =
    38
```

一般情况下，运算结果在命令行窗口中显示出来。如果在命令的最后加分号，那么，MATLAB 仅仅执行赋值操作，不显示运算的结果。如果运算的结果是一个很大的矩阵或不需要运算结果，则可以在命令的最后加上分号。

【例 2-1】 当 $x=\pi/2, y=1+3\mathrm{i}$ 时，求表达式 $\frac{\mathrm{e}^2\cos(x+y)}{x+\sqrt{\ln|y-1|}}$ 的值。

在 MATLAB 命令行窗口分别输入命令：

```
>> x = pi/2;
>> y = 1 + 3i;
>> z = exp(2) * cos(x + y)/(x + sqrt(log(abs(y - 1))))    % 计算表达式的值
z =
 - 23.9018  - 15.2713i
```

3. 预定义变量

在 MATLAB 中，提供了一些系统定义的特殊变量，这些变量称为预定义变量。表 2-5 列出了一些常用的预定义变量。预定义变量有特定的含义，在使用时一般尽量避免对这些变量重新赋值，但对它们赋值也不会出错，只是会覆盖原来的值，用 clear 命令清除后即可恢复原来的值。

表 2-5　常用的预定义变量

预定义变量	含　义	预定义变量	含　义
ans	计算结果的默认赋值变量	inf,Inf	无穷大，如 1/0 的结果
pi	圆周率 π 的近似值	NaN,nan	非数，如 0/0、inf/inf 的结果
i,j	虚数单位		

MATLAB 提供了 isfinite 函数用于判定数据对象是否为有限值，isinf 函数用于判定数据对象是否为无限值，isnan 函数用于确定数据对象中是否含有 NaN 值。

注意： MATLAB 预定义变量有特定的含义，在使用时应尽量避免对这些变量重新赋值。以 i 或 j 为例，在 MATLAB 中，i 和 j 代表虚数单位，如果给 i 或 j 重新赋值，就会覆盖掉原来虚数单位的定义，这时可能会导致一些很隐蔽的错误。例如，由于习惯的原因，程序中通常使用 i 或 j 作为循环变量，这时如果有复数运算就会导致错误，因此，不要用 i 或 j 作为循环变量名，除非确认在程序运行期间不会和复数打交道，或者使用像 7+5i 这样的复数记法，而不用 7+5*i，前者是一个复数常量，后者是一个表达式，即将 i 看成一个运算量，参与表达式的运算。也可以在使用 i 作为循环变量时，换用 j 表示复数。

视频讲解

2.2.2　变量的管理

1. 内存变量的显示与修改

who 函数按字母顺序列出当前工作区中的所有变量，whos 函数工作区中按字母顺序列出当前工作区中的所有变量及大小、类型。下面的例子说明了 who 和 whos 命令的区别。

```
>> who
您的变量为:
a  x  y  z
>> whos
  Name      Size            Bytes  Class     Attributes
  a         3x3                72  double
  x         1x1                 8  double
  y         1x1                16  double    complex
  z         1x1                16  double    complex
```

clear 命令用于清除 MATLAB 工作区中的变量，但预定义变量不会被清除。

MATLAB 工作区窗口用于内存变量的管理。当选中某些变量后，按 Del 键或从右键菜单中选择“删除”命令，就能从内存中删除这些变量。当选中某个变量后，双击该变量或从右键菜单中选择“打开所选内容”命令，将打开变量编辑器，如图 2-2 所示。通过变量编辑器可以观察变量，也可以修改变量中的元素值和修改变量结构。

2. 内存变量文件

利用 MAT 文件可以把当前 MATLAB 工作区中的变量长久地保留下来。MAT 文件是 MATLAB 保存数据的一种标准格式二进制文件。MAT 文件的生成和加载由 save 和 load 命令来完成。常用格式为：

```
save 文件名 [变量名表]  [-append]
load 文件名 [变量名表]
```

其中，文件名可以带路径，命令默认对 MAT 文件进行操作，文件保存在当前文件夹下。变量名表中的变量个数不限，只要内存或文件中存在即可，变量名之间以空格分隔。当变量名表省

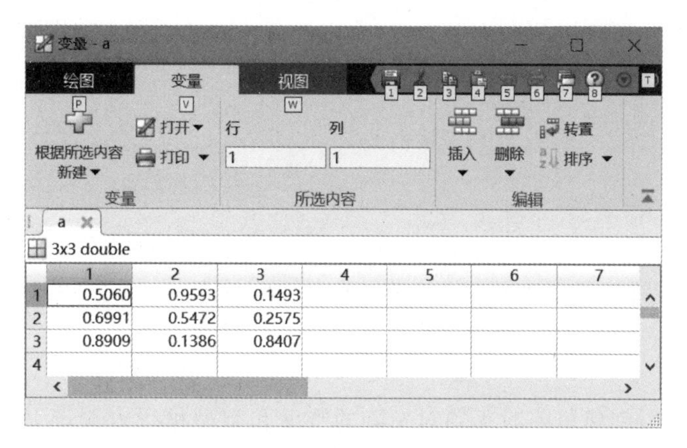

图 2-2　变量编辑器

略时，保存或加载全部变量。save 命令中的-append 选项控制将变量追加到指定 MAT 文件。如果 MAT 文件中已经存在变量，则 save 命令会使用工作区中的值覆盖它。

假定变量 x、y 存在于 MATLAB 工作区中，输入以下命令便可将 x、y 保存在当前文件夹的 mydata. mat 文件中：

```
>> save mydata x y
```

mydata 是用户自己取的文件名，MAT 文件默认的扩展名为 mat。若要让 mydata. mat 文件存放在指定的文件夹(如 E:\MATLAB\Work 文件夹)中，则执行命令：

```
>> save E:\MATLAB\Work\mydata x y
```

在后续的计算中需要使用 mydata. mat 文件中的 x 和 y，则执行以下命令：

```
>> load mydata
```

执行上述命令后，如果 MATLAB 工作区已存在变量 x、y，则用 mydata. mat 文件中的 x 和 y 的值替换工作区变量 x、y 的值；如果 MATLAB 工作区不存在变量 x、y，则将 mydata. mat 文件中的 x、y 加载到工作区。

除了操作命令以外，还可以通过以下方法将工作区中的全部变量保存到 MAT 文件。

(1) 单击 MATLAB 桌面的“主页”选项卡“变量”命令组中的“保存工作区”命令按钮。

(2) 单击工作区窗口右上角的“显示工作区操作”按钮，从弹出的菜单中选“保存”命令。

(3) 打开变量编辑器，单击快速访问工具栏中的“保存”按钮。

如果只想保存工作区的部分变量，那么在选择这些变量后，从右键菜单中选择“另存为”命令。

2.3　MATLAB 矩阵

在 MATLAB 中，矩阵是数据的基本表示形式，所有数据均以矩阵的形式进行存储和处理，这是 MATLAB 区别于其他程序设计语言的重要特征。

这里先说明矩阵和数组的概念。矩阵(matrix)可看作包含若干行和列的表格，是一种数据对象，数学上有特定的运算规则。向量或标量是矩阵的特例。向量是只有一行或一列的矩阵，分别称作行向量或列向量。标量可看作是一行一列的矩阵。那么，在程序中如何表示矩阵呢？通常的方法是使用数组(array)。数组是高级语言的一种常见数据结构，可以表示一批数据。根据数组元素的排列方式，数组有一维、二维、多维之分。一维数组的数学原型是向量，二维数组的原型是矩阵。标量一般用简单变量来处理，当然也可以当作只有一个元素的矩阵。

在 MATLAB 中,矩阵和数组的结构形式、存储方式其实没有根本区别,通常是同一内容的不同说法。例如,在命令行窗口输入命令:

```
>> a = [10,20;30,40]
a =
    10    20
    30    40
```

在这里,a 有两种可能的角色,从数学上讲,创建了 2 行 2 列的矩阵 a,从程序设计角度讲,定义了二维数组 a,用二维数组来表示一个矩阵。在后面的叙述中,不过多区分矩阵和数组的概念。

视频讲解

2.3.1 创建矩阵

在 MATLAB 中,创建矩阵时无须对矩阵的维度和类型进行说明,MATLAB 会根据用户所输入的内容自动进行配置。

1. 使用矩阵构造运算符创建矩阵

创建矩阵的最简单的方法是使用矩阵构造运算符[]。具体方法是:将矩阵的所有元素用方括号括起来,按行的顺序输入矩阵各元素,同一行的各元素之间用空格或逗号分隔,不同行的元素之间用分号分隔。例如,输入命令:

```
>> A = [1,2,3;4,5,6;7,8,9]
A =
     1     2     3
     4     5     6
     7     8     9
```

这样,在 MATLAB 的工作区中就建立了一个矩阵 A,以后就可以使用矩阵 A。

在 MATLAB 中,矩阵元素可以是复数,建立复数矩阵的方法和上面介绍的方法相同。例如,建立复数矩阵:

```
>> B = [1,2 + 7i,5 * sqrt( - 2);3,2.5i,3.5 + 6i]
B =
   1.0000 + 0.0000i   2.0000 + 7.0000i   0.0000 + 7.0711i
   3.0000 + 0.0000i   0.0000 + 2.5000i   3.5000 + 6.0000i
```

向量是矩阵的特例。只有一行的矩阵称为行向量,只有一列的矩阵称为列向量。例如:

```
>> x = [1, - 3,4,2,13]
x =
     1    - 3     4     2    13
>> y = [7;20; - 3]
y =
     7
    20
    - 3
```

2. 使用冒号表达式创建向量

在 MATLAB 中,冒号是一个重要的运算符,利用它可以构建行向量。冒号表达式的一般格式为:

```
a:b:c
```

其中,a 为初始值,b 为步长,c 为终止值。冒号表达式可产生一个由 a 开始到 c 结束,以步长 b 自增的行向量。例如:

```
>> t = 0:2:10
t =
     0     2     4     6     8    10
```

```
>> t = 0: - 2: - 8
t =
     0    - 2    - 4    - 6    - 8
```

在冒号表达式中如果省略 b,则步长为 1。例如,t=0:5 与 t=0:1:5 等价。

在 MATLAB 中,可以用 linspace 函数构建线性等间距的行向量,其调用格式为:

```
linspace(a,b,n)
```

其中,参数 a 和 b 是生成向量的第一个和最后一个元素,参数 n 指定向量元素个数。当 n 省略时,默认生成 100 个元素。显然,linspace(a, b, n)与 a:(b−a)/(n−1):b 等价。例如:

```
>> x = linspace(0,10,6)
x =
     0     2     4     6     8    10
```

如果参数 b<a,则生成的向量是递减序列,例如:

```
>> x = linspace(0, - 8,6)
x =
     0   - 1.6000   - 3.2000   - 4.8000   - 6.4000   - 8.0000
```

3. 利用小矩阵创建更大的矩阵

将已存在的矩阵进行拼接可以创建更大的矩阵。例如:

```
>> A = [1,2,3;4,5,6;7,8,9]
A =
     1     2     3
     4     5     6
     7     8     9
>> B = [11:13;14:16;17:19]
B =
    11    12    13
    14    15    16
    17    18    19
>> C = [A,B;B,A]
C =
     1     2     3    11    12    13
     4     5     6    14    15    16
     7     8     9    17    18    19
    11    12    13     1     2     3
    14    15    16     4     5     6
    17    18    19     7     8     9
```

4. 获取数组大小

在有些操作中,需要了解数组的大小。MATLAB 提供了以下函数。

(1) size 函数。size 函数用于获取数组指定维度的长度,函数的调用格式为:

```
size(A, dim)
```

其中,A 是数组,dim 指定维度,当 dim 省略时,则返回一个向量,向量各个元素的值对应每一个维度的长度。例如:

```
>> A = [1,2,3,4;55,66,77,88]
A =
     1     2     3     4
    55    66    77    88
>> size(A)
ans =
     2     4
>> size(A,2)
ans =
     4
```

A是一个2×4的矩阵，size(A)返回一个有两个元素的向量，该向量的第1个元素是A的第1维的长度，第2个元素是A的第2维的长度；size(A,2)返回A的第2维的长度。

(2) length函数和numel函数。length函数用于获取最大数组维度的长度，即length(A)=max(size(A))；numel函数用于获取数组元素的个数。例如：

```
>> length(A)
ans =
     4
```

A是2×4矩阵，第2维的长度最大，所以返回的是第2维的长度4。

```
>> numel(A)
ans =
     8
```

A是2×4矩阵，总共有8个元素。

(3) sub2ind函数和ind2sub函数。数组元素可以通过下标来引用，也可以通过索引来引用。索引就是数组元素在内存中的排列顺序。在MATLAB中，数组元素按列存储，先存储第1列元素，再存储第2列元素……一直到最后一列元素。显然，数组元素的索引(index)与其下标(subscript)是一一对应的，以m×n矩阵A为例，数组元素A(x, y)的索引为(y−1)*m+x。例如：

```
>> A = [0,20,60,300;555,556,7,88]
A =
     0     20     60     300
   555    556      7      88
>> A(5)
ans =
     60
```

即A矩阵中索引为5的元素为第3列、第1行的元素，值为60。

调用sub2ind函数可以将数组元素的下标转换为索引，例如：

```
>> sub2ind(size(A),1,3)
ans =
     5
```

即A是2×4的矩阵，其中第1行第3列元素的索引为5。

调用ind2sub函数则可以将数组元素的索引转换为下标，例如：

```
>> [row,col] = ind2sub(size(A),5)
row =
     1
col =
     3
```

即在2×4矩阵A中，索引为5的元素是位于第1行第3列的元素。

视频讲解

2.3.2 引用矩阵元素

在MATLAB中，矩阵是数据的基本形式，标量和向量都是矩阵的特例。引用矩阵元素是指获取和修改矩阵元素的值。

1. 引用单个矩阵元素

要引用矩阵中的特定元素，使用以下方式：

```
A(row, col)
```

其中，A为矩阵变量，row和col分别指定其行号和列号，例如：

```
>> A = [1,2,3;4,5,6];
>> A(2,3) = 76
A =
     1     2     3
     4     5    76
```

执行第2条命令,将矩阵A的第2行第3列的元素赋为76,这时将只改变该元素的值,而不影响其他元素的值。如果给出的行下标或列下标大于原来矩阵的行数和列数,则MATLAB将自动扩展原来的矩阵,并将扩展后未赋值的矩阵元素置为0。例如:

```
>> A = [1,2,3;4,5,6];
>> A(4,6) = 100
A =
     1     2     3     0     0     0
     4     5     6     0     0     0
     0     0     0     0     0     0
     0     0     0     0     0   100
```

在MATLAB中,也可以采用矩阵元素的索引来引用矩阵元素,例如:

```
>> A(13) = 200
A =
     1     2     3   200     0     0
     4     5     6     0     0     0
     0     0     0     0     0     0
     0     0     0     0     0   100
```

用矩阵元素的索引来引用矩阵元素时,索引值不能超过矩阵的总长度,例如,以上矩阵A中元素的个数为24,以下引用就会出错:

```
>> A(28) = 100
试图沿模糊的维增大数组。
```

find函数用于查找矩阵中的非零元素,其调用格式为:

```
k = find(X,n,direction)
[row,col,v] = find(X,n,direction)
```

第一种格式返回矩阵X中的非零元素的索引,第二种格式返回矩阵X中非零元素的下标和值。参数n指定返回n个结果,默认返回所有结果。参数direction的值为'last',返回最后n个结果,默认值为'first',即返回前n个结果。例如:

```
>> A = [31,52,0,0;0, - 4,0,85;0,0,28,59]
A =
    31    52     0     0
     0    -4     0    85
     0     0    28    59
>> k = find(A)
k =
     1
     4
     5
     9
    11
    12
>> [ii,jj,x] = find(A,2,'first')
ii =
     1
     1
jj =
     1
```

```
     2
x =
    31
    52
```

2. 引用矩阵片段

利用MATLAB的冒号运算,可以从给出的矩阵中获得矩阵片段。在MATLAB中,用A(m,n)表示A矩阵第m行、第n列的元素,用A(m1:m0:m2, n1:n0:n2)表示A矩阵第m1～m2行、间距为m0的那些行,第n1～n2列、间距为n0的那些列中的所有元素。若省略冒号表达式中的m0(n0),表示第m1～m2行的所有行(第n1～n2列的所有列)。若某维度仅有冒号,则表示该维度的所有行或列,如A(m,:)表示A矩阵第m行的全部元素,A(:,n)表示A矩阵的第n列全部元素。例如:

```
>> A=[1,2,3,4,5;6,7,8,9,10;11,12,13,14,15;16,17,18,19,20]
A =
     1     2     3     4     5
     6     7     8     9    10
    11    12    13    14    15
    16    17    18    19    20
>> A(2:3,5)                            %引用A的第2到3行、第5列的元素
ans =
    10
    15
>> A(1:2:3,:)                          %引用A的第1行和第3行、所有列的元素
ans =
     1     2     3     4     5
    11    12    13    14    15
```

此外,还可利用一般向量和end运算符等来表示矩阵下标,从而获得子矩阵。end表示某一维度的最后一个元素。例如:

```
A(end,:)                               %引用A最后一行元素
ans =
    16    17    18    19    20
A([1,4],3:end)                         %引用A第1行和第4行中第3列到最后一列的元素
ans =
         3     4     5
        18    19    20
```

3. 利用空矩阵删除矩阵元素

在MATLAB中,空矩阵是指无任何元素的矩阵,表示形式为[]。将某些行或列从矩阵中删除,采用将其置为空矩阵的方法就是非常有效的。例如:

```
>> A=[1 2 3 4 5 6;7 8 9 10 11 12;13 14 15 16 17 18];
A =
     1     2     3     4     5     6
     7     8     9    10    11    12
    13    14    15    16    17    18
>> A(:,[2 4])=[]                       %删除A矩阵的第2列和第4列元素
A =
     1     3     5     6
     7     8    11    12
    13    15    17    18
```

注意,A=[]与clear A不同。执行命令clear A,将从工作区中清除变量A,而执行A=[],矩阵A仍存在于工作区,只是矩阵长度为0。

4. 改变矩阵形状

(1) reshape函数。reshape(A,m,n)函数在矩阵元素个数保持不变的前提下,将矩阵A

重新排成 m×n 的二维矩阵。例如：

```
>> x = linspace(100,111,12);          % 产生有 12 个元素的行向量 x
>> y = reshape(x,3,4)                 % 利用向量 x 建立 3×4 矩阵 y
y =
    100   103   106   109
    101   104   107   110
    102   105   108   111
>> y = reshape(x,2,6)
y =
    100   102   104   106   108   110
    101   103   105   107   109   111
```

reshape 函数只是改变原矩阵的行数和列数，即改变其逻辑结构，但并不改变原矩阵元素个数及矩阵元素的存储顺序。

(2) 矩阵堆叠。A(:)将矩阵 A 的各列元素堆叠起来，成为一个列向量，例如：

```
>> A = [1,2,3; - 4, - 5, - 61]
A =
      1       2       3
    - 4     - 5    - 61
>> B = A(:)
B =
      1
    - 4
      2
    - 5
      3
   - 61
```

在这里，A(:)产生一个 6×1 的矩阵，等价于 reshape(A,6,1)。

2.4 MATLAB 运算

MATLAB 的运算都是针对矩阵而言的，有矩阵意义下的运算，也有针对矩阵元素的运算。就运算的性质而言，有算术运算、关系运算和逻辑运算。

2.4.1 算术运算

MATLAB 具有两种不同类型的算术运算：矩阵运算和点运算。矩阵运算遵循矩阵运算法则，点运算则是逐个元素进行运算。MATLAB 的算术运算有+(加)、-(减)、*(乘)、/(右除)、\(左除)、^(乘方)。

1. 矩阵运算

矩阵算术运算是在矩阵意义下进行的，单个数据(即标量)的算术运算只是一种特例。

(1) 矩阵加/减。假定有两个矩阵 A 和 B，则可以由 A+B 或调用函数 plus(A,B)、A-B 或调用函数 minus(A,B)实现矩阵的加/减运算。运算规则是：若参与加/减运算的两个矩阵的维度相同，则两个矩阵的相应元素进行加/减运算。若参与加/减运算的两个矩阵的维度不相同，则 MATLAB 将给出错误信息。例如：

```
>> A = [1,2,3,4;5,6,7,8];
>> B = [11,12,13,14;20,20,20,20];
>> A + B
ans =
    12    14    16    18
    25    26    27    28
```

```
>> B = [11,12,13;20,20,20];
>> A + B
对于此运算,数组的大小不兼容。
```

标量也可以和矩阵进行加/减运算,运算方法是:矩阵的每个元素与标量进行加/减运算。例如:

```
>> x = [1,2,3;4,5,6];
>> y = x - 5i
y =
   1.0000 - 5.0000i   2.0000 - 5.0000i   3.0000 - 5.0000i
   4.0000 - 5.0000i   5.0000 - 5.0000i   6.0000 - 5.0000i
```

(2) 矩阵乘法。假定有两个矩阵 A 和 B,若 A 为 m×n 矩阵,B 为 n×p 矩阵,则 C=A·B 为 m×p 矩阵,其各个元素为

$$c_{ij}=\sum_{k=1}^{n}a_{ik}\cdot b_{kj}\quad (i=1,2,\cdots,m;\ j=1,2,\cdots,p)$$

例如:

```
>> A = [1,2,3;4,5,6;7,8,9];
>> B = [ - 1,0,1;1, - 1,0;0,1,1];
>> C1 = A * B
C1 =
     1     1     4
     1     1    10
     1     1    16
>> C2 = B * A
C2 =
     6      6      6
   - 3    - 3    - 3
    11     13     15
```

可见,A·B ≠ B·A,即对矩阵乘法运算而言,交换律不成立。

矩阵 A 和 B 进行乘法运算,要求 A 的列数与 B 的行数相等。如果两者内部维度不一致,则无法进行运算。例如:

```
>> A = [1,2,3;4,5,6];
>> B = A * A
错误使用   *
用于矩阵乘法的维度不正确。
```

在 MATLAB 中,还可以进行矩阵和标量相乘,标量可以是乘数也可以是被乘数。矩阵和标量相乘是矩阵中的每个元素与此标量相乘。

(3) 矩阵除法。在 MATLAB 中,有两种矩阵除法运算:\和/,分别表示左除和右除。如果 A 矩阵是非奇异方阵,则 A\B 和 B/A 运算可以实现。A\B 等效于 A 的逆左乘 B 矩阵,也就是 inv(A) * B,而 B/A 等效于 A 矩阵的逆右乘 B 矩阵,也就是 B * inv(A)。

对于含有标量的运算,两种除法运算的结果相同,如 3/4 和 4\3 有相同的值,都等于 0.75。又如,设 a=[10.5,25],则 a/5 和 5\a 的结果都是 [2.1000 5.0000]。

对于矩阵来说,左除和右除表示两种不同的除数矩阵和被除数矩阵的关系。对于矩阵运算,一般 A\B≠B/A。例如:

```
>> A = [3,2,3.5;4,5,6;0.7,8,9];
>> B = [1,8,7;4,5,6;7,8,9];
>> C1 = B/A
C1 =
   - 2.1326    1.7753    0.4236
```

```
         0       1.0000          0
   -0.6961       2.3204    -0.2762
>> C2 = B\A
C2 =
   -2.6625       0.7500      0.4375
   -5.2750      -0.5000     -0.8750
    6.8375       0.7500      1.4375
```

矩阵A和B进行右除运算，要求A与B具有相同的列数，否则无法运算。例如：

```
>> A = [3,2,3.5;4,5,6;0.7,8,9];
>> B = [1,8;4,5;7,9];
>> C1 = B/A
错误使用  /
矩阵维度必须一致。
```

(4) 矩阵的幂运算。矩阵的幂运算可以表示成A^x，要求A为方阵，x为标量。例如：

```
>> A = [1,2,3;11,12,13;7,8,9];
>> A^2
ans =
    44     50     56
   234    270    306
   158    182    206
```

显然，A^2即A*A。

若x是一个正整数，则A^x表示A自乘x次。若x为0，则得到一个与A维度相同的单位矩阵。若x小于0且A的逆矩阵存在，则A^x = inv(A)^(-x)。例如：

```
>> A = [3,2,3.5;4,5,6;0.7,8,9];
>> A^0
ans =
     1     0     0
     0     1     0
     0     0     1
>> A^-1
ans =
   -0.1105     0.3683    -0.2026
   -1.1713     0.9042    -0.1473
    1.0497    -0.8324     0.2578
```

2. 点运算

点运算是针对矩阵的对应元素逐个执行运算。在MATLAB中，采用在有关算术运算符前面加点的方法，所以又叫点运算。由于矩阵运算和点运算在加减运算上的意义相同，所以点运算符只有.*、./、.\和.^。例如：

```
>> A = [3,2,3.5;4,5,6;0.7,8,9];
>> B = [1,8,7;4,5,6;7,8,9];
>> C3 = A.*B
C3 =
    3.0000    16.0000    24.5000
   16.0000    25.0000    36.0000
    4.9000    64.0000    81.0000
```

A.*B表示A和B单个元素之间对应相乘。显然与A*B的结果不同。

在进行点运算时，如果矩阵的维度相同，则第一个矩阵中的每个元素都会与第二个矩阵中同一位置的元素匹配。如果矩阵的维度相容，则每个矩阵都会根据需要进行隐式扩展以匹配另一个矩阵的维度。例如：

```
>> x = [1,2,3;4,5,6];
```

```
>> y = [10,20,30];
>> z1 = x. * y                    % x 是 2×3 矩阵,y 自动扩展为 2×3 矩阵
z1 =
    10     40     90
    40    100    180
>> z2 = x.^2    % 底是 2×3 矩阵,指数是 1×1 矩阵
z2 =
     1      4      9
    16     25     36
>> z3 = 2.^x                      % 底是 1×1 矩阵,指数是 2×3 矩阵
z3 =
     2      4      8
    16     32     64
```

如果 A、B 两矩阵具有相同的维度,则 A./B 表示 A 矩阵除以 B 矩阵的对应元素。B.\A 等价于 A./B。例如:

```
>> x = [1,2,3;4,5,6];
>> y = [10,20,30;0.1,0.2,0.3];
>> z1 = x./y
Z1 =
    0.1000     0.1000     0.1000
   40.0000    25.0000    20.0000
>> z2 = y.\x
Z2 =
    0.1000     0.1000     0.1000
   40.0000    25.0000    20.0000
```

显然 x./y 和 y.\x 值相等。这与前面介绍的矩阵的左除、右除运算是不一样的。

若两个矩阵的维度一致,则 A.^B 表示两矩阵对应元素进行乘方运算。例如:

```
>> x = [4,5,6,7; 8,9,10,11];
>> y = [4,3,2,1; -1,2, -1,2];
>> z = x.^y
z =
  256.0000   125.0000    36.0000     7.0000
    0.1250    81.0000     0.1000   121.0000
```

在点运算中,幂运算的指数可以是分数或小数,即可以用于求方根。此时,若作为底数的数组的所有元素都是正数或 0,则运算结果是实数;若底数包含负数,则运算结果是复数。例如:

```
>> x = [0,27,100];
>> y = [x.^(1/3) ; x.^(1/4)]
y =
         0    3.0000    4.6416
         0    2.2795    3.1623
>> x = [0, -27,100];
>> y = [x.^(1/3) ; x.^(1/4)]
y =
   0.0000 + 0.0000i   1.5000 + 2.5981i   4.6416 + 0.0000i
   0.0000 + 0.0000i   1.6119 + 1.6119i   3.1623 + 0.0000i
```

请读者思考:MATLAB 为什么要提供点运算?以乘法运算为例,当 A、B 为矩阵时,对 A 乘以 B 有两种理解:一是矩阵意义下的乘法运算,即 A * B,要求 A 的列数等于 B 的行数;二是对应元素做乘法运算,即 A. * B,要求 A、B 同型。参见以下命令的运行结果。

```
>> A = [1:3;3:5];
>> B = [1,2;3,4;5,6];
>> A * B
```

```
ans =
    22    28
    40    52
```

但如果执行 A. * B 就会出现“对于此运算,数组的大小不兼容。”的信息提示。那么在什么情况下该用点乘运算？例如,当 x=0、0.2、0.4、0.6、0.8、1 时,分别求 y=sinxcosx 的值。传统的思路是用循环结构来实现,在 MATLAB 中可以用点乘运算实现向量化编程,命令如下：

```
>> x = 0:0.2:1;
>> y = sin(x). * cos(x)
y =
         0    0.1947    0.3587    0.4660    0.4998    0.4546
```

注意,这里必须用点乘运算,因为 x 是一个向量,sin(x)和 cos(x)的值也都是同样长度的向量,通过点运算实现对应元素的乘法运算,最后的结果 y 也是一个和 x 长度相同的向量。

3. MATLAB 常用数学函数

MATLAB 提供了许多数学函数,用于计算矩阵元素的函数值。表 2-6 列出了一些常用数学函数。

表 2-6 常用数学函数

函数名	含义	函数名	含义
sin/sind	正弦函数	exp	自然指数(以 e 为底的指数)
cos/cosd	余弦函数	pow2	2 的幂
tan/ tand	正切函数	sqrt	平方根
asin/asind	反正弦函数	power	n 次幂
acos/acosd	反余弦函数	nthroot	n 次方根
atan/atand	反正切函数	real	复数的实部
sinh	双曲正弦函数	imag	复数的虚部
cosh	双曲余弦函数	conj	复数共轭运算
tanh	双曲正切函数	rem	求余数或模运算
asinh	反双曲正弦函数	mod	模除求余
acosh	反双曲余弦函数	factorial	阶乘
atanh	反双曲正切函数	abs	绝对值
log	自然对数(以 e 为底的对数)	sign	符号函数
log10	以 10 为底的对数	gcd	最大公因子
log2	以 2 为底的对数	lcm	最小公倍数

函数使用说明如下。

视频讲解

(1) 函数的自变量规定为矩阵,运算法则是将函数逐项作用于矩阵的元素上,因而运算的结果是一个与自变量同维度的矩阵。例如：

```
>> y = sin(0:pi/2:2 * pi)
y =
         0    1.0000    0.0000   - 1.0000   - 0.0000
>> y = abs(y)
y =
         0    1.0000    0.0000    1.0000    0.0000
```

(2) 三角函数都有两个：函数末尾字母为 d 的函数的参数是角度,另一个函数的参数是弧度,例如,sin(x)中的 x 为弧度,而 sind(x)中的 x 为角度。

(3) abs 函数可以求实数的绝对值、复数的模、字符串的 ASCII 码值。

```
>> x = [ - 3.14,3 + 4i];
>> abs(x)
ans =
    3.1400    5.0000
>> abs('A')
ans =
    65
```

(4) rem 函数与 mod 函数的区别。rem(x,y)和 mod(x, y)要求 x,y 必须为相同大小的实矩阵或为标量。当 $y \neq 0$ 时,rem(x, y) = x − y. * fix(x./y),而 mod(x,y) = x − y. * floor(x./y),当 y = 0 时,rem(x, 0) = NaN,而 mod(x,0) = x。显然,当 x 和 y 同号时,rem(x,y)与 mod(x,y)相等。当 x 和 y 不同号时,rem(x,y)的符号与 x 相同,而 mod(x, y)的符号与 y 相同。例如:

```
>> x = 5;y = 3;
>> [rem(x,y),mod(x,y)]
ans =
     2     2
>> x = - 5;y = 3;
>> [rem(x,y),mod(x,y)]
ans =
    -2     1
```

(5) power 函数的第 2 个参数可以是分数或小数。此时,若 power 函数的第 1 个参数的所有元素都是正数或 0,则运算结果是实数;若 power 函数的第 1 个参数包含负数,则运算结果是复数。例如:

```
>> x = [0, - 27,100];
>> y = power(x,2/3)
y =
   0.0000 + 0.0000i  -4.5000 + 7.7942i  21.5443 + 0.0000i
>> y = power(x.^2,1/3)
y =
         0    9.0000   21.5443
```

当幂运算的底数为正数或 0 时,power(x,1/n)与 nthroot(x,n)等效。当底数为负数时,若指数为奇数,则 power(x,1/n)的结果为复数,nthroot(x,n)的结果为实数;当底数为负数时,若指数为偶数或小数、分数,则只能使用 power 函数,不能使用 nthroot 函数。例如:

```
>> nthroot(10,3)
ans =
    2.1544
>> nthroot( - 10,0.3)
错误使用 nthroot (line 28)
如果 X 为负数,那么 N 必须为奇数。
```

4. 矩阵运算函数

MATLAB 除了提供矩阵的运算符,还提供了矩阵运算函数。

(1) 矩阵乘法函数。矩阵乘法使用运算符“ * ”外,还可以调用 mtimes 函数,格式如下:

```
C = mtimes(A,B)
```

例如:

```
>> A = [1,2,3;4,5,6];
>> B = [0; - 1; - 5];
>> mtimes(A,B)
ans =
   -17
```

```
  - 35
```

还有 times 函数，其调用格式与 mtimes 函数一样，但 times 函数用来实现矩阵元素之间的乘法运算（点乘），要求两个矩阵同型。例如：

```
>> A = [1,2,3;4,5,6];
>> B = [1,2,0;2,1, - 2];
>> times(A,B)
ans =
     1     4      0
     8     5    - 12
```

（2）矩阵幂函数。求矩阵幂除使用运算符"^"外，还可以调用 mpower 函数，格式如下：

```
C = mpower(A,B)
```

矩阵幂运算要求底数 A 和指数 B 必须满足以下条件之一。

① 底数 A 是方阵，指数 B 是标量。

② 底数 A 是标量，指数 B 是方阵。

例如：

```
>> B = [1,2,3;4,5,6;7,8,9];
>> A = [1,2,3;4,5,6;7,8,9];
>> mpower(A,2)
ans =
    30     36     42
    66     81     96
   102    126    150
```

要注意 mpower 函数和 power 函数的区别。power 函数用于实现矩阵元素的乘方运算。

```
>> power(A,2)
ans =
     1     4     9
    16    25    36
    49    64    81
```

（3）超越函数。MATLAB 还提供了一些直接作用于矩阵的超越函数，包括矩阵平方根函数 sqrtm、矩阵指数函数 expm、矩阵对数函数 logm，这些函数名都在上述函数名之后缀以 m，并规定输入参数 A 必须是方阵。例如：

```
A = [4,2;3,6];
B = sqrtm(A)
B =
      1.9171    0.4652
      0.6978    2.3823
```

若 A 为实对称正定矩阵或复埃尔米特(Hermite)正定阵，则一定能算出它的平方根。但某些矩阵，如 A=[0,1; 0,0]就得不到平方根。若矩阵 A 含有负的特征值，则 sqrtm(A)将会得到一个复矩阵，例如：

```
>> A = [4,9;16,25];
>> E = eig(A)
E =
     - 1.4452
      30.4452
>> S = sqrtm(A)
S =
   0.9421 + 0.9969i   1.5572 - 0.3393i
   2.7683 - 0.6032i   4.5756 + 0.2053i
```

（4）通用矩阵函数 funm。funm 函数用于将通用数学运算作用于方阵，对方阵进行矩阵运算。funm 函数的基本调用格式为：

```
F = funm(A,fun)
```

其中，输入参数 A 为方阵，fum 用匿名函数表示，可用的数学函数包括 exp、log、sin、cos、sinh、cosh。例如：

```
>> A = [2, - 1;1,0];
>> funm(A,@exp)
ans =
     5.4366     - 2.7183
     2.7183       0.0000
>> expm(A)
ans =
     5.4366     - 2.7183
     2.7183       0.0000
```

结果显示，funm(A,@exp)与 expm(A)的计算结果一样。

2.4.2 关系运算

MATLAB 提供了 6 种关系运算符：<(小于)、<=(小于或等于)、>(大于)、>=(大于或等于)、= =(等于)、~=(不等于)。关系运算符的运算法则如下。

(1) 当参与比较的量是两个标量时，若关系成立，关系表达式结果为 1，否则为 0。例如：

```
>> x = 5;
>> x == 10
ans =
  logical
   0
```

(2) 当参与比较的量是两个维度相同的矩阵时，逐个比较对两矩阵相同位置的元素，并给出元素的比较结果。最终的结果是一个维度与原矩阵相同的矩阵，其元素由 0 或 1 组成。例如：

```
>> A = [1,2,3;4,5,6];
>> B = [3,1,4;5,2,10];
>> C = A > B
C =
2 × 3 logical 数组
      0      1      0
      0      1      0
```

(3) 当参与比较的一个是标量，而另一个是矩阵时，则把标量与矩阵的每一个元素逐个比较，并给出元素的比较结果。最终的运算结果是一个维度与矩阵相同的矩阵，其元素由 0 或 1 组成。例如：

```
>> A  = [3,1,4;5,2,10];
>> B = A > 4
B =
      2 × 3 logical 数组
      0      0      0
      1      0      1
```

2.4.3 逻辑运算

MATLAB 提供了 &(与)、|(或)、~(非)逻辑运算符和异或运算函数 xor(a, b)，用于处理矩阵的逻辑运算。

设参与逻辑运算的是两个标量 a 和 b，那么逻辑运算符和逻辑运算函数的含义如下。

(1) a & b 表示 a 和 b 作逻辑与运算，当 a、b 全为非零时，运算结果为 1，否则为 0。

(2) a | b 表示 a 和 b 作逻辑或运算，当 a、b 中只要有一个非零，运算结果为 1。

(3) ～a 表示对 a 作逻辑非运算，当 a 是 0 时，运算结果为 1；当 a 非零时，运算结果为 0。

(4) 函数 xor(a, b)表示 a 和 b 作逻辑异或运算，当 a、b 的值不同时，运算结果为 1，否则运算结果为 0。

矩阵逻辑运算法则如下。

(1) 若参与逻辑运算的是两个维度相同的矩阵，那么运算将逐个对矩阵相同位置上的元素按标量规则进行。最终运算结果是一个与原矩阵维度相同的矩阵，其元素由 1 或 0 组成。例如：

```
>> A = [23, - 54,12;2,6, - 78];
>> B = [5,324,7; - 43,76,15];
>> C1 = A > 0 & B < 0
C1 =
  2 × 3 logical 数组
   0   0   0
   1   0   0
>> C2 = xor(A > 0,B > 0)
C2 =
  2 × 3 logical 数组
   0   1   0
   1   0   1
```

(2) 若参与逻辑运算的一个是标量，一个是矩阵，那么运算将在标量与矩阵中的每个元素之间按标量规则逐个进行。最终运算结果是一个与矩阵维度相同的矩阵，其元素由 1 或 0 组成。

(3) 逻辑非是单目运算符，也服从矩阵运算规则。

MATLAB 还提供了两个用于获取向量整体状况的函数：all 函数和 any 函数。若向量的所有元素非零，则 all 函数的返回值为 1，否则为 0。若向量的任一元素非零，则 any 函数的返回值为 1，否则为 0。例如：

```
>> x = [1,2,3,0];
>> all(x)
ans =
  logical
   0
>> any(x)
ans =
  logical
   1
```

在算术运算、关系运算、逻辑运算中，算术运算优先级最高，逻辑运算优先级最低。

在 MATLAB 中还可以通过逻辑量来引用矩阵的元素，例如：

```
>> A = [31,52,0,0;0, - 4,0,85;0,0,28,59]
A =
    31      52      0      0
     0     - 4      0     85
     0       0     28     59
>> A(A > 20 & A < 50)
ans =
    31
    28
```

这里返回的是 A 矩阵中大于 20 且小于 50 的元素。同样的操作也可以通过 find 函数实

现,命令如下:

```
>> A = [31,52,0,0;0, - 4,0,85;0,0,28,59]
A =
    31    52     0     0
     0    -4     0    85
     0     0    28    59
>> k = find(A > 20 & A < 50)
k =
     1
     9
>> A(k)
ans =
    31
    28
```

2.5 字符数据及操作

MATLAB 提供了用来存储和处理字符数据的字符数组(character array)和处理文本数据的字符串数组(string array)。

2.5.1 字符串与字符数组

在 MATLAB 中,构建字符串是通过单撇号括起字符序列来实现的,一个字符串相当于一个一维字符数组,每个数组元素对应一个字符,其引用方法和数值数组相同。例如:

```
>> ch1 = 'This is a book.'
ch1 =
    'This is a book.'
>> ch1(1)
ans =
    'T'
>> ch1(1:4)
ans =
    'This'
```

若字符序列中含有单撇号,则该单撇号字符必须用两个单撇号来表示。例如:

```
>> ch2 = 'It''s a book.'
ch2 =
    'It's a book.'
```

构建二维字符数组可以使用创建数值数组相同的方法,例如:

```
>> ch = ['abcdef'; '123456']
ch =
  2×6 char 数组
    'abcdef'
    '123456'
```

这种创建字符数组的方式要求各行字符数要相等。为此,有时不得不用空格来调节各行的长度,使它们彼此相等。如果各个字符串长度不等,则可以使用 char 函数将不同长度的字符串组合成字符数组,例如:

```
>> language = char('Python','Java','C++','MATLAB')
language =
  4×6 char 数组
    'Python'
    'Java  '
    'C++   '
    'MATLAB'
```

```
>> language(1,:)
ans =
    'Python'
>> language(:,3)
ans =
  4×1 char 数组
    't'
    'v'
    '+'
    'T'
```

MATLAB 还有许多与字符处理有关的函数，表 2-7 列出了字符串与其他类型数组的相互转换函数，表 2-8 列出了字符串的操作函数，表 2-9 列出了字符串检验函数。

表 2-7　字符串与其他类型数组的相互转换函数

函数名	含　义	函数名	含　义
char	将其他类型的数组转换为字符串	mat2str	将矩阵转换成字符串
num2str	将数值转换成字符串	int2str	将整数转换成字符串
str2num	将数字字符串转换成数值	cellstr	将字符串转换为单元数组

表 2-8　字符串的操作函数

函数名	含　义	函数名	含　义
strcat	串联字符串	strfind	在一个字符串内查找另一个字符串出现的位置
strcmp	比较字符串	strrep	查找并替换子字符串
strcmpi	比较字符串(不区分大小写)	newline	创建一个换行符
blanks	生成空格	deblank	移除字符串尾部空格
lower	转换为小写字母	strtrim	移除字符串前导和尾部空格
upper	转换为大写字母	erase	删除字符串内的指定子字符串
reverse	反转字符串中的字符顺序		

表 2-9　字符串检验函数

函数名	含　义	函数名	含　义
ischar	确定是否为字符数组	iscellstr	确定是否为字符向量单元数组
isspace	确定哪些元素为空格	startsWith	确定字符串是否以指定字符串开头
isletter	确定哪些元素为字母	endWith	确定字符串是否以指定字符串结尾

视频讲解

【例 2-2】　建立一个字符串，然后对该字符串做如下处理：

(1) 取第 5～12 个字符组成的子字符串。

(2) 统计字符串中大写字母的个数。

(3) 将字符串中的大写字母变成相应的小写字母，其余字符不变。

命令如下：

```
>> ch = 'The Language of Technical Computing';
>> subch = ch(5:12)
subch =
    'Language'
>> k = find(ch >= 'A' & ch <= 'Z');
>> length(k)
ans =
     4
```

```
>> lower(ch)
ans =
    'the language of technical computing'
```

2.5.2 字符串数组

从 MATLAB R2016b 开始,MATLAB 提供了字符串数组,可以更加高效地存储和处理文本数据。

字符数组主要用于存储一个或多个字符序列,数组中的每个元素都是一个字符,一个字符序列就构成一个字符串;字符串数组更适合存储多段文本,数组中的每个元素都是一个字符串,各存储一个字符序列,各个序列的长度可以不同。只有一个元素的字符串数组也称为字符串标量。

创建字符串数组是通过双引号括起字符序列来实现的。例如:

```
>> str1 = "Hello, world"
str1 =
    "Hello, world"
>> str1(1)
ans =
    "Hello, world"
>> str1(2)
Index exceeds the number of array elements. Index must not exceed 1.
```

创建一个字符串标量 str1,str1 只有一个元素,索引不能超过 1。

可以使用 string 函数将其他类型的数组转换为字符串数组。

```
>> str2 = string('Hello, world')
str2 =
    "Hello, world"
```

请对比以下命令及其结果:

```
>> a = ["ABCD","123456"]
a =
  1×2 string 数组
    "ABCD"    "123456"
>> a(1)
ans =
    "ABCD"
>> b = ['ABCD','123456']
b =
    'ABCD123456'
>> b(1)
ans =
    'A'
```

字符串数组除了可以使用字符数组的处理函数,还可以使用字符串数组的专用处理函数,表 2-10 列出了 MATLAB 提供的常用字符串数组处理函数。利用这些函数可以快速分析文本数据。

表 2-10 字符串数组处理函数

函 数 名	含 义
string	将其他类型数组转换为字符串数组
strings	生成指定大小的字符串数组,每一个元素都是空串
isstring	确定是否为字符串数组

续表

函 数 名	含 义
strlength	字符串的长度
join	合并字符串
split	拆分字符串数组中的字符串
splitlines	在换行符处拆分字符串
strsplit	在指定的分隔符处拆分字符串
contains	确定字符串数组中是否包含指定的字符串
replace	查找并替换字符串数组中指定的子字符串

2.6 结构体数据和单元数据

结构体数据类型和单元数据类型均是将不同类型的相关数据集成到一个变量中，使得大量的相关数据的处理与引用变得简单、方便。

2.6.1 结构体数据

结构体类型把一组类型不同而逻辑上相关的数据组成一个有机的整体。例如，要存储和处理学生的基本信息（包括学号、姓名、出生日期、入学成绩等）就可采用结构体类型。

1. 结构体变量

一个结构体变量由若干相关数据组成，存放各个数据的容器称为字段，对字段的访问采用圆点（小数点）表示法，即：

结构体变量名.字段名

建立一个结构体变量可以采用给结构体变量的字段赋值的办法。例如，要建立一个结构体变量 stu，存储某个学生的信息，包括学号、姓名、出生日期，命令如下：

```
>> stu.num = 20220101;stu.name = 'Andy';stu.birth = '2005年10月8日'
stu =
  包含以下字段的 struct:

     num: 20220101
    name: 'Andy'
   birth: '2005年10月8日'
```

建立的结构体变量 stu 含有 3 个字段。结构体变量的字段也可以是另一个结构体。例如：

```
>> stu.score.math = 90;stu.score.chemistry = 92;stu.score.physics = 88
stu =
  包含以下字段的 struct:

     num: 20220101
    name: 'Andy'
   birth: '2005年10月8日'
   score: [1×1 struct]
```

执行上述命令，结构体变量 stu 增加第 4 个字段 score，这个字段也是结构体。

2. 结构体数组

一个结构体变量只能存储一个对象的信息，如果要存储若干对象的信息，则可以使用结构体数组。在 MATLAB 中，通过调用 struct 函数建立结构体数组，struct 函数的调用格式如下：

```
s = struct(field1, value1, field2, value, …, fieldN, valueN)
```

其中,field1,field2,…,fieldN 为字段名；value1,value2,…,valueN 为字段值。例如,存储 3 个学生的基本信息,可以使用以下命令：

```
>> f1 = 'num';v1 = {20220101,20220102,20220104};
>> f2 = 'name'; v2 = {'Angel','Burtt','Cindy'};
>> f3 = 'birth'; v3 = {"2005 年 10 月 8 日","2005 年 11 月 22 日","2005 年 3 月 21 日"};
>> f4 = 'score'; v4 = {[88,90,95,88],[77,78,79,87],[86,85;91,90]};
>> students = struct(f1,v1,f2,v2,f3,v3,f4,v4)
students =
  包含以下字段的 1×3 struct 数组:
    num
    name
    birth
    score
```

3. 结构体对象的引用

对结构体对象可以引用其字段,也可以引用整个结构体对象。例如：

```
>> students(1).score   % 引用数组元素 student(1)的字段 score
ans =
    88      90      95      88
>> students(3)   % 引用数组元素 student(3)
ans =
  包含以下字段的 struct:

      num: 20220104
     name: 'Cindy'
    birth: "2005 年 3 月 21 日"
    score: [2×2 double]
```

要删除结构体的字段,则可以使用 rmfield 函数来完成。例如,要删除前面建立的结构体变量 stu 的字段 num,命令如下：

```
>> stu = rmfield(stu,'num')   % 删除 stu 变量的字段 num
stu =
  包含以下字段的 struct:

     name: 'Andy'
    birth: '2005 年 10 月 8 日'
    score: [1×1 struct]
```

执行命令后,stu 变量中只包含 name、birth、score 字段。

2.6.2 单元数据

单元数据类型也是把不同类型的数据组合成一个整体。与结构体数组不同的是,结构体数组的每一个元素由若干字段组成,不同元素的同一字段存储的是相同类型的数据。单元数组的每一个元素是一个整体,存储不同类型的数据。单元数据也称为元胞数据。

1. 单元数组的建立

建立单元数组时,数据用大括号括起来。例如,要建立单元数组 C,命令如下：

```
>> C = {1,[1,2;3,4],3;'text',pi,{11; 22; 33}}
C =
  2×3 cell 数组
    {[     1]}    {2×2 double}    {[     3]}
    {'text'}      {[  3.1416]}    {3×1 cell}
```

单元数组的元素称为单元。

也可以先调用 cell 函数建立空单元数组，再给单元数组元素赋值来建立单元数组。例如，建立上述单元数组 C，也可以使用以下命令：

```
>> C = cell(2,3);
>> C{1,1} = 1;C{1,2} = [1,2;3,4];C{1,3} = 3;
>> C{2,1} = 'text';C{2,2} = pi;C{2,3} = {11; 22; 33};
```

2. 单元数组的引用

引用单元数组的特定单元，通常使用以下方式：

```
A{row, col}
```

其中，A 为单元数组，row 和 col 分别指定其行号和列号，例如：

```
>> C{1,2}
ans =
     1     2
     3     4
```

也可以采用圆括号下标的形式引用单元数组的单元，例如：

```
>> C(2,1)
ans =
  1×1 cell 数组
    {'text'}
```

用圆括号下标的形式给单元数组中的单元赋值，数据要用大括号括起来。例如：

```
>> C(1,2) = {[77,88,99]}
C =
  2×3 cell 数组
    {[    1]}    {1×3 double}    {[      3]}
    {'text'}     {[  3.1416]}    {3×1 cell}
```

要删除单元数组中的某个元素，则给该元素赋值为[ ]，例如，删除 C 的第 3 个元素，命令如下：

```
>> C{1,2} = []
C =
  2×3 cell 数组
    {[    1]}    {0×0 double}    {[      3]}
    {'text'}     {[  3.1416]}    {3×1 cell}
```

2.7 应用实战 2

【例 2-3】 以初始速度 v_0 向上垂直抛出一个小球，则小球在一段时间 t 后的高度 h 为：

$$h = v_0 t - \frac{1}{2} g t^2$$

其中，g 是重力加速度，忽略空气阻力。

完成以下操作：

(1) 计算小球达到高度 h_c 时所需要的时间。

(2) 在 12.3s 的时间段内每隔 0.1s 计算一次 h 的值，并绘制该时间段的高度-时间曲线。

求解步骤如下：

(1) 令 $h = h_c$，则

$$h_c = v_0 t - \frac{1}{2} g t^2$$

这是一个以 t 为未知数的一元二次方程，对方程进行整理，得到

$$\frac{1}{2}gt^2-v_0t+h_c=0$$

不难利用一元二次方程求根公式求解，也可以利用 MATLAB 的 roots 函数求解。假定假设初始速度 v0=60m/s，hc=100m，命令如下：

```
>> v0 = 60;
>> hc = 100;
>> g = 9.81;
>> p = [1/2 * g, - v0, hc];
>> roots(p)
ans =
   10.2418
    1.9906
```

该方程有两个解，因为小球在抛出向上运动和下落时向下运动的过程中都会经过高度 hc。

(2) 假设初始速度 v0=60m/s，不难写出命令如下：

```
>> v0 = 60;
>> g = 9.81;
>> t = 0:0.1:12.3;
>> h = v0 * t - 1/2 * g * t.^2;
>> plot(t,h,[0,14],[100,100])
>> grid
```

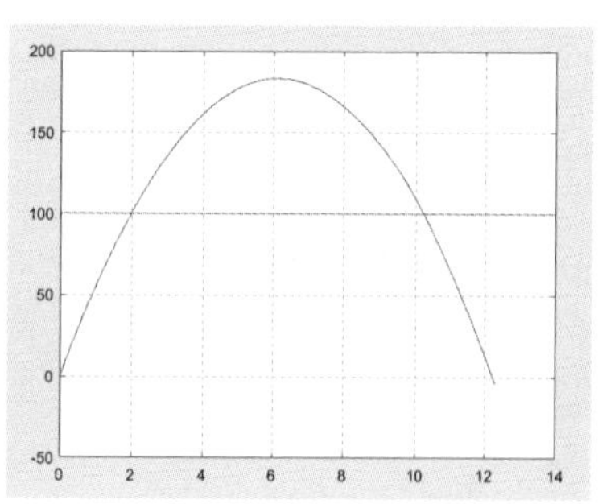

图 2-3　小球垂直上抛的高度-时间曲线

注意：

(1) 求 h 的表达式中要用点乘方运算，因为 t 是一个向量，点乘方运算让 t 的每一个元素进行平方运算。

(2) plot 函数中的第二组参数[0,14]和[100,100]用于绘制 100m 高度直线，x 轴坐标点为 0 和 14，y 轴坐标点均为 100。为便于观察，图中加了网格线。

命令执行后，输出的图形如图 2-3 所示。可以看出，小球在上升和下落到 100m 高度时的大致时间。

练习题

一、选择题

1. 下列语句中，语法上错误的是(　　)。

   A. x==y==51　　B. x=y==51

   C. x=y=51　　D. y=51; x=y

2. 在命令行窗口输入下列命令后，x 的值是(　　)。

```
>> clear
>> i = 3;
>> x = 2i * j;
```

   A. 报错　　B. 0.0000+6.0000i

   C. 6j　　D. −2

3. 使用语句 x=linspace(0,pi,6)生成的是(　　)个元素的向量。

   A. 8　　B. 7　　C. 6　　D. 5

4. fix(264/100)+mod(264,10)*10 的值是(　　)。

A. 86　　B. 62　　C. 423　　D. 42

5. ceil(-2.1)的结果为(　　)。

A. -2　　B. -3　　C. 1　　D. 2

6. eval('sqrt(4)+2')的值是(　　)。

A. sqrt(4)+2　　B. 4　　C. 2　　D. 2+2

7. 已知 a 为 3×5 矩阵,则执行完 a(:,[2,4])=[]后(　　)。

A. a 变成行向量　　B. a 变为 3 行 2 列

C. a 变为 3 行 3 列　　D. a 变为 2 行 3 列

8. 在命令行窗口执行以下命令后,D 的值为(　　)。

```
>> A = [ - 1: - 2: - 10; 0:4];
>> D = sub2ind(size(A), [1,1], [2,3])
```

A. 2 3　　B. 3 5　　C. -1 2　　D. -3 -5

9. 【多选】建立矩阵时,同一行的元素之间用(　　)分隔。

A. 逗号　　B. 空格　　C. 分号　　D. 引号

10. 【多选】下列说法错误的是(　　)。

A. format 命令影响数据输出格式,也会影响数据的计算和存储

B. 对一个 3 行 3 列的矩阵 A 来说,A(4)代表矩阵 A 中第二行第一列的元素

C. 表达式~(9==1)与表达式~9==1 的值不相等

D. 函数 sin(pi/2)与 sind(90)的值不相等

二、问答题

1. 在 MATLAB 中引用矩阵元素有哪 3 种方法? 请各举一例。

2. 设 A 为 3 行 4 列的矩阵,B 为一个行数大于 3 的矩阵,写出操作命令。

(1) 删除 A 的第 1、3 两列。

(2) 删除 B 的倒数第 3 行。

3. 设 x 是一个向量,x 的倒数第 2 个元素如何表示?

4. 命令 X=[]与 clear X 有何不同? 请上机验证结论。

5. 设 A 和 B 是两个同大小的矩阵,试分析 A*B 和 A.*B 的区别? 如果 A 和 B 是两个标量数据,结论又如何?

6. 下列命令执行后,new_claim 的值是什么?

```
claim = 'This is a good example.';
new_claim = strrep(claim,'good','great')
```

操作题

1. 下列命令执行后的输出结果是什么?

```
>> ans = 5;
>> 10;
>> ans + 10
```

2. $y=\dfrac{e^{0.3a}-e^{-0.3a}}{2}\sin(a+0.3)+\ln\dfrac{0.3+a}{2}$,当 a 取 -3.0,-2.9,-2.8,…,2.8,2.9,

3.0 时,求各点的函数值。

提示:利用冒号表达式生成 a 向量,求各点的函数值时用点乘运算。

3. 已知:

$$A=\begin{bmatrix}12 & 34 & -4\\34 & 7 & 87\\3 & 65 & 7\end{bmatrix},\quad B=\begin{bmatrix}1 & 3 & -1\\2 & 0 & 3\\3 & -2 & 7\end{bmatrix}$$

求下列表达式的值:

(1) A * B、B * A 和 A. * B。

(2) A^3 和 A.^3。

(3) A/B 及 B\A。

(4) [A,B]和[A([1,3],:); B^2]。

4. 设有矩阵 A 和 B

$$A=\begin{bmatrix}1 & 2 & 3 & 4 & 5\\6 & 7 & 8 & 9 & 10\\11 & 12 & 13 & 14 & 15\\16 & 17 & 18 & 19 & 20\\21 & 22 & 23 & 24 & 25\end{bmatrix},\quad B=\begin{bmatrix}3 & 0 & 16\\17 & -6 & 9\\0 & 23 & -4\\9 & 7 & 0\\4 & 13 & 11\end{bmatrix}$$

(1) 求它们的乘积 C。

(2) 将矩阵 C 的右下角 3×2 子矩阵赋给 D。

(3) 查看 MATLAB 工作空间的使用情况。

5. 完成下列操作:

(1) 求[100,999]中能被 21 整除的数的个数。

提示:先利用冒号表达式,再利用 find 和 length 函数。

(2) 建立一个字符串向量,删除其中的大写字母。

提示:利用 find 函数和空矩阵。

第3章 矩阵处理

MATLAB是由早期专门用于矩阵运算的计算软件发展而来,矩阵是MATLAB最基本、最重要的数据对象,MATLAB的大部分运算或命令都是在矩阵运算的意义下执行的,而且这种运算定义在复数域上。正因为如此,使得MATLAB的矩阵运算功能非常丰富,许多含有矩阵运算的复杂计算问题,在MATLAB中很容易得到解决。因为向量可以看成是仅有一行或一列的矩阵,单个数据(标量)可以看成是仅含一个元素的矩阵,故向量和单个数据都可以作为矩阵的特例来处理。本章介绍创建特殊矩阵的方法、矩阵结构变换和矩阵求值的方法、特征值与特征向量的求解方法以及稀疏矩阵的概念与操作。

3.1 特殊矩阵的生成

在数值计算中,经常需要用到一些特殊形式的矩阵,如零矩阵、幺矩阵、单位矩阵等,这些特殊矩阵在应用中具有通用性。还有一类特殊矩阵在某些特定领域中得到应用,如范德蒙矩阵、希尔伯特矩阵、帕斯卡矩阵等。大部分特殊矩阵可以利用第2章介绍的建立矩阵的方法来实现,但MATLAB中提供了一些函数,利用这些函数可以更方便地生成特殊矩阵。

3.1.1 通用的特殊矩阵

1. 零矩阵/幺矩阵

为了提高运行效率,在编写脚本时,通常先创建零矩阵或幺矩阵,然后再修改指定元素的值。MATLAB提供了如下函数,用于创建零矩阵/幺矩阵。

(1) zeros函数:生成全0矩阵,即零矩阵。

(2) ones函数:生成全1矩阵,即幺矩阵。

(3) eye函数:生成单位矩阵,即对角线上的元素为1、其余元素为0的矩阵。

(4) true函数:生成全1逻辑矩阵。

(5) false函数:生成全0逻辑矩阵。

这几个函数的调用格式相似,下面以生成零矩阵的zeros函数为例进行说明。zeros函数的调用格式如下。

- zeros(m):生成m×m零矩阵,m省略时,生成一个值为0的标量。
- zeros(m,n):生成m×n零矩阵。
- zeros(m,TypeName):生成m×m零矩阵,矩阵元素为TypeName指定类型,可以为以下字符串之一:'double'、'single'、'int8'、'uint8'、'int16'、'uint16'、'int32'、'uint32'、'int64'或'uint64',默认为double型。
- zeros(m, 'like', p):生成m×m零矩阵,矩阵元素的类型与变量p一致。

视频讲解

【例3-1】 分别建立3×3、2×3的零矩阵。

(1) 建立一个3×3的零矩阵。

```
>> S = zeros(3)
S =
     0     0     0
     0     0     0
     0     0     0
```

(2) 建立一个2×3的零矩阵。

```
>> T1 = zeros(2,3);
```

建立一个2×3的零矩阵也可以采用以下命令:

```
>> T1 = zeros([2,3]);
```

如果需指定矩阵中的元素为整型，则使用命令：

```
>> T2 = zeros(2,3,'int16');
```

如果需指定矩阵中的元素为复型，则可以使用命令：

```
>> x = 1 + 2i;
>> T3 = zeros(2,3,'like',x)
T3 =
   0.0000 + 0.0000i   0.0000 + 0.0000i   0.0000 + 0.0000i
   0.0000 + 0.0000i   0.0000 + 0.0000i   0.0000 + 0.0000i
```

2. 随机矩阵

在MATLAB中，提供了4个生成随机矩阵的函数。

(1) rand(m, n)函数：生成一组值在(0, 1)区间均匀分布的随机数，构建m×n矩阵。

(2) randi(imax, m, n)函数：生成一组值在[1, imax]区间均匀分布的随机整数，构建m×n矩阵。

(3) randn(m, n)函数：生成一组均值为0、方差为1的标准正态分布随机数，构建m×n矩阵。

(4) randperm(n, k)函数：将[1,n]区间的整数随机排列，构建一个向量，参数k指定向量的长度。

MATLAB默认生成的是伪随机数列，然后从伪随机数列中依次取出多个数，按函数的输入参数指定的方式构建矩阵。因此，在不同程序中调用同一个生成随机矩阵的函数，得到的随机矩阵是相同的。若需要生成不同的随机数列，则在调用以上函数之前调用rng函数。rng函数的调用格式为：

```
rng(seed)
```

其中，参数seed作为生成随机数的种子，可取0(默认值)或正整数，取'shuffle'时指定用当前时间作为生成随机数的种子。

假设已经得到了一组在(0, 1)区间均匀分布的随机数x，若想得到一组在(a, b)区间内均匀分布的随机数y，可以用$y_i=a+(b-a)x_i$计算得到。假设已经得到了一组标准正态分布随机数x，如果想得到一组均值为μ、方差为σ^2的随机数y，可用$y_i=\mu+\sigma x_i$计算得到。

视频讲解

【例3-2】 建立随机矩阵。

(1) 在区间(10, 30)内均匀分布的4阶随机矩阵。

(2) 均值为0.6、方差为0.1的4阶正态分布随机矩阵。

命令如下：

```
>> a = 10;
>> b = 30;
>> x = a + (b - a) * rand(4)
x =
   15.0856   16.9997   19.4658   20.9945
   26.2857   13.9319   17.0332   28.3439
   14.8705   15.0217   26.6166   15.7168
   28.5853   22.3209   21.7053   25.1440
>> y = 0.6 + sqrt(0.1) * randn(4)
y =
    0.8641    0.2370    0.3891    0.4612
    0.5229    0.6332    0.6592    0.0325
    0.6682    0.8284    0.5739    0.8658
    0.2313    1.4176   -0.0113    0.3192
```

3.1.2 面向特定应用的特殊矩阵

MATLAB 提供了若干能生成其元素值具有一定规律的特殊矩阵的函数，这类特殊矩阵在特定领域中是很有用的。下面介绍几个常用函数的功能和用法。

1. 魔方矩阵

魔方矩阵又称幻方、九宫图、纵横图，将自然数 1,2,3,…,n^2，排列成 n 行 n 列的方阵，使每行、每列及两条主对角线上的 n 个数的和都等于 $n(n^2+1)/2$。

在 MATLAB 中，函数 magic(n)生成一个 n 阶魔方矩阵(n≥3)。

【例 3-3】 将 101～125 等 25 个数填入一个 5 行 5 列的表格中，使其每行每列及对角线的和均为 565。

一个 5 阶魔方矩阵的每行、每列及对角线的和均为 65，对其每个元素都加 100 后这些和变为 565。完成其功能的命令如下：

```
>> M = 100 + magic(5)
M =
   117   124   101   108   115
   123   105   107   114   116
   104   106   113   120   122
   110   112   119   121   103
   111   118   125   102   109
```

2. 范得蒙矩阵

范得蒙(Vandermonde)矩阵的最后一列全为 1，倒数第二列为一个指定的向量，其他各列是其后列向量与倒数第二列向量的点乘积。

在 MATLAB 中，函数 vander(V)生成一个以向量 V 为基础向量的范得蒙矩阵。例如：

```
>> A = vander([5, - 2,1,6])
A =
   125    25     5     1
   - 8     4   - 2     1
     1     1     1     1
   216    36     6     1
```

3. 希尔伯特矩阵

希尔伯特(Hilbert)矩阵是一种数学变换矩阵，它的每个元素 $h_{ij}=1/(i+j-1)$。

在 MATLAB 中，函数 hilb(n)生成一个 n 阶希尔伯特矩阵。希尔伯特矩阵是一个高度病态的矩阵，即任何一个元素发生微小变动，整个矩阵的行列式的值和逆矩阵都会发生巨大变化，病态程度和阶数相关。MATLAB 提供了一个专门求希尔伯特矩阵的逆矩阵的函数 invhilb(n)，当 n<15 时，invhilb(n)生成希尔伯特矩阵的精确逆矩阵；当 n≥15 时，invhilb(n)生成希尔伯特矩阵的近似逆矩阵。

【例 3-4】 求 4 阶希尔伯特矩阵及其逆矩阵。

命令如下：

```
>> format rat          % 以有理形式输出
>> H = hilb(4)
H =
        1            1/2           1/3           1/4
        1/2          1/3           1/4           1/5
        1/3          1/4           1/5           1/6
        1/4          1/5           1/6           1/7
>> H = invhilb(4)
```

```
H =
        16          -120           240          -140
      -120          1200         -2700          1680
       240         -2700          6480         -4200
      -140          1680         -4200          2800
>> format             %恢复默认输出格式
```

4. 托普利兹矩阵

托普利兹(Toeplitz)矩阵除第一行和第一列元素外,其他元素都与该元素左上角的元素相同。

在 MATLAB 中,函数 toeplitz(x,y)生成一个以 x 为第一列、y 为第一行的托普利兹矩阵。这里 x、y 均为向量,x、y 长度可以不同,但 x 和 y 的第 1 个元素必须相同。只有一个输入参数的函数 toeplitz(x)用向量 x 生成一个对称的托普利兹矩阵。例如:

```
>> T = toeplitz([5,6,7],[5,18,16,12])
T =
     5    18    16    12
     6     5    18    16
     7     6     5    18
```

5. 伴随矩阵

设多项式 $p(x)$为:

$$p(x)=a_n x^n + a_{n-1}x^{n-1} + \cdots + a_1 x + a_0$$

称矩阵

$$\boldsymbol{A}=\begin{bmatrix} -\frac{a_{n-1}}{a_n} & -\frac{a_{n-2}}{a_n} & -\frac{a_{n-3}}{a_n} & \cdots & -\frac{a_1}{a_n} & -\frac{a_0}{a_n} \\ 1 & 0 & 0 & \cdots & 0 & 0 \\ 0 & 1 & 0 & \cdots & 0 & 0 \\ \vdots & \vdots & \vdots & & \vdots & \vdots \\ 0 & 0 & 0 & \cdots & 0 & 0 \\ 0 & 0 & 0 & \cdots & 1 & 0 \end{bmatrix}$$

为多项式 $p(x)$的伴随矩阵,$p(x)$称为 $\boldsymbol{A}$ 的特征多项式,方程 $p(x)=0$ 的根称为 $\boldsymbol{A}$ 的特征值。

MATLAB 生成伴随矩阵的函数是 compan(p),其中 p 是一个多项式的系数向量,高次幂系数排在前,低次幂排在后。例如,为了求多项式 $3x^4+10x^3-7x^2+1$ 的伴随矩阵,可使用命令:

```
>> format rat
>> p = [3,10, -7,0,1];
>> compan(p)
ans =
     -10/3          7/3            0          -1/3
        1            0             0            0
        0            1             0            0
        0            0             1            0
>> format
```

6. 帕斯卡矩阵

二次项$(x+y)^n$ 展开后的系数随 n 的增大组成一个三角形表,称为杨辉三角形。由杨辉三角形表组成的矩阵称为帕斯卡(Pascal)矩阵。帕斯卡矩阵的第 1 行元素和第 1 列元素都为 1,其余元素是同行的前一列元素和上一行的同列元素相加而得,即 $p_{1j}=1, p_{i1}=1, p_{ij}=p_{i,j-1}+p_{i-1,j}(i>1, j>1)$。

在 MATLAB 中,函数 pascal(n)生成一个 n 阶帕斯卡矩阵。

【例 3-5】 求$(x+y)^4$ 的展开式。

命令如下:

```
>> T4 = pascal(5)
T4 =
     1     1     1     1     1
     1     2     3     4     5
     1     3     6    10    15
     1     4    10    20    35
     1     5    15    35    70
```

矩阵次对角线上的元素 1,4,6,4,1 即为展开式的系数,即

$$(x+y)^4=x^4+4x^3y+6x^2y^2+4xy^3+y^4$$

3.2 矩阵变换

矩阵变换是指对一个矩阵进行某种运算与处理,其结果还是一个矩阵,包括求矩阵的对角阵、三角阵、转置矩阵、矩阵旋转、矩阵求逆等。

3.2.1 对角矩阵与三角矩阵

1. 对角矩阵

只有对角线上有非 0 元素的矩阵称为对角矩阵,对角线上的元素相等的对角矩阵称为数量矩阵,对角线上的元素都为 1 的对角矩阵称为单位矩阵。矩阵的对角线有许多性质,如转置运算时对角线元素不变,相似变换时对角线的和不变等。在研究矩阵时,很多时候需要将矩阵的对角线上的元素提取出来形成一个列向量,而有时又需要用一个向量构造一个对角阵。

(1) 提取矩阵的对角线元素。设 A 为 m×n 矩阵,函数 diag(A)用于提取矩阵 A 主对角线元素,生成一个具有 min(m,n)个元素的列向量。例如:

```
>> A = [1,2,3;11,12,13;110,120,130]
A =
     1     2     3
    11    12    13
   110   120   130
>> d = diag(A)
d =
     1
    12
   130
```

函数 diag(A)还有一种形式 diag(A,k),其功能是提取第 k 条对角线的元素。主对角线为第 0 条对角线;与主对角线平行,往上为第 1 条、第 2 条……第 n 条对角线,往下为第 −1 条、第 −2 条……第 −n 条对角线。例如,对于上面建立的 A 矩阵,提取其主对角线两侧对角线的元素,命令如下:

```
>> d1 = diag(A,1)
d1 =
     2
    13
>> d2 = diag(A, - 1)
d2 =
    11
   120
```

(2) 构造对角矩阵。设 V 为具有 m 个元素的向量，diag(V,k)的功能是生成一个 n×n (n=m+|k|)对角阵，其第 k 条对角线的元素即为向量 V 的元素。例如：

```
>> diag(10:2:14, -1)
ans =
     0     0     0     0
    10     0     0     0
     0    12     0     0
     0     0    14     0
```

默认 k 为 0，其主对角线元素即为向量 V 的元素。例如：

```
>> diag(10:2:14)
ans =
    10     0     0
     0    12     0
     0     0    14
```

【例 3-6】 先建立 5×5 矩阵 A，然后将 A 的第 1 行元素乘以 1，第 2 行乘以 2……第 5 行乘以 5。

用一个对角矩阵左乘一个矩阵时，相当于用对角阵的第 1 个元素乘以该矩阵的第 1 行，用对角阵的第 2 个元素乘以该矩阵的第 2 行，以此类推。因此，只需按要求构造一个对角矩阵 D，并用 D 左乘 A 即可。命令如下：

```
>> A = [17,0,1,0,15;23,5,7,14,16;4,0,13,0,22;10,12,19,21,3;…
     11,18,25,2,19];
>> D = diag(1:5);
>> D * A                    % 用 D 左乘 A，对 A 的每行乘以一个指定常数
ans =
    17     0     1     0    15
    46    10    14    28    32
    12     0    39     0    66
    40    48    76    84    12
    55    90   125    10    95
```

如果要对 A 的每列元素乘以同一个数，可以用一个对角阵右乘矩阵 A。

2. 三角矩阵

三角矩阵又进一步分为上三角矩阵和下三角矩阵。所谓上三角矩阵，即矩阵的对角线以下的元素全为 0 的一种矩阵，而下三角矩阵则是对角线以上的元素全为 0 的一种矩阵。

与矩阵 A 对应的上三角矩阵 B 是与 A 具有相同的行数和列数的一个矩阵，并且 B 的对角线以上(含对角线)的元素和 A 对应相等，而对角线以下的元素等于 0。求矩阵 A 的上三角矩阵的 MATLAB 函数是 triu(A)。例如，提取矩阵 A 的上三角元素，形成新的矩阵 B，命令如下：

```
>> A = randi(99,5,5)
A =
    76    70    82    44    49
    74     4    69    38    45
    39    28    32    76    64
    65     5    95    79    71
    17    10     4    19    75
>> B = triu(A)
B =
    76    70    82    44    49
     0     4    69    38    45
     0     0    32    76    64
     0     0     0    79    71
     0     0     0     0    75
```

triu 函数也有另一种形式 triu(A,k),其功能是求矩阵 A 的第 k 条对角线以上的元素。例如,提取上述矩阵 A 的第 2 条对角线以上的元素,形成新的矩阵 B1,命令如下:

```
>> B1 = triu(A,2)
B1 =
     0     0    82    44    49
     0     0     0    38    45
     0     0     0     0    64
     0     0     0     0     0
     0     0     0     0     0
```

在 MATLAB 中,提取矩阵 A 的下三角矩阵的函数是 tril(A)和 tril(A,k),其用法与 triu(A)和 triu(A, k)函数相同。

3.2.2 矩阵的转置与旋转

1. 矩阵的转置

所谓转置,即把源矩阵的第 1 行变成目标矩阵第 1 列,第 2 行变成第 2 列,以此类推。显然,一个 m 行 n 列的矩阵经过转置运算后,形成一个 n 行 m 列的矩阵。

在 MATLAB 中,转置运算使用运算符“. '”,或调用转置运算函数 transpose。例如:

```
>> A = randi(9,2,3)
A =
     3     6     2
     7     2     5
>> B = A.'   % 或 B = transpose(A)
B =
     3     7
     6     2
     2     5
```

复共轭转置运算是针对含复数元素的矩阵,除了将矩阵转置,还对原矩阵中的复数元素的虚部符号求反。复共轭转置运算使用运算符“'”,或调用函数 ctranspose。例如:

```
>> A = [3,4 - 1i,2 + 2i; 7i,1 + 1i,6 - 1i]
A =
   3.0000 + 0.0000i   4.0000 - 1.0000i   2.0000 + 2.0000i
   0.0000 + 7.0000i   1.0000 + 1.0000i   6.0000 - 1.0000i
>> B1 = A.'   % 或 B1 = transpose(A)
B1 =
   3.0000 + 0.0000i   0.0000 + 7.0000i
   4.0000 - 1.0000i   1.0000 + 1.0000i
   2.0000 + 2.0000i   6.0000 - 1.0000i
>> B2 = A'             % 或 B2 = ctranspose(A)
B2 =
   3.0000 + 0.0000i   0.0000 - 7.0000i
   4.0000 + 1.0000i   1.0000 - 1.0000i
   2.0000 - 2.0000i   6.0000 + 1.0000i
```

矩阵 B2 中的元素与矩阵 A 的对应元素虚部符号相反。

2. 矩阵的旋转与翻转

(1) 矩阵的旋转。在 MATLAB 中,利用函数 rot90(A, k)可以很方便地以 90°为单位对矩阵 A 进行旋转,选项 k 指定旋转 k 倍 90°,默认 k 为 1。当 k 为正整数时,将矩阵 A 按逆时针方向进行旋转;当 k 为负整数时,将矩阵 A 按顺时针方向进行旋转。例如:

```
>> A = rand(3,2)
A =
```

```
       0.5060    0.9593
       0.6991    0.5472
       0.8909    0.1386
>> B = rot90(A, - 1)        % 按顺时针方向旋转 90°
B =
       0.8909    0.6991    0.5060
       0.1386    0.5472    0.9593
>> C = rot90(A)             % 按逆时针方向旋转 90°
C =
       0.9593    0.5472    0.1386
       0.5060    0.6991    0.8909
```

(2) 矩阵的翻转。矩阵的翻转分左右翻转和上下翻转。对矩阵实施左右翻转是将原矩阵的第 1 列和最后 1 列调换,第 2 列和倒数第 2 列调换,以此类推。MATLAB 对矩阵 A 实施左右翻转的函数是 fliplr(A)。例如:

```
>> A = randi(99,2,5)
A =
    78    13    47    34    79
    93    57     2    17    31
>> B = fliplr(A)
B =
    79    34    47    13    78
    31    17     2    57    93
```

与矩阵的左右翻转类似,矩阵的上下翻转是将原矩阵的第 1 行与最后 1 行调换,第 2 行与倒数第 2 行调换,以此类推。MATLAB 对矩阵 A 实施上下翻转的函数是 flipud(A)。

【例 3-7】 将 n 阶方阵 $\boldsymbol{A}$ 副对角线元素置零。

命令 1:

```
A - flipud(diag(diag(flipud(A))))
```

命令 2:

```
m = eye(size(A))
k = ~flipud(m)
k. * A
```

命令 3:

```
m = eye(size(A))
A - flipud(m). * A
```

3.2.3 矩阵的逆与伪逆

1. 矩阵的逆

若方阵 $\boldsymbol{A}$、$\boldsymbol{B}$ 满足等式

$$\boldsymbol{AB} = \boldsymbol{BA} = \boldsymbol{I} \quad (\boldsymbol{I}\text{ 为单位矩阵})$$

则称 $\boldsymbol{A}$ 为 $\boldsymbol{B}$ 的逆矩阵,当然,$\boldsymbol{B}$ 也为 $\boldsymbol{A}$ 的逆矩阵。这时 $\boldsymbol{A}$、$\boldsymbol{B}$ 都称为可逆矩阵(或非奇异矩阵、满秩矩阵),否则称为不可逆矩阵(或奇异矩阵、降秩矩阵)。

MATLAB 提供的 inv(A)函数可以用来计算方阵的逆矩阵。若 A 为奇异矩阵、接近奇异矩阵或降秩矩阵时,系统将会给出警告信息。inv(A)函数等效于 A^(-1)。

【例 3-8】 求方阵 $\boldsymbol{A}$ 的逆矩阵并赋值给 $\boldsymbol{B}$,且验证 $\boldsymbol{A}$ 与 $\boldsymbol{B}$ 是互逆的。

命令如下:

```
>> A = [1 - 1 1;5 - 4 3;2 1 1];
```

```
>> B = inv(A)
B =

   -1.4000    0.4000    0.2000
    0.2000   -0.2000    0.4000
    2.6000   -0.6000    0.2000
>> C = A * B
C =
    1.0000    0.0000    0.0000
   -0.0000    1.0000    0.0000
   -0.0000    0.0000    1.0000
>> D = B * A
D =
    1.0000    0.0000    0.0000
   -0.0000    1.0000    0.0000
   -0.0000    0.0000    1.0000
>> C == D
ans =
  3×3 logical 数组
   0   0   0
   0   0   0
   1   0   0
```

在理想情况下,AB=BA。但是,由于计算机采用二进制存储和处理数据,影响浮点运算的精度,因此 AB 和 BA 非常接近,并不相等,命令 C==D 的结果为逻辑 0(假)。如果执行以下命令,就可以看到两个变量的值是不同的。

```
>> format long
>> C - D
ans =
     1.0e-14 *
   -0.044408920985006  -0.005551115123126   0.016653345369377
   -0.210942374678780   0.044408920985006  -0.005551115123126
                    0  -0.022204460492503   0.022204460492503
```

结果表明,虽然 C−D 的值不等于 0(所以 C 不等于 D),但 C−D 的值是 10^{-14} 数量级的结果,所以可以认为 C−D 的值接近于 0,即 C 约等于 D。

2. 矩阵的伪逆

如果矩阵 $\boldsymbol{A}$ 不是一个方阵,或者 $\boldsymbol{A}$ 是一个非满秩的方阵时,矩阵 $\boldsymbol{A}$ 没有逆矩阵,但可以找到一个与 $\boldsymbol{A}$ 的转置矩阵 $\boldsymbol{A}'$ 同型的矩阵 $\boldsymbol{B}$,使得:

$$\boldsymbol{ABA}=\boldsymbol{A}$$

$$\boldsymbol{BAB}=\boldsymbol{B}$$

此时称矩阵 $\boldsymbol{B}$ 为矩阵 $\boldsymbol{A}$ 的伪逆,也称为广义逆矩阵。

在 MATLAB 中,求一个矩阵伪逆的函数是 pinv(A)。例如:

```
>> A = [3,1,1,1;1,3,1,1;1,1,3,1];
>> B = pinv(A)
B =
    0.3929   -0.1071   -0.1071
   -0.1071    0.3929   -0.1071
   -0.1071   -0.1071    0.3929
    0.0357    0.0357    0.0357
```

若 A 是一个奇异矩阵,无一般意义上的逆矩阵,但可以求 A 的伪逆矩阵。例如:

```
>> A = [0,0,0;0,1,0;0,0,1];
>> pinv(A)
ans =
```

```
     0     0     0
     0     1     0
     0     0     1
```

本例中，A 的伪逆矩阵和 A 相等，这是一个巧合。一般说来，矩阵的伪逆矩阵和自身是不同的。

3.3 矩阵求值

矩阵求值是指对一个矩阵进行某种运算，其结果是一个数值，包括求矩阵的行列式值、秩、迹、范数、条件数等。

3.3.1 方阵的行列式

将一个方阵看作一个行列式，并对其按行列式的规则求值，这个值就称为矩阵所对应的行列式的值。

在 MATLAB 中，求方阵 A 所对应的行列式的值的函数是 det(A)。例如：

```
>> A = [1,2,3; 2,1,0; 12,5,9]
A =
     1     2     3
     2     1     0
    12     5     9
>> dA = det(A)
dA =
   - 33
```

看一个例子，求矩阵 A 的行列式值。

```
>> A = [1,2,3;4,5,6;7,8,9];
>> det(A)
ans =
  - 9.5162e - 16
```

在这里，A 的元素是整数。数学上用对角线法则求 A 的行列式值，结果也为整数，这里应该为 0，但这里的 det 函数返回结果并不是 0，而只是一个很接近 0 的数(约等于 0)。

对于高阶矩阵，用对角线法则是不现实的，所以 det 函数使用 lu 函数基于高斯消去法获取的三角形因子来计算行列式，这很容易出现浮点舍入误差。下面看一个例子：

```
>> A = [1,2,3;4,5,6;7,8,9];
>> [L,U] = lu(A);
>> s = det(L); % 其结果总为 1 或 - 1
>> d1 = s * prod(diag(U))
d1 =
  - 9.5162e - 16
```

结果显示，两种不同方法得到的行列式值相等。这说明在分析 MATLAB 的执行结果时要从算法实现上去分析，尽管应用 MATLAB 时不需要详细了解算法的实现过程，但还是需要具有算法思维的意识和习惯。

由于实数在计算机中表示的误差，一般来说对实数不要进行“相等”或“不等于”的判断，而要进行“约等于”的判断，即两个数相减取绝对值小于一个很小的数。例如，判断 A 的行列式是否为 0：

```
>> d1 == 0
ans =
  logical
   0
```

```
>> abs(d1)<= 1e-10
ans =
  logical
   1
```

应该采用第二种方法，其中判断的精度可以根据实际情况做出选择。再看一个例子：

```
>> sqrt(2) * sqrt(2) == 2
ans =
  logical
   0
>> sqrt(2) * sqrt(2) - 2
ans =
   4.4409e-16
>> abs(sqrt(2) * sqrt(2) - 2)< 1e-6
ans =
  logical
   1
```

在 MATLAB 中类似的问题还有很多，其分析方法是一样的。

3.3.2 矩阵的秩与迹

1. 矩阵的秩

矩阵线性无关的行数或列数称为矩阵的秩。一个 $m\times n$ 矩阵 $\mathbf{A}$ 可以看成由 m 个行向量组成或由 n 个列向量组成。通常，对于一组向量 $\boldsymbol{x}_1,\boldsymbol{x}_2,\cdots,\boldsymbol{x}_p$，若存在一组不全为零的数 k_i $(i=1,2,\cdots,p)$，使

$$k_1\boldsymbol{x}_1+k_2\boldsymbol{x}_2+\cdots+k_p\boldsymbol{x}_p=\mathbf{0}$$

成立，则称这 p 个向量线性相关，否则称线性无关。对于 $m\times n$ 矩阵 $\mathbf{A}$，若 m 个行向量中有 r $(r\leqslant m)$个行向量线性无关，而其余为线性相关，则称 r 为矩阵 $\mathbf{A}$ 的行秩；类似地，可定义矩阵 $\mathbf{A}$ 的列秩。矩阵的行秩和列秩总是相等的，因此将行秩和列秩统称为矩阵的秩，也称为该矩阵的奇异值。

在 MATLAB 中，求矩阵秩的函数是 rank(A)。例如：

```
>> A = [1,2,3; 2,1,0; 12,5,9];
>> r = rank(A)
r =
      3
>> A1 = [1,2,3; 4,8,12; 12,5,9];
>> r = rank(A1)
r =
     2
```

说明 A 是一个满秩矩阵，A1 是一个不满秩矩阵。A1 又称为奇异矩阵。

2. 矩阵的迹

矩阵的迹即矩阵的主对角线元素之和，也等于矩阵的特征值之和。

在 MATLAB 中，函数 trace(A)用于求矩阵的迹。例如：

```
>> A = [1,2,3; 2,1,0; 12,5,9];
>> trace(A)
ans =
      11
```

3.3.3 向量和矩阵的范数

在求解线性方程组时，由于实际的观测和测量误差以及计算过程中的舍入误差的影响，所

求得的数值解与精确解之间存在一定的差异，为了了解数值解的精确程度，必须对解的误差进行估计，线性代数中常采用范数进行线性变换的误差分析。范数有多种方法定义，其定义不同，范数值也就不同，因此，讨论向量和矩阵的范数时，一定要弄清是求哪一种范数。

1. 向量的范数

设向量 $\mathbf{V}=(v_1,v_2,\cdots,v_n)$，向量的 3 种常用范数定义如下。

(1) 1-范数：向量元素的绝对值之和，即

$$\|\mathbf{V}\|_1=\sum_{i=1}^{n}|v_i|$$

(2) 2-范数：向量元素平方和的平方根，即

$$\|\mathbf{V}\|_2=\sqrt{\sum_{i=1}^{n}v_i^2}$$

(3) ∞-范数：所有向量元素绝对值的最大值，即

$$\|\mathbf{V}\|_\infty=\max_{1\leqslant i\leqslant n}\{|v_i|\}$$

在 MATLAB 中，函数 norm 用于计算向量的范数，其基本调用格式如下：

(1) norm(v)：求向量 v 的 2-范数。

(2) norm(v,p)：求向量 v 的 p-范数，针对 3 种常用范数，p 可取值为 1、2(默认值)、Inf。

例如：

```
>> va = randi(19,1,5) - 10
va =
     0     9    -3     2    -5
>> nva = [norm(va,1),norm(va),norm(va,inf)]      % 求向量 V 的 3 种范数
nva =
   19.0000   10.9087    9.0000
```

从几何意义上讲，两向量之差的 2-范数代表两个点之间的欧几里得距离。以平面直角坐标系为例，将坐标点(x,y)表示为两个元素的向量，可以使用 norm 函数来计算两点之间的距离。例如：

```
>> a = [0, 4];
>> b = [ - 3, 2];
>> d = norm(b - a)
d =
    3.6056
```

即 $d=\sqrt{(-3-0)^2+(2-4)^2}=\sqrt{13}$。

2. 矩阵的范数

设 $\mathbf{A}$ 是一个 $m\times n$ 矩阵，$\mathbf{V}$ 是一个含有 n 个元素的列向量，定义：

$$\|\mathbf{A}\|=\max\{\|\mathbf{AV}\|\},\quad \|\mathbf{V}\|=1$$

因为 $\mathbf{A}$ 是一个 $m\times n$ 矩阵，而 $\mathbf{V}$ 是一个含有 n 个元素的列向量，所以 $\mathbf{AV}$ 是一个含有 m 个元素的列向量。在前面已经定义了 3 种不同的向量范数，按照上式也可以定义 3 种矩阵范数，这样定义的矩阵范数 $\|\mathbf{A}\|$ 称为 $\mathbf{A}$ 从属于向量的范数。

上式只给出了矩阵范数的基本定义，未给出具体计算方法，完全按照上式是难以计算一个矩阵的某种具体范数的。从属于 3 种向量范数的矩阵范数计算公式是(a_{ij} 是矩阵 $\mathbf{A}$ 的元素)：

(1) 1-范数：组成矩阵的各个列向量元素的绝对值之和的最大值，即

$$\|\mathbf{A}\|_1=\max_{\|\mathbf{V}\|=1}\{\|\mathbf{AV}\|_1\}=\max_{1\leqslant j\leqslant n}\left\{\sum_{i=1}^{m}|a_{ij}|\right\}$$

(2) 2-范数：$\boldsymbol{A}'\boldsymbol{A}$ 最大特征值的平方根，即 $\|\boldsymbol{A}\|_2=\max\limits_{\|\boldsymbol{V}\|=1}\{\|\boldsymbol{AV}\|_2\}=\sqrt{\lambda_1}$，其中，$\lambda_1$ 为 $\boldsymbol{A}'\boldsymbol{A}$ 的最大特征值。

(3) ∞-范数：组成矩阵的各个行向量元素的绝对值之和的最大值，即

$$\|\boldsymbol{A}\|_\infty=\max_{\|\boldsymbol{V}\|=1}\{\|\boldsymbol{AV}\|_\infty\}=\max_{1\leqslant i\leqslant m}\left\{\sum_{j=1}^{n}|a_{ij}|\right\}$$

例如：

```
>> A = [1,2,3,4; - 9,0,2,5]
A =
      1     2     3     4
     -9     0     2     5
>> nA = [norm(A,1),norm(A),norm(A,inf)]  % 求矩阵 A 的范数
nA =
      10.0000    10.6519    16.0000
```

3.3.4 矩阵的条件数

在求解线性方程组 $\boldsymbol{AX}=\boldsymbol{b}$ 时，一般认为，系数矩阵 $\boldsymbol{A}$ 中个别元素的微小扰动不会引起解向量的很大变化。这样的假设在工程应用中非常重要，因为一般系数矩阵的数据是由实验数据获得的，并非精确值，但与精确值误差不大。由上面的假设可以得出如下结论：当参与运算的系数与实际精确值误差很小时，所获得的解与问题的精确解误差也很小。遗憾的是，上述假设并非总是正确的。对于有的系数矩阵，个别元素的微小扰动会引起解的很大变化。在计算数学中，称这种矩阵为病态矩阵，而称解不因其系数矩阵的微小扰动而发生大的变化的矩阵为良性矩阵。当然，良性与病态是相对的，需要一个参数来描述，条件数就是用来描述矩阵的这种性能的一个参数。

矩阵 $\boldsymbol{A}$ 的条件数等于 $\boldsymbol{A}$ 的范数与 $\boldsymbol{A}$ 的逆矩阵的范数的乘积，即 $\mathrm{cond}(\boldsymbol{A})=\|\boldsymbol{A}\|\cdot\|\boldsymbol{A}^{-1}\|$，这样定义的条件数总是大于或等于 1 的。设条件数用 k 表示，解的相对误差用 $\varepsilon(x)$ 表示，$\boldsymbol{A}$ 的相对误差用 $\varepsilon(\boldsymbol{A})$ 表示，$\boldsymbol{b}$ 的相对误差用 $\varepsilon(\boldsymbol{b})$ 表示，则数学上有这样的结论：

$$\varepsilon(x)\approx k[\varepsilon(\boldsymbol{A})+\varepsilon(\boldsymbol{b})]$$

即解的相对误差约等于 $\boldsymbol{A}$ 和 $\boldsymbol{b}$ 的相对误差的 k 倍，当 k 很大时，即使 $\boldsymbol{A}$ 和 b 的相对误差很小，解的相对误差也可能很大。由此可知，舍入误差对解的影响的大小取决于条件数的大小。条件数越接近于 1，矩阵的性能越好，方程组称为良态方程组；反之，矩阵的性能越差，方程组称为病态方程组。

矩阵有 3 种范数，相应地可以定义 3 种条件数。在 MATLAB 中，计算矩阵 A 的 3 种条件数的函数是：

(1) cond(A,1)用于计算 $\boldsymbol{A}$ 的 1-范数下的条件数，即

$$\mathrm{cond}(\boldsymbol{A},1)=\|\boldsymbol{A}\|_1\|\boldsymbol{A}^{-1}\|_1$$

(2) cond(A)或 cond(A,2)用于计算 $\boldsymbol{A}$ 的 2-范数下的条件数，即

$$\mathrm{cond}(\boldsymbol{A})=\|\boldsymbol{A}\|_2\|\boldsymbol{A}^{-1}\|_2$$

(3) cond(A,inf)用于计算 $\boldsymbol{A}$ 的∞-范数下的条件数，即

$$\mathrm{cond}(\boldsymbol{A},\mathrm{inf})=\|\boldsymbol{A}\|_\infty\|\boldsymbol{A}^{-1}\|_\infty$$

例如：

```
>> A = [1,2,3;3, - 4,5; - 5,6,7];
>> cA = cond(A)
```

```
cA =
    5.4598
>> B = [1,2,5; -2, -7,5; -5,1, -2];
>> cB = cond(B)
cB =
    2.1901
```

矩阵 **B** 的条件数比矩阵 **A** 的条件数更接近于 1，因此，矩阵 **B** 的性能要好于矩阵 **A**。

3.4 矩阵的特征值与特征向量

矩阵的特征值与特征向量在科学研究和工程计算中应用广泛。例如，机械中的振动问题、电磁振荡中的某些临界值的确定等问题，往往归结成求矩阵的特征值与特征向量的问题。

设 $\boldsymbol{A}$ 是 n 阶方阵，如果存在数 λ 和 n 维非零向量 $\boldsymbol{x}$，使得 $\boldsymbol{Ax}=\lambda\boldsymbol{x}$ 成立，则称 λ 是矩阵 $\boldsymbol{A}$ 的一个特征值或本征值，称向量 $\boldsymbol{x}$ 为矩阵 $\boldsymbol{A}$ 属于特征值 λ 的特征向量或本征向量，简称 $\boldsymbol{A}$ 的特征向量或 $\boldsymbol{A}$ 的本征向量。

在 MATLAB 中，计算矩阵 A 的特征值和特征向量的函数是 eig(A)，常用的调用格式有如下 3 种。

(1) V=eig(A)：求矩阵 A 的全部特征值，构成向量 V。

(2) [X,D]=eig(A)：求矩阵 A 的全部特征值，构成对角阵 D，并产生矩阵 X，X 各列是相应的特征向量，满足 AX=XD。

(3) [X,D]=eig(A,'nobalance')：与第 2 种格式类似，但第 2 种格式中先对 A 作相似变换后求矩阵 A 的特征值和特征向量，而格式 3 直接求矩阵 A 的特征值和特征向量。

矩阵 A 的特征向量有无穷多个，eig 函数只找出其中的 n 个，A 的其他特征向量，均可由这 n 个特征向量的线性组合表示。

例如：

```
>> A = [1,1,0.5;1,1,0.25;0.5,0.25,2];
>> [V,D] = eig(A)
V =
     0.7212      0.4443      0.5315
    -0.6863      0.5621      0.4615
    -0.0937     -0.6976      0.7103
D =
    -0.0166           0           0
          0      1.4801           0
          0           0      2.5365
```

求得的 3 个特征值是−0.0166、1.4801 和 2.5365，各特征值对应的特征向量为 V 的各列向量。

下面验证特征值和特征向量。

```
>> A * V
ans =
   -0.0120    0.6576    1.3481
    0.0114    0.8320    1.1705
    0.0016   -1.0325    1.8018
>> V * D
ans =

   -0.0120    0.6576    1.3481
    0.0114    0.8320    1.1705
    0.0016   -1.0325    1.8018
```

```
>> A * V == V * D
ans =
  3×3 logical 数组
   0   0   0
   0   0   0
   0   0   0
```

请读者思考，看起来 A＊V 与 V＊D 的结果是一样的，但为什么“等于”关系运算结果为 0 呢？即这里 A＊V 与 V＊D 为何不相等？

从理论上讲，特征值分解可满足 AV＝VD。但是，由于计算机采用有限的二进制位存储和处理数据，影响浮点运算的精度，因此 AV 与 VD 非常接近，并不相等。看下列结果。

```
>> format long
>> A * V - V * D
ans =
    1.0e - 15 *
    0.083266726846887   - 0.111022302462516    0.222044604925031
    0.204697370165263     0.222044604925031    0.444089209850063
    0.203396327558281     0.222044604925031    0.222044604925031
>> format
```

A＊V－V＊D 的结果是很小的数，可以理解为约等于 0，即 A＊V≈V＊D，这是由计算机解题的特点所决定的。

3.5 稀疏矩阵的操作

稀疏矩阵是指具有大量的零元素，而仅含少量的非零元素的矩阵。通常，一个 $m\times n$ 实矩阵需要占据 $m\times n$ 个存储单元。这对于一个 m、n 较大的矩阵来说，无疑将要占据相当大的内存空间。对稀疏矩阵来说，若将大量的零元素也存储起来，显然是对内存资源的一种浪费。为此，MATLAB 为稀疏矩阵提供了方便、灵活、有效的存储技术。

3.5.1 矩阵存储方式

MATLAB 的矩阵有两种存储方式：完全存储方式和稀疏存储方式。

1. 完全存储方式

完全存储方式是将矩阵的全部元素按列逐个存储。迄今为止，介绍的矩阵存储方式都是按这个方式存储的，完全存储方式对稀疏矩阵也适用。例如，$m\times n$ 的实矩阵需要 $m\times n$ 个存储单元，而复矩阵需要 $m\times 2n$ 个存储单元。例如：

```
>> A = [1,0,0,0,0; 0,5,0,0,0; 2,0,0,7,0]
A =
     1     0     0     0     0
     0     5     0     0     0
     2     0     0     7     0
>> B = [1,0,0; 0,5 + 3i,0; 2i,0,0]
B =
   1.0000 + 0.0000i   0.0000 + 0.0000i   0.0000 + 0.0000i
   0.0000 + 0.0000i   5.0000 + 3.0000i   0.0000 + 0.0000i
   0.0000 + 2.0000i   0.0000 + 0.0000i   0.0000 + 0.0000i
>> whos
  Name      Size            Bytes  Class     Attributes
  A         3×5               120  double
  B         3×3               144  double    complex
```

通常，一个 double 类型数据占 8 字节，所以这里的 3×5 矩阵 A 占 120 字节，3×3 复矩阵

B占144字节。

2. 稀疏存储方式

稀疏存储方式仅存储矩阵所有的非零元素的值及其位置,即行号和列号。显然,这对于具有大量零元素的稀疏矩阵来说是十分有效的。例如:

```
>> A = [1,0,0,0,0; 0,5,0,0,0; 2,0,0,7,0]
A =
     1     0     0     0     0
     0     5     0     0     0
     2     0     0     7     0
```

矩阵A的稀疏存储方式如下:

```
(1,1)    1
(3,1)    2
(2,2)    5
(3,4)    7
```

其中,括号内为元素的行列位置,其后面为元素值。在MATLAB中,稀疏存储方式也是按列顺序存储的,先存储矩阵第1列非零元素,再存储矩阵第2列非零元素,以此类推。在工作空间观测分别用这两种方式存储的变量,可以看到稀疏存储方式会有效地节省存储空间。

稀疏矩阵是指矩阵的零元素较多、具有稀疏特征的矩阵,稀疏存储矩阵是指采用稀疏方式存储的矩阵。稀疏矩阵不一定非得采用稀疏存储方式,也可以采用完全存储方式。

3.5.2 生成稀疏矩阵

1. 将完全存储方式转化为稀疏存储方式

函数A=sparse(S)将矩阵S转化为稀疏存储方式的矩阵A。当矩阵S是稀疏存储方式时,则函数调用相当于A=S。

【例3-9】 设

$$\boldsymbol{X}=\begin{bmatrix}2&0&0&0&0\\0&0&0&0&0\\0&0&0&5&0\\0&1&0&0&-1\\0&0&0&0&-5\end{bmatrix}$$

将$\boldsymbol{X}$转化为稀疏存储方式。

命令如下:

```
>> X = [2,0,0,0,0;0,0,0,0,0;0,0,0,5,0;0,1,0,0, - 1;0,0,0,0, - 5];
>> A = sparse(X)
A =
   (1,1)        2
   (4,2)        1
   (3,4)        5
   (4,5)       -1
   (5,5)       -5
```

A就是X的稀疏存储方式。

sparse函数还有其他一些调用格式。

(1) sparse(m,n):生成一个m×n的所有元素都是0的稀疏矩阵。

(2) sparse(u,v,S):其中u、v、S是3个等长的向量。S是要建立的稀疏矩阵的非零元素,u(i)、v(i)分别是S(i)的行和列下标,该函数建立一个max(u)行、max(v)列并以S为稀疏元素的稀疏矩阵。

此外,还有一些和稀疏矩阵操作有关的函数。例如:

(1) [u,v,S]=find(A)——返回矩阵 A 中非零元素的下标和元素。这里产生的 u、v、S 可作为 sparse(u,v,S)的参数。

(2) full(A)——返回和稀疏存储矩阵 A 对应的完全存储方式矩阵。

例如:

```
>> A = sparse([1,2,4,5],[1,3,2,8],[1,10, - 2,40])
A =
   (1,1)         1
   (4,2)        - 2
   (2,3)        10
   (5,8)        40
>> B = full(A)
B =
     1     0    0   0   0   0   0    0
     0     0   10   0   0   0   0    0
     0     0    0   0   0   0   0    0
     0   - 2    0   0   0   0   0    0
     0     0    0   0   0   0   0   40
>> whos
  Name        Size              Bytes  Class      Attributes
  A           5x8                 136  double     sparse
  B           5x8                 320  double
```

B 是 A 对应的完全存储矩阵。可以看出,稀疏存储矩阵 A 所占的内存字节数比相应的完全存储矩阵 B 要少得多。

(3) issparse(A)——用于判断矩阵 A 是否为稀疏矩阵。

2. 产生稀疏存储矩阵

sparse 函数可以将一个完全存储方式的矩阵转化为稀疏存储方式,但在实际应用时,如果要构建一个稀疏存储方式的大矩阵,按照上述方法,必须先建立该矩阵的完全存储方式矩阵,然后使用 sparse 函数进行转化,这显然是不可取的。能否只把要建立的稀疏矩阵的非零元素及其所在行和列的位置表示出来,然后直接产生其稀疏存储方式呢? MATLAB 提供了 spconvert 函数,其调用格式为:

```
B = spconvert(A)
```

该函数将 A 所描述的一个矩阵转化为一个稀疏存储矩阵。其中,A 为一个 $m\times 3$ 或 $m\times 4$ 的矩阵,其每行表示一个非零元素,m 是非零元素的个数。A(i,1)表示第 i 个非零元素所在的行,A(i,2)表示第 i 个非零元素所在的列,A(i,3)表示第 i 个非零元素值的实部,A(i,4)表示第 i 个非零元素值的虚部。若矩阵的全部元素都是实数,则无需第 4 列。

【例 3-10】 根据表示稀疏矩阵的矩阵 $\boldsymbol{A}$,生成一个稀疏矩阵 $\boldsymbol{B}$。

$$\boldsymbol{A}=\begin{bmatrix}2 & 2 & 1\\ 3 & 1 & -1\\ 4 & 3 & 3\\ 5 & 3 & 8\\ 6 & 6 & 12\end{bmatrix}$$

命令如下:

```
>> A = [2,2,1;3,1, - 1;4,3,3;5,3,8;6,6,12];
```

```
>> B = spconvert(A)
B =
   (3,1)       - 1
   (2,2)         1
   (4,3)         3
   (5,3)         8
   (6,6)        12
```

注意,矩阵 A 并非稀疏存储矩阵,B 才是稀疏存储矩阵。

3. 带状稀疏存储函数

用 spdiags 函数产生带状稀疏存储矩阵。为便于理解,先看下列具有稀疏特征的带状矩阵。

$$\boldsymbol{X}=\begin{bmatrix}11&0&0&12&0&0\\0&21&0&0&22&0\\0&0&31&0&0&32\\41&0&0&42&0&0\\0&51&0&0&52&0\end{bmatrix}$$

希望产生一个稀疏存储矩阵 $\boldsymbol{A}$。

首先找出 $\boldsymbol{X}$ 矩阵的特征数据。包括矩阵的大小：5×6；有 3 条对角线,它们的位置与值依次为：第 1 条位于主对角线下方第 3 条,记 $d_1=-3$,该对角线元素值为 0,0,0,41,51；第 2 条为主对角线,记 $d_2=0$,元素值为 11,21,31,42,52；第 3 条位于主对角线上方第 3 条,记 $d_3=3$,元素值为 12,22,32,0,0。于是,将带状对角线的值构成下列矩阵 $\boldsymbol{B}$,将带状的位置构成向量 $\boldsymbol{d}$：

$$\boldsymbol{B}=\begin{bmatrix}0&11&12\\0&21&22\\0&31&32\\41&42&0\\51&52&0\end{bmatrix},\quad \boldsymbol{d}=\begin{bmatrix}-3\\0\\3\end{bmatrix}$$

然后利用 spdiags 函数产生一个稀疏存储矩阵。

```
>> B = [0,0,0,41,51;11,21,31,42,52;12,22,32,0,0]'
B =
     0    11    12
     0    21    22
     0    31    32
    41    42     0
    51    52     0
>> d = [ - 3;0;3]
d =
    - 3
      0
      3
>> A = spdiags(B,d,5,6)      % 产生一个稀疏存储矩阵 A
A =
   (1,1)        11
   (4,1)        41
   (2,2)        21
   (5,2)        51
   (3,3)        31
   (1,4)        12
   (4,4)        42
   (2,5)        22
```

```
    (5,5)        52
    (3,6)        32
```

spdiags 函数用于产生带状稀疏矩阵的稀疏存储矩阵，其调用格式如下：

```
A = spdiags(B,d,m,n)
```

其中，m、n 为原带状矩阵的行数与列数。B 为 $r\times p$ 矩阵，这里 $r=\min(m,n)$，p 为原带状矩阵所有非零对角线的条数，矩阵 B 的第 i 列即为原带状矩阵的第 i 条非零对角线。d 为具有 p 个元素的列向量，d_i 存储该原带状矩阵的第 i 条对角线的位置。d_i 的取法：若是主对角线，取 $d_i=0$，若位于主对角线的下方第 s 条对角线，取 $d_i=-s$，若位于主对角线的上方第 s 条对角线，则取 $d_i=s$。矩阵 B 的第 i 个列向量的构成方法是：若原矩阵对角线上元素个数等于 r，则取全部元素；若非零对角线上元素个数小于 r，则用零元素填充，凑足 r 个元素。填充零元素的原则：若 $m<n$(行数小于列数)，则当 $d_i<0$，在对角线元素前面填充零元素；当 $d_i>0$，则在对角线元素后面填充零元素。若 $m\geqslant n$(行数大于或等于列数)，则当 $d_i<0$ 时，在对角线元素后面填充零元素；当 $d_i>0$ 时，在对角线元素前面填充零元素。

spdiags 函数的其他调用格式如下。

(1) [B, d]=spdiags(A)：从原带状矩阵 A 中提取全部非零对角线元素赋给矩阵 B 及其这些非零对角线的位置向量 d。

(2) B=spdiags(A,d)：从原带状矩阵 A 中提取由向量 d 所指定的那些非零对角线元素构成矩阵 B。

(3) E=spdiags(B, d, A)：在原带状矩阵 A 中将由向量 d 所指定的那些非零对角线元素用矩阵 B 替代，构成一个新的矩阵带状矩阵 E。

4. 单位矩阵的稀疏存储

单位矩阵只有对角线元素为 1，其他元素都为 0，是一种具有稀疏特征的矩阵。函数 eye 生成一个完全存储方式的单位矩阵。MATLAB 还提供了一个生成稀疏存储方式的单位矩阵的 speye 函数，speye(m,n)返回一个 $m\times n$ 的稀疏单位矩阵。例如：

```
>> s = speye(3,5)
s =
   (1,1)        1
   (2,2)        1
   (3,3)        1
```

5. 获取稀疏矩阵非零元素信息

稀疏矩阵的一个重要信息是非零元素，可以使用以下函数实现操作。

(1) nnz(A)：返回矩阵 A 中的非零元素的个数。

(2) nonzeros(A)：返回由矩阵 A 的所有非零元素构成的列向量。

例如：

```
>> A = [0,0,3;0,5,0;0,0,9];
>> nnz(A)
ans =
     3
>> nonzeros(A)
ans =
     5
     3
     9
```

3.5.3 稀疏矩阵的运算

稀疏存储矩阵只是矩阵的存储方式不同，它的运算规则与普通矩阵是一样的，所以，在运算过程中，稀疏存储矩阵可以直接参与运算。当参与运算的对象不全是稀疏存储矩阵时，所得结果一般是完全存储形式。例如：

```
>> A = [0,0,3;0,5,0;0,0,9];
>> B = sparse(A);
>> B * B            % 两个稀疏存储矩阵相乘，结果仍为稀疏存储矩阵
ans =
     (2,2)        25
     (1,3)        27
     (3,3)        81
>> rand(3) * B      % 完全存储矩阵与稀疏存储矩阵相乘，结果为完全存储矩阵
ans =
          0    1.1191    7.4328
          0    3.7563    7.3128
          0    1.2755    9.7739
```

【例 3-11】 求下列三对角线性代数方程组的解。

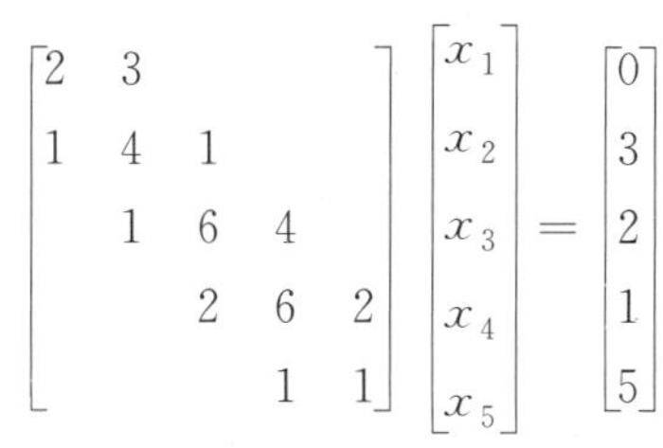

$$\begin{bmatrix}2 & 3 & & & \\ 1 & 4 & 1 & & \\ & 1 & 6 & 4 & \\ & & 2 & 6 & 2 \\ & & & 1 & 1\end{bmatrix}\begin{bmatrix}x_1 \\ x_2 \\ x_3 \\ x_4 \\ x_5\end{bmatrix}=\begin{bmatrix}0 \\ 3 \\ 2 \\ 1 \\ 5\end{bmatrix}$$

A 是一个 5×5 的带状稀疏矩阵，命令如下：

```
>> B = [1,1,2,1,0; 2,4,6,6,1; 0,3,1,4,2].';          % 取 A 对角线上元素构成 B
>> d = [ - 1;0;1];                                    % 生成带状位置向量
>> A = spdiags(B,d,5,5);                              % 生成稀疏存储的系数矩阵
>> b = [0;3;2;1;5];                                   % 方程右边参数向量
>> x = (inv(A) * b)'                                  % 求解
x =
   - 0.1667    0.1111    2.7222   - 3.6111    8.6111
```

也可以采用完全存储方式来存储系数矩阵，命令如下：

```
>> A1 = full(A);
>> x1 = (inv(A1) * b)'
x1 =
   - 0.1667    0.1111    2.7222   - 3.6111    8.6111
```

从本例可以看出，无论用完全存储还是用稀疏存储，所得到的解线性代数方程组的解是一样的。

3.6 应用实战 3

【例 3-12】 设

$$\boldsymbol{A}=\begin{bmatrix}\boldsymbol{R}_{3\times 3} & \boldsymbol{O}_{3\times 2} \\ \boldsymbol{O}_{2\times 3} & \boldsymbol{S}_{2\times 2}\end{bmatrix}$$

又设 λ_i 为 $\boldsymbol{R}$ 的特征值，λ_j 为 $\boldsymbol{S}$ 的特征值，$\boldsymbol{x}_i=(\alpha_1,\alpha_2,\alpha_3)'$ 是 $\boldsymbol{R}$ 对应于 λ_i 的特征向量，$\boldsymbol{y}_j=(\beta_1,\beta_2)'$ 是 $\boldsymbol{S}$ 对应于 λ_j 的特征向量，试验证：

(1) λ_i、λ_j 为 $\boldsymbol{A}$ 的特征值。

(2) $\boldsymbol{p}_i=(\alpha_1,\alpha_2,\alpha_3,0,0)'$ 是 $\boldsymbol{A}$ 对应于 λ_i 的特征向量，$\boldsymbol{q}_j=(0,0,0,\beta_1,\beta_2)'$ 是 $\boldsymbol{A}$ 对应于 λ_j 的特征向量。

首先建立 R、S 矩阵，再构建 A 矩阵，再调用 eig 函数求矩阵 R、S、A 的特征向量矩阵和特征值矩阵。命令如下：

```
>> R = [ - 1,2,0;2, - 4,1;1,1, - 6];
>> S = [1,2;2,3];
>> A = [R,zeros(3,2);zeros(2,3),S];
>> [X1,d1] = eig(R)
X1 =

    0.8553     0.4517     0.1899
    0.4703   - 0.8395   - 0.5111
    0.2173   - 0.3021     0.8383
d1 =
    0.0996          0          0
         0   - 4.7165          0
         0          0   - 6.3832
>> [X2,d2] = eig(S)
X2 =
  - 0.8507     0.5257
    0.5257     0.8507
d2 =
  - 0.2361          0
         0     4.2361
>> [X3,d3] = eig(A)
X3 =
    0.8553     0.4517     0.1899          0          0
    0.4703   - 0.8395   - 0.5111          0          0
    0.2173   - 0.3021     0.8383          0          0
         0          0          0   - 0.8507   - 0.5257
         0          0          0     0.5257   - 0.8507
d3 =
    0.0996          0          0          0          0
         0   - 4.7165          0          0          0
         0          0   - 6.3832          0          0
         0          0          0   - 0.2361          0
         0          0          0          0     4.2361
```

从命令执行结果可以看出，A 矩阵的特征值由 R 矩阵的特征值和 S 矩阵的特征值组成，关于 A 矩阵每个特征值的特征向量，前 3 个特征向量的前 3 个元素是 R 的特征向量的元素，后两个特征向量的后两个元素是 S 的特征向量的元素，运算结果与结论相符。当然这里只是验证了结论，不算严格的数学证明。

练习题

一、选择题

1. 建立三阶幺矩阵 A 的语句是(　　)。

   A. A=one(3)　　　　B. A=ones(3,1)

   C. A=one(3,3)　　　　D. A=ones(3,3)

2. 建立五阶由两位随机整数构成的矩阵 A，其语句是(　　)。

   A. A=fix(10+89 * rand(5))　　　　B. A=fix(20+90 * rand(5,5))

   C. A=fix(10+90 * rand(5))　　　　D. A=fix(10+100 * rand(5))

3. 建立三阶魔方阵 M 的语句是(　　)。

A. M=magic(3)　　B. M=MAGIC(3)

C. M=Magic(3)　　D. M=magic(1,3)

4. 产生以 $(x+y)^5$ 展开后的系数构成的对角阵 P,可以采用的语句是(　　)。

A. P=diag(flipud(pascal(6)))

B. P=diag(diag(flipud(pascal(6))))

C. P=diag(flipud(pascal(5)))

D. P=diag(diag(flipud(pascal(5))))

5. 将矩阵 A 对角线元素加 30 的命令是(　　)。

A. A+30 * eye(size(A))　　B. A+30 * eye(A)

C. A+30 * ones(size(A))　　D. A+30 * eye(4)

6. 求矩阵 A 的范数的函数是(　　)。

A. trace(A)　　B. cond(A)

C. rank(A)　　D. norm(A)

7. 语句"[X,D]=eig(A)"被执行后,D 是一个(　　)。

A. 三角阵　　B. 对角阵

C. 数量矩阵　　D. 单位阵

8. 语句"A=sparse([0,2,5; 2,0,1])"执行后,输出结果的最后一行是(　　)。

A. (2,1)　2　　B. (1,2)　2

C. (1,3)　5　　D. (2,3)　1

9. 【多选】下列命令对中,结果互为相同的是(　　)。

A. x=(-2:2)'与 x=[-2:2]'

B. x=diag(diag(ones(3)))与 x=eye(3)

C. x=triu(A,1)+tril(A,-1)与 x=A-diag(diag(A))

D. x=rot90(A)与 x=fliplr(A)

10. 【多选】矩阵的迹等于矩阵的对角线元素之和,以下方法中能求矩阵迹的有(　　)。

A. trace(A)　　B. sum(diag(A))

C. prod(eig(A))　　D. sum(eig(A))

二、问答题

1. 求下列矩阵的主对角元素、上三角阵、下三角阵、逆矩阵、行列式的值、秩、迹、范数、条件数。

(1) $\boldsymbol{A}=\begin{bmatrix}1 & -1 & 2 & 3\\ 0 & 9 & 3 & 3\\ 7 & -5 & 0 & 2\\ 23 & 6 & 8 & 3\end{bmatrix}$　　(2) $\boldsymbol{B}=\begin{bmatrix}3 & \pi/2 & 45\\ 32 & 76 & \sqrt{37}\\ 5 & 72 & 4.5\times10^{-4}\\ e^2 & 0 & 97\end{bmatrix}$

2. 产生均值为 1、方差为 0.2 的 500 个正态分布的随机数,请写出相应的命令。

3. 多项式的伴随矩阵的特征值与多项式方程的根有何关系?请用命令验证。

4. 从矩阵 A 提取主对角线元素,并以这些元素构成对角阵 B,请写出相应的命令。

5. 稀疏矩阵与稀疏存储矩阵有何区别?

操作题

1. 建立一个方阵 $\boldsymbol{A}$,求 $\boldsymbol{A}$ 的逆矩阵和 $\boldsymbol{A}$ 的行列式的值。

2. 先生成 $\boldsymbol{A}$ 矩阵,然后将 $\boldsymbol{A}$ 左旋 90°后得到 $\boldsymbol{B}$,右旋 90°后得到 $\boldsymbol{C}$。

$$\boldsymbol{A}=\begin{bmatrix}1&4&7&10\\2&5&8&11\\3&6&9&12\end{bmatrix},\quad \boldsymbol{B}=\begin{bmatrix}10&11&12\\7&8&9\\4&5&6\\1&2&3\end{bmatrix},\quad \boldsymbol{C}=\begin{bmatrix}3&2&1\\6&5&4\\9&8&7\\12&11&10\end{bmatrix}$$

3. 产生五阶希尔伯特矩阵 $\boldsymbol{H}$ 和五阶帕斯卡矩阵 $\boldsymbol{P}$,且求其行列式的值 Hh 和 Hp 以及它们的条件数 Th 和 Tp,判断哪个矩阵性能更好,为什么?

4. 已知:

$$\boldsymbol{A}=\begin{bmatrix}-29&6&18\\20&5&12\\-8&8&5\end{bmatrix}$$

求 $\boldsymbol{A}$ 的特征值及特征向量,并分析其数学意义。

5. 下面是一个线性病态方程组:

$$\begin{bmatrix}1/2&1/3&1/4\\1/3&1/4&1/5\\1/4&1/5&1/6\end{bmatrix}\begin{bmatrix}x_1\\x_2\\x_3\end{bmatrix}=\begin{bmatrix}0.95\\0.67\\0.52\end{bmatrix}\quad\left(\boldsymbol{AX}=\begin{bmatrix}b_1\\b_2\\b_3\end{bmatrix}\right)$$

(1) 用矩阵求逆法求方程的解。

(2) 将方程右边向量元素 b_3 改为 0.53,再求解,并比较 b_3 的变化和解的相对变化。

(3) 计算系数矩阵 $\boldsymbol{A}$ 的条件数并分析结论。

第4章 程序流程控制

MATLAB作为一种科学计算软件，不仅具有强大的数值计算、符号计算和绘图功能，同时也具有程序流程控制功能，可以像其他通用高级语言一样进行程序设计，而且利用MATLAB数据的特点，程序设计效率更高。利用MATLAB的程序控制功能，可将有关MATLAB命令组成程序并存储在一个文件中，然后在命令行窗口中运行该文件，MATLAB就会自动依次执行文件中的命令，直到全部命令执行完毕。本章介绍脚本的概念与创建、3种程序控制结构的MATLAB实现方法、函数的定义与调用方法、程序调试与优化的方法。

4.1 脚本

MATLAB命令有两种执行方式：一种是交互式的命令执行方式，另一种是脚本方式。命令执行方式是在命令行窗口逐条输入命令，MATLAB逐条解释执行。脚本方式是将有关命令编成程序存储在一个扩展名为.m的文件中，每次运行该脚本，MATLAB就会自动依次执行脚本中的命令。

4.1.1 脚本的创建

脚本(script)是一个文本文件，它可以用任何文本编辑程序来建立和编辑，默认用MATLAB脚本编辑器打开进行编辑。在MATLAB脚本编辑器中可以方便、灵活地编写、调试MATLAB程序。MATLAB提供的内部函数以及各种工具箱都是利用MATLAB命令开发的脚本。用户也可以结合自己的工作需要，开发专用的程序、函数或工具箱。

为建立新的脚本，需要启动MATLAB脚本编辑器，有3种方法。

(1) 单击MATLAB桌面的"主页"选项卡"文件"命令组中的"新建脚本"按钮，将打开MATLAB脚本编辑器。也可以单击"主页"选项卡"文件"命令组中的"新建"按钮，再从弹出的列表中选"脚本"命令，或按Ctrl+N键，打开MATLAB脚本编辑器，如图4-1所示。

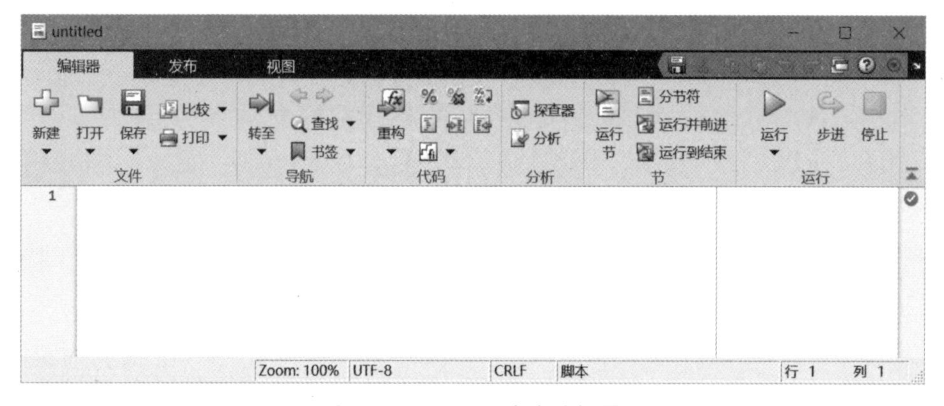

图4-1 MATLAB脚本编辑器

MATLAB脚本编辑器是一个集编辑与调试功能于一体的集成环境。利用它不仅可以完成基本的程序编辑操作，还可以对脚本进行调试、发布。

MATLAB脚本编辑器界面包括功能区和编辑区两个部分。功能区有3个选项卡："编辑器"选项卡提供编辑、调试脚本的命令；"发布"选项卡提供管理文档标记和发布文档的命令；"视图"选项卡提供设置编辑区显示方式的命令。MATLAB脚本编辑器的编辑区会以不同的颜色显示注释、关键词、字符串和一般的程序代码，例如，蓝色标识关键字，紫色标识字符串，绿色标识注释，深绿色标识分节。

(2) 在MATLAB命令行窗口输入命令:

```
edit 文件名
```

文件扩展名为.m。如果指定的文件不存在,会提示是否创建新文件;如果指定的文件存在,则直接打开该文件。

(3) 在"命令历史记录"窗口选中一些命令(按住Ctrl键可同时选择多条命令),然后从右键菜单中选择"创建脚本"命令,将启动MATLAB脚本编辑器,并在编辑区中加入所选中的命令。

启动MATLAB脚本编辑器后,在编辑区中编辑程序。编辑完成后,单击MATLAB脚本编辑器的"编辑器"选项卡中的"保存"按钮,或单击快速访问工具栏的"保存"按钮,或按Ctrl+S键,保存文件。脚本文件存放的位置默认是MATLAB的当前文件夹。

也可以通过在MATLAB桌面的"当前文件夹"窗口双击已有的M文件,启动MATLAB脚本编辑器。

【例4-1】 建立一个脚本,然后运行该脚本。

步骤如下:

(1) 启动MATLAB脚本编辑器,输入脚本内容(这里可以自行确定脚本内容),并以文件名myScript.m保存在当前文件夹下。

(2) 在MATLAB脚本编辑器的"编辑器"选项卡中单击"运行"按钮,或在MATLAB的命令行窗口中输入脚本文件名myScript,然后按Enter键,MATLAB将会按顺序执行该脚本中的各个命令。

若在程序的执行过程中要中断程序的运行,可按Ctrl+C键。

4.1.2 实时脚本

为加快探索性编程和分析的速度,MATLAB提供了实时脚本(live script)功能。实时脚本文件扩展名为.mlx,除了基本的代码,实时脚本还能插入格式化文本、方程式、超链接、图像等元素,将代码、输出和格式化文本相结合,从而可以作为交互式文档与他人分享。

1. 创建实时脚本

实时脚本在MATLAB实时编辑器中创建、编辑、调试。启动实时编辑器有以下方法。

(1) 单击MATLAB的"主页"选项卡"文件"命令组中的"新建实时脚本"按钮,将打开MATLAB实时编辑器。或单击"主页"选项卡"文件"命令组中的"新建"按钮,再从弹出的列表中选择"实时脚本"命令,打开MATLAB实时脚本编辑器,如图4-2所示。

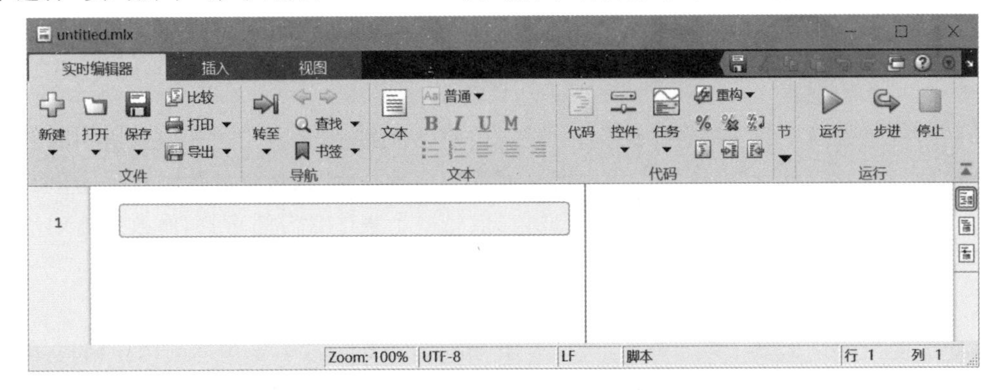

图4-2 MATLAB实时脚本编辑器

MATLAB 实时脚本编辑器包括上部的功能区、左部的编辑区和右部的输出区 3 部分。功能区有 3 个选项卡："实时编辑器"选项卡提供了文件管理、文本排版、代码调试等工具；"插入"选项卡提供了插入图像、方程等资源的工具；"视图"选项卡提供了排列子窗口、调整显示、布局等工具。

编辑区除了以不同的颜色显示注释、关键词、字符串和一般的程序代码外，还可插入文本、超链接、图像、公式，并可以对文本设置格式，方便查看、修改。

输出区用于显示运行过程结果和图形，实现可视化调试。

(2) 在 MATLAB 命令行窗口输入命令：

```
edit 文件名.mlx
```

如果指定的文件不存在，会提示是否创建新文件；如果指定的文件存在，则在实时编辑器中打开该文件。

(3) 在"命令历史记录"窗口选中一些命令(按住 Ctrl 键可同时选多条命令)，然后从右键快捷菜单中选择"创建实时脚本"命令，将启动实时脚本编辑器，并在编辑区中加入所选中的命令。

启动实时脚本编辑器后，在编辑区中编辑程序。编辑完成后，单击实时编辑器的"实时编辑器"选项卡中的"保存"按钮，保存实时脚本文件。实时脚本文件存放的位置默认是 MATLAB 的当前文件夹。

也可以通过在 MATLAB 桌面的"当前文件夹"窗口双击已有的.mlx 文件，启动 MATLAB 实时脚本编辑器。

2. 代码的分节运行

实时脚本通常包含很多命令，有时只需要运行其中一部分，这时可通过设置分节标志，将全部代码分成若干代码片段(也称为代码单元)。

若需要将代码分节，则将光标定位在片段首或上一片段的尾部，然后单击实时编辑器的"插入"选项卡中的"分节符"按钮。完成代码片段的定义后，只需将光标定位在片段中的任意位置，然后单击"实时编辑器"选项卡中的"运行节"按钮，就可执行这一片段的代码，结果同步显示在输出区。

4.2 程序控制结构

按照现代程序设计的思想，任何程序都由 3 种基本控制结构组成，即顺序结构、选择结构和循环结构。MATLAB 提供了实现控制结构的语句，利用这些语句可以编写解决特定问题的程序。

4.2.1 顺序结构

顺序结构是最简单的一种程序结构，它只需按照处理顺序，依次写出相应的语句即可。学习程序设计，首先从顺序结构开始。程序实现通常包括数据输入、数据处理和数据输出 3 个操作步骤，其中输入/输出反映了程序的交互性，一般是一个程序必需的步骤，而数据处理是指要进行的操作与运算，根据解决的问题不同而需要使用不同的语句来实现。

1. 数据的输入

程序中如果需要从键盘输入数据，可以使用 input 函数来实现，该函数的调用格式如下：

```
A = input(提示信息);
```

其中,“提示信息”为一个字符串,用于提示用户输入什么样的数据。例如,从键盘输入 A 矩阵,可以采用下面的命令来完成。

```
>> A = input('输入 A 矩阵:');
输入 A 矩阵:[1,2,3;4,5,6]↙(↙代表 Enter 键)
```

执行该语句时,首先在屏幕上显示提示信息“输入 A 矩阵:”,然后等待用户从键盘按 MATLAB 规定的格式输入 A 矩阵的值,按 Enter 键结束。

如果程序运行时需要输入一个字符串,输入的字符串前后要用单撇号界定。例如:

```
>> xm = input('What''s your name?');
What's your name?'Zhang San'↙
```

在提示信息“What's your name?”后输入“'Zhang San'”。

输入一个字符串也可以使用下列调用方法:

```
A = input(提示信息,'s');
```

例如:

```
>> xm = input('What''s your name?','s');
What's your name?Zhang San ↙
```

在提示信息“What's your name?”后直接输入“Zhang San”,输入的字符串不需要加单撇号。

2. 数据的输出

MATLAB 提供的命令行窗口输出函数主要有 disp 函数,其调用格式如下:

```
disp(输出项)
```

其中,输出项既可以为字符串,也可以为矩阵。例如:

```
>> A = 'Hello,World!';
>> disp(A)
Hello,World!
```

又如:

```
>> A = [1,2,3;4,5,6;7,8,9];
>> disp(A)
     1     2     3
     4     5     6
     7     8     9
```

和前面介绍的矩阵显示方式不同,用 disp 函数显示矩阵时将不显示矩阵的名字,输出格式更紧凑,且不留任何没有意义的空行。

如果要输出多项,可以采用字符向量的方式,将多个字符串用中括号括起来形成一个大的字符串。例如:

```
>> ['x = ',num2str(10),',y = ',num2str(20)]
ans =
    'x = 10,y = 20'
>> disp(['x = ',num2str(10),',y = ',num2str(20)]);
x = 10,y = 20
```

【例 4-2】 求一元二次方程 $ax^2+bx+c=0$ 的根。

视频讲解

由于 MATLAB 能进行复数运算,所以不需要判断方程的判别式,而直接根据求根公式求根。程序如下:

```
a = input('a = ?');
b = input('b = ?');
c = input('c = ?');
```

```
d = b * b - 4 * a * c;
x = [( - b + sqrt(d))/(2 * a),( - b - sqrt(d))/(2 * a)];
disp(['x1 = ',num2str(x(1)),', x2 = ',num2str(x(2))]);
```

程序输出如下：

```
a = ?6 ↙
b = ?11 ↙
c = ?3 ↙
x1 = - 0.33333, x2 = - 1.5
```

再一次运行程序后的输出如下：

```
a = ?4.5 ↙
b = ?3 ↙
c = ?2 ↙
x1 = - 0.33333 + 0.57735i, x2 = - 0.33333 - 0.57735i
```

3. 程序的暂停

当程序运行时，为了查看程序的中间结果或者观看输出的图形，有时需要暂停程序的执行。这时可以使用 pause 函数，其调用格式如下：

```
pause(延迟秒数)
```

pause 函数使程序暂停执行指定的秒数。如果省略延迟时间，直接使用 pause，则将暂停执行程序，直到用户按任一键后程序继续执行。

4.2.2 选择结构

选择结构又称为分支结构，它根据给定的条件是否成立，决定程序的运行路线，在不同的条件下，执行不同的操作。MATLAB 用于实现选择结构的语句有 if 语句、switch 语句和 try 语句。

1. if 语句

在 MATLAB 中，if 语句格式如下：

```
if  条件 1
    语句块 1
[elseif  条件 2
    语句块 2
    [ … ]
[elseif  条件 n
    语句块 n]]
[else
    语句块 n + 1]
end
```

其中，条件一般用关系运算或逻辑运算来表示，其结果是一个标量或矩阵。当结果矩阵非空，且不包含零元素时，该条件成立，否则为不成立。例如，当条件为[1,2; 3,4]时，判定条件成立；当条件为[]或[1,2; 0,4]时，判定条件不成立。条件尽量使用标量，条件的结果为非零时，表示条件成立，零表示条件不成立。语句中的 elseif 子句和 else 子句是可选的。

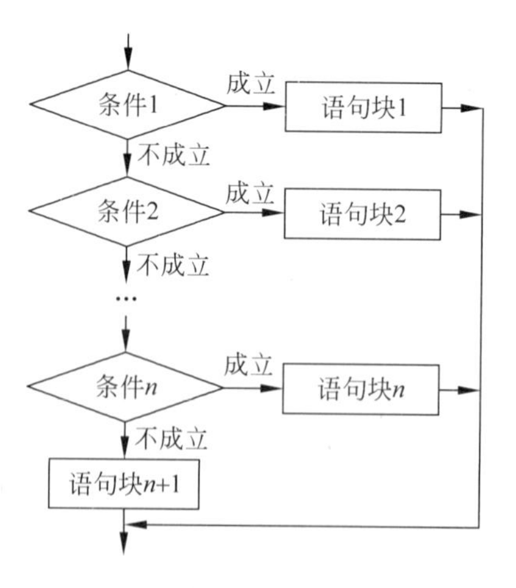

图 4-3　if 语句的执行过程

if 语句执行过程如图 4-3 所示。当条件 1 成立时，执行相应语句块 1；否则判断条件 2，当条件 2 成立时，执行语句块 2；否则判断条件 3，以此类推；若前面 n 个条件都不成立，则执行 else 后面的语句块 $n+1$。在执行完任何一个语句块之后继续执行 if 语句后面的语句,其余分支将不再执行。注意:只有前面的条件不成立,才会进行后面的条件判断。

【例 4-3】 计算分段函数的值。

$$y=\begin{cases}\sin(x+1)\sqrt{x^2+1}, & x=10\\ x+\sqrt{x+\sqrt{x}}, & x\neq 10\end{cases}$$

这是一个具有两个分支的分段函数,为了求函数值,可以采用双分支结构来实现。程序如下:

```
x = input('请输入 x 的值:');
if x == 10
    y = sin(x + 1) * sqrt(x * x + 1);
else
    y = x + sqrt(x + sqrt(x));
end
y
```

也可以用单分支 if 语句来实现,程序如下:

```
x = input('请输入 x 的值:');
if x == 10
    y = sin(x + 1) * sqrt(x * x + 1);
end
if x~ = 10
    y = x + sqrt(x + sqrt(x));
end
y
```

第一个 if 语句可以不用,而直接求函数值即可,改用以下程序实现:

```
x = input('请输入 x 的值:');
y = sin(x + 1) * sqrt(x * x + 1);
if x~ = 10
    y = x + sqrt(x + sqrt(x));
end
y
```

视频讲解

【例 4-4】 输入一个字符,若为大写字母,则输出其对应的小写字母;若为小写字母,则输出其对应的大写字母;若为数字字符则输出其对应数的平方,若为其他字符则原样输出。

关于字符的处理,用 lower 函数将大写字母转换成相应的小写字母,用 upper 函数将小写字母转换成相应的大写字母,用 str2double 函数将字符串转换为数值。一般情况下,在条件表达式中使用标量,当对标量进行逻辑运算时,其运算符可以采用 && 和 ||。

程序如下:

```
c = input('请输入一个字符: ','s');
if c >= 'A' && c <= 'Z'
   disp(lower(c));
elseif c >= 'a' && c <= 'z'
    disp(upper(c));
elseif c >= '0' && c <= '9'
    disp(str2double(c)^2);
else
    disp(c);
end
```

程序运行结果如下:

```
请输入一个字符: R↙
r
```

```
请输入一个字符: b↙
B
请输入一个字符: 7↙
    49
请输入一个字符: * ↙
*
```

2. switch 语句

switch 语句根据表达式的取值不同,分别执行不同的语句,其语句格式如下:

```
switch  表达式
    case  结果表 1
        语句块 1
    case  结果表 2
        语句块 2
        …
    case  结果表 n
        语句块 n
    otherwise
        语句块 n+1
end
```

switch 语句的执行过程如图 4-4 所示。当表达式的值等于结果表 1 中的值时,执行语句块 1;当表达式的值等于结果表 2 中的值时,执行语句块 2……当表达式的值等于结果表 n 中的值时,执行语句块 n,当表达式的值不等于 case 所列的表达式的值时,执行语句块 $n+1$。当任意一个分支的语句执行完后,直接执行 switch 语句的下一句。

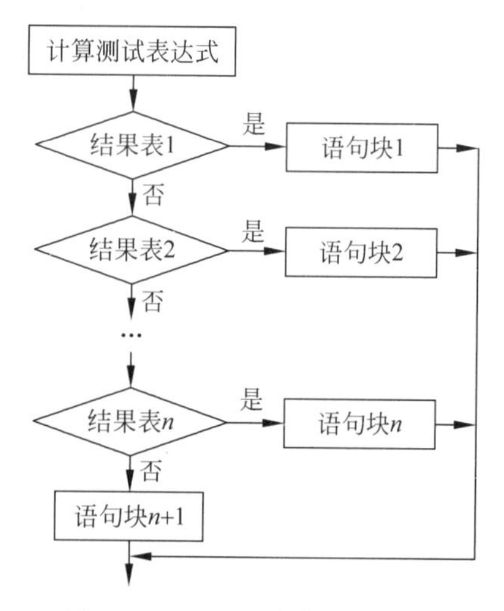

图 4-4　switch 语句的执行过程

switch 子句后面的表达式应为一个标量或一个字符串,case 子句后面的结果不仅可以为一个标量或一个字符串,而且还可以为一个将多个结果用大括号括起来的单元数据(cell)。如果 case 子句后面的结果为一个单元数据,则表达式的值等于该单元数据中的某个元素时,执行相应的语句组。

【例 4-5】 将例 4-4 改用 switch 语句实现。

程序如下:

```
c = input('请输入一个字符: ','s');
asc = abs(c);
switch(asc)
    case num2cell(abs('A'):abs('Z'))
        disp(lower(c));
    case  num2cell(abs('a'):abs('z'))
        disp(upper(c));
    case num2cell(abs('0'):abs('9'))
        disp((abs(c) - abs('0'))^2);
    otherwise
        disp(c);
end
```

程序中使用 num2cell 函数将数值矩阵转化为单元矩阵,num2cell(1:5)等价于{1,2,3,4,5}。

3. try 语句

try 语句是一种试探性执行语句，为开发人员提供了一种捕获错误的机制，其语句格式如下：

```
try
   语句块 1
catch 变量
   语句块 2
end
```

try 语句先试探性执行语句块 1，如果语句块 1 在执行过程中出现错误，则将错误信息赋给 catch 子句后的变量，并转去执行语句块 2。catch 子句后的变量是一个 MException 对象，其 message 属性用于返回错误的说明。

【例 4-6】 矩阵乘法运算要求两矩阵的维数相容，否则会出错。先求两矩阵的乘积，若出错，则显示“矩阵的维数不相容”。

程序如下：

```
A = input('请输入 A 矩阵: ');
B = input('请输入 B 矩阵: ');
try
    C = A * B
catch error1
    disp(error1.message)
end
```

程序运行结果如下：

```
请输入 A 矩阵: [1,2,3;4,5,6]↙
请输入 B 矩阵: [1,2;3,4;5,6]↙
C =
    22    28
    49    64
```

再运行一次程序，输入如下 A、B 矩阵后，输出 error1 对象的 message 属性的内容，给出错误说明。

```
请输入 A 矩阵: [1,2,3;4,5,6]↙
请输入 B 矩阵: [7,8,9;10,11,12]↙
用于矩阵乘法的维度不正确……
```

4.2.3 循环结构

循环结构的基本思想是重复，即利用计算机运算速度快以及能进行逻辑控制的特点，重复执行某些语句，以满足大量的计算要求。虽然每次循环执行的语句相同，但语句中一些变量的值是变化的，而且当循环到一定次数或满足条件后能结束循环。循环是计算机解题的一个重要特征，也是程序设计的一种重要技巧。MATLAB 提供了两种实现循环结构的语句：for 语句和 while 语句。

1. for 语句

一般情况下，对于事先能确定循环次数的循环结构，使用 for 语句是比较方便的。for 语句的格式如下：

```
for 循环变量 = 表达式 1:表达式 2:表达式 3
     循环体语句
end
```

其中，“表达式 1：表达式 2：表达式 3”是一个冒号表达式，将产生一个行向量。表达式 1 的值为循环变量的初值,表达式 2 的值为步长,表达式 3 的值为循环变量的终值。步长为 1 时,表达式 2 可以省略。

for 语句的执行过程如图 4-5 所示。首先计算 3 个表达式的值,产生一个行向量,再将向量中的元素逐个赋给循环变量,每次赋值后都执行一次循环体语句,当向量的元素都被使用完时,结束 for 语句的执行,而继续执行 for 语句后面的语句。

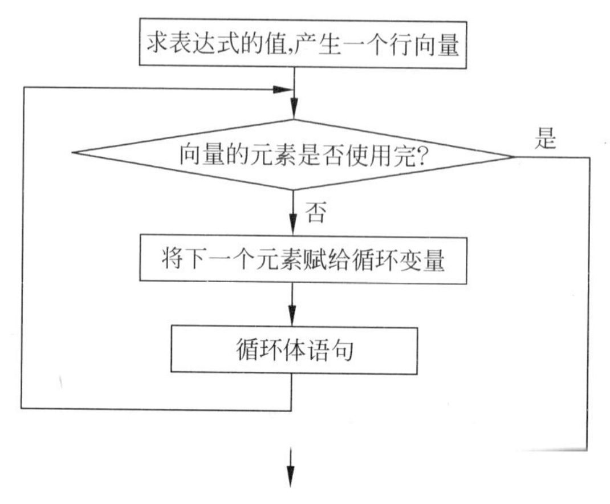

图 4-5 for 语句执行过程

关于 for 语句的执行过程还要说明以下几点。

(1) for 语句针对向量的每一个元素执行一次循环体,循环的次数就是向量中元素的个数,也可以针对任意向量。例如,下面的循环结构共循环 4 次,k 的值分别为−1、32、20、5。

```
for k = [ - 1,32,20,5]
    k
end
```

(2) for 语句中的 3 个表达式只在循环开始时计算一次,也就是说,向量元素一旦确定将不会再改变。如果在表达式中含有变量,即便在循环体中改变变量的值,向量的元素也不改变。例如,下列 for 语句中的向量元素为 1、3、5、7、9,不会因循环体中改变 n 的值而改变向量的元素。

```
n = 2;
for k = 1:2:n + 8
    n = 5;
    k
end
```

(3) 退出循环之后,循环变量的值就是向量中最后的元素值。例如,下列 for 语句中的向量元素为 1、3、5、7、9,在 for 循环之后的 k 值是 9。

```
for k = 1:2:10
end
k
```

(4) 当向量为空时,循环体一次也不执行。例如,下列 for 语句中的冒号表达式产生一个空向量,即向量中没有任何元素,这时循环一次也不执行。

```
for k = 1: - 2:10
    k
end
```

视频讲解

【例 4-7】 一个 3 位整数各位数字的立方和等于该数本身则称该数为水仙花数。输出全部的水仙花数。

采用穷举方法，对所有的3位整数逐个进行判断，进而找出全部水仙花数。要判断水仙花数，关键的一步是先分别求3位整数的个位、十位、百位数字，再根据条件判断该数是否为水仙花数。程序如下：

```
flower = [];                        %用于存放结果，先赋空矩阵
for m = 100:999
    m1 = fix(m/100);                %求 m 的百位数字
    m2 = rem(fix(m/10),10);         %求 m 的十位数字
    m3 = rem(m,10);                 %求 m 的个位数字
    if m == m1 * m1 * m1 + m2 * m2 * m2 + m3 * m3 * m3
        flower = [flower,m];        %存入结果
    end
end
disp(flower)
```

程序运行结果如下：

```
  153   370   371   407
```

【例 4-8】 已知 $y=1+\frac{1}{2^2}+\frac{1}{3^2}+\cdots+\frac{1}{n^2}$，当 $n=100$ 时，求 y 的值。

这是求 n 个数之和的累加问题，可用以下递推式来描述：

$$y_i = y_{i-1} + f_i \quad (y_0 = 0)$$

即第 i 次的累加和 y 等于第 $i-1$ 次的累加和加上第 i 次的累加项 f。从循环的角度看即本次循环的累加和 y 等于上次循环的累加和加上本次的累加项 f，可用以下赋值语句来实现。

```
y = y + f
```

其中，累加项 f 可用以下赋值语句来实现。

```
f = 1/(i * i)
```

显然，i 的变化用 for 语句来控制是很方便的。程序如下：

```
y = 0;
n = 100;
for i = 1:n
    y = y + 1/(i * i);
end
y
```

程序运行结果如下：

```
y =
    1.6350
```

这里用的方法称为迭代法(iterate)，即设置一个变量(称为迭代变量)，其值在原来值的基础上按递推关系计算出来。迭代法就用到了循环的概念，把求 n 个数之和的问题转化为求两个数之和(即到目前为止的累加和与新的累加项之和)的重复，这种把复杂计算过程转化为简单过程的多次重复的方法，是计算机解题的一个重要特征。

在上述例子中，for 语句的循环变量都是标量，这与其他高级语言的相关循环语句(如 C 语言中的 for 语句)功能等价。MATLAB 矩阵是按列存储的，在理解时可以将二维矩阵看作一个一维矩阵，即看作一个行向量，只是该行向量的元素是一个列向量。看一个程序：

```
A = [1:5;12:16;34:38];
for x = A
    x'
end
```

运行结果如下：

```
ans =
     1    12    34
ans =
     2    13    35
ans =
     3    14    36
ans =
     4    15    37
ans =
     5    16    38
```

该循环语句重复执行 5 次(因为 A 包含 5 个元素),每循环一次取 A 的一个元素(其元素是一个列向量,转置以后变成行向量)。

按照 MATLAB 的定义,for 语句的循环变量可以是一个列向量。for 语句更一般的格式如下:

```
for 循环变量 = 矩阵表达式
    循环体语句
end
```

执行过程是依次将矩阵的各列元素赋给循环变量,然后执行循环体语句,直至各列元素处理完毕。实际上,“表达式 1: 表达式 2: 表达式 3”是一个行向量,它可以被看作仅为一行的矩阵,每列是单个数据,所以本节一开始给出的 for 语句格式是一种特例。

视频讲解

【例 4-9】 写出下列程序的运行结果。

```
s = 0;
a = [12,13,14;15,16,17;18,19,20;21,22,23];
for k = a
    s = s + k;
end
disp(s);
```

该程序的功能是求矩阵各行元素之和,运行结果如下:

```
    39
    48
    57
    66
```

2. while 语句

while 语句就是通过判断循环条件是否满足来决定是否继续循环的一种循环控制语句,也称为条件循环语句。它的特点是先判断循环条件,条件满足时执行循环。while 语句的一般格式如下:

```
while 条件
    循环体语句
end
```

其执行过程为:若条件成立,则执行循环体语句,执行后再判断条件是否成立,如果不成立则跳出循环,如图 4-6 所示。

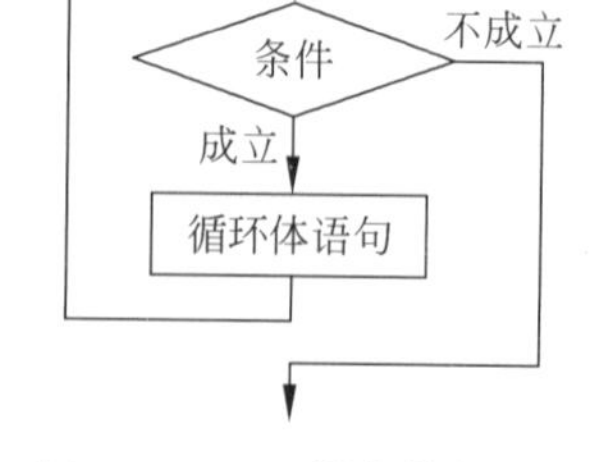

图 4-6 while 语句执行过程

视频讲解

【例 4-10】 求使 $\frac{1}{1^2}+\frac{1}{2^2}+\frac{1}{3^2}+\cdots+\frac{1}{n^2}>1.5$ 最小的 n。

程序如下:

```
y = 0;
n = 0;
while y <= 1.5
    n = n + 1;
```

```
    y = y + 1/(n * n);
end
disp(['满足条件的 n 是: ',num2str(n)])
```

程序运行结果如下：

```
满足条件的 n 是: 7
```

3. break 语句和 continue 语句

与循环结构相关的语句还有 break 语句和 continue 语句。它们一般与 if 语句配合使用。

break 语句用于终止循环的执行。当在循环体内执行到该语句时，程序将跳出循环，继续执行循环语句的下一语句。

continue 语句控制跳过循环体中的某些语句。当在循环体内执行到该语句时，程序将跳过循环体中所有剩下的语句，继续下一次循环。

【例 4-11】 输入两个整数，求它们的最大公约数。

最大公约数必在 1 与较小整数的范围内。使用 for 语句，循环变量 m 从较小整数变化到 1。一旦循环控制变量 m 同时整除 a 与 b，则 m 就是最大公约数，然后使用 break 语句强制退出循环。程序如下：

```
a = input('请输入第一个整数:');
b = input('请输入第二个整数:');
for m = min(a,b): - 1:1
    if rem(a,m) == 0 && rem(b,m) == 0  % 第一次能同时整除 a 和 b 的 m 为最大公约数
        break
    end
end
disp(['最大公约数是:',num2str(m)])
```

程序运行结果如下：

```
请输入第一个整数:18
请输入第二个整数:32
最大公约数是:2
```

求两个数的最大公约数还可用辗转相除法，基本步骤是：

(1) 求 a/b 的余数 r。

(2) 若 r=0，则 b 为最大公约数，否则执行第(3)步。

(3) 将 b 的值放在 a 中，r 的值放在 b 中。

(4) 转到第(1)步。

请读者自行编写程序。另外，也可以直接调用 MATLAB 的 gcd 函数来求最大公约数，命令如下：

```
>> gcd(18,32)
ans =
    2
```

4. 循环的嵌套

如果一个循环结构的循环体又包括一个循环结构，就称为循环的嵌套，或称为多重循环结构。实现多重循环结构仍用前面介绍的循环语句。因为任一循环语句的循环体部分都可以包含另一个循环语句，这种循环语句的嵌套为实现多重循环提供了方便。

多重循环的嵌套层数可以是任意的，可以按照嵌套层数，分别叫作二重循环、三重循环等。处于内部的循环叫作内循环，处于外部的循环叫作外循环。

在设计多重循环时，要特别注意内、外循环之间的关系，以及各语句放置的位置。

【例 4-12】 设 x,y,z 均为正整数,求下列不定方程组共有多少组解。

$$\begin{cases} x+y+z=20 \\ 25x+20y+16z=400 \end{cases}$$

这类方程的个数少于未知数的个数的方程称为不定方程,一般没有唯一解,而有多组解。对于这类问题,可采用穷举法,即将所有可能的取值一个一个地去试,看是否满足方程,如满足即是方程的解。

首先确定 3 个变量的可取值,x、y、z 均为正整数,所以 3 个数的最小值是 1,而其和为 20,所以三者的最大值是 18。程序如下:

```
n = 0;
a = [];
for x = 1:18
    for y = 1:18
        z = 20 - x - y;
        if 25 * x + 20 * y + 16 * z == 400
            a = [a;x,y,z];
            n = n + 1;
        end
    end
end
disp(['方程组共有',num2str(n),'组解']);
disp(a)
```

程序运行结果如下:

```
方程组共有 2 组解
     4    11     5
     8     2    10
```

4.3 函数

许多时候希望将特定的算法写成函数的形式,以提高程序的可重用性和程序设计的效率。函数文件定义了输出参数和输入参数的对应关系,以方便外部调用。事实上,MATLAB 提供的标准函数都是由函数文件定义的。

4.3.1 函数的基本结构

函数由 function 语句引导,其基本结构如下:

```
function 输出形参表 = 函数名(输入形参表)
    注释说明部分
    函数体语句
end
```

其中,以 function 开头的一行为引导行,表示该 M 文件是一个函数文件。函数名的命名规则与变量名相同。在函数定义时,输入输出参数没有分配存储空间,所以称为形式参数,简称形参。当输出形参多于一个时,则应该用方括号括起来,构成一个输出矩阵。

说明:

(1) 关于函数文件名。函数文件名通常由函数名再加上扩展名.m 组成,不过函数文件名与函数名也可以不相同。当两者不同时,MATLAB 将忽略函数名,调用时使用函数文件名。不过最好把文件名和函数名统一,以免出错。

(2) 关于注释说明部分。注释说明包括如下 3 部分内容。

① 紧随函数文件引导行之后以%开头的第一注释行。这一行一般包括大写的函数文件

名和函数功能简要描述，供 lookfor 关键词查询和 help 在线帮助用。

② 第一注释行及之后连续的注释行。通常包括函数输入/输出参数的含义及调用格式说明等信息，构成全部在线帮助文本。

③ 与在线帮助文本相隔一空行的注释行。包括函数文件编写和修改的信息，如作者、修改日期、版本等内容，用于软件档案管理。

(3) 关于 return 语句。如果在函数文件中插入了 return 语句，则执行到该语句就结束函数的执行，程序流程转至调用该函数的位置。通常，在函数文件中也可不使用 return 语句，这时在被调用函数执行完成后自动返回。

【例 4-13】 编写求一个向量之和以及向量平均值的函数文件。

函数文件如下：

```
function [s,m] = fvector(v)
     % FVECTOR   fvector.m calculates sum and mean of a vector
     % v               向量
     % s               和
     % m               平均值

     % 2022 年 8 月 19 日编
      [m,n] = size(v);
     if (m > 1 && n > 1) || (m == 1 && n == 1)
         error('Input must be a vector')
     end
     s = sum(v);          % 求向量和
     m = s/length(v);     % 求向量平均值
end
```

将以上函数文件以文件名 fvector.m 存盘，然后在 MATLAB 命令行窗口调用该函数：

```
>> [s,p] = fvector(1:10)
s =
    55
p =
    5.5000
```

采用 help 命令或 lookfor 命令可以显示出注释说明部分的内容，其功能和一般 MATLAB 函数的帮助信息是一致的。

利用 help 命令可查询 fvector 函数的注释说明：

```
>> help fvector
FVECTOR   fvector.m calculates sum and mean of a vector
v            向量
s            和
m            平均值
```

再用 lookfor 命令在 MATLAB 的搜索路径里寻找并列出所有第一注释行包括指定关键词的文件：

```
>> lookfor fvector
fvector             - FVECTOR   fvector.m calculates sum and mean of a vector
```

4.3.2 函数调用

函数文件定义好后，就可调用函数进行计算了。函数调用的一般格式如下：

```
[输出实参表] = 函数名(输入实参表)
```

在调用函数时，函数输入/输出参数称为实际参数，简称实参。需要注意的是，函数调用时各实参出现的顺序、个数,应与函数定义时形参的顺序、个数一致,否则会出错。函数调用时,先将实参传递给相应的形参,从而实现参数传递,然后再执行函数的功能。

视频讲解

【例 4-14】 利用函数文件,实现直角坐标(x,y)与极坐标(ρ,θ)之间的转换。

已知转换公式如下。

极坐标的极径:$\rho=\sqrt{x^2+y^2}$

极坐标的极角:$\theta=\arctan(y/x)$

函数文件 tran.m:

```
function [rho,theta] = tran(x,y)
    rho = sqrt(x * x + y * y);
    theta = atan(y/x);
end
```

在脚本文件 main1.m 中调用函数文件 tran.m:

```
x = input('Please input x = ');
y = input('Please input y = ');
[rho,the] = tran(x,y);
disp(['rho = ',num2str(rho)])
disp(['the = ',num2str(the)])
```

在命令行窗口运行脚本文件 main1.m,结果如下:

```
>> main1
Please input x = 45 ↙
Please input y = 45 ↙
rho = 63.6396
the = 0.7854
```

在 MATLAB 中,函数可以嵌套调用,即一个函数可以调用其他函数,甚至调用它自身。一个函数调用它自身称为函数的递归调用。

视频讲解

【例 4-15】 利用函数的递归调用,求 $n!$。

$n!$本身就是以递归的形式定义的:

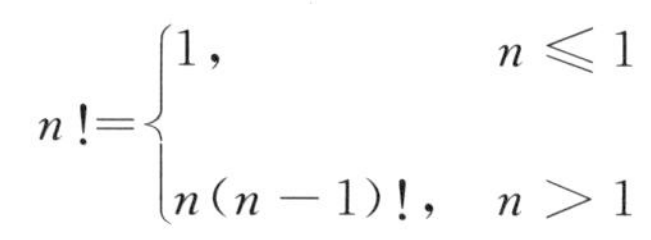

$$n!=\begin{cases}1, & n\leqslant 1\\ n(n-1)!, & n>1\end{cases}$$

显然,求 $n!$ 需要求$(n-1)!$,这时可采用递归调用。

递归调用函数文件 factor.m 如下:

```
function f = factor(n)
    if n <= 1
        f = 1;
    else
        f = factor(n - 1) * n;      % 递归调用求(n - 1)!
    end
end
```

在脚本文件 main2.m 中调用函数文件 factor.m,求 s=1!+2!+3!+4!+5!。

```
s = 0;
n = input('Please input n = ');
for i = 1:n
    s = s + factor(i);
end
disp (['1 到',num2str(n),'的阶乘和为: ',num2str(s)])
```

在命令行窗口运行脚本文件,结果如下:

```
>> main2
Please input n = 5 ↙
1 到 5 的阶乘和为: 153
```

4.3.3 函数参数的可调性

MATLAB 在函数调用上有一个特点，就是函数所传递参数数目的可调性。凭借这一点，一个函数可完成多种功能。

在调用函数时，MATLAB 用两个预定义变量 nargin 和 nargout 分别记录调用该函数时的输入实参和输出实参的个数。只要在函数文件中包含这两个变量，就可以准确地知道该函数文件被调用时的输入/输出参数个数，从而决定函数如何进行处理。

【例 4-16】 nargin 用法示例。

函数文件 examp. m：

```
function fout = examp(a,b,c)
    if nargin == 1
        fout = a.^2;
    elseif nargin == 2
        fout = a + b;
    elseif nargin == 3
        fout = (a * b * c)/2;
    end
end
```

脚本文件 main3. m：

```
x = examp(1:3);
y = examp(1:3,4:6);
z = examp(1:3,[1;2;3],15);
disp(['x =      ',num2str(x)])
disp(['y =      ',num2str(y)])
disp(['z =      ',num2str(z)])
```

执行脚本文件 main3. m 后的输出结果如下：

```
>> main3
x =      1   4   9
y =      5   7   9
z =      105
```

在脚本文件 main3. m 中，3 次调用函数文件 examp. m，因输入参数的个数分别是 1、2、3，从而执行不同的操作，返回不同的函数值。

4.3.4 全局变量与局部变量

在 MATLAB 中，函数文件中的变量是局部的，与其他函数文件及 MATLAB 工作空间相互隔离，即在一个函数文件中定义的变量不能被另一个函数文件引用。如果在若干函数中，都把某一变量定义为全局变量，那么这些函数将公用这一个变量。全局变量的作用域是整个 MATLAB 工作空间，即全程有效，所有的函数都可以对它进行存取和修改，因此，定义全局变量是函数间传递信息的一种手段。

全局变量用 global 命令定义，格式如下：

```
global 变量名
```

【例 4-17】 全局变量应用示例。

先建立函数文件 wadd. m，该函数将输入的参数加权相加。

```
function f = wadd(x,y)
```

```
    global ALPHA BETA
    f = ALPHA * x + BETA * y;
end
```

在命令行窗口中输入：

```
>> global ALPHA BETA
>> ALPHA = 1;
>> BETA = 2;
>> s = wadd(1,2)
s =
     5
```

由于在函数 wadd 和基本工作空间中都把 ALPHA 和 BETA 两个变量定义为全局变量，所以只要在命令行窗口中改变 ALPHA 和 BETA 的值，就可改变函数中 x、y 的权值，而无须修改 wadd.m 文件。

在实际程序设计时，可在所有需要调用全局变量的函数里定义全局变量，这样就可实现数据共享。在函数文件中，全局变量的定义语句应放在变量使用之前，为了便于了解所有的全局变量，一般把全局变量的定义语句放在文件的前部。

需要指出的是，在程序设计中，全局变量固然可以带来某些方便，但破坏了函数对变量的封装，降低了程序的可读性，因此，在结构化程序设计中，全局变量是不受欢迎的。尤其当程序较大，子程序较多时，全局变量将给程序调试和维护带来不便，故不提倡使用全局变量。如果一定要用全局变量，最好给它起一个能反映变量含义的名字，以免和其他变量混淆。

4.4 特殊形式的函数

前面介绍的函数文件中，一个 M 文件只定义一个函数。除了最常用的通过函数文件定义一个函数，MATLAB 还可以使用子函数，此外还可以通过匿名函数自定义函数。

4.4.1 子函数

在 MATLAB 的函数定义中，如果函数较长，那么可以将多个函数分别写在不同的 M 文件中；但有时函数可能很短，可能希望将多个函数定义放在同一个 M 文件中，这就存在子函数的定义问题。

在 MATLAB 中，可以在一个 M 文件中同时定义多个函数，其中 M 文件中出现的第一个函数称为主函数(primary function)，其他函数称为子函数(subfunction)，需要注意的是，子函数只能由同一 M 文件中的函数调用。在保存 M 文件时，M 文件名一般和主函数名相同，外部程序只能对主函数进行调用。例如建立 func.m 文件，程序如下：

```
function d = func(a,b,c)              % 主函数
    d = subfunc(a,b) + c;
end
function c = subfunc(a,b)             % 子函数
    c = a * b;
end
```

在命令行窗口调用主函数，结果如下：

```
>> func(3,4,5)
ans =
    17
```

注意：同一 M 文件中主函数和子函数的工作区是彼此独立的，各个函数间的信息传递可以通过输入输出参数、全局变量来实现。

再看一个例子，建立 func1.m 文件，程序如下：

```
function func1
    x = 100;
    func2()
    function func2()
        disp(x);
    end
end
```

程序中主函数的结束语句 end 放在最后，在子函数中可以使用主函数中定义的 x 变量的值。在命令行窗口调用主函数，结果如下：

```
>> func1
   100
```

4.4.2 匿名函数

匿名函数是一种特殊的函数定义形式，不存储成函数文件。匿名函数的调用与标准函数的调用方法一样，但定义只能包含表达式。通常，匿名函数与函数句柄变量相关联，通过句柄变量调用该匿名函数。定义匿名函数的基本格式如下：

函数句柄 = @(形参表) 函数表达式

其中，@是创建函数句柄的运算符，匿名函数的形参是匿名函数表达式中的自变量。当有多个参数时，参数和参数之间用逗号分隔。例如：

```
>> f = @(x,y) x.^2 + y.^2;
>> a = 1:4;
>> b = [-1,0,2,3];
>> z = f(a,b)
z =
     2     4    13    25
```

也可以给已存在的函数定义函数句柄，并利用函数句柄来调用函数。定义格式如下：

函数句柄 = @函数名

其中，函数名可以是 MATLAB 提供的内部函数，也可以是用户定义的函数文件。例如：

```
>> h = @sin                          % 取正弦函数句柄
h =
    @sin
>> h(pi/2)                           % 通过函数句柄变量 h 来调用正弦函数
ans =
     1
```

4.5 程序调试与优化

程序调试(debug)是程序设计的重要环节，也是程序设计人员必须掌握的重要技能。MATLAB 提供了相应的程序调试功能，既可以通过 MATLAB 脚本编辑器对程序进行调试，又可以在命令行窗口结合具体的命令进行。

程序设计的思路是多种多样的，针对同样的问题可以设计出不同的程序，而不同的程序其执行效率会有很大不同，特别是数据规模很大时，差别尤为明显，所以，有时需要借助性能分析工具分析程序的执行效率，并充分利用 MATLAB 的特点，对程序进行优化，从而达到提高程序性能的目的。

4.5.1 程序调试方法

一般来说,应用程序的错误有两类:一类是语法错误,另一类是运行时的错误。MATLAB能够检查出大部分的语法错误,给出相应错误信息,并标出错误在程序中的行号。程序运行时的错误是指程序的运行结果有错误,这类错误也称为程序逻辑错误。MATLAB系统对逻辑错误是无能为力的,不会给出任何提示信息,这时可以通过一些调试方法来发现程序中的逻辑错误。

1. 利用调试函数进行程序调试

MATLAB提供了一系列的程序调试函数,用于程序执行过程中的断点操作、执行控制等。这些调试函数都是以字母db开头的。下面介绍常用的调试函数。

(1) 断点设置函数dbstop。在程序的适当位置设置断点,使得系统在断点前停止执行,用户可以检查各个变量的值,从而判断程序的执行情况,帮助发现错误。dbstop函数的常用格式如下。

① dbstop in mfile:在文件名为mfile的M文件的第一个可执行语句前设置断点。

② dbstop in mfile at lineno:在文件名为mfile的M文件的第lineno行设置断点。

③ dbstop in mfile at subfun:当程序执行到子函数subfun时,暂时停止文件的执行并使MATLAB处于调试模式。

④ dbstop if error:M文件运行遇到错误时,终止M文件的运行并使得MATLAB处于调试状态。不包括try…catch语句中检测到的错误。

⑤ dbstop if all error:遇到任何类型的运行错误均停止运行并处于调试状态。

⑥ dbstop if warning:运行M文件遇到警告时,终止M文件的运行并使得MATLAB处于调试状态,运行将在产生警告的行停止,程序可恢复运行。

⑦ dbstop if caught error:当try…catch检测到运行时间错误时,停止M文件的执行,用户可以恢复程序的运行。

⑧ dbstop if naninf或dbstop if infnan:当遇到无穷值或非数值时,终止M文件的执行。

(2) 清除断点函数dbclear。dbclear函数可以清除用dbstop函数设置的断点,常用格式有dbclear all、dbclear all in mfile、dbclear in mfile、dbclear in mfile at lineno、dbclear in mfile at subfun、dbclear if error、dbclear if warning、dbclear if naninf、dbclear if infnan。其中dbclear all用来清除所有断点,其他函数分别清除由dbstop函数相应的调用格式设置的各种断点,对照dbstop函数不难理解。

(3) 恢复执行函数dbcont。dbcont函数从断点处恢复程序的执行,直到遇到程序的其他断点或错误。

(4) 列出所有断点函数dbstatus。dbstatus函数列出所有的断点,包括错误、警告、nan和inf等。dbstatus mfile函数列出指定的M文件的所有断点设置。

(5) 执行一行或多行语句函数dbstep。dbstep函数执行当前M文件下一个可执行语句。dbstep nlines函数执行下nlines行可执行语句。dbstep in函数当执行下一个可执行语句时,如果其中包含对另外一个函数的调用,那么此函数将从被调用的函数文件的第一个可执行语句执行。dbstep out函数将执行函数剩余的部分,在离开函数时停止。

这4种形式的函数调用执行完后,都返回调试模式。如果在执行过程中遇到断点,那么程序将中止。

(6) 列出文件内容函数 dbtype。dbtype mfile 函数列出 mfile 文件的内容,并在每行语句前面加上标号以方便使用者设定断点。dbtype mfile start: end 函数列出 mfile 文件中指定行号范围的部分。

(7) 切换工作区函数 dbup/dbdown。dbup 函数将当前工作区(断点处)切换到调用 M 文件的工作区。dbdown 函数在当遇到断点时,将当前工作区切换到被调用的 M 文件的工作区。

(8) 退出调试模式函数 dbquit。dbquit 函数立即结束调试器并返回到基本工作区,所有断点仍有效。该函数使用方法主要有两种: dbquit 结束当前文件的调试,dbquit('all')结束所有文件的调试。

2. 利用调试工具进行程序调试

在 M 文件编辑器中新建一个 M 文件并存盘,或打开一个 M 文件,在“编辑器”选项卡单击“运行”下三角按钮,通过对 M 文件设置断点可以使程序运行到某一行暂停运行,这时可以查看和修改工作区中的变量。“运行”下拉列表框中有 6 个命令,分别用于清除所有断点、设置/清除断点、启用/禁用断点、设置或修改条件断点(条件断点可以使程序执行到满足一定条件时停止)、出现错误时停止(不包括 try…catch 语句中的错误)、出现警告时停止。

在 M 文件中设置断点并运行程序,程序即进入调试模式,并运行到第一个断点处。此时命令行窗口的提示符变成 K >>。进入调试模式后,最好将编辑器窗口停靠到 MATLAB 主窗口上,便于观察代码运行中变量的变化。要退出调试模式,则在“运行”命令组中单击“停止”按钮。

控制单步运行的命令共有 3 个。在程序运行之前,有些命令按钮未激活。只有当程序中设置了断点,且程序停止在第一个断点处时这些命令按钮才被激活,这些命令按钮功能如下。

(1) 步进: 单步运行。每单击一次,程序运行一条语句,但不进入函数。

(2) 步入: 单步运行。遇到函数时进入函数内,仍单步运行。

(3) 步出: 停止单步运行。如果是在函数中,跳出函数; 如果不在函数中,直接运行到下一个断点处。

4.5.2 程序性能分析与优化

1. 程序性能分析

调试器只负责 M 文件中语法错误和运行错误的定位,而 Profiler(探查器)、tic 函数和 toc 函数能分析程序各环节的耗时情况,分析报告能帮助用户寻找影响程序运行速度的“瓶颈”所在,以便于进行代码优化。

Profiler 以图形化界面让用户深入地了解程序执行过程中各函数及函数中的每条语句所耗费的时间,从而有针对性地改进程序,提高程序的运行效率。

假定有一脚本文件 testp.m,在 MATLAB 的命令行窗口输入以下命令:

```
>> profile on
>> testp
>> profile viewer
```

这时,MATLAB 将打开 Profiler 窗口,显示分析结果。探查摘要表提供了运行文件的时间和相关函数的调用频率,反映出整个程序的耗时情况。单击某函数名,则打开相应函数的详细报告。

2. 程序优化

MATLAB 是解释型语言,计算速度较慢,所以在程序设计时如何提高程序的运行速度是需要重点考虑的问题。优化程序运行可采用以下方法。

(1) 编程向量化。在实际 MATLAB 编程中,为提高程序的执行速度,常用向量或矩阵运算来代替循环操作。

【例 4-18】 计算 $y=\frac{1}{\pi}+\frac{1}{\pi^2}+\frac{1}{\pi^3}+\cdots+\frac{1}{\pi^n}$ 的值(n 取 100,π 是圆周率)。

此例可用循环结构实现,程序如下:

```
n = 100;
y = 0;
for k = 1:n
    y = y + 1/pi^k;
end
disp(y)
```

此例也可以采用向量求和的方法实现。首先生成一个向量 k,然后使用点乘方运算符“.^”通过 k 生成向量 s,s 的各个元素即对应于各个累加项,再用 MATLAB 提供的 sum 函数求 s 各个元素之和。程序如下:

```
n = 100;
k = 1:n;
s = (1/pi).^k;   % 也可以写成 s = 1./pi.^k;
y = sum(s);
disp(y)
```

如果将程序中的 n 值改得很大,再分别运行这两个程序,则可以看出,后一种方法编写的程序比前一种方法快得多。

(2) 预分配内存空间。通过在循环之前预分配向量或数组的内存空间可以提高 for 循环的处理速度。例如,下面的程序用函数 zeros 预分配 for 循环中用到的向量 a 的内存空间,使得这个 for 循环的运行速度显著加快。

程序 1:

```
clear;
a = 0;
for n = 2:1000
    a(n) = a(n-1) + 10;
end
```

程序 2:

```
clear;
a = zeros(1,1000);
for n = 2:1000
    a(n) = a(n-1) + 10;
end
```

程序 2 采用了预定义矩阵的方法,运行时间比程序 1 要短。

(3) 减小运算强度。采用运算量更小的表达式,一般来说,乘法比乘方运算快,加法比乘法运算快。例如:

```
clear;
a = rand(32);                    % 生成一个 32×32 的矩阵
x = a.^3;
y = a.*a.*a;
```

从 Profiler 的评估报告中可以看出,a.*a.*a 运算比 a.^3 运算所花的时间少得多。

思考：输入 n，求下式的值。

$$\left(\frac{2\times 2}{1\times 3}\right)\left(\frac{4\times 4}{3\times 5}\right)\left(\frac{6\times 6}{5\times 7}\right)\cdots\left(\frac{(2n)(2n)}{(2n-1)(2n+1)}\right)\quad\left(=\frac{\pi}{2}\right)$$

显然，传统的程序设计思路是用循环结构来实现，但在 MATLAB 中利用向量运算更简洁。一种解答如下：

```
>> n = 10000;
>> a = [1:2:2 * n - 1;3:2:2 * n + 1];
>> b = [2:2:2 * n;2:2:2 * n];
>> prod(prod(b))/prod(prod(a))
ans =
   NaN
```

如果 n 为 3，计算正确，但是 n 增大后就出现 NaN 的结果，是哪里出现的问题导致计算不出 pi/2 的结果？

提示：先分析原因，这里要学会推理判断，显然结果是两数相除的结果，既然结果是 NaN，那就应该是分子或分母的结果有问题，看结果：

```
>> n = 10000;
>> a = [1:2:2 * n - 1;3:2:2 * n + 1];
>> b = [2:2:2 * n;2:2:2 * n];
>> prod(prod(b)),prod(prod(a))
ans =
   Inf
ans =
   Inf
```

分别输出分子分母结果均为无穷大，相除后结果为 NaN。

再看一个简单例子（n=10000）：

```
>> prod(1:n)
ans =
   Inf
```

当 n 足够大时，n！为无穷大。在计算机中是用有限的二进制位来表示一个数，所以数据的表示范围是有限的，当计算结果超出数据的表示范围就会产生溢出（overflow），从而导致结果不正确。在很多语言环境下，都会有溢出的问题。

那么，如何解决呢？容易想到要避免整体计算分子和分母，而采用先各个分量相除，再相乘的办法。看结果：

```
>> p = prod(prod(b)./prod(a))
p =
    1.5708
>> 2 * p
ans =
    3.1415
```

注意这里是点除。最后总结两点：

(1) 先输出中间结果，再分析结果，是程序或命令调试的有效方法。

(2) 运算的顺序会影响算法的有效性，尽管数学上是等价的。

4.6 应用实战 4

【例 4-19】 设 $f(x)=\mathrm{e}^{-0.5x}\sin\left(x+\frac{\pi}{6}\right)$，求 $s=\int_0^{3\pi}f(x)\mathrm{d}x$。

视频讲解

求函数 $f(x)$在$[a,b]$上的定积分，其几何意义就是求曲线 $y=f(x)$与直线 $x=a$，$x=b$，

$y=0$ 所围成的曲边梯形的面积。为了求得曲边梯形面积，先将积分区间$[a,b]$分成 n 等份，每个区间的宽度为 $h=(b-a)/n$，对应地将曲边梯形分成 n 等份，每个小部分即是一个小曲边梯形。近似求出每个小曲边梯形面积，然后将 n 个小曲边梯形的面积加起来，就得到总面积，即定积分的近似值。近似地求每个小曲边梯形的面积，常用的方法有矩形法、梯形法以及辛普森法等。以梯形法为例，程序如下：

```
a = 0;
b = 3 * pi;
n = 1000;
h = (b - a)/n;
x = a;
s = 0;
f0 = exp( - 0.5 * x) * sin(x + pi/6);
for i = 1:n
    x = x + h;
    f1 = exp( - 0.5 * x) * sin(x + pi/6);
    s = s + (f0 + f1) * h/2;
    f0 = f1;
end
s
```

程序运行结果如下：

```
s =
    0.9008
```

上述程序来源于传统的编程思想。也可以利用向量运算，使程序更加简洁，更有MATLAB的特点。程序如下：

```
a = 0;
b = 3 * pi;
n = 1000;
h = (b - a)/n;
x = a:h:b;
f = exp( - 0.5 * x). * sin(x + pi/6);
s = (f(1:n) + f(2:(n + 1))) * h/2;
s = sum(s)
```

程序中 x、f、s 均为向量，f 的元素为各个 x 点的函数值，s 的元素分别为 n 个梯形的面积，s 各元素之和即定积分近似值。

事实上，MATLAB 提供了有关数值积分的标准函数，实际应用中可以直接调用这些函数求数值积分，这些内容将在第 8 章介绍。

视频讲解

【例 4-20】 Fibonacci 数列定义如下：

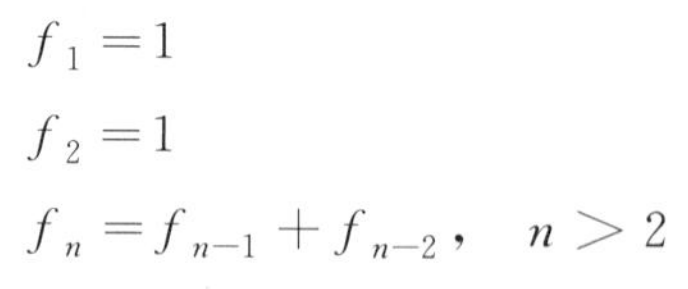

$$f_1=1$$

$$f_2=1$$

$$f_n=f_{n-1}+f_{n-2},\quad n>2$$

求 Fibonacci 数列的第 20 项。

利用函数文件编写程序如下。

首先建立函数文件 ffib.m。

```
function f = ffib(n)
    % 用于求 Fibonacci 数列的函数文件
    % f = ffib(n)
    if n > 2
        f = ffib(n - 1) + ffib(n - 2);
```

```
    else
        f = 1;
    end
end
```

然后在 MATLAB 命令行窗口调用函数,得到输出结果。

```
>> ffib(20)
ans =
        6765
```

根据 Fibonacci 数列的递推式,设 F(n)=[f(n+1),f(n)]',A=[1,1; 1,0],则 Fibonacci 数列递推式的矩阵表示形式为 F(n)=A F(n−1),其中 F(1)=[1,1]',即 F(n)=A F(n−1) = A^2F(n−2) =…= A^{n-1} F(1),如果求 Fibonacci 数列的第 20 项,只要求 F(19)或 F(20)即可。程序如下:

```
A = [1,1;1,0];
F1 = [1,1]';
Y = [1,0;0,1];
for n = 1:19                          % 求 Y = A^19
    Y = Y * A;
end
F20 = Y * F1
```

程序运行结果如下:

```
F20 =
       10946
        6765
```

即 Fibonacci 数列的第 20 项是 6765。

实际上,可以直接利用矩阵乘方运算,即:

```
A = [1,1;1,0];
F1 = [1,1]';
Y = A^19;
F20 = Y * F1
```

程序运行结果与前面程序相同。

此外,MATLAB 提供了 fibonacci 函数,可以直接调用,例如:

```
>> fibonacci(20)
ans =
        6765
```

视频讲解

【例 4-21】 根据矩阵指数的幂级数展开式求矩阵指数。

$$e^{\boldsymbol{X}}=\boldsymbol{I}+\boldsymbol{X}+\frac{\boldsymbol{X}^2}{2!}+\frac{\boldsymbol{X}^3}{3!}+\cdots+\frac{\boldsymbol{X}^n}{n!}+\cdots$$

设 $\boldsymbol{X}$ 是给定的矩阵,E 是矩阵指数函数值,F 是展开式的项,n 是项数,循环一直进行到 F 很小,以至于 F 值加在 E 上对 E 的值影响不大时为止。为了判断 F 是否很小,可利用矩阵范数的概念。矩阵 $\boldsymbol{A}$ 的范数的一种定义是:$\max\limits_{1\leqslant j\leqslant n}\sum\limits_{i=1}^{n}|a_{ij}|$。在 MATLAB 中用 norm(A,1) 函数来计算。所以当 norm(F,1)=0 时,认为 F 很小,应退出循环的执行。程序如下:

```
X = input('Enter X:');
E = zeros(size(X));
F = eye(size(X));
n = 1;
while norm(F,1)> 0
    E = E + F;
```

```
    F = F * X/n;
    n = n + 1;
end
E
expm(X)                             % 调用 MATLAB 矩阵指数函数求矩阵指数
```

程序运行结果如下：

```
Enter X:[0.5,2,0;1,-1,-0.5;0.9,1,0.75]
E =
    2.6126    2.0579   -0.6376
    0.7420    0.7504   -0.5942
    2.5678    2.3359    1.5549
ans =
    2.6126    2.0579   -0.6376
    0.7420    0.7504   -0.5942
    2.5678    2.3359    1.5549
```

运行结果表明，程序运行结果与 MATLAB 矩阵指数函数 expm(X)的结果一致。本程序涉及矩阵运算，初学者可能不太习惯。如果能分析一下程序的执行过程，对领会编程思想是有益的。另外，我们知道矩阵乘法的交换律不成立，但这里要请读者分析一下程序中的语句 F=F * X/n 可否写成 F= X * F /n，为什么？

练习题

一、选择题

1. 下列程序的输出结果是(　　)。

```
a = 1;
switch a
    case 3|4
        disp('perfect')
    case {1,2}
        disp('ok')
    otherwise
        disp('no')
end
```

A. ok　　B. perfect　　C. no　　D. 2

2. 下列程序的输出结果是(　　)。

```
s = 0;
for i = 1:13
   if rem(i,2) == 1
      continue
   end
   if mod(i,9) == 0
      break
   end
   s = s + i;
end
disp(s)
```

A. 36　　B. 20　　C. 42　　D. 16

3. 下面两个 for 循环中，描述正确的是(　　)。

循环一：

```
for k = [12,3,1,0]
…
end
```

循环二：

```
for k = [12;3;1;0]
…
end
```

A. 循环一循环 4 次，循环二循环 1 次　　B. 循环一循环 1 次，循环二循环 4 次

C. 循环一和循环二均循环 4 次　　D. 循环一和循环二均循环 1 次

4. 设有程序如下：

```
k = 10;
while k
    k = k - 1;
end
k
```

程序执行后 k 的值是(　　)。

A. 10　　B. 1　　C. 0　　D. -1

5. 定义了一个函数文件 fun. m：

```
function f = fun(n)
f = sum(n. * (n + 1));
```

在命令行窗口调用 fun 函数的结果为(　　)。

```
>> fun(1:5)
```

A. 30　　B. 50　　C. 65　　D. 70

6. 定义了一个函数文件 fsum. m：

```
function s = fsum(n)
if n <= 1
    s = 1;
else
    s = fsum(n - 1) + n;
end
```

在命令行窗口调用 fsum 函数的结果为(　　)。

```
>> fsum(10)
```

A. 45　　B. 55　　C. 65　　D. 75

7. 定义了一个函数文件 test. m：

```
function fout = test(a,b,c)
if nargin == 1
    fout = 2 * a;
elseif nargin == 2
    fout = 2 * (a + b);
elseif nargin == 3
    fout = 2 * (a. * b. * c);
end
```

在命令行窗口调用 test 函数的结果为(　　)。

```
>> test(1:3,[ - 1,0,3])
```

A. 2　4　6　　B. 0　3　3

C. -2　6　12　　D. 0　4　12

8. 【多选】求分段函数的值，正确的程序是(　　)。

$$y=\begin{cases}x+10, & x>0\\ x-10, & x\leqslant 0\end{cases}$$

A.
```
x = input('x = :');
y = (x + 10) * (x > 0) + (x - 10) * (x <= 0);
disp(y)
```

B.
```
x = input('x = :');
y = x + 10;
if x <= 0
    y = x - 10;
end
disp(y)
```

C.
```
x = input('x = :');
if x > 0
    y = x + 10;
else
    y = x - 10;
end
disp(y)
```

D.
```
x = input('x = :');
if x > 0
    y = x + 10;
elseif x <= 0
    y = x - 10;
end
disp(y)
```

9. 【多选】执行下列语句,描述正确的是(　　)。

```
>> clear
>> fcos = @cos;
>> a = fcos(pi);
```

A. a 的值不确定　　B. a 的值是−1

C. a 的值与 cosd(180)的值相等　　D. a 的值与 cos(pi)的值相等

10. 【多选】下列选项中错误的是(　　)。

A. break 语句用来结束本次循环,continue 语句用来结束整个循环

B. 在多分支 if 语句中不管有几个分支,程序执行完一个分支后,其余分支将不会再执行,这时整个 if 语句结束

C. 当函数文件名与函数名不相同时,MATLAB 将忽略函数文件名,调用时使用函数名

D. 递归调用会降低存储空间和执行时间的开销,提高程序的执行效率

二、问答题

1. 写出下列程序的运行结果。

```
x = 5;
if ~rem(x,2)
    y = 10 * x;
else
    y = 20 * x;
end
disp(y)
```

2. 写出下列程序的运行结果。

```
x = reshape(1:12,3,4);
m = 0;
n = 0;
for k = 1:4
    if x(:,k)<= 6
```

```
        m = m + 1;
    else
        n = n + 1;
    end
end
disp([m,n])
```

3. 写出下列程序的运行结果。

```
k = [];
n = 1;
while 1
    if n > 10
        break
    end
    k = [k,n];
    n = n + 2;
end
k
```

4. 已知 $y=f(40)/[f(30)+f(20)]$,其中 $f(n)=1\times2+2\times3+3\times4+\cdots+n\times(n+1)$。已经编写函数文件 fun.m 如下,要调用该函数文件求 y,请写出语句。

```
function f = fun(n)
f = sum(n. * (n + 1));
```

5. 为了提高 MATLAB 程序的运行效率,可采用哪些措施?

操作题

1. 随机产生一个 3 位整数,将它的十位数变为 0。例如,如果产生的 3 位整数为 738,则输出 708。

2. 分别用 if 语句和 switch 语句实现以下计算,其中 a、b、c 的值从键盘输入。

$$y=\begin{cases} ax^2+bx+c, & 0.5\leqslant x<1.5 \\ a\sin^c b+x, & 1.5\leqslant x<3.5 \\ \ln\left|b+\dfrac{c}{x}\right|, & 3.5\leqslant x<5.5 \end{cases}$$

3. 产生 20 个两位随机整数,输出其中小于平均值的偶数。

4. 已知

$$s=1+2+2^2+2^3+\cdots+2^{63}$$

分别用循环结构和调用 MATLAB 的 sum 函数求 s 的值。

5. 当 n 分别取 100、1000、10000 时,求下列各式的值:

(1) $1-\dfrac{1}{2}+\dfrac{1}{3}-\dfrac{1}{4}+\cdots+(-1)^{n+1}\cdot\dfrac{1}{n}+\cdots(=\ln2)$

(2) $1-\dfrac{1}{3}+\dfrac{1}{5}-\dfrac{1}{7}+\cdots\left(=\dfrac{\pi}{4}\right)$

要求分别用循环结构和向量运算(使用 sum 或 prod 函数)来实现。

6. 先用函数的递归调用定义一个函数文件求 $\sum\limits_{i=1}^{n}i^m$,然后调用该函数文件求 $\sum\limits_{k=1}^{100}k+\sum\limits_{k=1}^{50}k^2+\sum\limits_{k=1}^{10}\dfrac{1}{k}$。

第5章 图形绘制

图形可以帮助人们直观感受数据的内在规律和联系，强化对于数据的理解和认识。通过图形实现数据可视化，是人们研究科学问题、认识客观世界的重要方法。MATLAB 不仅具有很强的科学计算功能，而且具有非常强大的绘图功能。使用 MATLAB 的绘图函数和绘图工具，既可以绘制二维图形，也可以绘制三维图形，还可以通过标注、视点、颜色、光照等操作对图形进行修饰。本章介绍绘制二维图形和三维图形的方法、图形修饰处理方法、图像处理的基本操作及交互式绘图工具的使用。

5.1 二维曲线

二维曲线是将平面坐标上的数据点连接起来的平面图形。可以采用不同的坐标系——除直角坐标系外，还可以采用极坐标系、对数坐标系。数据点可以用向量或矩阵形式给出，类型可以是实数型或复数型。绘制二维曲线无疑是其他绘图操作的基础。

5.1.1 绘制二维曲线

1. plot 函数

在 MATLAB 中，绘制直角坐标系下的二维曲线可以利用 plot 函数，这是最基本且应用最为广泛的绘图函数。plot 函数的基本调用格式为：

```
plot(x,y)
```

其中，x 和 y 为长度相同的向量，分别用于存储要绘制的数据点的横坐标和纵坐标。

plot 函数用于绘制分别以 x 坐标和 y 坐标为横坐标和纵坐标的二维曲线。x 和 y 所包含的元素个数相等，y_i 是 x_i 点的函数值。plot 函数绘制曲线时，用线段将各数据点连接起来，形成一条折线。数据点越多，曲线越光滑。

【例 5-1】 在 $0 \leqslant x \leqslant 2\pi$ 区间内，绘制曲线 $y=x^2\sin(2\pi x)$。

程序如下：

```
x = 0:pi/100:2 * pi;
y = x.^2. * sin(2 * pi * x);
plot(x,y)
```

程序求函数值 y 时，指数函数和余弦函数之间要用点乘运算。程序执行后，打开一个图形窗口，在其中绘出二维曲线，如图 5-1 所示。

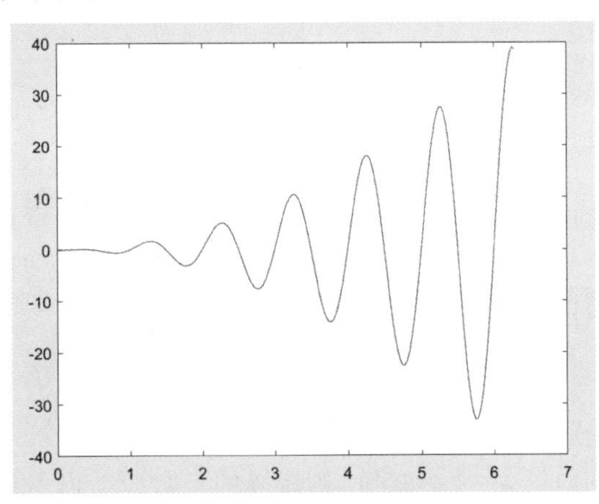

图 5-1 二维曲线的绘制

【例 5-2】 蝴蝶曲线是一种很优美的平面曲线,宛如一只翩翩起舞的蝴蝶。蝴蝶曲线由以下参数方程给出:

$$\begin{cases} x = \sin t\left[e^{\cos t} - 2\cos(4t) - \sin^5\dfrac{t}{12}\right] \\ y = \cos t\left[e^{\cos t} - 2\cos(4t) - \sin^5\dfrac{t}{12}\right] \end{cases}$$

绘制蝴蝶曲线。

这是以参数方程形式给出的二维曲线,只要给定参数向量,再分别求出 x、y 向量即可绘出曲线。程序如下:

```
t = 0:pi/100:20 * pi;
x = sin(t). * (exp(cos(t)) - 2 * cos(4 * t) - sin(t/12).^5);
y = cos(t). * (exp(cos(t)) - 2 * cos(4 * t) - sin(t/12).^5);
plot(x,y);
```

程序执行后,得到的蝴蝶曲线如图 5-2 所示。

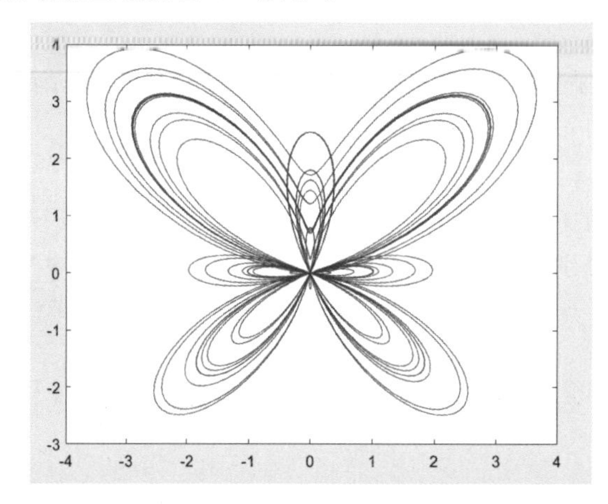

图 5-2　以参数方程形式绘出的蝴蝶曲线

在实际应用中,plot 函数的输入参数有许多变化形式,下面详细介绍。

(1) 当 x 和 y 是同样大小矩阵时,配对的 x、y 按对应列的元素为横坐标和纵坐标分别绘制曲线,曲线条数等于矩阵的列数。例如,在同一坐标中绘制 3 条幅值不同的正弦曲线,命令如下:

```
x = linspace(0,2 * pi,100);
y = sin(x);
plot([x; x; x]',[y; y * 2; y * 3]')
```

如果 x 或 y 一个是行向量,一个是矩阵,则矩阵的列数应与向量的元素个数相同,绘图时按矩阵的行对数据分组绘制,曲线条数为矩阵的行数。例如,在同一坐标中绘制 3 条幅值不同的正弦曲线,命令也可以写成:

```
x = linspace(0,2 * pi,100);
y = sin(x);
plot(x,[y; y * 2; y * 3])
```

如果 x 或 y 一个是列向量,一个是矩阵,则矩阵的行数应与向量的元素个数相同,绘图时按矩阵的列对数据分组绘制,曲线条数为矩阵的列数。例如,在同一坐标中绘制 3 条幅值不同的正弦曲线,命令还可以写成:

```
x = linspace(0,2 * pi,100);
y = sin(x);
plot(x',[y; y * 2; y * 3]')
```

（2）当 plot 函数只有一个输入参数时，即

```
plot(y)
```

若 y 是实数向量，则以该向量元素的下标为横坐标、元素值为纵坐标绘制出一条连续曲线；若 y 是复数向量，则分别以向量元素实部和虚部为横坐标和纵坐标绘制一条曲线。若 y 是实数矩阵，则按列绘制每列元素值相对其行下标的曲线，曲线条数等于输入参数矩阵的列数；若 y 是复数矩阵，则按列分别以元素实部和虚部为横坐标和纵坐标绘制多条曲线。例如，绘制 3 个同心圆，命令为：

```
t = linspace(0,2 * pi,100);
x = cos(t) + 1i * sin(t);
y = [x;2 * x;3 * x]';
plot(y)
```

（3）当 plot 函数有多个输入参数，且都为向量时，即

```
plot(x1, y1, x2, y2, … , xn, yn)
```

其中，x1 和 y1、x2 和 y2……xn 和 yn 分别组成一组向量对，以每一组向量对为横坐标和纵坐标绘制出一条曲线。采用这种格式时，各组向量对的长度可以不同。例如，在同一坐标系中绘制 2 条不同的曲线，命令可以写成：

```
t1 = linspace(0,3 * pi,100);
x = cos(t1) + t1. * sin(t1);
t2 = linspace(0,2 * pi,50);
y = sin(t2) - t2. * cos(t2);
plot(t1,x,t2,y);
```

2. fplot 函数

使用 plot 函数绘图时，先要取得 x、y 坐标，然后再绘制曲线，x 往往采取等间隔采样。在实际应用中，在不同区间函数可能随着自变量的变化而高频率变化，此时使用 plot 函数绘制图形，如果自变量的采样间隔设置不合理，则无法反映函数的变化趋势。例如，sin(1/x)在 0～0.1 范围有许多个振荡周期，函数值变化快，而 0.1 以后变化较平缓，如果将 plot 函数的采样间隔设置为等间隔，那么绘制的曲线无法反映函数在[0,0.1]区间的变化规律。

MATLAB 提供了 fplot 函数，可根据参数函数的变化特性自适应地设置采样间隔。当函数值变化缓慢时，设置的采样间隔大；当函数值变化剧烈时，设置的采样间隔小。fplot 函数的基本调用格式为：

```
fplot(fun, lims)
```

其中，fun 代表定义曲线 y 坐标的函数，通常采用函数句柄的形式。lims 为 x 轴的取值范围，用二元行向量[xmin,xmax]描述，默认为[−5, 5]。

例如，用 fplot 函数绘制曲线 $f(x)=\cos(\tan(\pi x))$，$x\in[0,1]$，命令如下：

```
>> fplot(@(x) cos(tan(pi * x)),[0,1])
```

命令执行后，得到如图 5-3 所示的曲线。

MATLAB 提供了 fplot 函数的双输入参数的用法，其调用格式为：

```
fplot(funx, funy, lims)
```

函数绘制由 x=funx(t)和 y=funy(t)定义的曲线。其中，funx、funy 通常采用函数句柄的形

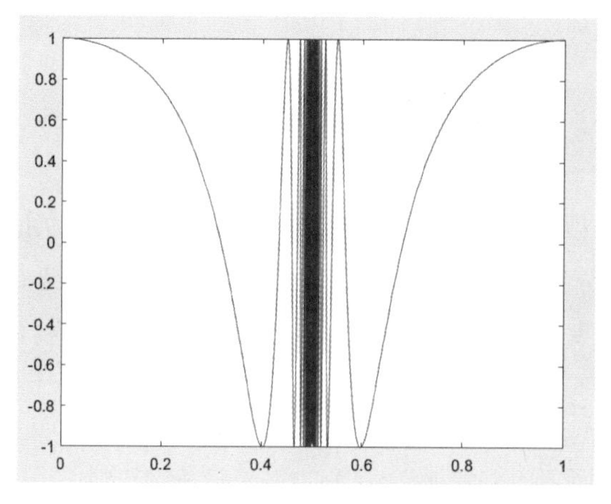

图 5-3　fplot 函数绘制的曲线

式。lims 为参数 t 的取值范围,用二元向量[tmin,tmax]描述,默认区间为[−5,5]。例如,例 5-2 也可以用以下程序实现:

```
fx = @(t) sin(t). * (exp(cos(t)) - 2 * cos(4 * t) - sin(t/12).^5);
fy = @(t) cos(t). * (exp(cos(t)) - 2 * cos(4 * t) - sin(t/12).^5);
fplot(fx,fy,[0,20 * pi])
```

3. fimplicit 函数

如果给定了定义曲线的显式表达式,则可以根据表达式计算出所有数据点坐标,用 plot 函数绘制图形,或者用函数句柄作为参数,调用 fplot 函数绘制图形。但如果曲线用隐函数形式定义,则很难用上述方法绘制图形。MATLAB 提供了 fimplicit 函数绘制隐函数图形,其调用格式如下:

```
fimplicit(f, [a b c d])
```

其中,f 是匿名函数表达式或函数句柄,[a, b]指定 x 轴的取值范围,[c, d]指定 y 轴的取值范围。若省略 c 和 d,则表示 x 轴和 y 轴的取值范围均为[a, b]。若没有指定取值范围,则 x 轴和 y 轴的默认取值范围为[−5, 5]。

例如,绘制曲线 $x^2+y^2=25$,使用以下命令:

```
>> fimplicit(@(x,y) x. * x + y. * y - 25)
```

5.1.2　设置曲线样式

1. 曲线基本属性

绘制图形,特别是同时绘制多个图形时,为了加强对比效果,常常会在 plot 函数、fplot 函数中加上选项,用于指定所绘曲线的线型、颜色和数据点标记。这些选项分别如表 5-1～表 5-3 所示,它们可以组合使用。例如,'b-.'表示蓝色点画线,'y:d'表示黄色虚线并用菱形符标记数据点。当选项省略时,MATLAB 规定,线型用实线,颜色自动循环使用当前坐标轴的 ColorOrder 属性指定的颜色,无数据点标记。

表 5-1　线型选项

选　项	线　型	选　项	线　型
'−'	实线(默认值)	'−−'	短画线
':'	虚线	'−.'	点画线

表 5-2 颜色选项

选　　项	颜　　色	选　　项	颜　　色
'b' 或 'blue'	蓝色	'm' 或 'magenta'	品红色
'g' 或 'green'	绿色	'y' 或 'yellow'	黄色
'r' 或 'red'	红色	'k' 或 'black'	黑色
'c' 或 'cyan'	青色		

表 5-3 标记选项

选　　项	标记符号	选　　项	标记符号
'.'	点	'v'	朝下三角符号
'o'	圆圈	'^'	朝上三角符号
'x'	叉号	'<'	朝左三角符号
'+'	加号	'>'	朝右三角符号
'*'	星号	'p' 或 'pentagram'	五角星符
's' 或 'square'	方块符	'h' 或 'hexagram'	六角星符
'd' 或 'diamond'	菱形符		

【例 5-3】 在同一坐标系内，分别用不同线型和颜色绘制曲线 $y=\sin x\sin(5x)$ 及其包络线，并标记曲线与 x 轴的交点。

程序如下：

```
x = (0:pi/100:2 * pi)';
y1 = sin(x) * [1, - 1];                    %求两根包络线
y2 = sin(x). * sin(5 * x);                 %求函数值
x3 = pi * (0:10)/5;                        %零点的 x 坐标
y3 =  sin(x3). * sin(5 * x3);              %零点的 y 坐标
plot(x,y1,'b-- ',x,y2,'k',x3,y3,'ro');
```

程序运行结果如图 5-4 所示。plot 函数中包含 3 组绘图参数：第一组用虚线绘出两根包络线，第二组用实线绘出曲线 y=sinxsin(5x)，第三组用圆圈标出曲线与 x 轴交点。

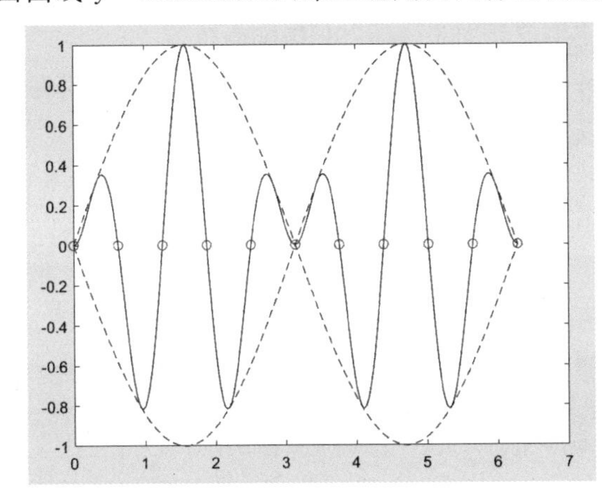

图 5-4 用不同线型和颜色绘制的曲线

程序中第一条命令用矩阵转置运算符将行向量转换为列向量。请读者思考,如果这里不用转置操作,程序会怎样?如果要得到如图5-4所示的图形,程序应如何修改?

2. 其他属性设置方法

调用MATLAB绘图函数绘制图形,还可以采用属性名、属性值配对的方式设置曲线属性,一般格式如下:

```
plot(x,y,属性名,属性值)
```

常用的曲线属性如下。

(1) Color属性:指定线条颜色,除了使用表5-2中的字符,还可以使用RGB三元组,即用行向量[R G B]指定颜色,R、G、B分别代表红、绿、蓝3种颜色成分的亮度,取值范围为[0, 1]。表5-4列出了常用颜色的RGB值。

表5-4 表示颜色的RGB三元组

RGB值	颜色	RGB值	颜色
[0 0 1]	蓝色	[1 1 1]	白色
[0 1 0]	绿色	[0.5 0.5 0.5]	灰色
[1 0 0]	红色	[0.67 0 1]	紫色
[0 1 1]	青色	[1 0.5 0]	橙色
[1 0 1]	品红色	[1 0.62 0.40]	铜色
[1 1 0]	黄色	[0.49 1 0.83]	宝石蓝
[0 0 0]	黑色		

(2) LineStyle属性:指定线型,可用值为表5-1中的字符。

(3) LineWidth属性:指定线宽,线宽默认为0.5像素。

(4) Marker属性:指定标记符号,可用值为表5-3中的字符。

(5) MarkerIndices属性:指定哪些点显示标记,其值为向量。若未指定,默认在每一个数据点显示标记。

(6) MarkerEdgeColor属性:指定五角形、菱形、六角标记符号的框线颜色。除了使用表5-2中的字符,还可以使用三元向量[R G B]指定颜色。

(7) MarkerFaceColor属性:指定五角形、菱形、六角形标记符号内的填充颜色。除了使用表5-2中的字符,还可以使用三元向量[R G B]指定颜色。

(8) MarkerSize属性:指定标记符号的大小,符号大小默认为6像素。

分析以下程序产生的曲线。

```
x = 1:10;
plot(x,x,'Color',[0 0 1], ...                  %设置曲线为蓝色
        'LineWidth',1, ...                     %设置曲线线宽为1像素
        'Marker','p', ...                      %设置曲线标记符号为五角形
        'MarkerIndices',[1,3,5,7,9], ...       %在5个点显示标记
        'MarkerEdgeColor','r', ...             %设置曲线标记外框为红色
        'MarkerFaceColor','y', ...             %设置曲线标记符号内填充黄色
        'MarkerSize',8)                        %设置曲线标记符号大小为8像素
```

程序运行后,结果如图5-5所示。

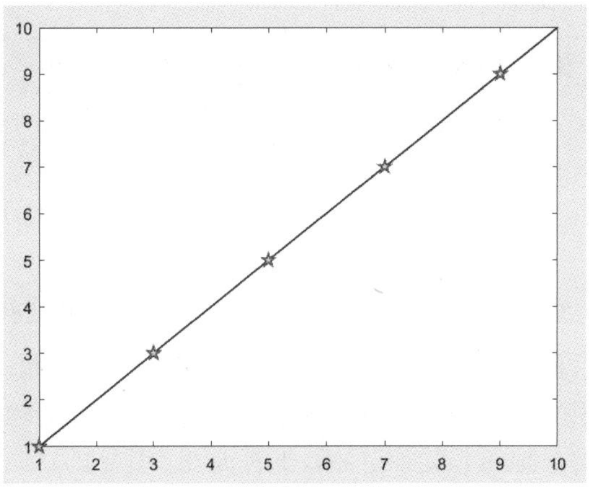

图 5-5 用指定属性绘制的曲线

5.1.3 图形标注与坐标控制

1. 图形标注

在绘制图形的同时，可以对图形加一些说明，如坐标轴标题、坐标轴说明、图形某一部分的含义等，这些操作称为添加图形标注。有关图形标注函数的调用格式如下：

```
title(坐标轴标题)
xlabel(x 轴说明)
ylabel(y 轴说明)
text(x, y,图形说明)
legend(图例 1,图例 2, …)
```

title 函数用于给坐标轴添加标题；xlabel、ylabel 分别用于给 x 轴、y 轴添加说明；text 函数用于在指定位置(x,y)添加图形说明；legend 函数用于添加图例，说明绘制曲线所用线型、颜色或数据点标记。

上述函数中的说明文字，除使用常规字符外，还可使用 TeX 标识符输出其他字符和标识，如希腊字母、数学符号、公式等。在 MATLAB 支持的 TeX 字符串中，用\bf、\it、\rm 标识符分别定义字形为加粗、倾斜和常规字体。常用的 TeX 标识符如表 5-5 所示，其中的各个字符既可以单独使用，又可以和其他字符及命令联合使用。为了将控制字符串、TeX 标识符与输出字符分隔开来，可以用大括号界定控制字符串及受控制字符串的起始和结束。例如：

```
>> text(0.3,0.5,'sin({\omega}t + {\beta})')   % 标注 sin(ωt + β)
```

表 5-5 常用的 TeX 标识符

标识符	符号	标识符	符号	标识符	符号
\alpha	α	\phi	φ	\leq	$\leqslant$
\beta	β	\psi	ψ	\geq	$\geqslant$
\gamma	γ	\omega	ω	\div	$\div$
\delta	δ	\Gamma	Γ	\times	$\times$
\epsilon	ε	\Delta	Δ	\neq	$\neq$
\zeta	ζ	\Theta	Θ	\infty	∞
\eta	η	\Lambda	Λ	\partial	∂

续表

标 识 符	符 号	标 识 符	符 号	标 识 符	符 号
\theta	θ	\Pi	Π	\leftarrow	←
\pi	π	\Sigma	Σ	\uparrow	↑
\rho	ρ	\Phi	Φ	\rightarrow	→
\sigma	σ	\Psi	Ψ	\downarrow	↓
\tau	τ	\Omega	Ω	\leftrightarrow	↔

如果想在某个字符后面加上一个上标,则可以在该字符后面跟一个^引导的字符串。若想把多个字符作为指数,则应该使用大括号,例如,e^{axt}对应的标注效果为 e^{axt},而 e^axt 对应的标注效果为 $e^a xt$。类似地可以定义下标,下标是由_引导的,如 X_{12}对应的标注效果为 X_{12}。

视频讲解

【例 5-4】 在 $-2 \leqslant x \leqslant 2$ 内,绘制曲线 $y=e^x$、$y=e^{-x}$ 和 $y=\frac{e^x+e^{-x}}{2}$,并给图形添加图形标注。

程序如下:

```
x = - 2:0.01:2;
y1 = exp(x);
y2 = exp( - x);
y3 = (y1 + y2)/2;
plot(x,y1,x,y2,x,y3)
title('三个函数的曲线');              % 加坐标轴标题
xlabel('Variable X');               % 加 X 轴说明
ylabel('Variable Y');               % 加 Y 轴说明
text(0.8,3.2,'\bfy_{1} = e^x');     % 在指定位置添加图形说明
text( - 1,3.2,'\bfy_{2} = e^{ - x}');
text(0.8,1.2,'\bfy_{3} = (e^x + e^{ - x})/2');
legend('y1','y2','y3')              % 加图例
```

程序运行结果如图 5-6 所示。

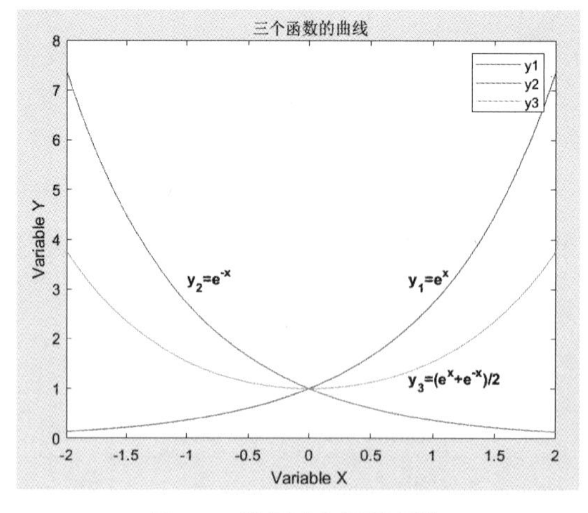

图 5-6 给图形加图形标注

添加图形说明也可用 gtext 命令。gtext 函数没有位置参数，执行命令时，十字光标跟随鼠标移动，单击鼠标即可将文本放置在十字光标处。例如：

```
>> gtext('cos(x)')
```

执行命令后，单击坐标轴中的某点，即可放置字符串'cos(x)'。

2. 坐标控制

绘制图形时，MATLAB 可以自动根据要绘制图形数据的范围选择合适的坐标刻度，使得曲线能够尽可能清晰地显示出来。所以，一般情况下不必选择坐标轴的刻度范围。有时，绘图需要自己定义坐标轴，这时可以调用 axis 函数来实现。

该函数的调用格式为：

```
axis([xmin,xmax,ymin,ymax,zmin,zmax])
```

系统按照给出的 3 个坐标轴的最小值和最大值设置坐标轴范围，通常绘制二维图形时只给出前 4 个参数。例如：

```
>> axis([ - pi, pi, - 4, 4])
```

axis 函数功能丰富，其他用法如下。

(1) axis auto：使用默认设置。

(2) axis equal：坐标轴采用等长刻度。

(3) axis square：产生正方形坐标轴(默认为矩形)。

(4) axis on：显示坐标轴。

(5) axis off：不显示坐标轴。

例如，画一个边长为 1 的正方形，使用以下程序：

```
x = [0,1,1,0,0];                    % 为了得到封闭图形,曲线首尾两点坐标重合
y = [0,0,1,1,0];
plot(x,y)
axis([ - 0.1,1.1, - 0.1,1.1])       % 使曲线与坐标轴边框不重叠
axis square;                        % 使图形呈现正方形
```

坐标轴设定好以后，还可以通过给坐标轴加网格、边框等手段改变坐标轴显示效果。给坐标轴加网格线用 grid 命令来控制。grid on 命令控制显示网格线，grid off 命令控制不显示网格线，不带参数的 grid 命令用于在两种状态之间进行切换。给坐标轴加边框用 box 命令。box 命令的使用方法与 grid 命令相同。如果程序中没有出现 box 命令，那么默认是有边框线的。

【例 5-5】 在同一坐标系中，可以绘制 5 个相切的圆，并加坐标控制。

程序如下：

```
clear
t = 0:0.01:2 * pi;
x = exp(i * t);
y = [x;2 + x;4 + x;6 + x;8 + x]';
plot(y)
grid on;                            % 加网格线
box on;                             % 加坐标边框
axis([ - 1,9, - 1,1]);              % 设置坐标刻度范围
axis equal                          % 坐标轴采用等刻度
```

程序运行结果如图 5-7 所示。

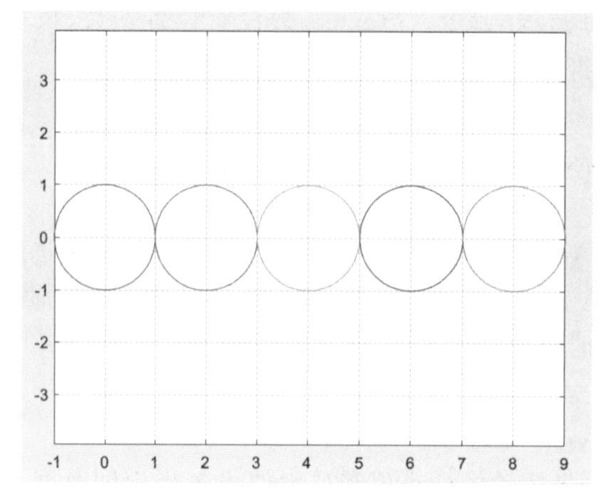

图 5-7　加坐标控制的图形

5.1.4　多图形显示

1. 图形窗口的分割

在实际应用中,常常需要在一个图形窗口内绘制若干独立的图形,这就需要对图形窗口进行分割。分割后的图形窗口由若干绘图区组成,每一个绘图区可以有自己的坐标轴。同一图形窗口中的不同坐标轴下的图形称为子图。MATLAB 系统提供了 subplot 函数,用来实现对当前图形窗口的分割。subplot 函数的调用格式为:

```
subplot(m, n, p)
```

其中,参数 m 和 n 表示将图形窗口分成 m 行 n 列个绘图区,区号按行优先编号。第 3 个参数指定第 p 个区为当前活动区,后续的绘图命令、标注命令、坐标控制命令都是作用于当前活动区。若 p 是向量,则表示将向量中的几个区合成一个绘图区,然后在这个合成的绘图区绘制图形。

【例 5-6】 创建一个包含 3 个子图的图形窗口。在图形窗口的上半部分创建两个子图,并在图形窗口的下半部分创建第三个子图,在每个子图上添加标题。

程序如下:

```
clear
x = 0:pi/500:16 * pi;
subplot(2,2,1)                      % 创建第一个子图
plot(abs(sin(x/2)). * (cos(x) + i * sin(x)));
axis([ - 1,1, - 1,1]);title('Subplot 1');axis equal;
subplot(2,2,2)                      % 创建第二个子图
plot(abs(sin(x/4)). * (cos(x) + i * sin(x)));
axis([ - 1,1, - 1,1]);title('Subplot 2');axis equal;
subplot(2,2,[3,4])                  % 创建第三个子图
plot(abs(sin(x/6)). * (cos(x) + i * sin(x)));
axis([ - 1,1, - 1,1]);title('Subplot 3');axis equal;
```

程序运行结果如图 5-8 所示。

还可以在指定的位置创建绘图区,subplot 函数调用格式如下:

```
subplot('Position',pos)
```

其中,'Position'指定参数 pos 用四元向量[left, bottom, width, height]表示,其元素值均为 0.0~1.0,其中 left 和 bottom 指定绘图区的左下角在图形窗口中的位置,width 和 height 指

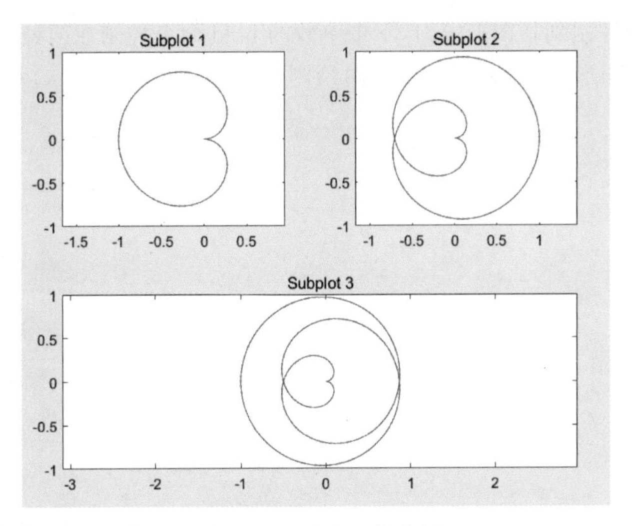

图 5-8 图形窗口的分割

定绘图区的大小。例如，下列程序的运行结果。

```
x = linspace(0,2 * pi);
subplot('Position',[0.1,0.65,0.35,0.25])
plot(x,sin(x))
title('Subplot 1: sin(x)')
subplot('Position',[0.55,0.65,0.35,0.25])
plot(x,sin(2 * x))
title('Subplot 2: sin(2x)')
subplot('Position',[0.25,0.35,0.5,0.2])
plot(x,sin(4 * x))
title('Subplot 3: sin(4x)')
subplot('Position',[0.35,0.1,0.3,0.15])
plot(x,sin(8 * x))
title('Subplot 4: sin(8x)')
```

程序运行后得到如图 5-9 所示的图形。

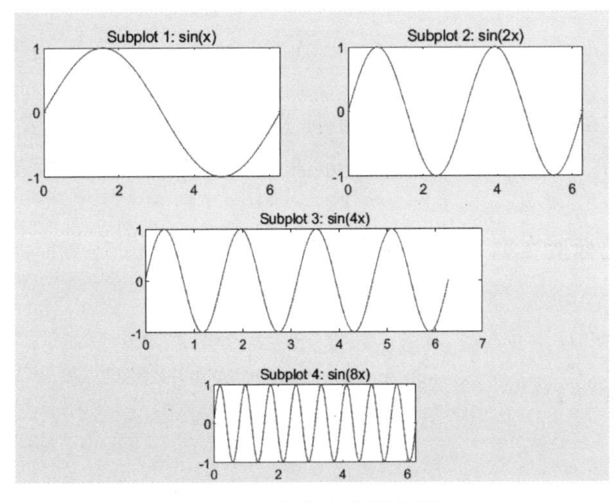

图 5-9 自定义绘图位置

2. 图形叠加

一般情况下，绘图命令每执行一次就刷新当前图形窗口，图形窗口原有图形将不复存在。若希望在已存在的图形上再叠加新的图形，则可使用图形保持命令 hold。hold on 命令控制保持原

视频讲解

有图形,hold off 命令控制刷新图形窗口,不带参数的 hold 命令控制在两种状态之间进行切换。

【例 5-7】 采用图形保持,在同一坐标内绘制曲线 $y=\sin x\ \sin(5x)$ 和 $y=\cos x\cos(\pi x)$。

程序如下:

```
x = linspace(0,pi,800);
y1 = sin(x). * sin(5 * x);
plot(x,y1)
hold on
y2 = cos(x). * cos(pi * x);
plot(x,y2,'--');
hold off
```

程序运行结果如图 5-10 所示。

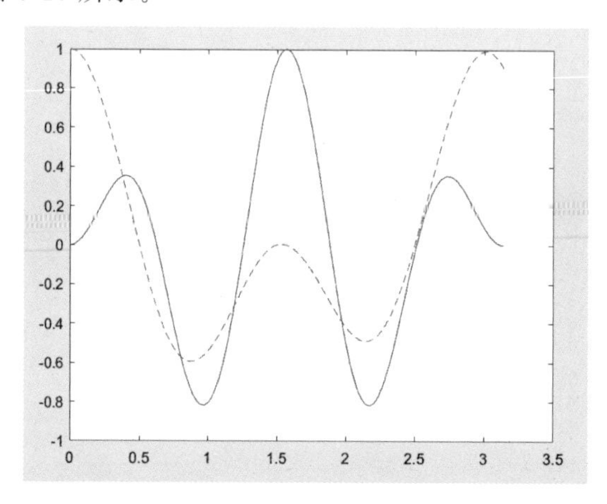

图 5-10 采用图形保持绘制的曲线

3. 具有两个纵坐标标度的图形

在 MATLAB 中,如果需要在同一个坐标系绘制具有不同纵坐标标度的两个图形,可以使用 yyaxis 函数,这种方式有利于图形数据的对比分析。该函数常用的调用格式为:

```
yyaxis left
yyaxis right
yyaxis(ax,'left')
yyaxis(ax,'right')
```

第 1 种格式,设置当前图形与左边的纵坐标关联;第 2 种格式,设置当前图形与右边的纵坐标关联;第 3 种和第 4 种格式用于指定坐标轴 ax 中的图形与左/右边纵坐标关联,ax 为坐标轴句柄。

【例 5-8】 用不同标度在同一坐标内绘制曲线 $y=\sin x\sin(5x)$ 和 $y=\cos x\cos(\pi x)$。

程序如下:

```
x = linspace(0,pi,800);
y1 = sin(x). * sin(5 * x);
y2 = cos(x). * cos(pi * x);
yyaxis left
plot(x,y1)
text(3,0.1,'曲线 y_1');
yyaxis right
plot(x,y2,'--')
text(3,0.8,'曲线 y_2');
```

程序运行结果如图 5-11 所示。可以和图 5-10 进行对比,从而体会具有不同标度曲线的意义。

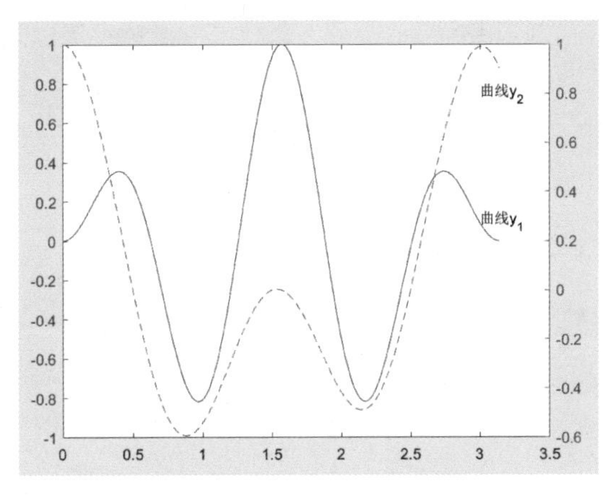

图 5-11 具有不同标度的二维曲线

5.1.5 其他坐标系下的曲线

在工程实践中，常需要使用一些其他坐标系下的图形。MATLAB 提供了若干绘制其他坐标系图形的函数，如对数坐标系的绘图函数、极坐标系的绘图函数和等高线的绘图函数等。

1. 对数坐标图

在很多工程问题中，通过对数据进行对数转换可以更清晰地看出数据的某些特征，例如，自动控制理论中的 Bode 图，采用对数坐标反映信号的幅频特性和相频特性。MATLAB 提供了绘制半对数和全对数坐标曲线的函数。这些函数的调用格式为：

```
semilogx(x1,y1,选项 1,x2,y2,选项 2,…)
semilogy(x1,y1,选项 1,x2,y2,选项 2,…)
loglog(x1,y1,选项 1,x2,y2,选项 2,…)
```

其中，选项的定义与 plot 函数一致，所不同的是坐标轴的选取。semilogx 函数使用半对数坐标，x 轴为常用对数刻度，y 轴为线性刻度。semilogy 函数也使用半对数坐标，x 轴为线性刻度，y 轴为常用对数刻度。loglog 函数使用全对数坐标，x 轴和 y 轴均采用常用对数刻度。

【例 5-9】 绘制 $y=10x^2$ 的对数坐标图并与直角线性坐标图进行比较。

程序如下：

```
x = 0:0.1:10;
y = 10 * x. * x;
subplot(2,2,1);plot(x,y);
title('plot(x,y)');grid on;
subplot(2,2,2);semilogx(x,y);
title('semilogx(x,y)');grid on;
subplot(2,2,3);semilogy(x,y);
title('semilogy(x,y)');grid on;
subplot(2,2,4);loglog(x,y);
title('loglog(x,y)');grid on;
```

程序运行结果如图 5-12 所示。

比较 4 个图形，可以看出：由于 semilogx 函数绘制的图形 y 轴仍保持线性刻度，所以图 5-12(a)与图 5-12(b)的纵坐标刻度相同。同理，图 5-12(c)与图 5-12(d)的纵坐标刻度相同，图 5-12(c)与图 5-12(a)的横坐标刻度相同。

2. 极坐标图

极坐标图用一个夹角和一段相对极点的距离来表示数据。有些曲线，采用极坐标时，方程

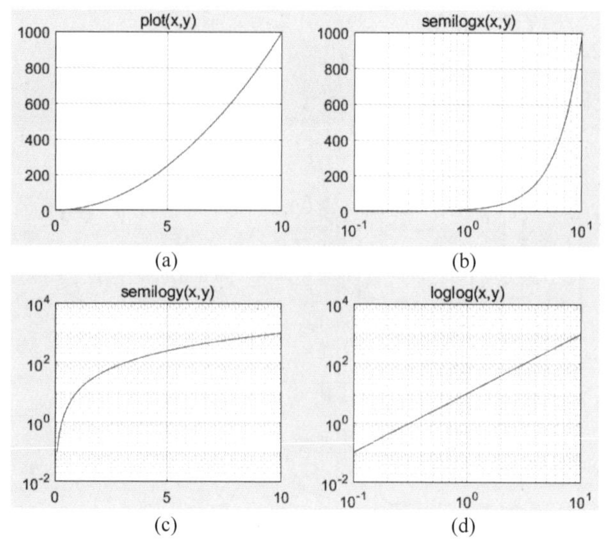

图 5-12　线性坐标图与对数坐标图

会比较简单。MATLAB 用 polarplot 函数来绘制极坐标图,其调用格式如下:

```
polarplot(theta,rho,选项)
```

其中,theta 为极坐标极角,rho 为极坐标极径,选项的定义与 plot 函数一致。

【例 5-10】 例 5-2 中的蝴蝶曲线也可以用极坐标方程表示:

$$\rho = e^{\sin\theta} - 2\cos(4\theta) - \sin^5 \frac{2\theta - \pi}{24}$$

其中,θ 为 0～20π,绘制蝴蝶曲线的极坐标图。

程序如下:

```
theta = 0:pi/100:20 * pi;
rho = exp(sin(theta)) - 2 * cos(4 * theta) - sin((2 * theta - pi)/24).^5;
polarplot(theta,rho);
```

程序运行结果如图 5-13 所示。

将角度加 π/2,使图形旋转 90°,即极坐标方程变成:

$$\rho = e^{\sin(\theta+\pi/2)} - 2\cos[4(\theta + \pi/2)] - \sin^5 \frac{\theta}{12}$$

相应的程序如下:

```
theta = 0:pi/100:20 * pi;
rho = exp(sin(theta + pi/2)) - 2 * cos(4 * (theta
+ pi/2)) - sin(theta/12).^5;
polarplot(theta,rho);
```

程序运行后得到的图形相当于图 5-13 的图形顺时针旋转了 90°。

3. 等高线图

等高线是地面上高程相等的各相邻点所连成的闭合曲线。MATLAB 提供了以下函数绘制等高线图。

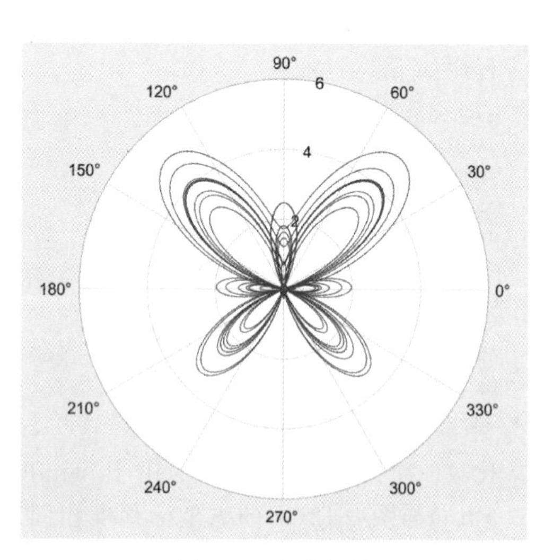

图 5-13　极坐标图

```
contour(X,Y, Z[,n][,v])
contourf(X,Y, Z[,n][,v])
```

其中,X 和 Y 分别表示平面上的横坐标和纵坐标,Z 表示高程。当 X 和 Y 是矩阵时,大小应和 Z 相同;参数 n 是标量,指定在 n 个自动选择的高度绘制等高线;v 是单调递增向量,用于在某些特定高度绘制等高线,等高线的条数为 v 中元素的个数。n、v 省略时,等高线的数量和位置将根据 Z 的最小值和最大值自动确定。contour 函数用于绘制常规等高线图,contourf 函数用于绘制填充方式的等高线图。

等高线图用颜色深浅表示高度的变化,如果要显示颜色与高度的对应,则可调用 colorbar 函数在指定位置显示颜色条。colorbar 函数的常用格式如下。

```
colorbar(位置)
```

其中,位置参数为字符串,可取值包括:'north'(坐标轴的上部)、'south'(坐标轴的下部)、'east'(坐标轴的右部)、'west'(坐标轴的左部)、'northoutside'(坐标轴上)、'southoutside'(坐标轴下)、'eastoutside'(坐标轴右)、'westoutside'(坐标轴左)、'manual'(通过 position 属性设定的位置)。缺省时,颜色条位置为'eastoutside'。例如:

```
>> contour(peaks(40),20)
>> colorbar
```

命令运行结果如图 5-14 所示,图形坐标轴右边为颜色条。其他用颜色深浅表示数据变化的图形也可以调用 colorbar 函数显示颜色栏。

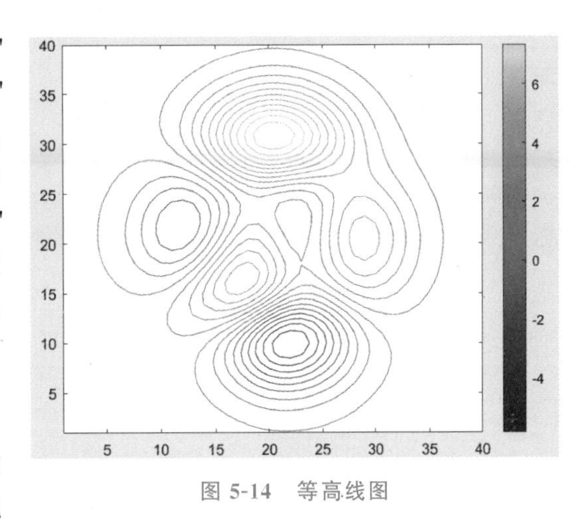

图 5-14 等高线图

5.2 其他二维图形

除绘制二维曲线的函数以外,MATLAB 还提供了绘制其他特殊二维图形的函数,包括用于绘制统计分析的条形图、直方图、饼图、散点图及用于绘制复数向量图的函数等。

5.2.1 条形类图形

条形类图形用一系列高度不等的条纹表示数据大小,常用的有条形图和直方图。表 5-6 列出了常用的函数。

表 5-6 条形图与直方图函数

函　数	功　能	函　数	功　能
bar	绘制条形统计图	polarhistogram	极坐标直方图
barh	绘制水平条形统计图	histcounts	直方图区间计数
histogram	绘制直方图	histogram2	绘制二元直方图
pareto	绘制排序直方图	histcounts2	二元直方图区间计数

1. 条形图函数

下面以 bar 函数为例,说明条形图函数的用法。bar 函数的基本调用格式为:

```
bar(x, width, style)
```

其中,输入参数 x 存储绘图数据。若 x 为向量,则分别以每个元素的值作为每一个矩形条的高度,以对应元素的下标作为横坐标。若 x 为矩阵,则以 x 的每一行元素组成一组,用矩阵的行号作为横坐标,分组绘制矩形条。选项 width 设置条形的相对宽度和控制在一组内条形的间距,默认宽度为 0.8;选项 style 用于指定分组排列模式,类型有'grouped'(簇状分组)、'stacked'(堆积)、'histc'(横向直方图)、'hist'(纵向直方图),默认采用簇状分组排列模式。

【例 5-11】 4 名学生 5 门功课的成绩如表 5-7 所示,试分别按课程绘制簇状柱形图和堆积条形图。

表 5-7　学生成绩表

姓名	高等数学	大学物理	大学化学	英语	程序设计
张东	78	67	82	94	77
李南	90	67	78	68	90
王西	86	78	85	65	60
陈北	65	72	92	87	89

将 x 指定为分类数据,并调用 categorical 函数来指定条形类别,调用 reordercats 函数来指定条形的顺序。将 y 定义为条形高度向量。程序如下:

```
x = categorical({'高等数学','大学物理','大学化学','英语','程序设计'});
x = reordercats(x,{'高等数学','大学物理','大学化学','英语','程序设计'});
y = [78,67,82,94,77;90,67,78,68,90;86,78,85,65,60;65,72,92,87,89]';
subplot(2,1,1);
bar(x,y);
title('Group');
subplot(2,1,2);
barh(x,y,'stacked');
title('Stack');
```

程序运行结果如图 5-15 所示。

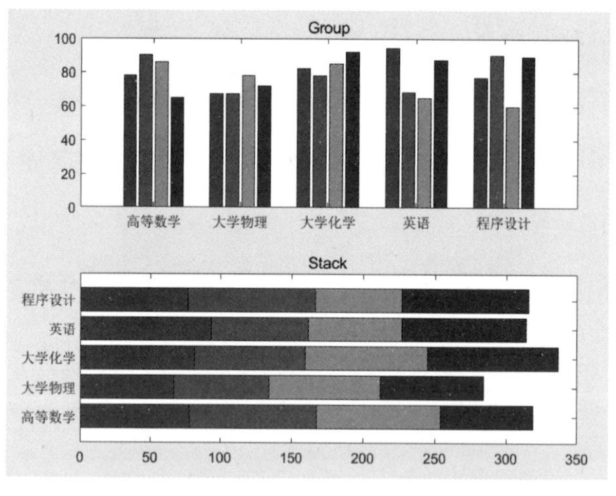

图 5-15　几种不同形式的条形图

2. 直方图函数

直方图描述计量数据的频率分布,帕累托图是按照发生频率大小顺序绘制的直方图。MATLAB 提供了绘制直方图的 histogram 函数和绘制帕累托图的 pareto 函数。下面以 histogram 函数为例,说明这类函数的用法。histogram 函数的基本调用格式为:

```
histogram(x, nbins)
```

其中，输入参数 x 存储绘图数据，用法与 bar 函数的输入参数 x 一致。选项 nbins 用于设置统计区间的划分方式，若 nbins 是一个正整数，则统计区间均分成 nbins 个小区间；若 nbins 是向量，则向量中的每一个元素指定各区间的最小值，默认按 x 中的值自动确定划分的区间数。例如：

```
>> x = [3,4,5,6,5,5,6,7,9,8,4,8];
>> h = histogram(x);
```

参数 x 中 3,4,5,6,7,8,9 数字的个数分别是 1,2,3,2,1,2,1，输出结果如图 5-16 所示。

3. 极坐标直方图

极坐标直方图是描述数值分布情况的极坐标图。MATLAB 提供 polarhistogram 函数绘制极坐标直方图，其基本调用格式如下：

```
polarhistogram(theta,nbins)
```

其中，参数 theta 是一个向量，用于确定每一区间与原点的角度。绘图时将圆划分为若干角度相同的扇形区域，每一扇形区域三角形的高度反映了落入该区间的 theta 元素的个数。若 nbins 是标量，则在 $[0,2\pi]$ 区间内均匀划分为 nbins 个扇形区域；若 nbins 为向量，则指定分组中心值，nbins 元素的个数为数据分组数，默认为 20。

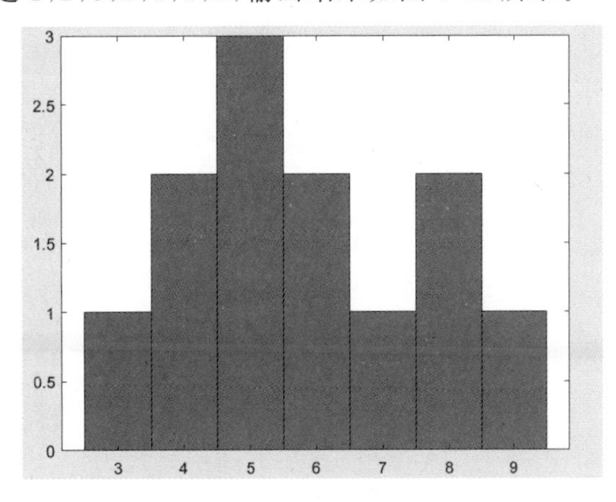

图 5-16　直方图

【例 5-12】 根据 $[0,2\pi]$ 区间的值组成的向量创建一个极坐标直方图，该直方图显示划分为 8 个扇形区域。

命令如下：

```
>> theta = [0.1,1.1,5.4,3.4,2.3,4.5,3.2,3.4,5.6,2.3,2.1,3.5,0.6,6.1];
>> polarhistogram(theta,8)
```

输出结果如图 5-17 所示。将直方图划分为 8 个扇形区域，所以每个扇形是 45°，从图 5-17 可以看出，落在 8 个扇形中的 theta 数据的个数分别为 2,1,3,0,4,1,1,2。为更加直观地验证分析，不妨将 theta 数据转换为角度：

```
>> round(rad2deg(theta),0)
ans =
      6    63   309   195   132   258   183   195   321   132   120   201    34   350
```

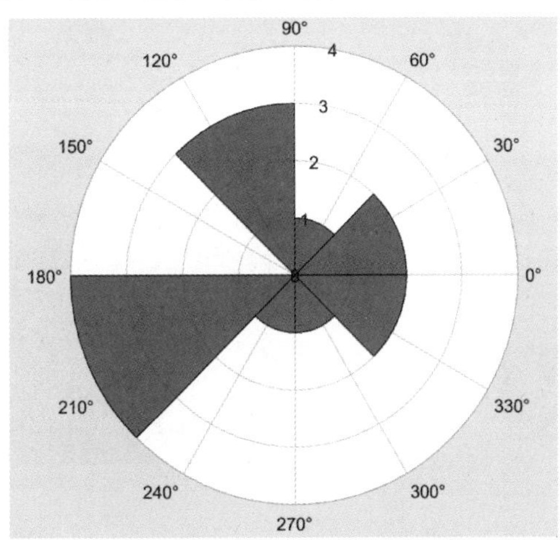

图 5-17　极坐标直方图

5.2.2 面积类图形

1. 饼图

饼图反映一个数据系列中各项在总数量中所占比重。MATLAB提供了绘制饼图的pie函数,其基本调用格式为:

```
pie(x, explode)
```

其中,输入参数x存储绘图数据,用法与bar函数的输入参数x一致。explode是与x同等大小的向量或矩阵,与explode的非零值对应的部分将从饼图中心分离出来。explode缺省时,饼图是一个整体。例如,用饼图分析例5-11中张东同学各门功课的成绩,程序如下。

```
x=[78,67,82,94,77;90,67,78,68,90;86,78,85,65,60;65,72,92,87,89]';
pie(x(:,1),[0 0 0 0 1])  %将对应第5门课的部分从饼图中心分离出来
title('张东同学各门功课的成绩');
legend('高等数学','大学物理','大学化学','英语','程序设计');
```

程序运行结果如图5-18所示。

2. 面积图

面积图又称为区域图,用于描述数量随时间或类别变化的趋势。MATLAB提供了绘制面积图的area函数,其基本调用格式为:

```
area(Y, basevalue)
```

其中,输入参数Y可以是向量,也可以是矩阵。若Y是向量,以Y为纵坐标绘制一条曲线,并填充x轴和这条曲线间的区域;若Y是矩阵,则矩阵Y的每一列元素对应一条曲线,堆叠绘制多条曲线,每条曲线下方的区域用不同颜色填充。选项basevalue指定区域的基值,默认为0。看下面的程序:

```
>> x=[1,5,3;3,7,2;1,5,3;2,6,1]
x =
     1     5     3
     3     7     2
     1     5     3
     2     6     1
>> area(x);
```

程序运行结果如图5-19所示。如果把矩阵x中的数据看作3种商品在4个不同时期的销售情况,从面积图可以看出各个产品销售的趋势和总的趋势。

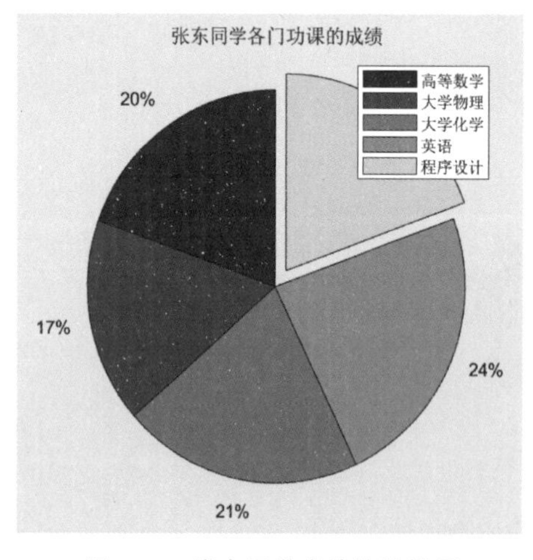

图5-18 张东同学成绩统计饼图

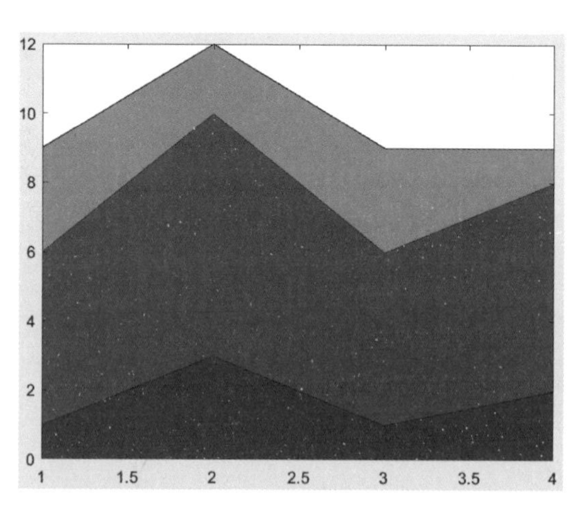

图5-19 面积图

3. 实心图

实心图是将数据的起点和终点连成多边形,并填充颜色。MATLAB 提供了 fill 函数用于绘制实心图,其调用格式为:

```
fill(x1,y1,选项 1,x2,y2,选项 2,…)
```

fill 函数按向量元素下标渐增次序依次用直线段连接 x、y 对应元素定义的数据点。若连接所得折线不封闭,MATLAB 将自动把该折线的首尾连接起来,构成封闭多边形,然后将多边形内部填充指定的颜色。

【例 5-13】 绘制一个红色的正八边形。

程序如下:

```
t = 0:2 * pi/8:2 * pi;
x = sin(t);
y = cos(t);
fill(x,y,'r');
axis([ - 1,1, - 1,1])
axis equal
```

程序运行结果如图 5-20 所示。

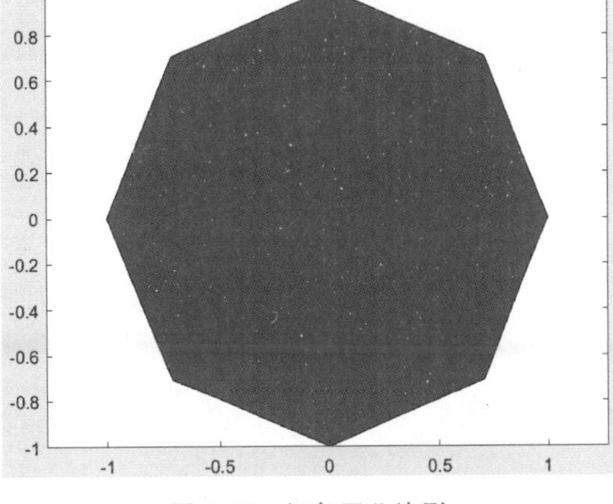

图 5-20 红色正八边形

5.2.3 散点类图形

散点类图形常用于描述离散数据的分布或变化规律。表 5-8 列出了常用的绘制散点类图形的函数。

表 5-8 绘制散点类图形的函数

函　数	功　能	函　数	功　能
scatter	绘制平面散点图	stairs	绘制阶梯图
stem	绘制平面针状图		

下面以 scatter 函数为例,说明这类函数的用法。scatter 函数常用于呈现二维空间中数据点的分布情况,其基本调用格式为:

```
scatter(x, y, s, c, 'filled')
```

其中,x、y、s 和 c 为同等大小的向量。输入参数 x 和 y 存储绘图数据;选项 s 指定各个数据点的大小,若 s 是一个标量,则所有数据点同等大小;选项 c 指定绘图所使用的颜色,c 也可以是表 5-2 中列出的颜色字符,所有数据点使用同一种颜色。如果数据点标记符号是封闭图形,如圆圈或方块,则可以用选项'filled'指定填充数据点标记,默认数据点是空心的。

【例 5-14】 表 5-9 所示为某冷饮店热饮销量与气温关系的记录,绘制散点图观察热饮销量随气温变化的趋势。

表 5-9 热饮销量与气温关系

气温/℃	−5	0	4	7	12	15	19	23	27	31	36
热饮杯数	156	150	132	128	130	116	104	89	93	76	54

程序如下:

```
t = [ - 5,0,4,7,12,15,19,23,27,31,36];
y = [156,150,132,128,130,116,104,89,93,76,54];
scatter(t,y)
```

程序运行结果如图 5-21 所示。

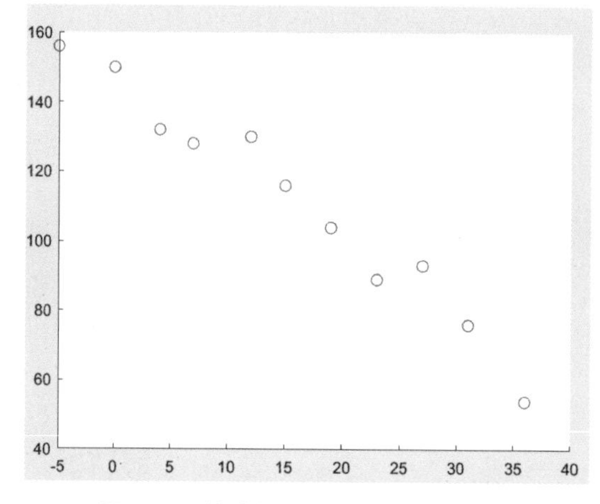

图 5-21　热饮销量与气温关系散点图

5.2.4　矢量场图形

矢量(vector)是一种既有大小又有方向的量,如速度、加速度、力、电场强度等。如果空间每一点都存在着大小和方向,则称此空间为矢量场,如风场、引力场、电磁场、水流场等。场通常用力线来表示,说明力作用于某一点的方向;力线密集的程度代表力的强度,从而表示该区域场的大小。

MATLAB 提供了若干函数绘制矢量场图形。compass 函数用从原点发射出的箭头表示矢量,绘制的图形又称为罗盘图;feather 函数用从 x 轴发射出的箭头表示矢量,绘制的图形又称为羽毛图;quiver 函数用从平面指定位置发射出的箭头表示位置矢量,绘制的图形又称为箭头图或向量图。函数的基本调用格式为:

```
compass(u,v)  或  compass(z)
feather(u,v)  或  feather(z)
quiver(x, y, u, v)
```

compass(u,v)绘制从原点(0,0)发射出的箭头,其中 u 表示 x 坐标,v 表示 y 坐标,用于指定箭头方向,箭头数量与 u 和 v 中的元素个数相匹配。compass(z)使用由 z 指定的复数值的实部和虚部绘制箭头,实部表示 x 坐标,虚部表示 y 坐标。compass(z)等价于 compass(real(z),imag(z))。

feather(u,v)绘制以 x 轴为起点的箭头,第 n 个箭头的起始点位于 x 轴上的 n。u 表示 x 分量,v 表示 y 分量,用于指定箭头方向。箭头的数量与 u 和 v 中的元素个数相匹配。feather(z)使用 z 指定的复数值绘制箭头,实部表示 x 分量,虚部表示 y 分量。feather(z)等价于 feather(real(z),imag(z))。

quiver(x,y,u,v)在由 x 和 y 指定的坐标上绘制具有定向分量 u 和 v 的箭头。例如,第一个箭头源于点 x(1)和 y(1),按 u(1)水平延伸,按 v(1)垂直延伸。默认情况下,quiver 函数缩放箭头长度,使其不重叠。

例如:

```
z = [1 + 1i,0.5i, - 1 - 0.5i,0.5 - 0.5i];
subplot(2,2,1)
compass(z)
subplot(2,2,2)
feather(z)
```

```
subplot(2,2,3)
quiver([0,0,0,0],[0,0,0,0],real(z),imag(z))
subplot(2,2,4)
quiver([1,2,3,4],[0,0,0,0],real(z),imag(z))
```

程序运行结果如图 5-22 所示。

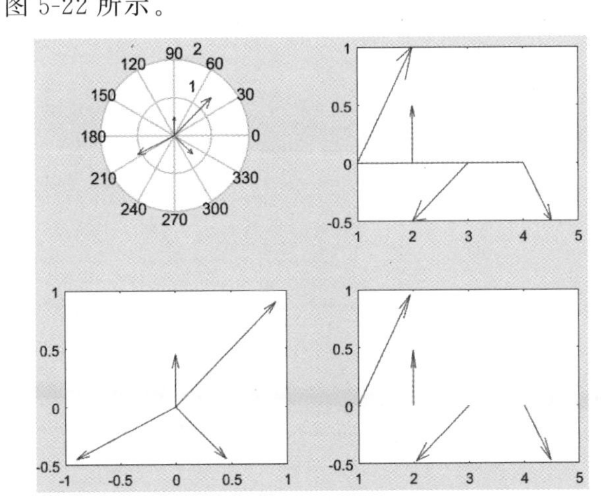

图 5-22　矢量场图形

5.3　三维图形

三维图形具有更强的数据表现能力。MATLAB 提供了丰富的函数来绘制三维图形。绘制三维图形与绘制二维图形的方法十分类似,很多都是在二维绘图的基础上扩展而来的。

5.3.1　三维曲线

1. plot3 函数

plot3 是绘制三维曲线最常用的函数,它将绘制二维曲线的 plot 函数的有关功能扩展到三维空间。plot3 函数的基本调用格式为:

```
plot3(x, y, z, 选项)
```

其中,输入参数 x、y、z 组成一组曲线的空间坐标。通常,x、y 和 z 为长度相同的向量, x、y、z 对应元素构成一条曲线上各数据点的空间坐标;当 x、y、z 是同样大小的矩阵时,则以 x、y、z 对应列元素作为数据点坐标,曲线条数等于矩阵列数。当 x、y、z 中有向量,也有矩阵时,向量的长度应与矩阵相符,也就是说,行向量的长度与矩阵的列数相同,列向量的长度与矩阵的行数相同。plot3 函数选项的含义及使用方法与 plot 函数相同。

【例 5-15】 数学中有各式各样的曲线,螺旋线就是其中比较常见的一种,它是从一个固定点开始向外逐圈旋绕而形成的曲线。圆柱螺旋曲线就像一个圆形螺旋弹簧,其参数方程为:

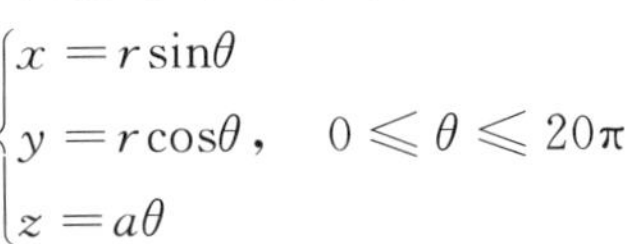

$$\begin{cases} x = r\sin\theta \\ y = r\cos\theta, \quad 0 \leqslant \theta \leqslant 20\pi \\ z = a\theta \end{cases}$$

其中,r 为圆的半径,a 决定螺旋线两螺纹之间的距离,θ 为参数。

程序如下:

```
r = 1.5;
a = 4;
theta = 0:pi/50:20 * pi;
```

```
x = r * sin(theta);
y = r * cos(theta);
z = a * theta;
plot3(x,y,z)
title('3D Line');
xlabel('X');ylabel('Y');zlabel('Z');
```

程序运行结果如图 5-23 所示。

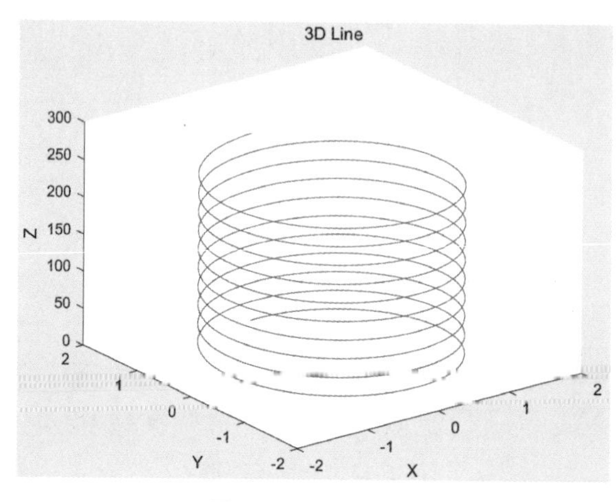

图 5-23　三维曲线

当需要绘制不同长度的多条曲线时,则采用包含若干组向量对的格式。这是含多组输入参数的 plot3 函数的调用格式:

```
plot3(x1,y1,z1,x2,y2,z2,…,xn,yn,zn)
```

调用 plot3 函数绘制图形时,每一组向量 x、y、z 构成一组数据点的空间坐标,绘制一条曲线,n 组向量则绘制 n 条曲线。例如,以下程序绘制 3 条空间正弦曲线。

```
t = 0:0.01:4 * pi;
plot3(t,sin(t),t,t,sin(t) + 1,t,'b',t,sin(t) + 2,t,'r-- ')
```

2. fplot3 函数

使用 plot3 函数绘图时,先要取得曲线上各点的 x、y、z 坐标,然后再绘制曲线。如果采样间隔设置较大,绘制的曲线不能反映其真实特性,见例 5-15,若将向量 t 的步长设为$\frac{\pi}{5}$,即 t=0:pi/5:20 * pi,绘制的图形呈现为一根折线。MATLAB 提供了 fplot3 函数,可根据参数函数的变化特性自适应地设置采样间隔。当函数值变化缓慢时,设置的采样间隔大;当函数值变化剧烈时,设置的采样间隔小。fplot3 函数的基本调用格式为:

```
fplot3(funx,funy,funz,lims,选项)
```

其中,输入参数 funx、funy、funz 代表定义曲线 x、y、z 坐标的函数,通常采用函数句柄的形式。lims 为参数函数自变量的取值范围,用二元向量[tmin, tmax]描述,默认为[-5,5]。选项定义与 plot 函数相同。

【例 5-16】 用 fplot3 函数绘制例 5-15 中的曲线。

程序如下:

```
fx = @(theta,r) r * sin(theta);
fy = @(theta,r) r * cos(theta);
fz = @(theta,a) a * theta;
fplot3(@(t) fx(t,1.5),@(t) fy(t,1.5),@(t) fz(t,4),[0,20 * pi]);
```

5.3.2 三维曲面

通常,MATLAB 中绘制三维曲面图,先要生成网格数据,再调用 mesh 函数和 surf 函数绘制三维曲面。若曲面用含两个自变量的参数方程定义,则还可以调用 fmesh 函数和 fsurf 函数绘图。若曲面用隐函数定义,则可以调用 fimplicit3 函数绘图。

视频讲解

1. 产生网格坐标矩阵

在 MATLAB 中产生二维网格坐标矩阵的方法是:将 x 方向区间[a,b]分成 m 份,将 y 方向区间[c,d]分成 n 份,由各划分点分别作平行于两坐标轴的直线,将区域[a,b]×[c,d]分成 m×n 个小网格,生成代表每一个小网格顶点坐标的网格坐标矩阵。例如,在 xy 平面选定一矩形区域,如图 5-24 所示,其左下角顶点的坐标为(2,3),右上角顶点的坐标为(6,8)。然后在 x 方向分成 4 份,在 y 方向分成 5 份,由各划分点分别作平行于两坐标轴的直线,将区域分成 5×4 个小矩形,总共有 6×5 个顶点。用矩阵 X、Y 分别存储每一个网格顶点的 x 坐标与 y 坐标,矩阵 X、Y 就是该矩形区域的 xy 平面网格坐标矩阵。

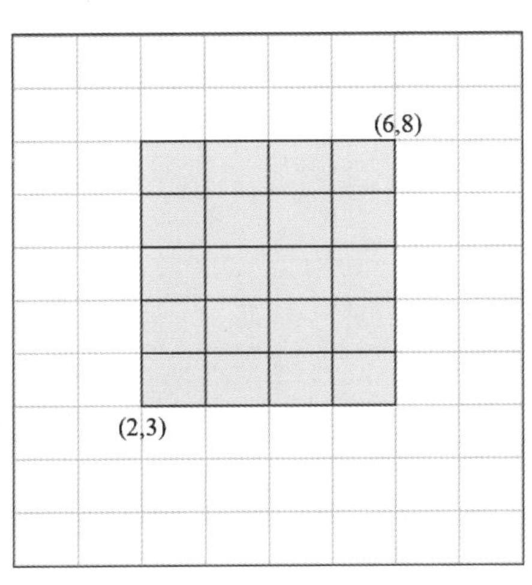

变量 - X

X

6x5 double

	1	2	3	4	5
1	2	3	4	5	6
2	2	3	4	5	6
3	2	3	4	5	6
4	2	3	4	5	6
5	2	3	4	5	6
6	2	3	4	5	6

变量 - Y

Y

6x5 double

	1	2	3	4	5
1	3	3	3	3	3
2	4	4	4	4	4
3	5	5	5	5	5
4	6	6	6	6	6
5	7	7	7	7	7
6	8	8	8	8	8

图 5-24 网格坐标示例

在 MATLAB 中,产生平面区域内的网格坐标矩阵有两种方法。

(1) 利用矩阵运算生成。例如,生成图 5-24 中的网格坐标矩阵,使用以下命令:

```
>> a = 2:6;
>> b = 3:8;
>> X = ones(size(b)) * a
X =
     2     3     4     5     6
     2     3     4     5     6
     2     3     4     5     6
     2     3     4     5     6
     2     3     4     5     6
     2     3     4     5     6
>> Y = b * ones(size(a))
Y =
     3     3     3     3     3
     4     4     4     4     4
     5     5     5     5     5
     6     6     6     6     6
     7     7     7     7     7
```

```
     8     8     8     8     8
```

(2) 调用 meshgrid 函数生成二维网格坐标矩阵,函数的调用格式如下:

```
[X,Y] = meshgrid(x,y)
```

其中,输入参数 x、y 为向量,输出参数 X、Y 为矩阵。命令执行后,矩阵 X 的每一行都是向量 x,行数等于向量 y 的元素的个数;矩阵 Y 的每一列都是向量 y,列数等于向量 x 的元素的个数。矩阵 X 和 Y 相同位置上的元素(X_{ij},Y_{ij})存储二维空间网格顶点(i,j)的坐标。例如,生成图 5-24 中的网格坐标矩阵,也可以使用以下命令:

```
>> a = 2:6;
>> b = 3:8;
>> [X,Y] = meshgrid(a,b)
X =
     2     3     4     5     6
     2     3     4     5     6
     2     3     4     5     6
     2     3     4     5     6
     2     3     4     5     6
     2     3     4     5     6
Y =
     3     3     3     3     3
     4     4     4     4     4
     5     5     5     5     5
     6     6     6     6     6
     7     7     7     7     7
     8     8     8     8     8
```

函数参数可以只有一个,此时生成的网格坐标矩阵是方阵,例如:

```
>> a = 2:6;
>> [X,Y] = meshgrid(a)
X =
     2     3     4     5     6
     2     3     4     5     6
     2     3     4     5     6
     2     3     4     5     6
     2     3     4     5     6
Y =
     2     2     2     2     2
     3     3     3     3     3
     4     4     4     4     4
     5     5     5     5     5
     6     6     6     6     6
```

meshgrid 函数也可以用于生成三维网格数据,调用格式如下:

```
[X,Y,Z] = meshgrid(x,y,z)
```

其中,输入参数 x、y、z 为向量,输出参数 X、Y、Z 为三维数组。命令执行后,数组 X、Y 和 Z 的第一维大小和向量 x 元素的个数相同,第二维大小和向量 y 元素的个数相同,第三维大小和向量 z 元素的个数相同。X、Y 和 Z 相同位置上的元素(X_{ijk},Y_{ijk},Z_{ijk})存储三维空间网格顶点(i,j,k)的坐标。

ndgrid 函数用于生成 n 维网格数据,调用格式如下:

```
[X1,X2,…,Xn] = ndgrid(x1,x2,…,xn)
```

其中,输入参数 x1、x2、…、xn 为向量,输出参数 X1、X2、…、Xn 为 n 维矩阵。例如:

```
>> [X,Y] = ndgrid(2:6,3:8)
X =
```

```
        2     2     2     2     2     2
        3     3     3     3     3     3
        4     4     4     4     4     4
        5     5     5     5     5     5
        6     6     6     6     6     6
Y =
        3     4     5     6     7     8
        3     4     5     6     7     8
        3     4     5     6     7     8
        3     4     5     6     7     8
        3     4     5     6     7     8
```

对比前面 meshgrid 网格数据会发现，meshgrid 网格数据进行转置即得到 ndgrid 网格数据。

2. mesh 函数和 surf 函数

MATLAB 提供了 mesh 函数和 surf 函数来绘制三维曲面图。mesh 函数用于绘制三维网格图，网格线条有颜色，网格线条之间无颜色；surf 函数用于绘制三维曲面图，网格线条之间的补面用颜色填充。surf 函数和 mesh 函数的调用格式为：

```
mesh(x,y,z,c)
surf(x,y,z,c)
```

通常，输入参数 x、y、z 是同型矩阵，x、y 定义网格顶点的 xy 平面坐标，z 定义网格顶点的高度。选项 c 用于指定在不同高度下的补面颜色。c 缺省时，MATLAB 认为 c=z，即颜色的设定值默认正比于图形的高度，这样就可以绘制出层次分明的三维图形。当 x,y 是向量时，要求 x 的长度等于矩阵 z 的列数，y 的长度等于矩阵 z 的行数，x、y 向量元素的组合构成网格顶点的 x、y 坐标。

【例 5-17】 已知

$$z=x\mathrm{e}^{-(x^2+y^2)}$$

其中，x、y 的 40 个值均匀分布在[−2,2]范围内，绘制三维曲面图。

程序如下：

```
x = linspace( - 2,2,40);
[xx,yy] = meshgrid(x);
zz = xx. * exp( - (xx.^2 + yy.^2));
mesh(xx,yy,zz);
title('mesh');
xlabel('X');ylabel('Y');zlabel('Z');
```

程序运行结果如图 5-25 所示。mesh、surf 函数的前两个参数 x、y 也可以是行向量或列向量，所以程序中的 mesh 函数也可以写成 mesh(x,x,zz)。

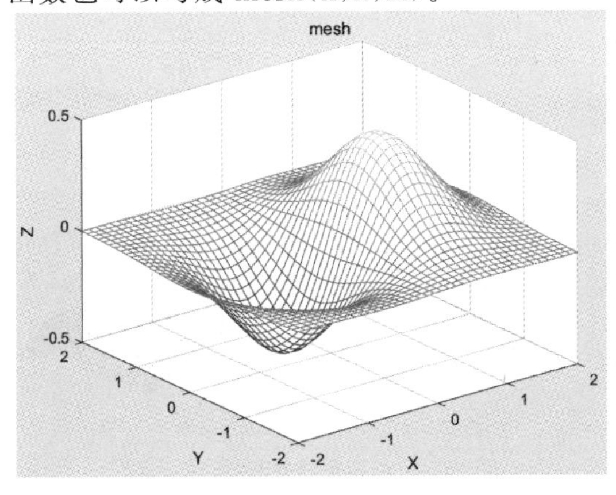

图 5-25　三维曲面图

若调用 surf、mesh 函数时，省略前两个输入参数 x、y，则把 z 矩阵的第二维下标当作 x 坐标，把 z 矩阵的第一维下标当作 y 坐标，然后绘制三维曲面图。例如：

```
>> t = 1:5;
>> z = [0.5 * t; 2 * t; 3 * t];
>> mesh(z);
```

第二条命令生成的 z 是一个 3×5 的矩阵，执行 mesh(z)命令绘制图形，曲面各个顶点的 x 坐标是 z 元素的列下标，y 坐标是 z 元素的行下标。

此外，还有两个和 mesh 函数功能相似的函数，即 meshc 函数和 meshz 函数，其用法与 mesh 函数类似，不同的是 meshc 函数还在 xy 平面上绘制曲面在 z 轴方向的等高线，meshz 函数还在 xy 平面上绘制曲面的底座。surf 函数也有两个类似的函数，即具有等高线的曲面函数 surfc 和具有光照效果的曲面函数 surfl。

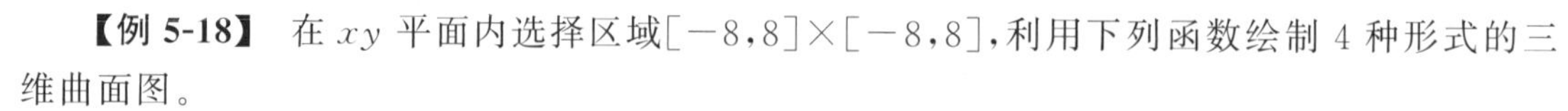

【例 5-18】 在 xy 平面内选择区域[−8,8]×[−8,8]，利用下列函数绘制 4 种形式的三维曲面图。

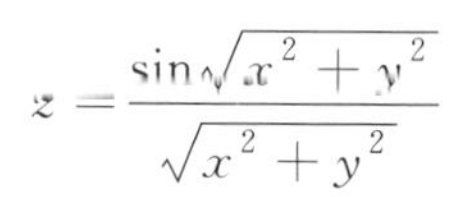

$$z=\frac{\sin\sqrt{x^2+y^2}}{\sqrt{x^2+y^2}}$$

程序如下：

```
[x,y] = meshgrid( - 8:0.5:8);
z = sin(sqrt(x.^2 + y.^2))./sqrt(x.^2 + y.^2);
subplot(2,2,1);
meshz(x,y,z)
title('meshz(x,y,z)')
subplot(2,2,2);
meshc(x,y,z);
title('meshc(x,y,z)')
subplot(2,2,3);
surfl(x,y,z);
title('surfl(x,y,z)')
subplot(2,2,4);
surfc(x,y,z);
title('surfc(x,y,z)')
```

程序运行结果如图 5-26 所示。

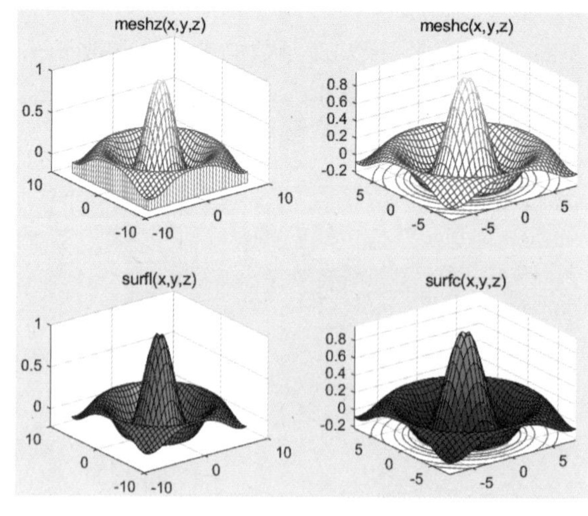

图 5-26　4 种形式的三维曲面图

3. fmesh 函数和 fsurf 函数

使用 mesh 函数和 surf 函数绘图时，先要取得曲面上各网格顶点的 x、y、z 坐标，然后再绘制图形。如果网格顶点间距设置大，绘制的曲面不能反映其真实特性。MATLAB 提供了 fmesh 函数和 fsurf 函数，可根据参数函数的变化特性自适应地设置网格顶点间距。fmesh 函数和 fsurf 函数的基本调用格式为：

```
fmesh(funx,funy,funz,lims,选项)
fsurf(funx,funy,funz,lims,选项)
```

其中，输入参数 funx、funy、funz 代表定义曲面网格顶点 x、y、z 坐标的函数，x=funx(u,v)，y=funy(u,v)，z=funz(u,v)，通常采用函数句柄的形式。lims 为自变量的取值范围，用四元向量[umin, umax, vmin, vmax]描述，umin、vmin 为参数 u、v 的下限，umax、vmax 为参数 u、v 的上限，默认为[−5, 5, −5, 5]。若 lims 是一个二元向量，则表示两个参数的取值范围相同。选项定义与 mesh 函数、surf 函数相同。

fmesh 函数和 fsurf 函数最简单的调用格式是只有一个输入参数，即：

```
fmesh(fun,lims,选项)
fsurf(fun,lims,选项)
```

其中，fun 是一个二元函数，z=fun(x,y)，定义网格顶点的高度。

【例 5-19】 用 fmesh 函数和 fsurf 函数绘制例 5-17 中的图形。

程序如下：

```
subplot(2,2,1)
fmesh(@(x,y) x.*exp(-(x.^2+y.^2)),[-2,2,-2,2]);
subplot(2,2,2)
fsurf(@(x,y) x.*exp(-(x.^2+y.^2)),[-2,2,-2,2]);
```

4. 标准三维曲面

MATLAB 提供了一些函数用于绘制标准三维曲面，还可以利用这些函数产生相应的绘图数据，常用于三维图形的演示，例如，生成三维球面数据的 sphere 函数、生成柱面数据的 cylinder 函数和 peaks 函数。

(1) sphere 函数。sphere 函数用于绘制三维球面，其调用格式为：

```
[x,y,z] = sphere(n)
```

该函数将产生 3 个(n+1)阶的方阵 x、y、z，采用这 3 个矩阵可以绘制出圆心位于原点、半径为 1 的单位球体。若在调用该函数时不带输出参数，则直接绘制球面。选项 n 决定了球面的圆滑程度，n 越大，绘制出的球体表面越光滑，默认值为 20。若 n 取值较小，则绘制出多面体表面图。例如：

```
subplot(1,2,1)
sphere                    %绘制一个球面
subplot(1,2,2)
[x,y,z] = sphere(4);      %生成 16 面体的顶点坐标矩阵
surf(x,y,z)
```

(2) cylinder 函数。cylinder 函数用于绘制柱面，其调用格式为：

```
[x,y,z] = cylinder(R,n)
```

其中，选项 R 是一个向量，存放柱面各个等间隔高度上的半径，默认为 1，即圆柱的底面半径为 1；选项 n 表示在圆柱圆周上有 n 个间隔点，默认有 20 个间隔点。例如：

```
subplot(2,3,1)
cylinder(3)               %绘制一个底面半径为 3 的圆柱面
```

```
subplot(2,3,2)
cylinder(0:0.1:3)         %参数是线性渐变的向量,绘制一个圆锥面
x = 0:pi/20:2 * pi;
R = 2 + sin(3 * x);
subplot(2,3,3)
cylinder(R,30)            %绘制正弦型柱面
```

程序运行结果如图 5-27 所示。

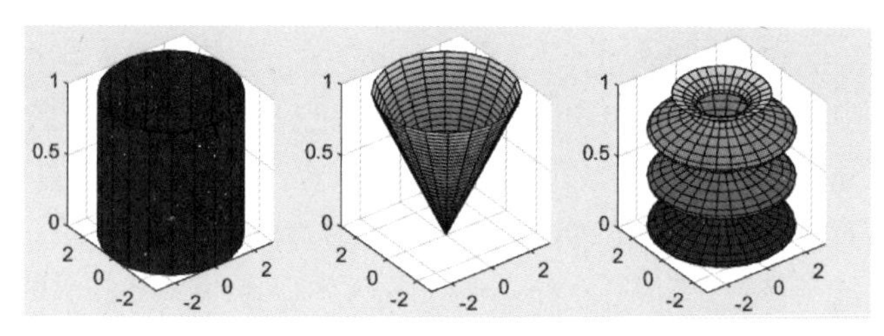

图 5-27　cylinder 函数绘制的三维曲面图

(3) peaks 函数。peaks 函数也称为多峰函数,常用于生成平面网格顶点的高度矩阵,高度的计算公式为:

$$f(x,y)=3(1-x^2)e^{-x^2-(y+1)^2}-10\left(\frac{x}{5}-x^3-y^5\right)e^{-x^2-y^2}-\frac{1}{3}e^{-(x+1)^2-y^2}$$

调用 peaks 函数生成的矩阵可以作为 mesh、surf 等函数的参数而绘制出多峰函数曲面图,其基本调用格式为:

```
Z = peaks(n)
Z = peaks(V)
Z = peaks(X,Y)
```

第一种格式中的输入参数 n 是一个标量,指定将[−3,3]区间划分成 n−1 等份,生成一个 n 阶方阵,默认为 49 阶方阵。第二种格式的输入参数 V 是一个向量,生成一个方阵。第三种格式中的输入参数 X、Y 是大小相同的矩阵,定义平面网格顶点坐标,生成的是与 X、Y 同样大小的矩阵。若在调用 peaks 函数时不带输出参数,则直接绘制出多峰函数曲面。例如:

```
subplot(2,2,1)
peaks;
subplot(2,2,2)
[x,y] = meshgrid( - 4:0.2:4,0:0.2:3);
z = peaks(x,y);
surf(x,y,z);
```

程序运行结果如图 5-28 所示。

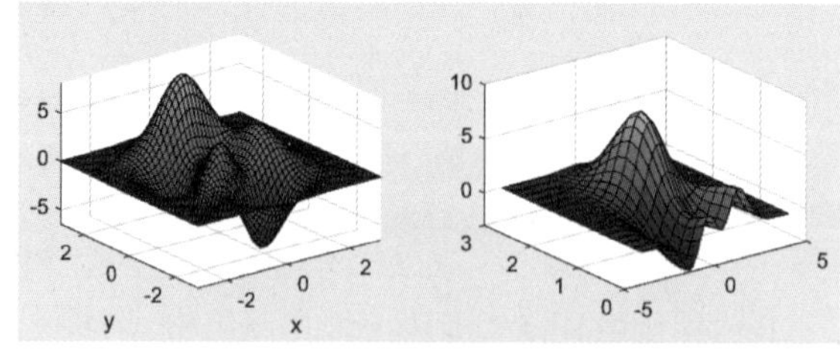

图 5-28　多峰函数三维曲面

5. fimplicit3 函数

如果给定了定义曲面的显式表达式,可以根据表达式计算出所有网格顶点坐标,用 mesh 函数或 surf 函数绘制图形,或者用函数句柄作为参数,调用 fmesh 函数或 fsurf 函数绘制图形。如果曲面用隐函数定义,则可以调用 fimplicit3 函数绘制图形,其调用格式如下:

```
fimplicit3(f, [a b c d e f])
```

其中，f 是函数句柄，[a, b]指定 x 轴的取值范围，[c, d]指定 y 轴的取值范围，[e, f]指定 z 轴的取值范围。若省略 c、d、e、f，则表示 3 个坐标轴的取值范围均为[a, b]。若没有指定取值范围，3 个坐标轴默认取值范围为[−5, 5]。

例如，绘制曲面 $f(x,y,z)=x^2+\frac{y^2}{4}+\frac{z^2}{9}-10$ 在[−10,10]区间的图形，使用以下命令：

```
>> fimplicit3(@(x,y,z) x.^2 + y.^2/4 + z.^2/9 - 10,[ - 10,10])
```

运行结果如图 5-29 所示。

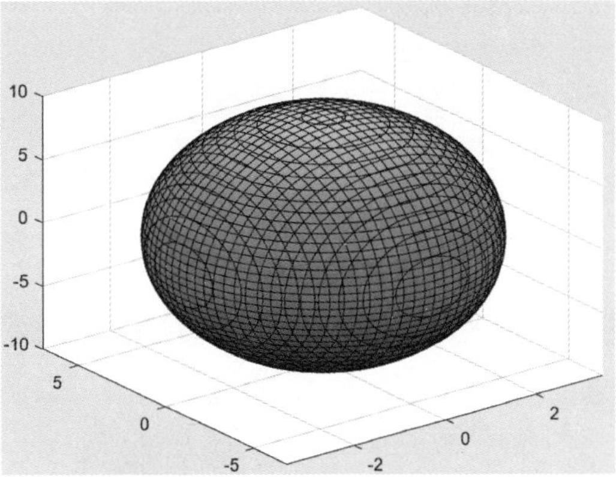

图 5-29 隐函数表示的曲面图

5.3.3 其他三维图形

在介绍二维图形时，曾提到条形图、杆图、饼图和填充图等特殊图形，它们还可以以三维形式出现，使用的函数分别是 bar3、bar3h、stem3、pie3 和 fill3。

bar3 和 bar3h 函数绘制垂直和水平三维条形图，常用格式为：

```
bar3(x,y)
bar3h(x,y)
```

其中，x 是向量，y 是向量或矩阵，x 向量元素的个数与 y 的行数相同。bar3 和 bar3h 函数在 x 指定的位置上绘制 y 中元素的条形图，省略 x 时，若 y 是长度为 n 的向量，则 x 轴坐标从 1 变化到 n；若 y 是 m×n 的矩阵，则 x 轴坐标从 1 变化到 n，y 中的元素按行分组。

stem3 函数绘制离散序列数据的三维杆图，常用格式为：

```
stem3(z)
stem3(x,y,z)
```

第一种格式将数据序列 z 表示为从 xy 平面向上延伸的杆图，x 和 y 自动生成。第二种格式在 x 和 y 指定的位置上绘制数据序列 z 的杆图，x、y、z 的维数必须相同。

pie3 函数绘制三维饼图，常用格式为：

```
pie3(x)
```

其中，x 为向量，用 x 中的数据绘制一个三维饼图。

fill3 函数等效于三维函数 fill，可在三维空间内绘制出填充过的多边形，常用格式为：

```
fill3(x,y,z,c)
```

使用 x、y、z 作为多边形的顶点，而 c 指定了填充的颜色。

【例 5-20】 绘制三维图形：

(1) 绘制魔方阵的三维条形图。

(2) 以三维杆图形式绘制曲线 $y=2\sin x$。

(3) 已知 $\boldsymbol{x}$=[47,34,64,84]，绘制三维饼图。

(4) 用随机的顶点坐标值画出 4 个黄色三角形。

程序如下：

```
subplot(2,2,1);
bar3(magic(4))
```

```
subplot(2,2,2);
y = 2 * sin(0:pi/10:2 * pi);
stem3(y);
subplot(2,2,3);
pie3([47,34,64,84]);
subplot(2,2,4);
fill3(rand(3,4),rand(3,4),rand(3,4),'y')
```

程序运行结果如图 5-30 所示。

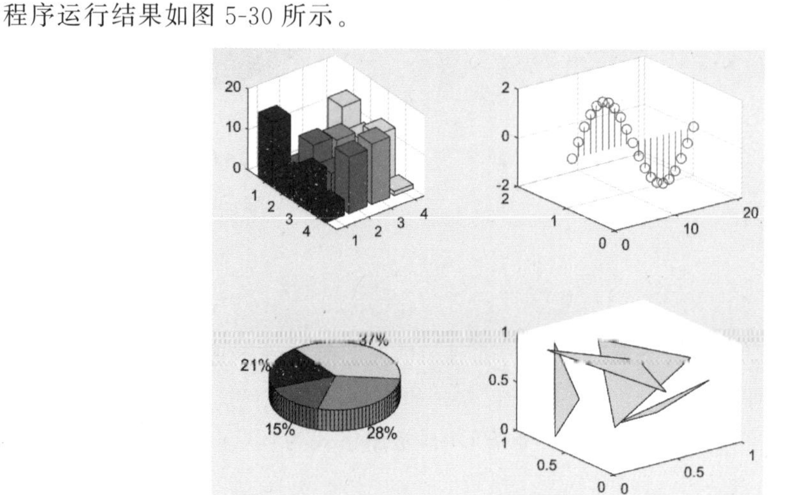

图 5-30　其他三维图形

除了上面讨论的三维图形外，常用图形还有瀑布图、三维曲面的等高线图。绘制瀑布图用 waterfall 函数，它的用法及图形效果与 meshz 函数相似，只是它的网格线是在 x 轴方向出现，具有瀑布效果。三维等高线图使用函数 contour3 绘制。

【例 5-21】 绘制多峰函数的瀑布图和等高线图。

程序如下：

```
subplot(2,2,1);
[X,Y,Z] = peaks(30);
waterfall(X,Y,Z)
title('Waterfall')
xlabel('X - axis');ylabel('Y - axis');zlabel('Z - axis');
subplot(2,2,2);
contour3(X,Y,Z,12,'k');        % 其中 12 代表高度的等级数
title('Contour3')
xlabel('X - axis');ylabel('Y - axis');zlabel('Z - axis');
```

程序运行结果如图 5-31 所示。

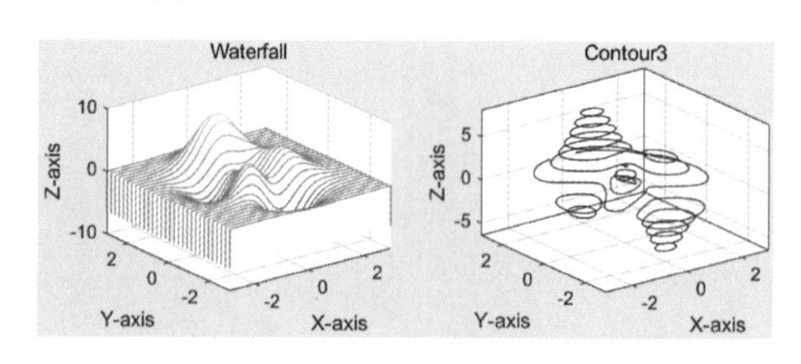

图 5-31　瀑布图和三维等高线图

5.4 图形修饰处理

图形修饰处理可以渲染和烘托图形的表现效果，使得图形现实感更强，传递的信息更丰富。图形修饰处理包括视点处理、色彩处理及裁剪处理等方法。

5.4.1 视点处理

从不同的视点观察物体，所看到的物体形状是不一样的。同样，从不同的视点绘制的图形其形状也是不一样的。MATLAB 的视点位置用方位角和仰角表示。方位角又称旋转角，它是视点与原点连线在 xy 平面上的投影与 y 轴负方向形成的角度，正值表示逆时针，负值表示顺时针。仰角又称视角，它是视点与原点连线与 xy 平面的夹角，正值表示视点在 xy 平面上方，负值表示视点在 xy 平面下方。图 5-32 示意了坐标轴中视点的含义，图中箭头方向表示正方向。

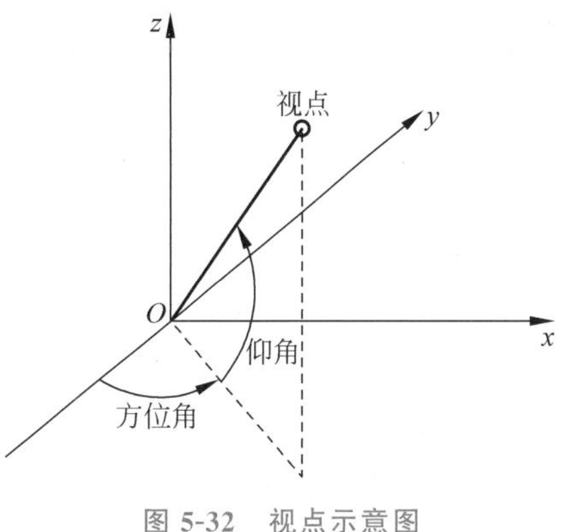

图 5-32 视点示意图

MATLAB 提供了设置视点的函数 view，其调用格式为：

```
view(az, el)
view(2)
view(3)
```

在第一种格式中，az 为方位角，el 为仰角，它们均以度为单位，系统默认的视点定义为方位角−37.5°，仰角 30°。第二种格式设置从二维平面观察图形，即 az=0°，el=90°。第三种格式设置从三维空间观察图形，视点使用默认方位角和仰角（az=−37.5°，el=30°）。

【例 5-22】 绘制函数 $z=2(x-1)^2+(y-2)^2$ 曲面，并从不同视点展示曲面。

程序如下：

```
[x,y] = meshgrid(0:0.1:2,1:0.1:3);
z = 2 * (x - 1).^2 + (y - 2).^2;
subplot(2,2,1)
mesh(x,y,z)
title('方位角 = - 37.5{\circ},仰角 = 30{\circ}')
subplot(2,2,2)
mesh(x,y,z)
view(2);title('方位角 = 0{\circ},仰角 = 90{\circ}')
subplot(2,2,3)
mesh(x,y,z)
view(90,0); title('方位角 = 90{\circ},仰角 = 0{\circ}')
subplot(2,2,4)
mesh(x,y,z)
view( - 45, - 60); title('方位角 = - 45{\circ},仰角 = - 60{\circ}')
```

程序运行结果如图 5-33 所示，绘制图形时，左上图没有指定视点，采用默认设置，方位角为−37.5°，仰角为 30°，视点设置在图形斜上方；右上图指定从正上方看图形投影至平面的效果；左下图是将视点设置在图形侧面时的效果；右下图是将视点设置在图形斜下方时的效果。

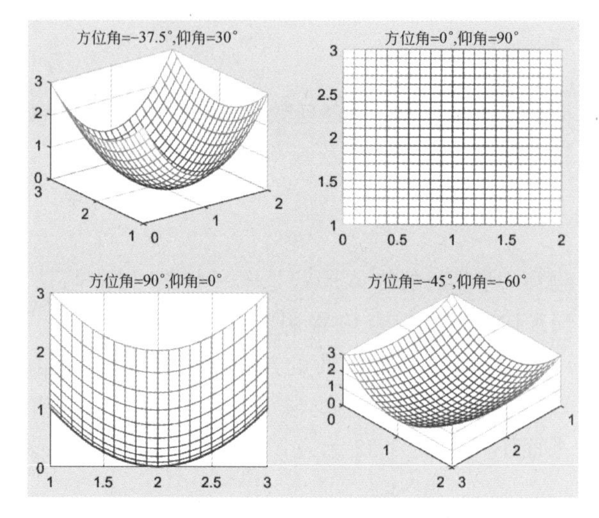

图 5-33　不同视点图形

5.4.2　色彩处理

有时,一个简单的二维或三维图形不能展现数据的全部含义。这时,颜色可以使图形呈现更多的信息。前面讨论的许多绘图函数都可以接受一个颜色参数,用来增强图形。

1. 色图

色图(colormap)是MATLAB填充表面所使用的颜色参照表。色图是一个 m×3 的数值矩阵,其每一行是一个RGB三元组,定义了一个包含m种颜色的列表,mesh、surf等函数给图形着色时依次使用列表中的颜色。

MATLAB中使用函数colormap设置和获取当前图形所使用的色图,函数的调用格式如下:

```
colormap cmap
colormap(cmap)
cmap = colormap
```

其中,参数cmap是色图矩阵。第一、二种格式用于设置色图,第三种格式用于获取当前色图。色图矩阵cmap的每一行是一个RGB三元组,对应一种颜色,色图矩阵保存着从一种颜色过渡到另一种颜色的所有中间颜色。例如,使用以下命令,创建一个灰色系列色图矩阵。

```
>> c = [0,0.2,0.4,0.6,0.8,1]';
>> cmap = [c,c,c];
```

可以自定义色图矩阵,也可以调用MATLAB提供的色图函数来定义色图矩阵。表5-10列出了常用色图函数,绘图时默认使用parula色图。

表 5-10　生成色图矩阵的函数

色图函数	颜色范围	色图函数	颜色范围
parula	蓝色—青色—黄色	bone	带蓝色的灰度
jet	蓝色—青色—黄色—橙色—红色	copper	黑色—亮铜色
hsv	红色—黄色—绿色—青色—洋红—红色	lines	灰色的浓度
hot	黑色—红色—黄色—白色	spring	洋红—黄色
cool	青色—洋红	summer	绿色—黄色

续表

色图函数	颜色范围	色图函数	颜色范围
pink	粉红	autumn	红色—橙色—黄色
gray	线型灰度	winter	蓝色—绿色

色图函数的调用方法相同，只有一个输入参数，用于指定生成的色图矩阵的行数，默认为64。例如：

```
M = gray;       % 生成 64×3 的灰度色图矩阵
P = gray(6);    % 生成 6×3 的灰度色图矩阵
Q = gray(2);    % 生成 2×3 的灰度色图矩阵，只有黑、白两种颜色
```

2. 三维图形表面的着色

三维图形表面的着色实际上就是用色图矩阵中定义的各种颜色在每一个网格片上涂抹颜色。与调用 plot 函数绘制平面图形的方法相似，调用 surf、mesh 类函数绘制三维图形时，可以采用属性名-属性值配对的方式设置图形表面的颜色。下面以 surf 函数为例，说明与着色有关的属性的设置方法。方法如下：

```
surf(X,Y,Z,选项,值)
```

常用选项包括 FaceColor 和 EdgeColor，分别用于设置网格片和网格边框线的着色方式，可取值有：

（1）flat——每个网格片内用系统默认色图中的单一颜色填充，这是系统的默认方式。

（2）interp——每个网格片内填充渐变色，渐变采用插值法计算。

（3）none——每个网格片内不填充颜色。

（4）texturemap——每个网格片内用纹理填充。

（5）RGB 三元组或颜色字符——每个网格片内用指定的颜色填充。

【例 5-23】 使用统一色图，以不同着色方式绘制三维球面。

```
[x,y,z] = sphere(20);
colormap(lines);
subplot(2,2,1);
surf(x,y,z);axis equal
subplot(2,2,2);
surf(x,y,z,'Facecolor','interp');axis equal
subplot(2,2,3);
surf(x,y,z,'Facecolor','none');axis equal
subplot(2,2,4);
surf(x,y,z,'Facecolor','texturemap');axis equal
```

程序运行结果如图 5-34 所示。

3. 图形表面的色差

着色后，还可以用 shading 命令来改变色差，从而影响图形表面着色效果。shading 命令的调用格式如下：

```
shading 选项
```

其中，选项有如下 3 种取值。

（1）faceted——将每个网格片用色图中与其高度对应的颜色进行着色，网格线是黑色。这是系统的默认着色方式。

（2）interp——在网格片内和网格间的色差采用插值处理，无网格线，绘制出的表面显得最光滑。

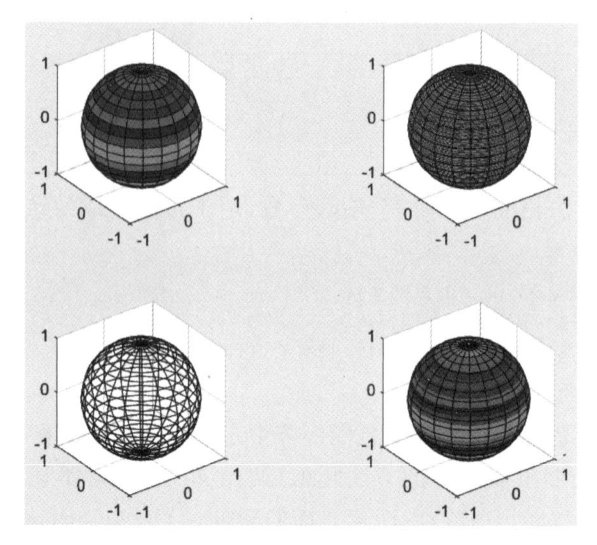

图 5-34 不同的着色方式

(3) flat——将每个网格片用同一个颜色进行着色，网格线的颜色与网格片的颜色相同。

【例 5-24】 不同色差对图形显示效果的影响。

程序如下：

```
[x,y,z] = sphere(20);
colormap(jet);
subplot(2,2,1);
surf(x,y,z); axis equal
subplot(2,2,2);
surf(x,y,z); shading interp; axis equal
subplot(2,2,3);
mesh(x,y,z); shading interp; axis equal
subplot(2,2,4);
surf(x,y,z); shading flat; axis equal
```

程序运行结果如图 5-35 所示。

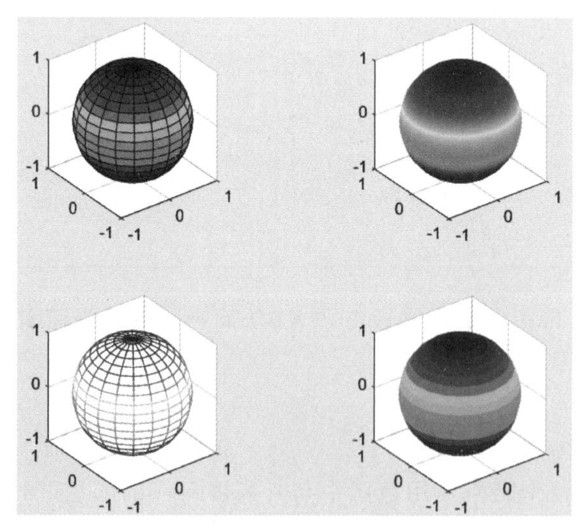

图 5-35 不同的色差

5.4.3 图形的裁剪处理

MATLAB定义的NaN常数可以用于表示那些不可使用的数据，利用这种特性，可以将图形中需要裁剪部分对应的函数值设置成NaN，这样在绘制图形时，函数值为NaN的部分将不显示出来，从而达到对图形进行裁剪的目的。

【例5-25】 已知

$$z=\cos x\cos y\mathrm{e}^{-\sqrt{x^2+y^2}/4}$$

(1) 绘制三维曲面图。

(2) 裁掉图中 x 和 y 都小于0的部分。

(3) 裁掉图中 z 小于0的部分。

(4) 在图的正中心挖掉边长为2的正方形，并用俯视图查看。

程序如下：

```
[x,y] = meshgrid( - 5:0.3:5);
z = cos(x). * cos(y). * exp( - sqrt(x.^2 + y.^2)/4);
subplot(2,2,1);
surf(x,y,z);title('完整图形')
subplot(2,2,2);
z1 = z;
z1(x < 0 & y < 0) = NaN;
surf(x,y,z1);title('裁掉 x 和 y 都小于 0 的部分')
subplot(2,2,3);
z1 = z;
z1(z < 0) = NaN;
surf(x,y,z1);title('裁掉 z 小于 0 的部分')
subplot(2,2,4);
z1 = z;
z1((x >= - 1 & x <= 1) & (y >= - 1 & y <= 1)) = NaN;
surf(x,y,z1);title('挖掉边长为 2 的正方形');axis equal;
view(2)        % 俯视图
```

程序运行后，裁剪效果如图5-36所示。

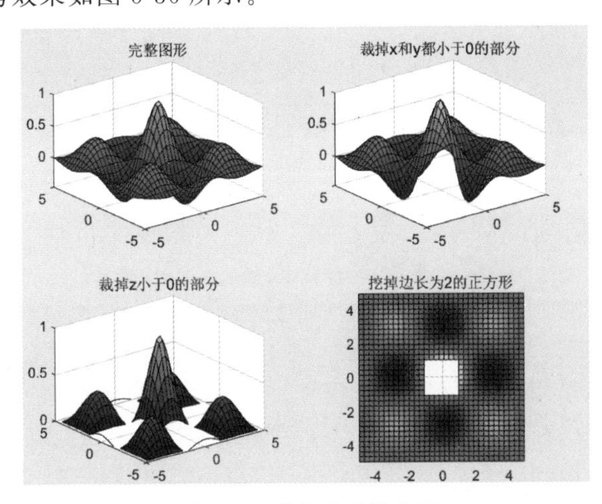

图5-36 裁剪前后的曲面

5.5 图像处理

5.5.1 图像数据读写与显示

MATLAB 提供了几个用于简单图像处理的函数，利用这些函数可进行图像的读写和显示。此外，MATLAB 还有一个功能更强的图像处理工具箱(image processing toolbox)，可以对图像进行更专业的处理。

1. 图像文件读写函数

imread 函数用于从文件中读取图像数据到 MATLAB 工作空间，imwrite 函数用于将图像像素位置、颜色信息写入文件。函数的调用格式为：

```
A = imread(fname, fmt)
imwrite(A, fname)
```

其中，输入参数 fname 为字符向量，存储读/写的图像文件名；选项 fmt 为图像文件格式，如'bmp'、'jpg'、'gif'、'tif'、'png'等，默认按文件名后缀对应格式读取文件。若读写的是灰度图像，则 A 为二维数组，A 中的各元素存储图像每个像素的灰度值；若读写的是彩色图像，则 A 为三维数组，第三维为 RGB 三元组，存储颜色数据。

2. 图像显示函数

image、imshow 和 imagesc 函数用于将数组中的数据显示为图像。函数的调用格式为：

```
image(x,y,A)
imshow(A,map)
imagesc(x,y,A)
```

其中，输入参数 A 用于存储图像数据，x、y 指定图像显示的位置和大小，map 指定显示图形时采用的色图。若 A 是二维数组，则 image(A)用单一色系的颜色绘制图形，imshow(A)用黑白色绘制图形，imagesc(A)使用经过标度映射的颜色绘制图形。若 A 是三维数组，则直接显示图像。

【例 5-26】 绘制多峰曲面，并用不同方式绘制水平面上的投影。

程序如下：

```
Z = 20 + peaks(25);
subplot(2,2,1)
surf(Z)
hold on
image(Z)
subplot(2,2,2)
surf(Z)
hold on
imshow(Z)
subplot(2,2,3)
surf(Z)
hold on
imagesc(Z)
subplot(2,2,4)
mesh(Z)
hold on
imagesc(Z)
```

程序运行后，采用不同显示方式绘制的图形如图 5-37 所示。

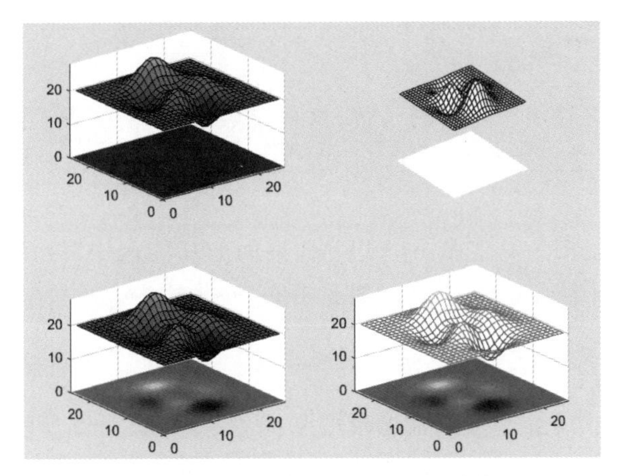

图 5-37 不同显示方式绘制的多峰曲面

5.5.2 图像捕获与播放

MATLAB 提供 getframe 函数用于捕获图像数据，函数的调用格式为：

```
F = getframe(h)
F = getframe(h,rect)
```

其中，选项 h 为坐标轴句柄或图形窗口句柄，默认从当前坐标轴捕获图像数据。第二种调用格式指定从 rect 定义的矩形区域捕获图像数据，rect 是[left，bottom，width，height]形式的四元素向量，代表该矩形左下角的坐标以及矩形的宽度和高度。用 getframe 函数截取一帧图像数据存储于结构体变量 F 中，F 的第一个分量存储图像各个点的颜色，第二个分量存储色图。

逐帧动画是一种常见的动画形式，利用视觉效应，连续播放一些影片帧形成动画。MATLAB 提供的 movie 函数用于播放录制的影片帧，通过控制播放速度产生逐帧动画效果。movie 函数的调用格式为：

```
movie(M, n, fps)
```

其中，输入参数 M 为数组，保存了用 getframe 函数获取的多帧图像数据，每列存储一帧图像数据。选项 n 控制循环播放的次数，默认值为 1。选项 fps 指定以每秒 fps 帧的速度播放影片，默认值为 12。

【例 5-27】 绘制一个水平放置的瓶状柱面，并且将它绕 z 轴旋转。

程序如下：

```
t = 0:pi/30:2 * pi;
[x,y,z] = cylinder(2 + sin(t),30);
mesh(x,z,y)
axis off;
% 保存 20 帧以不同视点呈现的图形
for k = 1:20
    view( - 37.5 + 18 * (k - 1),30)   % 改变视点
    F(k) = getframe;
end
movie(F,2);                        % 用默认的播放速度播放 2 次
```

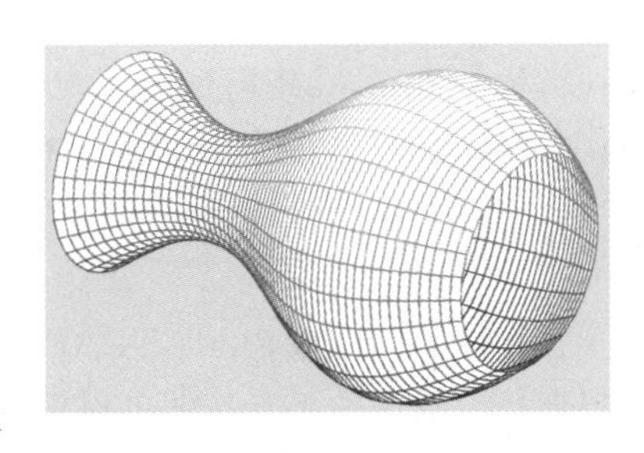

图 5-38 瓶状柱面绕 z 轴旋转结束时的画面

程序运行后瓶状柱面绕 z 轴旋转，图 5-38 是旋转结束的画面。

5.6 交互式绘图工具

MATLAB提供了多种用于绘图的函数,这些函数可以在命令行窗口或程序中调用。此外,MATLAB还提供了交互式绘图工具,利用交互式绘图工具可以快速构建图形与调整图形效果。

MATLAB交互式绘图工具包括MATLAB桌面的功能区中"绘图"选项卡的绘图命令、图形窗口的绘图工具及图形窗口菜单和工具栏等。

5.6.1 "绘图"选项卡

"绘图"选项卡的工具条提供了绘制图形的基本命令,如图5-39所示。工具条中有3个命令组:"所选内容"命令组,用于显示已选中用于绘图的变量;"绘图"命令组,提供了绘制各种图形的命令;"选项"命令组,用于设置绘图时是否新建图形窗口。

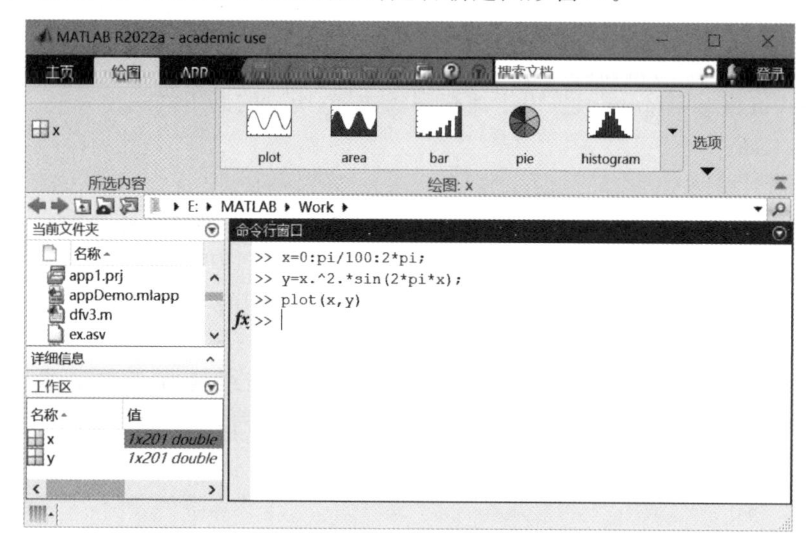

图5-39 "绘图"选项卡

如果未选中任何变量,那么"绘图"命令组的命令是不可用的。如果在工作区窗口中选择了变量,那么"绘图"命令组中会自动根据所选变量类型提供相应绘图命令,此时,单击某个绘图命令按钮,则会在命令行窗口自动输入该命令并执行,将打开一个图形窗口,在其中绘制图形。

例如,用"绘图"选项卡中的绘图命令绘制例5-1的曲线。首先在工作区窗口选中x变量,按住Ctrl键,再选中y变量,然后在"绘图"选项卡中单击plot图标,则命令行窗口的命令提示符后出现命令:plot(x,y),然后弹出如图5-1所示图形窗口。绘制二维图形时,以先选中的变量作为横坐标,后选中的变量作为纵坐标。可以单击变量之间的"切换变量顺序"按钮交换x、y坐标。绘图三维图形时,也是按选中的先后顺序依次确定x、y、z坐标。

5.6.2 绘图工具

执行绘图命令或在MATLAB命令行窗口输入figure命令都将打开一个图形窗口,利用图形窗口工具栏的工具按钮可以实现有关图形窗口的操作。如果需要修改绘图参数和显示方式,可利用MATLAB图形窗口提供的绘图工具。图形窗口打开时,默认不显示绘图工具。绘图工具由图窗选项板、绘图浏览器和属性编辑器3部分组成,可以在图形窗口的"查看"菜单项中选择相应命令让其显示出来，或在 MATLAB 的命令行窗口中输入命令 plottools，显示绘图工具，显示绘图工具的图形窗口如图 5-40 所示。

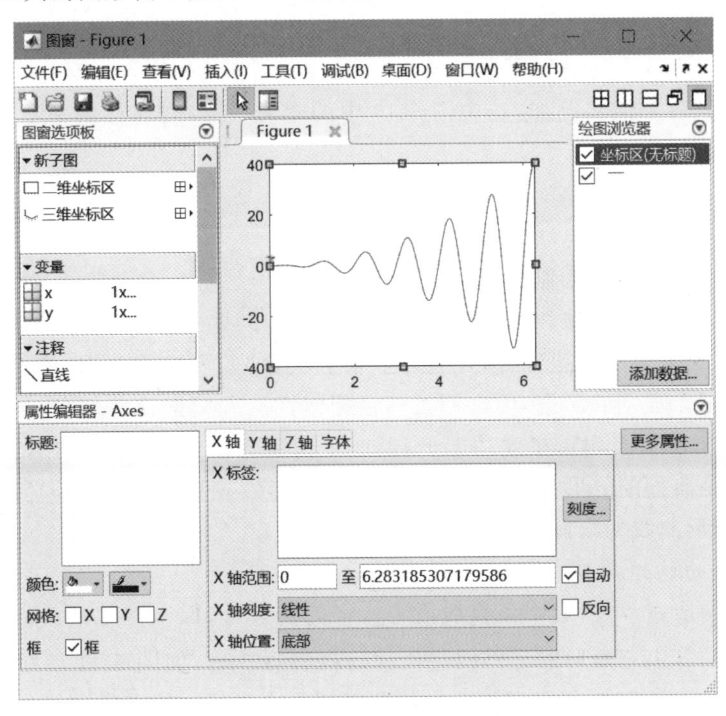

图 5-40 带绘图工具的图形窗口

1. 图窗选项板

图窗选项板用于在图形窗口中添加和排列子图，观察和选择绘图数据及添加图形标注。要打开图窗选项板，可以从图形窗口的“查看”菜单中选择“图窗选项板”命令，或在命令行窗口输入命令：

```
>> figurepalette
```

图窗选项板包含 3 个面板。

(1) “新子图”面板。“新子图”面板用于添加二维、三维子图。例如，若要将图形窗口分割成 2×3 的 6 个用于绘制二维图形的子图，则单击选择面板中“二维坐标区”栏右边的“创建分块子图”按钮，然后单击第 2 行第 3 列方格。

(2) “变量”面板。“变量”面板用于浏览和选择绘图数据。若双击某变量，则直接以该变量为纵坐标调用 plot 函数绘图。若选中多个变量，在选中的变量上右击，则可以从弹出的快捷菜单中单击“绘图”命令绘制图形，或从快捷菜单中选择一种函数绘图。

(3) “注释”面板。“注释”面板用于为图形添加标注。从面板中选择一种标注工具，可以在图形窗口中绘制出各种标注图形，如直线、箭头、标注文本框等。例如，给某子图添加箭头，单击“注释”面板中的“箭头”按钮，然后将光标移动到坐标轴中，用拖拽操作画出箭头，箭头两端有两个控制点，通过这两个控制点可以调整标注位置和大小。

2. 绘图浏览器

绘图浏览器以图例的方式列出了图形中的元素。在绘图浏览器中选中一个对象，图形窗口中该对象上出现方形控制点，属性编辑器展现该对象的属性。若选中某个坐标轴，可以在其中添加新图形。例如，选中图 5-40 中图形的坐标轴，坐标轴四周出现控制点。单击绘图浏览器下方的“添加数据”按钮，将打开一个“在坐标区上添加数据”的对话框，从中选择一种“绘图类型”及图形的“数据源”，单击“确定”按钮返回图形窗口，这时图中会增加新的曲线。

3. 属性编辑器

属性编辑器用于观测和设置所选对象的名称、颜色、填充方法等参数。不同类型的对象，属性编辑器中的内容不同。例如，选中图5-40中的图形，可以在属性编辑器的“标题”编辑栏查看和修改图形的名称。

5.7 应用实战5

【例5-28】 科赫曲线的绘制。

自然界存在许多复杂事物和现象，如蜿蜒曲折的海岸线、天空中奇形怪状的云朵、错综生长的灌木、太空中星罗棋布的星球等，还有许多社会现象，如人口的分布、物价的波动等，它们呈现异常复杂而毫无规则的形态，但它们具有自相似性。人们把这些部分与整体以某种方式相似的形体称为分形(fractal)，在此基础上，形成了研究分形性质及其应用的科学，称为分形理论。科赫曲线是典型的分形曲线，由瑞典数学家科赫(Koch)于1904年提出。下面以科赫曲线为例，说明分形曲线的绘制方法。

1. 科赫曲线的构造原理

科赫曲线的构造过程是，取一条直线段 L_0，将其三等分，保留两端的线段，将中间的一段用以该线段为边的等边三角形的另外两边代替，得到曲线 L_1，如图5-41所示。再对 L_1 中的4条线段都按上述方式修改，得到曲线 L_2，如此继续下去进行 n 次修改得到曲线 L_n，当 $n\to\infty$ 时得到一条连续曲线 L，这条曲线 L 就称为科赫曲线。

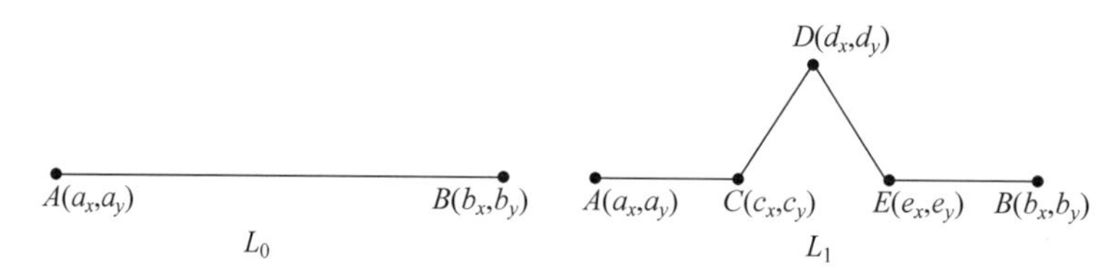

图5-41 科赫曲线构造过程

科赫曲线的构造规则是将每条直线用一条折线替代，通常称之为该分形的生成元，分形的基本特征完全由生成元决定。给定不同的生成元，就可以生成各种不同的分形曲线。分形曲线的构造过程是通过反复用一个生成元来取代每一直线段，因而图形的每一部分都和它本身的形状相同，这就是自相似性，这是分形最为重要的特点。分形曲线的构造过程也决定了制作该曲线可以用递归方法，即函数自己调用自己的过程。

对于给定的初始直线 L_0，设有 $A(a_x,a_y)$、$B(b_x,b_y)$，按照科赫曲线的构成原理计算出 C、D、E 各点坐标如下。

C 点坐标：$c_x=a_x+(b_x-a_x)/3, c_y=a_y+(b_y-a_y)/3$。

D 点坐标：$d_x=(a_x+b_x)/2+\sqrt{3}(a_y-b_y)/6, d_y=(a_y+b_y)/2+\sqrt{3}(b_x-a_x)/6$。

E 点坐标：$e_x=b_x-(b_x-a_x)/3, e_y=b_y-(b_y-a_y)/3$。

2. 科赫曲线的程序实现

定义对直线 L_0 进行替换的函数koch()，然后利用函数的递归调用，分别对AC、CD、DE、EB线段调用koch()函数，通过递归来实现“无穷”替换，因为不能像数学家的设想那样运算至无穷，所以根据要显示的最小长度作为递归的终止条件。

首先编写 M 函数 koch()如下：

```
function y = koch(ax,ay,bx,by,depth)
    if (depth < 1)
        plot([ax,bx],[ay,by],'k');
        hold on;
    else
        cx = ax + (bx - ax)/3;                    % 计算替换点坐标
        cy = ay + (by - ay)/3;
        dx = (ax + bx)/2 + sqrt(3) * (ay - by)/6;
        dy = (ay + by)/2 + sqrt(3) * (bx - ax)/6;
        ex = bx - (bx - ax)/3;
        ey = by - (by - ay)/3;
        koch(ax,ay,cx,cy,depth - 1);              % 递归调用
        koch(cx,cy,dx,dy,depth - 1);
        koch(dx,dy,ex,ey,depth - 1);
        koch(ex,ey,bx,by,depth - 1);
    end
```

M 函数编写完成后，在命令行窗口输入以下命令：

```
>> depth = 6;
>> koch(20,40,480,40,depth);
>> axis equal
>> axis([0,500,0,200])
```

命令运行结果如图 5-42 所示，改变 depth 的值可以获得不同细腻程度的科赫曲线。

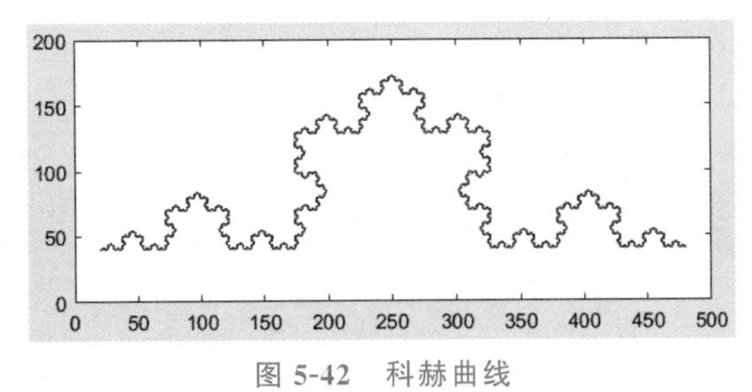

图 5-42　科赫曲线

在程序中 3 次调用 koch()函数，实现三角形 3 条边各自的科赫曲线，形成科赫雪花曲线效果。在命令行窗口输入以下命令，程序运行结果如图 5-43 所示。

```
>> depth = 3;
>> koch(180,10,64.5,210,depth);
>> koch(64.5,210,295.5,210,depth);
>> koch(295.5,210,180,10,depth);
>> axis equal
```

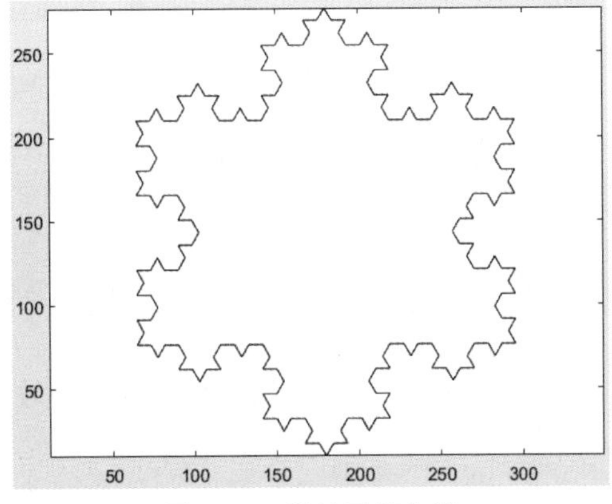

图 5-43　科赫雪花曲线

【例 5-29】 分析由函数 $z=x^2-2y^2$ 构成的曲面形状及与平面 $z=a$ 的交线。

程序如下：

```
[x,y] = meshgrid( - 10:1/200:10);
z1 = (x.^2 - 2 * y.^2);                                  % 第一个曲面坐标
a = input('a = ?');
z2 = a * ones(size(x));                                  % 第二个曲面坐标
subplot(2,2,1)
mesh(x,y,z1);hold on;mesh(x,y,z2);                       % 分别画出两个曲面
title('两个曲面')
v = [ - 10,10, - 10,10, - 100,100];axis(v);grid          % 第一个子图的坐标设置
hold off
r0 = abs(z1 - z2)< = 0.001;                              % 求两曲面 z 坐标近似相等的点
xx = r0. * x;                                            % 求交线坐标
yy = r0. * y;
zz = r0. * z2;
subplot(2,2,2)
plot3(xx(r0～ = 0),yy(r0～ = 0),zz(r0～ = 0),'o')  % 在第二子图画出交线
title('两曲面的交线')
axis(v);grid                                             % 第二子图的坐标设置
```

程序运行时，若输入 a=－25，所得三维曲面图及曲面的交线如图 5-44 所示。$z=x^2-2y^2$ 构成的曲面称为马鞍面，输入的 a 不同，它与平面 z=a 的交线也不同。

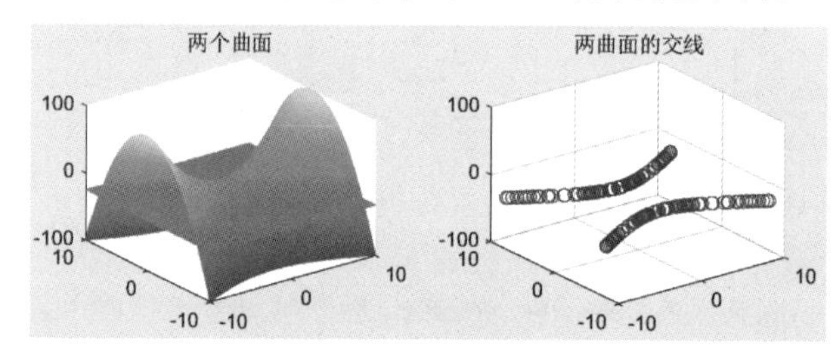

图 5-44 两个曲面及其交线

练习题

一、选择题

1. 如果 x、y 均为 5×6 矩阵，则执行 plot(x,y)命令后在图形窗口中绘制(　　)条曲线。

   A. 5　　B. 6　　C. 11　　D. 30

2. 下列程序的运行结果是(　　)。

```
x = [0,1,1,0,0];
y = [0,0,1,1,0];
for n = 1:3
    plot(n * x,n * y)
    hold on
end
axis equal
```

   A. 3 个左下角在原点的矩形　　B. 3 个中心在原点的矩形

   C. 3 条直线　　D. 15 个点

3. 命令 text(1,1,'{\alpha}\leq{2\pi}')执行后，得到的标注效果是(　　)。

   A. {\alpha}\leq{2\pi}　　B. α≥2π

   C. α≤2π　　D. {α}\leq{2π}

4. subplot(2,2,3)是指(　　)的子图。

A. 两行两列的左下图　　B. 两行两列的右下图

C. 两行两列的左上图　　D. 两行两列的右上图

5. 要将函数 $y=\ln x$ 的曲线绘制成直线,应采用的绘图函数是(　　)。

A. polarplot　　B. semilogx

C. semilogy　　D. loglog

6. 下列程序运行后得到的图形为(　　)。

```
t = 0:pi/6:2 * pi;
[x,y,z] = cylinder(t, 6);
surf(x,y,z)
view(0,90);
axis equal
```

A. 6 个同心圆　　B. 6 个同心的六边形

C. 12 个同心圆　　D. 12 个同心的六边形

7. 下列程序运行后得到的图形是(　　)。

```
[x,y] = meshgrid( - 2:2);
z = x + y;
i = find(abs(x)< 1 & abs(y)< 1);
z(i) = NaN;
surf(x,y,z);shading interp
```

A. 在一个正方形的正中心挖掉了一个小的正方形

B. 在一个正方形的正中心挖掉了一个小的长方形

C. 在一个正方形的上端挖掉了一个小的正方形

D. 在一个正方形的下端挖掉了一个小的正方形

8. 【多选】在 $0\leqslant x\leqslant 2\pi$ 区间内,绘制正弦曲线,可以使用命令(　　)。

A. x=linspace(0,2 * pi,100); plot(x,sin(x));

B. x=linspace(0,2 * pi,100)'; plot(x,sin(x));

C. x=linspace(0,2 * pi,100)'; X=[x,sin(x)]; plot(X);

D. fplot(@(x)sin(x),[0,2 * pi]);

9. 【多选】在一个图形窗口同时绘制[0,2π]的正弦曲线、余弦曲线,可以使用命令(　　)。

A. x=(0: 0.01: 2 * pi)'; Y=[sin(x),cos(x)]; plot(x,Y);

B. x=(0: 0.01: 2 * pi); Y=[sin(x); cos(x)]; plot(x,Y);

C. fplot(@(x) sin(x),@(x) cos(x),[0,2 * pi])

D. fplot(@(x) [sin(x),cos(x)],[0,2 * pi])

10. 【多选】绘制[1,5]×[1,5]区域内高度为 10 的平面,可以使用的命令是(　　)。

A. surf(1:5, 1:5, 10 * ones(5))

B. surf(1:5, 1:5, 10 * ones(10))

C. [x,y]=meshgrid(1:5); surf (x, y, 10 * ones(5, 5))

D. [x,y]=meshgrid(1:5,1:5); surf(x, y, 10 * ones(5))

二、问答题

1. 有一组数据满足 $y=\cos(\tan x), x\in[1,2]$。分别用 plot 函数和 fplot 函数绘制函数曲线,比较两种函数的用法,并且分析两种函数绘制的曲线。

2. 在同一个图形窗口绘制多条曲线有哪些方法?

3. 曲线的参数方程为：

$$\begin{cases} x = 3\sin t \\ y = \cos t \\ z = 3\sin t + \cos t \end{cases}, \quad 0 \leqslant t \leqslant 2\pi$$

分别用 plot3 和 fplot3 函数绘制空间曲线，比较两种函数的用法，并且比较两种方法绘制的曲线。

4. 以下是绘制牟合方盖的命令，若只要绘制 $y<0$ 的这一部分，如何修改程序？

```
h = 2 * pi/100;
t = 0:h:2 * pi;r = 0:0.05:1;
x = r' * cos(t);
y = r' * sin(t);
z = sqrt(1 - x.^2);
meshz(x,y,z);
```

5. 大致描绘以下命令执行后得到的图形，并上机验证。

```
[x,y] = meshgrid(1:3,1:2);
z = x .* y;
subplot(2,2,1);
plot3(x,y,z);
subplot(2,2,2);
mesh(x,y,z)
```

操作题

1. 绘制下列曲线。

(1) $y=x-\cos(x^2)-\sin(2x^3)$，分别用 plot、fplot 函数绘制曲线。

(2) $\dfrac{x^2}{a^2}+\dfrac{y^2}{25-a^2}=1$，用 fimplicit 函数绘制一组椭圆。

2. 利用子图在同一图形窗口绘制下列极坐标图。

(1) $\rho=\dfrac{12}{\sqrt{\theta}}$

(2) $\rho=\dfrac{\pi}{3}\theta^2$

3. 在同一坐标系中绘制下列两条曲线，并用红色圆圈标注两曲线交点。

(1) $y=2x-0.5$

(2) $\begin{cases} x=\sin(3t)\cos t \\ y=\sin(3t)\sin t \end{cases}, \quad 0\leqslant t\leqslant\pi$

4. 绘制曲面，要求在子图中分别用 plot3、mesh、surf、fsurf 函数绘图。

$$\begin{cases} x = (1+\cos u)\cos v \\ y = (1+\cos u)\sin v, \\ z = \sin u \end{cases} \quad 0 \leqslant u \leqslant \pi, 0 \leqslant v \leqslant \pi$$

5. 在子图中不同方法绘制曲面图。

$$z = y^3$$

第6章 数据分析与多项式计算

在MATLAB中,对数据的操作是基于矩阵的,可以让矩阵的每列或每行代表不同的被测对象,相应的行或列的元素代表被测对象的观测值,这样就很容易通过对矩阵元素的访问进行数据的统计分析。关于多项式,它既是一种简单的函数,也是一种基本的数据分析工具,很多复杂的函数都可以用多项式逼近。本章介绍MATLAB数据统计和分析方法、数据插值、多项式曲线拟合及多项式的常用计算。

6.1 数据统计处理

在实际应用中,经常需要对各种数据进行统计处理,以便为科学决策提供依据。这些统计处理包括求数据序列的最大值和最小值、和与积、平均值和中值、累加和与累乘积、排序等,MATLAB提供了相关的函数来实现。

6.1.1 最大值和最小值

MATLAB提供的求数据序列的最大值和最小值的函数分别为max和min,这两个函数的调用格式和操作过程类似。

1. 求向量的最大值和最小值

求一个向量X的最大值的函数有两种调用格式,分别是:

(1) y=max(X)——返回向量X的最大值存入y,如果X中包含复数元素,则按模取最大值。

(2) [y, l]=max(X)——返回向量X的最大值存入y,最大值的序号存入l,如果X中包含复数元素,则按模取最大值。

求向量X的最小值的函数是min(X),用法和max(X)完全相同。

【例6-1】 求向量x的最大值。

命令如下:

```
>> x = [ - 43,72,9,16,23,47];
>> y = max(x)                    % 求向量 x 中的最大值
y =
    72
>> [y,l] = max(x)                % 求向量 x 中的最大值及该元素的位置
y =
    72
l =
     2
```

以上是对行向量进行操作,事实上对列向量的操作与对行向量的操作结果是一样的。例如,对上述x作一转置,有相同的结果。

```
>> [y,l] = max(x')
y =
    72
l =
     2
```

2. 求矩阵的最大值和最小值

求矩阵A的最大值的函数有3种调用格式,分别是:

(1) max(A)——返回一个行向量,向量的第i个元素是矩阵A的第i列上的最大值。

(2) [Y,U]=max(A)——返回行向量Y和U,Y向量记录A的每列的最大值,U向量记录每列最大值的行号。

(3) max(A,[],dim)——dim 取 1 或 2。dim 取 1 时,该函数和 max(A)完全相同;dim 取 2 时,该函数返回一个列向量,其第 i 个元素是 A 矩阵的第 i 行上的最大值。

求最小值的函数是 min,其用法和 max 完全相同。

【例 6-2】 分别求 3×4 矩阵 ***x*** 中各列和各行元素中的最大值,并求整个矩阵的最大值和最小值。

命令如下:

```
>> x = [1,8,4,2;9,6,2,5;3,6,7,1]
x =
     1     8     4     2
     9     6     2     5
     3     6     7     1
>> y = max(x)                    % 求矩阵 x 中各列元素的最大值
y =
     9     8     7     5
>> [y,l] = max(x)                % 求矩阵 x 中各列元素的最大值及这些元素的行下标
y =
     9     8     7     5
l =
     2     1     3     2
>> [y,l] = max(x,[],1)           % 本命令的执行结果与上面的命令完全相同
y =
     9     8     7     5
l =
     2     1     3     2
>> [y,l] = max(x,[],2)           % dim = 2,求矩阵 x 中各行元素的最大值及这些元素的列下标
y =
     8
     9
     7
l =
     2
     1
     3
>> max(max(x))                   % 求整个矩阵的最大值
ans =
     9
>> min(min(x))                   % 求整个矩阵的最小值
ans =
     1
```

3. 两个向量或矩阵对应元素的比较

函数 max 和 min 还能对两个同型的向量或矩阵进行比较,调用格式为:

(1) U=max(A,B)——A,B 是两个同型的向量或矩阵,结果 U 是与 A,B 同型的向量或矩阵,U 的每个元素等于 A、B 对应元素的较大者。

(2) U=max(A,n)——n 是一个标量,结果 U 是与 A 同型的向量或矩阵,U 的每个元素等于 A 对应元素和 n 中的较大者。

min 函数的用法和 max 完全相同。

【例 6-3】 求两个 2×3 矩阵 ***x***、***y*** 所有同一位置上的较大元素构成的新矩阵 ***p***。

命令如下:

```
>> x = [4,5,6; 1,4,8]
x =
     4     5     6
```

```
     1     4     8
>> y = [1,7,5;4,5,7]
y =
     1     7     5
     4     5     7
>> p = max(x,y)                   % 在 x,y 同一位置上的两个元素中找出较大值
p =
     4     7     6
     4     5     8
```

上例是对两个同样大小的矩阵操作,MATLAB 还允许对一个矩阵和一个常数或单变量操作。例如,仍然用上例的矩阵 x 和已赋值为 5 的变量 s,操作如下:

```
>> s = 5;
>> p = max(x,s)
p =
     5     5     6
     5     5     8
```

6.1.2 求和与求积

数据序列求和与求积的函数是 sum 和 prod,其使用方法类似。设 X 是一个向量,A 是一个矩阵,函数的调用格式为:

(1) sum(X)——返回向量 X 各元素的和。

(2) prod(X)——返回向量 X 各元素的乘积。

(3) sum(A)——返回一个行向量,其第 i 个元素是 A 的第 i 列的元素和。

(4) prod(A)——返回一个行向量,其第 i 个元素是 A 的第 i 列的元素乘积。

(5) sum(A,dim)——当 dim 为 1 时,该函数等同于 sum(A);当 dim 为 2 时,返回一个列向量,其第 i 个元素是 A 的第 i 行的各元素之和。

(6) prod(A,dim)——当 dim 为 1 时,该函数等同于 prod(A);当 dim 为 2 时,返回一个列向量,其第 i 个元素是 A 的第 i 行的各元素乘积。

【例 6-4】 求矩阵 A 的每行元素的乘积和全部元素的乘积。

命令如下:

```
>> A = [1,2,3,4;5,6,7,8;9,10,11,12];        %求 A 的每行元素的乘积
>> S = prod(A,2)
S =
          24
        1680
       11880
>> prod(S)                                   %求 A 的全部元素的乘积
ans =
   479001600
```

6.1.3 平均值和中值

数据序列的平均值指的是算术平均值,其含义不难理解。所谓中值,是指在数据序列中其值的大小恰好处在中间的元素。例如,数据序列−2,5,7,9,12 的中值为 7,因为比它大和比它小的数据均为两个,即它的大小恰好处于数据序列各个值的中间,这是数据序列为奇数个的情况。如果为偶数个,则中值等于中间的两项之平均值。例如,数据序列−2,5,6,7,9,12 中,处于中间的数是 6 和 7,故其中值为此两数之平均值 6.5。

求数据序列平均值的函数是 mean,求数据序列中值的函数是 median。两个函数的调用

格式为：

(1) mean(X)——返回向量 X 的算术平均值。

(2) median(X)——返回向量 X 的中值。

(3) mean(A)——返回一个行向量，其第 i 个元素是 A 的第 i 列的算术平均值。

(4) median(A)——返回一个行向量，其第 i 个元素是 A 的第 i 列的中值。

(5) mean(A,dim)——当 dim 为 1 时，该函数等同于 mean(A)；当 dim 为 2 时，返回一个列向量，其第 i 个元素是 A 的第 i 行的算术平均值。

(6) median(A,dim)——当 dim 为 1 时，该函数等同于 median(A)；当 dim 为 2 时，返回一个列向量，其第 i 个元素是 A 的第 i 行的中值。

【例 6-5】 分别求向量 x 与 y 的平均值和中值。

命令如下：

```
>> x = [9, -2,5,7,12];                    % 奇数个元素
>> mean(x)
ans =
    6.2000
>> median(x)
ans =
     7
>> y = [9, -2,5,6,7,12];                  % 偶数个元素
>> mean(y)
ans =
    6.1667
>> median(y)
ans =
    6.5000
```

6.1.4 累加和与累乘积

所谓累加和，是指从数据序列的第一个元素开始直到当前元素进行累加，作为结果序列的当前元素值。设已知数据序列为 $x_1, x_2, \cdots, x_i, \cdots, x_n$，经累加和计算后的结果序列为 $y_1, y_2, \cdots, y_i, \cdots, y_n$，这里的 y_i 为：

$$y_i = \sum_{k=1}^{i} x_k$$

例如，对数据序列 9，−2，5，7，12 作累计和计算后的结果序列是 9，7，12，19，31。

同样，累乘积是指从数据序列的第一个元素开始直到当前元素进行累乘，作为结果序列的当前元素值。设已知数据序列为 $x_1, x_2, \cdots, x_i, \cdots, x_n$，经累乘积计算后的结果序列为 $y_1, y_2, \cdots, y_i, \cdots, y_n$，这里的 y_i 为：

$$y_i = \prod_{k=1}^{i} x_k$$

例如，对数据序列 9，−2，5，7，12 作累乘积计算后的结果序列是 9，−18，−90，−630，−7560。

在 MATLAB 中，使用 cumsum 和 cumprod 函数能方便地求得向量和矩阵元素的累加和与累乘积向量，函数的调用格式为：

(1) cumsum(X)——返回向量 X 累加和向量。

(2) cumprod(X)——返回向量 X 累乘积向量。

(3) cumsum(A)——返回一个矩阵,其第 i 列是 A 的第 i 列的累加和向量。

(4) cumprod(A)——返回一个矩阵,其第 i 列是 A 的第 i 列的累乘积向量。

(5) cumsum(A,dim)——当 dim 为 1 时,该函数等同于 cumsum(A);当 dim 为 2 时,返回一个矩阵,其第 i 行是 A 的第 i 行的累加和向量。

(6) cumprod(A,dim)——当 dim 为 1 时,该函数等同于 cumprod(A);当 dim 为 2 时,返回一个矩阵,其第 i 行是 A 的第 i 行的累乘积向量。

【例 6-6】 求 $s=1+2+2^2+\cdots+2^{10}$ 的值。

命令如下:

```
>> x = [1,ones(1,10) * 2]
x =
     1     2     2     2     2     2     2     2     2     2     2
>> y = cumprod(x)
y =
  Columns 1 through 8
          1        2        4        8       16       32       64      128
  Columns 9 through 11
        256      512     1024
>> s = sum(y)
s =
        2047
```

6.1.5 标准差和相关系数

1. 标准差

标准差也称为均方差,描述了一组数据波动的大小,标准差越小,数据波动越小。对于具有 n 个元素的数据序列 $x_1,x_2,x_3,\cdots,x_n$,标准差的计算公式如下:

$$\sigma_1=\sqrt{\frac{1}{n-1}\sum_{i=1}^{n}(x_i-\bar{x})^2}$$

或

$$\sigma_2=\sqrt{\frac{1}{n}\sum_{i=1}^{n}(x_i-\bar{x})^2}$$

其中,

$$\bar{x}=\frac{1}{n}\sum_{i=1}^{n}x_i$$

MATLAB 提供了计算数据序列的标准差的函数 std。对于向量 X,std(X)返回一个标量。对于矩阵 A,std(A)返回一个行向量,它的各个元素便是矩阵 A 各列的标准差。std 函数的一般调用格式为:

```
Y = std(A,flag,dim)
```

其中,dim 取 1 或 2。当 dim=1 时,求各列元素的标准差;当 dim=2 时,则求各行元素的标准差。flag 取 0 或 1,当 flag=0 时,按 σ_1 所列公式计算标准差;当 flag=1 时,按 σ_2 所列公式计算标准差。默认取 flag=0,dim=1。

【例 6-7】 对二维矩阵 $\boldsymbol{x}$,从不同维方向求出其标准差。

命令如下:

```
>> x = [4,5,6;1,4,8]                          % 产生一个二维矩阵 x
x =
```

```
     4      5      6
     1      4      8
>> y1 = std(x,0,1)
y1 =
    2.1213    0.7071    1.4142
>> y2 = std(x,1,1)
y2 =
    1.5000    0.5000    1.0000
>> y3 = std(x,0,2)
y3 =
    1.0000
    3.5119
>> y4 = std(x,1,2)
y4 =
    0.8165
    2.8674
```

【例 6-8】 某次射击选拔比赛中小明与小华的10次射击成绩如表6-1所示，试比较两人的成绩。

表 6-1　选手射击成绩表　　单位：环

选手	成　绩									
小明	7	4	9	8	10	7	8	7	8	7
小华	7	6	10	5	9	8	10	9	5	6

命令如下：

```
>> hitmark = [7,4,9,8,10,7,8,7,8,7;7,6,10,5,9,8,10,9,5,6];
>> mean(hitmark,2)
ans =
    7.5000
    7.5000
>> std(hitmark,[],2)
ans =
    1.5811
    1.9579
```

两人成绩的平均值相同，但小明的成绩的标准差较小，说明小明的成绩波动较小，成绩更稳定。

2. *方差*

方差用于衡量一组数据的离散程度，其值是标准差的平方。MATLAB提供了var函数来计算数据序列的方差。var函数的调用格式与std函数类似。

【例 6-9】 考察一台机器的产品质量，判定机器工作是否正常。根据该行业通用法则：如果一个样本中的14个数据项的方差大于0.005，则该机器必须关闭待修。假设抽查的数据如表6-2所示，问此时的机器是否必须关闭？

表 6-2　产品质量抽查数据表

样品序号	1	2	3	4	5	6	7	8	9	10	11	12	13	14
样品直径	3.43	3.45	3.43	3.48	3.52	3.50	3.39	3.48	3.41	3.38	3.49	3.45	3.51	3.50

命令如下：

```
>> samples = [3.43,3.45,3.43,3.48,3.52,3.50,3.39,3.48,3.41,3.38,3.49,3.45,3.51,3.50];
>> var_samples = var(samples)
var_samples =
    0.0021
```

计算所得方差 $0.0021<0.005$，因此可以判定机器工作基本正常，无须关闭。

3. 相关系数

对于两组数据序列 $x_i, y_i (i=1,2,\cdots,n)$，可以由下式计算出两组数据的相关系数：

$$r=\frac{\sum_{i=1}^{n}(x_i-\bar{x})(y_i-\bar{y})}{\sqrt{\sum_{i=1}^{n}(x_i-\bar{x})^2\sum_{i=1}^{n}(y_i-\bar{y})^2}}$$

相关系数的绝对值越接近于1，说明两组数据相关程度越高。

MATLAB提供了corrcoef函数，可以求出数据的相关系数矩阵。corrcoef函数的调用格式如下：

(1) corrcoef(X,Y)——其中，X、Y是向量。corrcoef(X,Y)返回序列X和序列Y的相关系数，得到的结果是一个2×2矩阵，其中对角线上的元素分别表示X和Y的自相关系数，非对角线上的元素分别表示X与Y的相关系数和Y与X的相关系数，两个是相等的。corrcoef(X,Y)与corrcoef(Y,X)等价。

(2) corrcoef(X)——返回从矩阵X形成的一个相关系数矩阵，其中第i行第j列的元素代表原矩阵X中第i个列向量和第j个列向量的相关系数，即X(:,i)和X(:,j)的相关系数。

【例6-10】 生成满足正态分布的10000×5随机矩阵，然后求各列元素的均值和标准差，再求这5列随机数据的相关系数矩阵。

命令如下：

```
>> X = randn(10000,5);
>> M = mean(X)
M =
   - 0.0077   - 0.0034    0.0051   - 0.0014    0.0142
>> D = std(X)
D =
     1.0040    0.9983    0.9838    0.9958    1.0078
>> R = corrcoef(X)
R =
     1.0000    0.0001   - 0.0045    0.0017    0.0031
     0.0001    1.0000    0.0060    0.0117   - 0.0021
   - 0.0045    0.0060    1.0000    0.0047    0.0175
     0.0017    0.0117    0.0047    1.0000    0.0157
     0.0031   - 0.0021    0.0175    0.0157    1.0000
>> R = corrcoef(X(:,1),X(:,2)) % X前两列的相关系数
R =
     1.0000    0.0001
     0.0001    1.0000
```

求得的均值接近于0，标准差接近于1，由标准正态分布的随机数的性质可以看出，这个结果是正确的。此外，由于其相关系数矩阵趋于单位矩阵，故由函数randn产生的随机数是独立的。

【例6-11】 随机抽取15名健康成人，测定血液的凝血酶浓度及凝血时间，数据如表6-3所示。分析凝血酶浓度与凝血时间之间的相关性。

表6-3 凝血酶浓度及凝血时间数据

受试者编号	1	2	3	4	5	6	7	8	9	10	11	12	13	14	15
凝血酶浓度/mL	1.1	1.2	1.0	0.9	1.2	1.1	0.9	0.6	1.0	0.9	1.1	0.9	1.1	1	0.7
凝血时间/s	14	13	15	15	13	14	16	17	14	16	15	16	14	15	17

命令如下：

```
>> density = [1.1,1.2,1.0,0.9,1.2,1.1,0.9,0.6,1.0,0.9,1.1,0.9,1.1,1,0.7];
>> cruortime = [14,13,15,15,13,14,16,17,14,16,15,16,14,15,17];
>> R = corrcoef(density,cruortime)
R =
     1.0000    -0.9265
    -0.9265     1.0000
```

求得的R元素的绝对值接近1，说明凝血酶浓度与凝血时间之间相关程度较高。

4. 协方差

相关系数是反映两组数据序列之间的相互关系的指标，类似的指标还有协方差，计算公式为：

$$c=\frac{1}{n-1}\sum_{i=1}^{n}(x_i-\bar{x})(y_i-\bar{y})$$

MATLAB提供了cov函数来求两组数据的协方差矩阵，使用方法与corrcoef函数类似。例如：

```
>> x = [3,6,4];
>> y = [7,12,-9];
>> C1 = cov(x,y)
C1 =
    2.3333    6.8333
    6.8333  120.3333
```

求x、y两个向量的协方差，将产生一个2×2矩阵，其中C1(1,1)代表向量x的自协方差，C1(1,2)代表向量x与向量y的协方差，C1(2,1)代表向量y与向量x的协方差，C1(2,2)代表向量y的自协方差。

又如：

```
>> A = [5,0,3,7;1,-5,7,3;4,9,8,10]
A =
     5     0     3     7
     1    -5     7     3
     4     9     8    10
>> C2 = cov(A)
C2 =
    4.3333    8.8333   -3.0000    5.6667
    8.8333   50.3333    6.5000   24.1667
   -3.0000    6.5000    7.0000    1.0000
    5.6667   24.1667    1.0000   12.3333
```

因为矩阵A有4列，所以协方差矩阵是4×4矩阵，其中C2(i,j)代表A(:,i)和A(:,j)的协方差。

6.1.6 排序

对向量元素进行排序是一个经常性的操作，MATLAB中对向量X进行排序的函数是sort(X)，函数返回一个对X中的元素按升序排列的新向量。

sort函数也可以对矩阵A的各列或各行重新排序，其调用格式为：

```
[Y,I] = sort(A,dim,mode)
```

其中，Y是排序后的矩阵，而I记录Y中的元素在A中的位置。dim指明对A的列还是行进行排序，若dim=1，则按列排，若dim=2，则按行排，dim默认取1。mode指明按升序还是按降序排序，'ascend'为升序，'descend'为降序，mode默认取'ascend'。

【例 6-12】 对二维矩阵做各种排序。

命令如下：

```
>> A = [1, - 8,5;4,12,6;13,7, - 13]
A =
     1     - 8         5
     4      12         6
    13       7      - 13
>> sort(A)                                % 对 A 的每列按升序排序
ans =
     1     - 8      - 13
     4       7         5
    13      12         6
>> sort(A,2,'descend')                    % 对 A 的每行按降序排序
ans =
     5      1      - 8
    12      6        4
    13      7     - 13
>> [X,I] = sort(A)                        % 对 A 按列排序,并将每个元素所在行号送矩阵 I
X =
     1     - 8        13
     4       7         5
    13      12         6
I =
     1      1      3
     2      3      1
     3      2      2
```

6.2 多项式计算

在 MATLAB 中,多项式的计算转换为系数向量的运算。n 次多项式用一个长度为 n+1 的行向量表示,缺少的幂次项系数为 0。如果 n 次多项式表示为：

$$P(x) = a_n x^n + a_{n-1} x^{n-1} + a_{n-2} x^{n-2} + \cdots + a_1 x + a_0$$

则在 MATLAB 中,P(x)表达为向量形式：$[a_n, a_{n-1}, a_{n-2}, \cdots, a_1, a_0]$。

6.2.1 多项式的四则运算

多项式之间可以进行四则运算,其运算结果仍为多项式。

1. 多项式的加减运算

MATLAB 没有提供专门进行多项式加减运算的函数。事实上,多项式的加减运算就是其所对应的系数向量的加减运算。对于次数相同的两个多项式,可直接对多项式系数向量进行加减运算。如果多项式的次数不同,则应该把低次的多项式系数不足的高次项用 0 补足,使同式中的各多项式具有相同的次数。例如,计算$(x^3 - 2x^2 + 5x + 3) + (6x - 1)$,对于和式的后一个多项式 $6x-1$,它仅为一次多项式,而前面的是三次。为确保两者次数相同,应把后者的系数向量处理成[0,0,6,−1]。命令如下：

```
>> a = [1, - 2,5,3];
>> b = [0,0,6, - 1];
>> c = a + b
c =
     1      - 2      11       2
```

2. 多项式乘法运算

函数 conv(P1,P2)用于求多项式 P1 和 P2 的乘积。这里,P1,P2 是两个多项式系数向量。

【例 6-13】 求多项式 x^4+8x^3-10 与多项式 $2x^2-x+3$ 的乘积。

命令如下：

```
>> A = [1,8,0,0, - 10];
>> B = [2, - 1,3];
>> C = conv(A,B)
C =
     2    15    - 5    24    - 20    10    - 30
```

本例的运行结果是求得一个六次多项式 $2x^6+15x^5-5x^4+24x^3-20x^2+10x-30$。

3. 多项式除法

函数[Q,r]=deconv(P1,P2)用于对多项式 P1 和 P2 做除法运算。其中 Q 返回多项式 P1 除以 P2 的商式，r 返回 P1 除以 P2 的余式。这里，Q 和 r 仍是多项式系数向量。

deconv 是 conv 的逆函数，即有 P1=conv(P2,Q)+r。

【例 6-14】 求多项式 x^4+8x^3-10 除以多项式 $2x^2-x+3$ 的结果。

命令如下：

```
>> A = [1,8,0,0, - 10];
>> B = [2, - 1,3];
>> [P,r] = deconv(A,B)
P =
    0.5000    4.2500    1.3750
r =
         0         0         0  - 11.3750  - 14.1250
```

从上面的运行可知，多项式 A 除以多项式 B 获得商多项式 P 为 $0.5x^2+4.25x+1.375$，余项多项式 r 为 $-11.375x-14.125$。以下则用本例来验证 deconv 和 conv 是互逆的：

```
>> conv(B,P) + r
ans =
     1     8     0     0    - 10
```

6.2.2 多项式的导函数

对多项式求导数的函数是：

(1) p=polyder(P)——求多项式 P 的导函数。

(2) p=polyder(P,Q)——求 P・Q 的导函数。

(3) [p,q]=polyder(P,Q)——求 P/Q 的导函数，导函数的分子存入 p，分母存入 q。

上述函数中，参数 P、Q 是多项式的向量表示，结果 p、q 也是多项式的向量表示。

【例 6-15】 求有理分式的导数。

$$f(x)=\frac{1}{x^2+5}$$

命令如下：

```
>> P = [1];
>> Q = [1,0,5];
>> [p,q] = polyder(P,Q)
p =
    - 2     0
q =
     1     0    10     0    25
```

结果表明，$f'(x)=-\dfrac{2x}{x^4+10x^2+25}$。

6.2.3 多项式的求值

MATLAB 提供了两种求多项式值的函数：polyval 与 polyvalm，它们的输入参数均为多项式系数向量 P 和自变量 x。两者的区别在于前者是代数多项式求值，而后者是矩阵多项式求值。

1. 代数多项式求值

polyval 函数用来求代数多项式的值，其调用格式为：

```
Y = polyval(P,x)
```

若 x 为一数值，则求多项式在该点的值；若 x 为向量或矩阵，则对向量或矩阵中的每个元素求其多项式的值。

【例 6-16】 已知多项式 x^4+8x^3-10，分别取 $x=1.2$ 和一个 2×3 矩阵为自变量计算该多项式的值。

命令如下：

```
>> A = [1,8,0,0, - 10];                           % 四次多项式系数
>> x = 1.2;                                       % 取自变量为一数值
>> y1 = polyval(A,x)
y1 =
    5.8976
>> x = [ - 1,1.2, - 1.4;2, - 1.8,1.6]             % 给出一个矩阵 x
x =
   - 1.0000    1.2000   - 1.4000
     2.0000  - 1.8000     1.6000
>> y2 = polyval(A,x)                              % 分别计算矩阵 x 中各元素为自变量的多项式之值
y2 =
  - 17.0000    5.8976  - 28.1104
    70.0000 - 46.1584    29.3216
```

2. 矩阵多项式求值

polyvalm 函数用来求矩阵多项式的值，其调用格式与 polyval 相同，但含义不同。polyvalm 函数要求 x 为方阵，它以方阵为自变量求多项式的值。设 A 为方阵，P 代表多项式 x^3-5x^2+8，那么 polyvalm(P,A)的含义是：

```
A * A * A - 5 * A * A + 8 * eye(size(A))
```

而 polyval(P,A)的含义是：

```
A. * A. * A - 5 * A. * A + 8 * ones(size(A))
```

【例 6-17】 仍以多项式 x^4+8x^3-10 为例，取一个 2×2 矩阵为自变量分别用 polyval 和 polyvalm 计算该多项式的值。

命令如下：

```
>> A = [1,8,0,0, - 10];                           % 多项式系数
>> x = [ - 1,1.2;2, - 1.8]                        % 给出一个矩阵 x
x =
   - 1.0000    1.2000
     2.0000  - 1.8000
>> y1 = polyval(A,x)                              % 计算代数多项式的值
y1 =
  - 17.0000     5.8976
    70.0000  - 46.1584
>> y2 = polyvalm(A,x)                             % 计算矩阵多项式的值
y2 =
  - 60.5840    50.6496
    84.4160  - 94.3504
```

6.2.4 多项式求根

n 次多项式具有 n 个根，当然这些根可能是实根，也可能含有若干对共轭复根。

MATLAB 提供的 roots 函数用于求多项式的全部根，其调用格式为：

```
x = roots(P)
```

其中，P 为多项式的系数向量，求得的根赋给向量 x，即 x(1)，x(2)，…，x(n)分别代表多项式的 n 个根。

【例 6-18】 求多项式 x^4+8x^3-10 的根。

命令如下：

```
>> A = [1,8,0,0, - 10];
>> x = roots(A)
x =
  - 8.0194 + 0.0000i
    1.0344 + 0.0000i
  - 0.5075 + 0.9736i
  - 0.5075 - 0.9736i
```

若已知多项式的全部根，则可以用 poly 函数建立起该多项式，其调用格式为：

```
P = poly(x)
```

若 x 为具有 n 个元素的向量，则 poly(x)建立以 x 为其根的多项式，且将该多项式的系数赋给向量 P。

【例 6-19】 已知：

$$f(x)=3x^5+4x^3-5x^2-7.2x+5$$

(1) 计算 $f(x)=0$ 的全部根。

(2) 由方程 $f(x)=0$ 的根构造一个多项式 $g(x)$，并与 $f(x)$进行对比。

命令如下：

```
>> P = [3,0,4, - 5, - 7.2,5];
>> X = roots(P)                            % 求方程 f(x) = 0 的根
X =
  - 0.3046 + 1.6217i
  - 0.3046 - 1.6217i
  - 1.0066 + 0.0000i
    1.0190 + 0.0000i
    0.5967 + 0.0000i
>> G = poly(X)                             % 求多项式 g(x)
G =
    1.0000   - 0.0000    1.3333   - 1.6667   - 2.4000    1.6667
```

这是多项式 f(x)除以首项系数 3 的结果，两者的零点相同。

6.3 数据插值

在工程测量和科学实验中，所得到的数据通常都是离散的。如果要得到这些离散点以外的其他点的数值，就需要根据这些已知数据进行插值。例如，测量得 n 个点的数据为 (x_1,y_1)，(x_2,y_2)，…，(x_n,y_n)，这些数据点反映了一个函数关系 $y=f(x)$，然而并不知道 $f(x)$的解析式。数值插值的任务就是根据上述条件构造一个函数 $y=g(x)$，使得在 $x_i(i=1,2,\cdots,n)$，有 $g(x_i)=f(x_i)$，且在两个相邻的采样点$(x_i,x_{i+1})(i=1,2,\cdots,n-1)$范围内，$g(x)$光滑过渡。如果被插值函数 $f(x)$是光滑的，并且采样点足够密，一般在采样区间内，$f(x)$与 $g(x)$比较接近。插值函数 $g(x)$一般由线性函数、多项式、样条函数或这些函数的分段函数充当。

根据被插值函数的自变量个数,插值问题分为一维插值、二维插值和多维插值等;根据是用分段直线、多项式或样条函数来作为插值函数,插值问题又分为线性插值、多项式插值和样条插值等。下面重点介绍一维插值和二维插值。

6.3.1 一维数据插值

若已知的数据集是平面上的一组离散点集,即被插值函数是一个单变量函数,则称此插值问题为一维插值。一维插值采用的方法有线性插值、最近邻点插值、三次埃尔米特(Hermite)多项式插值和样条插值等。在 MATLAB 中,实现一维插值的函数是 interp1,其调用格式为:

```
yq = interp1(x,y,xq,method,extrapolation)
```

其中,输入参数 x、y 是两个等长的已知向量,分别存储采样点和采样值。若同一个采样点有多种采样值,则 y 可以为矩阵,y 的每一列对应一种采样值。输入参数 xq 存储插值点,输出参数 yq 是一个列的长度与 xq 相同、宽度与 y 相同的矩阵。选项 method 用于指定插值方法,可取值如下:

(1) linear(默认值)——线性插值,是把与插值点靠近的两个数据点用线段连接,然后在该线段上线取对应插值点的值。

(2) pchip——分段三次埃尔米特插值(piecewise cubic Hermite interpolating polynomial, pchip)。MATLAB 还提供了一个专门的三次埃尔米特插值函数 pchip(x,y,xq),其功能及使用方法与 interp1(x,y,xq,'pchip')相同。

(3) spline——三次样条插值,指在每个分段(子区间)内构造一个三次多项式,使其插值函数除满足插值条件外,还要求在各节点处具有光滑的条件。MATLAB 还提供了一个专门的三次样条插值函数 spline(x,y,xq),其功能及使用方法与 interp1(x,y,xq,'spline')相同。

(4) nearest——最近邻点插值,根据已知插值点与已知数据点的远近程度进行插值。插值点优先选择较近的数据点进行插值操作。

(5) next——取后一个采样点的值作为插值点的值。

(6) previous——取前一个采样点的值作为插值点的值。

函数中的参数 extrapolation 用于设置外插值策略,可取值有以下两种。

(1) extrap:使用同样的方法处理域外的点。这是 pchip 和 spline 插值方法的默认外插值策略,其他插值方法的外插值结果默认为 NaN。

(2) 标量值:可以是 single、double 类型的值,设置域外插值点的返回值。

插值结果的好坏除取决于插值方法外,还取决于被插值函数,没有一种对所有函数都是最好的插值方法。

【例 6-20】 如表 6-4 所示为我国 0~6 个月婴儿的体重、身长参考标准,用三次样条插值分别求得婴儿出生后半个月到 5 个半月每隔 1 个月的身长、体重参考值。

表 6-4 我国婴儿体重、身长参考标准

	出生时	1 个月	2 个月	3 个月	4 个月	5 个月	6 个月
身长/cm	50.6	56.5	59.6	62.3	64.6	65.9	68.1
体重/kg	3.27	4.97	5.95	6.73	7.32	7.70	8.22

程序如下：

```
tp = 0:6;
bb = [50.6,3.27;56.5,4.97;59.6,5.95;62.3,6.73;64.6,7.32;65.9,7.70;68.1,8.22];
interbp = 0.5:5.5;
interby = interp1(tp,bb,interbp,'spline')        % 用三次样条插值计算
```

程序运行结果如下：

```
interby =
   54.0847    4.2505
   58.2153    5.5095
   60.9541    6.3565
   63.5682    7.0558
   65.2981    7.5201
   66.7269    7.9149
```

也可以通过调用 spline 函数求插值，第 2 个参数（存储采样值的变量 bb）是矩阵，第 2 个参数的列数应与第 1 个参数（存储采样点的变量 tp）的长度相同。命令如下：

```
>> interby1 = spline(tp,bb.',interbp)           % 用三次样条插值计算
interby1 =
   54.0847    58.2153    60.9541    63.5682    65.2981    66.7269
    4.2505     5.5095     6.3565     7.0558     7.5201     7.9149
```

视频讲解

【例 6-21】 分别用 pchip 和 spline 方法对用以下函数生成的数据进行插值，并分别绘制采样数据和插值数据的曲线。

(1) $y=\begin{cases}3, & x<3 \\ x, & 3\leqslant x\leqslant 5 \\ 5, & x>5\end{cases}$

(2) $y=\dfrac{\cos(5x)}{\sqrt{x}}$

程序如下：

```
x1 = 1:7;
subplot(1,2,1)
y1 = x1;
y1(x1 < 3) = 3;
y1(x1 > 5) = 5;
xq1 = 1:0.1:7;
p1 = interp1(x1,y1,xq1,'pchip');
s1 = interp1(x1,y1,xq1,'spline');
plot(x1,y1,'ko',xq1,p1,'r - ',xq1,s1,'b - .')
subplot(1,2,2)
x2 = 1:0.2:2 * pi;
y2 = cos(5 * x2)./sqrt(x2);
xq2 = 1:0.1:2 * pi;
p2 = interp1(x2,y2,xq2,'pchip');
s2 = interp1(x2,y2,xq2,'spline');
plot(x2,y2,'ko',xq2,p2,'r - ',xq2,s2,'b - .')
legend('Sample Points','pchip','spline')
```

程序先取适当的点求函数值，并以此作为采样点来计算更多点（插值点）的函数值。通过绘制采样数据和插值数据的曲线，可以对插值方法做直观的比较。

程序运行结果如图 6-1 所示，图中用圆圈标注了采样点数据，实线为三次埃尔米特插值曲线，点画线为三次样条插值曲线。从图中可以看出，插值曲线要经过采样点，也就是说，插值函数与被插值函数在采样点的值是相等的。

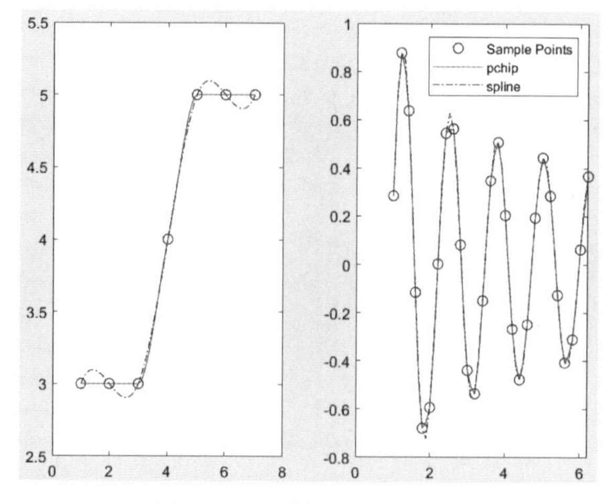

图 6-1　不同插值方法的结果

6.3.2　二维数据插值

当函数依赖于两个自变量变化时,其采样点就应该是一个由这两个参数组成的一个平面区域,插值函数也是一个二元函数。对依赖于二元函数进行插值的问题称为二维数据插值问题。二维数据插值可分为网格数据插值和散点数据插值。对于均匀分布的数据使用网格数据插值;如果给定的数据点并不规则,则应使用散点数据插值。

1. 网格数据插值

网格数据的插值方法与一维数据插值方法相似。在 MATLAB 中,提供了解决二维插值问题的函数 interp2,其调用格式如下:

```
Zq = interp2(X,Y,Z,Xq,Yq,method,extrapval)
```

其中,X、Y 分别存储采样点的平面坐标,Z 存储采样点采样值。Xq、Yq 存储插值点的平面坐标,Zq 是根据相应的插值方法得到的插值结果。选项 method 的取值与一维插值函数相同,extrapval 指定域外点的返回值。X、Y 可以是向量形式,也可以是矩阵形式。Xq、Yq 可以是标量,也可以是向量。

【例 6-22】　设 $z=x^2+y^2$,对 z 函数在$[0,1]\times[0,2]$区域内进行插值。

命令如下:

```
>> x = 0:0.1:1;
>> y = 0:0.2:2;
>> [X,Y] = meshgrid(x,y);                     %产生自变量网格坐标
>> Z = X.^2 + Y.^2;                           %求对应的函数值
>> interp2(x,y,Z,0.5,0.5)                     %在(0.5,0.5)点插值
ans =
    0.5100
>> interp2(x,y,Z,[0.5 0.6],0.4)               %在(0.5,0.4)点和(0.6,0.4)点插值
ans =
    0.4100    0.5200
>> interp2(x,y,Z,[0.5 0.6],[0.4 0.5])         %在(0.5,0.4)点和(0.6,0.5)点插值
ans =
    0.4100    0.6200
%在(0.5,0.4),(0.6,0.4),(0.5,0.5)和(0.6,0.5)各点插值
>> interp2(x,y,Z,[0.5 0.6]',[0.4 0.5])
ans =
    0.4100    0.5200
    0.5100    0.6200
```

网格数据插值还可以使用 griddedInterpolant 函数，而且插值速度更快。该函数对一维、二维或 N 维网格数据集进行插值，返回给定数据集的插值对象，然后可以计算任意插值点的插值结果。griddedInterpolant 函数的调用格式如下：

```
F = griddedInterpolant(x,y,method)
F = griddedInterpolant(X,Y,Z,method)
```

第一种格式根据样本点向量 x 和对应的值 y 创建一维插值对象 F，第二种格式使用矩阵 X、Y 传递的样本点的网格创建二维插值对象 F，Z 包含与 X、Y 中的点位置关联的样本值。method 参数指定插值方法，有 linear、nearest、next、previous、pchip、spline 等，默认采用 linear 插值方法。

【例 6-23】 对 $z=x^2+y^2$ 在[$-10,10$]范围的网格进行粗略采样，使用 griddedInterpolant 函数对 z 进行更精细的网格数据插值，并分别绘制插值图形。

程序如下：

```
[X,Y] = ndgrid( - 10:10);                    % 步长为 1 的粗略采样(需使用 ndgrid 网格数据)
Z = X.^2 + Y.^2;
F = griddedInterpolant(X,Y,Z,'spline');      % 建立三次样条二维插值对象
[Xq,Yq] = ndgrid( - 10:0.5:10, - 10:0.5:10); % 步长为 0.3 的精细网格
Zq = F(Xq,Yq);                               % 在精细网格点计算插值
subplot(2,2,1)
mesh(X,Y,Z);                                 % 采样数据曲面
title('采样数据曲面')
subplot(2,2,2)
mesh(Xq,Yq,Zq);                              % griddedInterpolant 插值数据曲面
title('griddedInterpolant 插值数据曲面')
```

程序运行结果如图 6-2 所示。

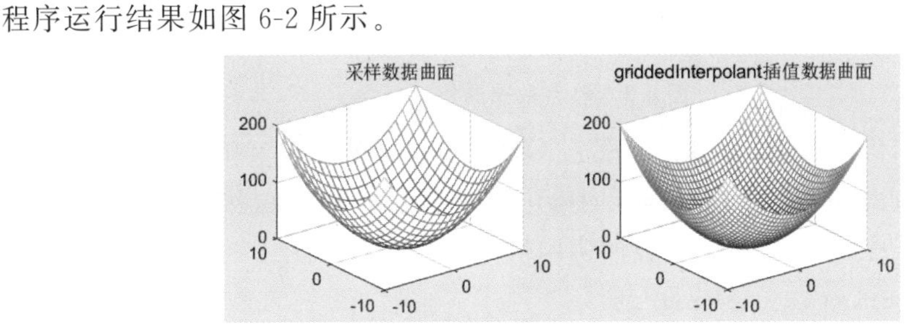

图 6-2　griddedInterpolant 函数二维插值结果

2. 散点数据插值

散点数据(scattered data)指在非均匀分布的数据，这时无法使用前面介绍的插值函数。散点数据的插值有很多方法，应用最广泛的方法是 Delaunay 三角剖分。MATLAB 提供的 griddata 函数可以实现散点数据插值，其调用格式如下：

```
zq = griddata(x,y,z,xq,yq,method)
```

其中，x、y 存储采样点的坐标，z 是与采样点的采样值，xq、yq 存储插值点的坐标，zq 是根据相应的插值方法得到的插值结果。选项 method 指定插值方法，可取值如下：

(1) linear(默认值)——基于三角剖分的线性插值。

(2) nearest——基于三角剖分的最近邻点插值。

(3) natural——基于三角剖分的自然邻点插值。

(4) cubic——基于三角剖分的三次插值，仅支持二维插值。

(5) v4——双调和样条插值，仅支持二维插值。

【例 6-24】 对函数 $z=xe^{-(x^2+y^2)}$ 在(−2.5,2.5)范围的 100 个随机点进行采样，定义一个均匀网格并基于该网格对散点数据插值，并对插值得到的网格数据图用红色圆圈标记散点数据。

程序如下：

```
x = rand(100,1) * 5 - 2.5;                    % 非均匀样本点和函数值向量
y = rand(100,1) * 5 - 2.5;
z = x. * exp( - x.^2 - y.^2);
[xq, yq] = meshgrid( - 2:0.25:2);             % 定义一个均匀网格
zq = griddata(x, y, z, xq, yq);               % 基于均匀网格对散点数据插值
mesh(xq, yq, zq)                              % 绘制插值得到的网格数据图
hold on
plot3(x, y, z, 'ro')                          % 标记散点数据
```

程序运行结果如图 6-3 所示，图中圆圈表示原数据，曲面是用插值数据绘制的网格图。

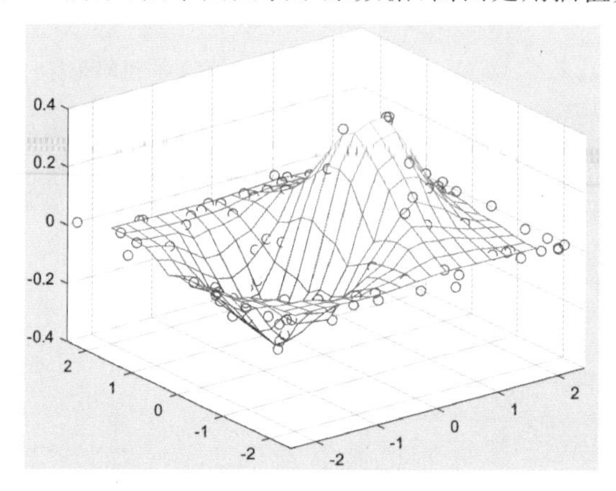

图 6-3 散点数据插值

散点数据插值还可以使用 scatteredInterpolant 函数，而且插值速度更快。scatteredInterpolant 函数对二维或三维散点数据集进行插值，返回给定数据集的插值对象，然后可以计算任意插值点的插值结果。scatteredInterpolant 函数的调用格式如下：

```
F = scatteredInterpolant(x, y, z, method)
```

其中，向量 x、y 指定样本点的坐标，z 是对应的样本值向量，method 指定插值方法，取 linear(默认值)、nearest 或 natural。

例 6-24 也可以用 scatteredInterpolant 函数来实现，程序如下：

```
x = rand(100,1) * 5 - 2.5;
y = rand(100,1) * 5 - 2.5;
z = x. * exp( - x.^2 - y.^2);
F = scatteredInterpolant(x, y, z);            % 创建插值对象
[xq, yq] = meshgrid( - 2:0.25:2);
F.Method = 'nearest';                         % 设置最近邻点插值方法
zq1 = F(xq, yq);
subplot(2,2,1)
mesh(xq, yq, zq1)                             % 绘制最近邻点插值曲面
hold on
plot3(x, y, z, 'ro')                          % 标记散点数据
title('最近邻点插值')
F.Method = 'linear';                          % 设置线性插值方法
zq2 = F(xq, yq);
subplot(2,2,2)
```

```
mesh(xq,yq,zq2)                        %绘制线性插值曲面
hold on
plot3(x,y,z,'ro')                      %标记散点数据
title('线性插值')
```

程序运行结果如图 6-4 所示。

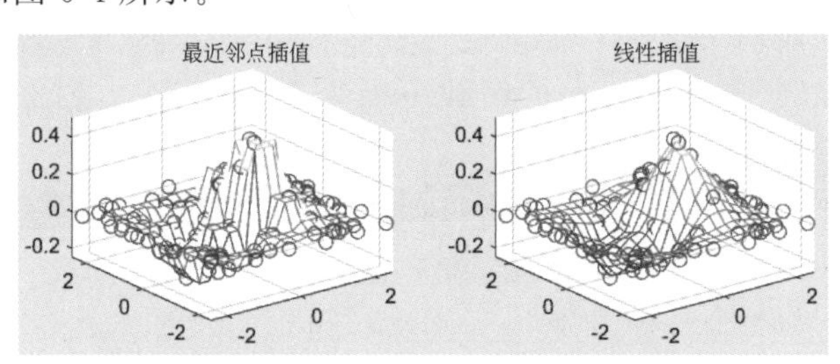

图 6-4　scatteredInterpolant 函数二维插值结果

6.4　曲线拟合

与数值插值类似,曲线拟合的目的也是用一个较简单的函数去逼近一个复杂的或未知的函数,所依据的条件都是在一个区间或一个区域上的有限个采样点的函数值。数值插值要求逼近函数在采样点与被逼近函数相等,但由于实验或测量中的误差,所获得的数据不一定准确。在这种情况下,如果强求逼近函数通过各采样点,显然不够合理。为此人们设想构造这样的函数 $y=g(x)$去逼近 $f(x)$,但它放弃在采样点两者完全相等的要求,使它在某种意义下最优。MATLAB 曲线拟合的最优标准是采用常见的最小二乘原理,所构造的 $g(x)$是一个次数小于插值节点个数的多项式。

设测得 n 个离散数据点(x_i,y_i),今欲构造一个 $m(m\leqslant n)$次多项式 $g(x)$:

$$g(x)=a_m x^m+a_{m-1}x^{m-1}+\cdots+a_1 x+a_0$$

所谓曲线拟合的最小二乘原理,就是使上述拟合多项式在各节点处的偏差 $g(x_i)-y_i$ 的平方和 $\sum_{i=1}^{n}(g(x_i)-y_i)^2$ 达到最小。数学上已经证明,上述最小二乘逼近问题的解总是确定的。

采用最小二乘法进行曲线拟合时,实际上是求一个系数向量,该系数向量是一个多项式的系数。在 MATLAB 中,用 polyfit 函数来求得最小二乘拟合多项式的系数,再用 polyval 函数按所得的多项式计算所给出的点上的函数近似值。

polyfit 函数的调用格式为:

```
P = polyfit(X,Y,n)
[P,S] = polyfit(X,Y,n)
[P,S,mu] = polyfit(X,Y,n)
```

函数根据采样点 X 和采样点函数值 Y,产生一个 n 次多项式 P 及其在采样点的误差向量 S。其中 X、Y 是两个等长的向量,P 是一个长度为 n+1 的向量,P 的元素为多项式系数。mu 是一个二元向量,mu(1)是 mean(X),而 mu(2)是 std(X)。

【例 6-25】　已知数据表$[t,y]$如表 6-5 所示,试求二次拟合多项式 $p(t)$,然后求 $t_i=1$, 1.5,2,2.5,…,9.5,10 时函数的近似值。

表 6-5　数据表

t	1	2	3	4	5	6	7	8	9	10
y	9.6	4.1	1.3	0.4	0.05	0.1	0.7	1.8	3.8	9.0

命令如下:

```
>> t = 1:10;
>> y = [9.6,4.1,1.3,0.4,0.05,0.1,0.7,1.8,3.8,9.0];
>> p = polyfit(t,y,2)                    % 计算二次拟合多项式的系数
p =
    0.4561    - 5.0412    13.2533
```

以上求得了二次拟合多项式 p(t)的系数分别为 0.4561、−5.0412、13.2533,故 $p(t)=0.4561t^2-5.0412t+13.2533$。

下面先用 polyval 求得 t_i 各点上的函数近似值。

```
>> ti = 1:0.5:10;
>> yi = polyval(p,ti)
yi =
  Columns 1 through 10
    8.6682   6.7177   4.9952   3.5007   2.2342   1.1958   0.3855   - 0.1969   - 0.5512   - 0.6775
  Columns 11 through 19
   - 0.5758   - 0.2460   0.3118   1.0977   2.1115   3.3534   4.8233   6.5213   8.4473
```

根据计算结果可以绘制出拟合曲线图:

```
>> plot(t,y,':o',ti,yi,'- * ')
```

图 6-5 是拟合曲线图。图中虚线为数据表[t,y]构成的折线,实线为拟合多项式 p(t)在 t_i 各点上的函数近似值 $p(t_i)$所构成的曲线。

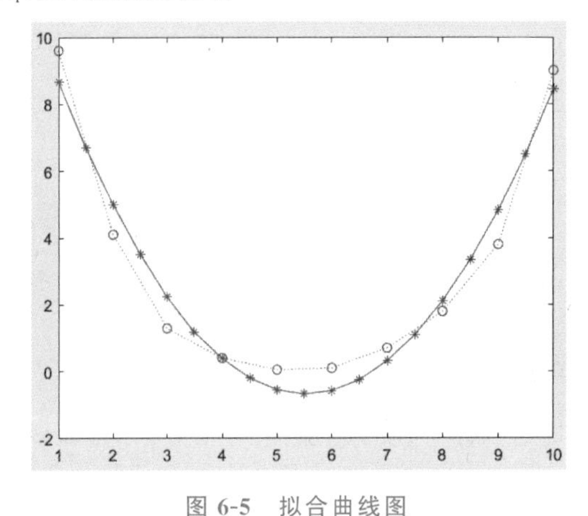

图 6-5　拟合曲线图

【例 6-26】 某研究所为了研究氮肥的施肥量对土豆产量的影响,做了 10 次实验,实验数据如表 6-6 所示。试分析氮肥的施肥量与土豆产量之间的关系。

表 6-6　氮肥实验数据

施肥量/(kg/hm²)	0	34	67	101	135	202	259	336	404	471
产量/(t/hm²)	15.18	21.36	25.72	32.29	34.03	39.45	43.15	43.46	40.83	30.75

若采用二次多项式来拟合,程序如下:

```
data = [0,15.18;34,21.36;67,25.72;101,32.29;135,34.03; …
    202,39.45;259,43.15;336,43.46;404,40.83;471,30.75];
x = data(:,1);
y = data(:,2);
f = polyfit(x,y,2);
yi = polyval(f,x);
plot(x,y,'bp',x,yi)
```

程序运行结果如图6-6所示，图中五角星表示实验数据，实线为用拟合多项式绘制的曲线。

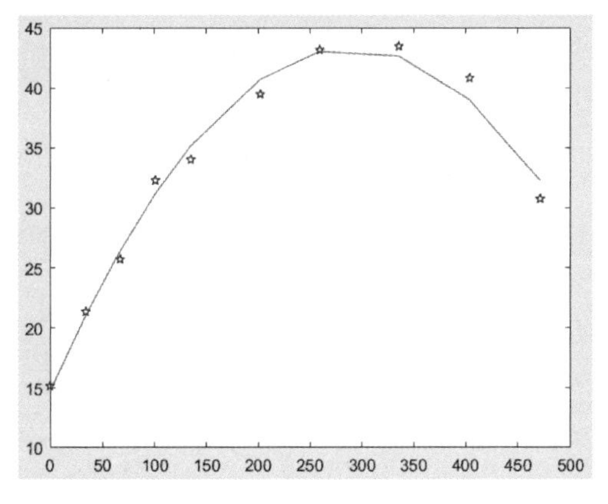

图6-6 实验数据与拟合曲线

6.5 应用实战6

【例6-27】 粮食储仓的通风控制问题。在粮食储备中，合适的湿度是保证粮食质量的前提。一般来说，若粮食水分的吸收和蒸发量相等，这个湿度称为平衡点湿度。只有实际湿度处于平衡点湿度以下，粮食质量才能得到保证。在粮食储仓的通风控制中，需要根据粮食温度、粮食湿度计算平衡点湿度，并与大气湿度进行比较，再根据通风模拟情况决定是否自动进行通风。已测得平衡点湿度与粮食温度、粮食湿度关系的部分数据如表6-7所示，请完成下列操作。

(1) 计算相应范围内温度每变化1℃、湿度每变化1%的平衡点湿度。

(2) 根据(1)绘制平衡点湿度分布图。

(3) 根据(1)用红色五角星标注最高平衡点湿度。

表6-7 平衡点湿度 b 与粮食温度 t、粮食湿度 w 的关系

t	w							
	20	30	40	50	60	70	80	90
0	8.9	10.32	11.3	12.5	13.9	15.3	17.8	21.3
5	8.7	10.8	11	12.1	13.2	14.8	16.55	20.8
10	8.3	9.65	10.88	12	13.2	14.6	16.4	20.5
15	8.1	9.4	10.7	11.9	13.1	14.5	16.2	20.3
20	8.1	9.2	10.8	12	13.2	14.8	16.9	20.9

根据题意，平衡点湿度跟粮食温度、粮食湿度有关，即有 $b=f(t,w)$。但是这里的 f 是什么函数并不知道，所知道的仅仅是一部分离散的测试数据。仅依靠这一部分数据，是没有办法来支持进行决策的。所以，就要用二维插值来推算出更多的数据。

程序1：

```
x = 20:10:90;                                    % 取样本点
y = 0:5:20;
[X,Y] = meshgrid(x,y);
Z = [8.9,10.32,11.3,12.5,13.9,15.3,17.8,21.3;
   8.7,10.8,11,12.1,13.2,14.8,16.55,20.8;
```

```
    8.3,9.65,10.88,12,13.2,14.6,16.4,20.5;
    8.1,9.4,10.7,11.9,13.1,14.5,16.2,20.3;
    8.1,9.2,10.8,12,13.2,14.8,16.9,20.9];
xi = 20:90;                                  % 取插值点
yi = 0:20;
[Xi,Yi] = meshgrid(xi,yi);
Zi = interp2(X,Y,Z,Xi,Yi,'spline');          % 计算插值点的值
surf(Xi,Yi,Zi)                               % 绘制平衡点湿度分布图
MaxB = max(max(Zi));                         % 求最高平衡点湿度
k = find(Zi == MaxB);                        % 求最高平衡点湿度的索引
hold on
plot3(Xi(k),Yi(k),Zi(k),'rp','MarkerSize',12,'MarkerFaceColor','r') % 标注最高平衡点湿度
```

图6-7为插值结果。可以看出,数据更加丰富翔实。根据这个结果,粮情自动测控系统可以更精确地实现通风控制。

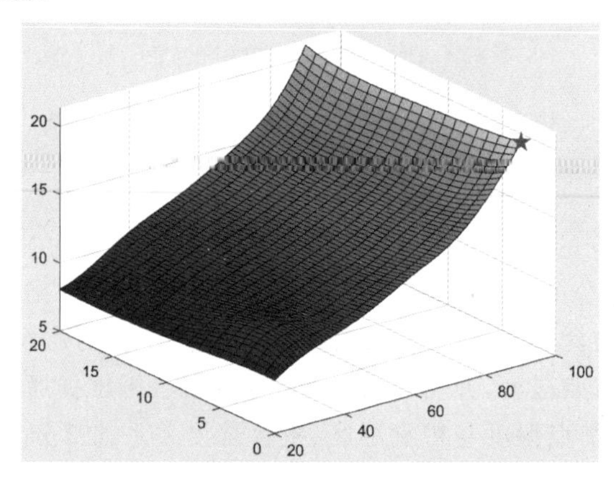

图 6-7 粮食储仓通风控制插值结果

程序2:样本点数据可以为行向量或者列向量,插值点参数要有一个为列向量但不能同时为列向量。例如,以下程序可以达到和程序1同样的效果。

```
x = 20:10:90;
y = 0:5:20;
z = [8.9,10.32,11.3,12.5,13.9,15.3,17.8,21.3;
    8.7,10.8,11,12.1,13.2,14.8,16.55,20.8;
    8.3,9.65,10.88,12,13.2,14.6,16.4,20.5;
    8.1,9.4,10.7,11.9,13.1,14.5,16.2,20.3;
    8.1,9.2,10.8,12,13.2,14.8,16.9,20.9];
xi = 20:90;
yi = 0:20;
zi = interp2(x,y,z,xi,yi','spline');
 % 或 zi = interp2(x,y,z,xi',yi,'spline');
 % 或 zi = interp2(x',y',z,xi,yi','spline');
 % 或 zi = interp2(x',y,z,xi',yi,'spline');
surf(xi,yi,zi)
MaxB = max(max(zi));
k = find(zi == MaxB);
[Xi,Yi] = meshgrid(xi,yi);
hold on
plot3(Xi(k),Yi(k),zi(k),'rp','MarkerSize',12,'MarkerFaceColor','r')
```

【例6-28】 股票预测问题。已知一只股票在2016年8月每个交易日的收盘价如表6-8所示,试预测其后面的大体走势。

表 6-8 股票收盘价

时间	2	3	4	5	8	9	10	11	12	15	16
价格	7.74	7.84	7.82	7.78	7.91	7.97	7.9	7.76	7.9	8.04	8.06
时间	17	18	19	22	23	24	25	26	29	30	
价格	8.11	8.08	8.13	8.03	8.01	8.06	8.0	8.3	8.41	8.28	

众所周知，股票市场的数据是难以预测的数据之一，极易受环境影响，具有高度的敏感性、复杂性和随机性。先绘制出这些数据的散点图，再进行曲线拟合，以预测后面数据，并与实际数据进行比较，以分析结果的可信度。程序如下：

```
x = [2,3,4,5,8,9,10,11,12,15,16,17,18,19,22,23,24,25,26,29,30];
y = [7.74,7.84,7.82,7.78,7.91,7.97,7.9,7.76,7.9,8.04,8.06,8.11,…
    8.08,8.13,8.03,8.01,8.06,8.0,8.3,8.41,8.28];
subplot(2,2,1);
plot(x,y,'*');
p = polyfit(x,y,3);
subplot(2,2,2);
plot(x,y,'*',x,polyval(p,x));
x1 = [31,32,33];
xi = [x,x1];
subplot(2,2,3);
plot(x,y,'*',xi,polyval(p,xi));
subplot(2,2,4);
y1 = [8.27,8.17,9.54];
plot(x,y,'*',xi,polyval(p,xi),x1,y1,'rp');
```

程序运行结果如图 6-8 所示。从左上角的散点图可以看出，这些数据跳动幅度大，函数值不稳定，难以看出其中的规律。做三次多项式拟合后，发现曲线（右上图）从散点所代表的样本数据中间穿过，样本数据位于两侧，对曲线若即若离。延长拟合曲线，得到后面的趋势（左下图），再跟后三个交易日的实际收盘价格进行比较（右下图），发现 3 个数据都离曲线较远，特别是最后一个数据，与曲线之间的距离更大。由此可见，曲线拟合虽然功能强大，但并不是“万能钥匙”，其适用性还是有限制的。特别是对于敏感时序数据的趋势预测，不能简单运用一种方法，而应该综合各方面的信息，进行详细分析，参考多种方法，才有可能做出正确的决策。

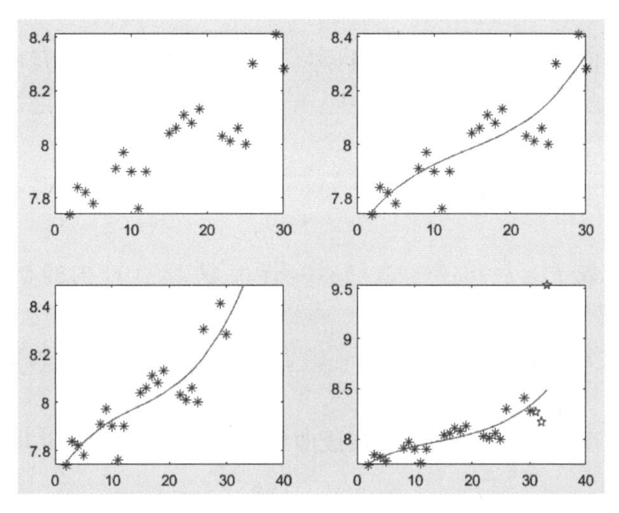

图 6-8 股票预测结果

练习题

一、选择题

1. 若A为矩阵,则语句max(A(:))的功能是(　　)。

A. 函数调用错误　　B. 求矩阵每行的最大元素

C. 求矩阵每列的最大元素　　D. 求整个矩阵的最大元素

2. 设P是多项式系数向量,A为方阵,则函数polyval(P,A)与函数polyvalm(P,A)的值(　　)。

A. 一个是标量,一个是方阵　　B. 都是标量

C. 相等　　D. 不相等

3. 曲线拟合通常所采用的函数是(　　)。

A. 随机函数　　B. 多项式函数

C. 指数函数　　D. 三角函数

4. 当实验或测试所获得的样本数据有误差时,适合用来估算数据的方法是(　　)。

A. 数据插值　　B. 曲线拟合

C. 方程求解　　D. 以上都不是

5. 【多选】设有3个多项式,其系数向量分别为q、r、s,现在求它们的乘积,可以使用的命令有(　　)。

A. conv(conv(q,r),s)　　B. conv(q,conv(r,s))

C. conv(conv(s,r),q)　　D. conv(q,r,s)

6. 【多选】下列选项中正确的是(　　)。

A. 若x为一个向量, a=std(x),那么a的值越大,说明该向量中的元素偏离其平均值的程度越大

B. 若某多项式系数向量中包含有5个元素,则该多项式为五次多项式

C. polyder([3,2,3])和polyder([3,2,3],1)的值相等

D. 数据插值可以通过已知数据估算采样区间内的未知数据

二、问答题

1. 当向量元素的值暂时无法确定时,可以将其表示为NaN,求向量中除NaN之外的其他元素之和。例如A=[1:5, NaN, 10],A中除NaN之外的其他元素之和是25。写出命令并上机验证。

2. 若A为一个矩阵,试分析函数max(A,[],2)和max(A,2)各有什么功能。请上机验证。

3. 已知多项式函数 $f(x)=8x^4+4x^2-10$,若 x 取1～100内的整数,要求得所有函数值,可以采用哪些方法?

4. 用四次多项式对函数 $y=\sin x\ (x\in[0,2\pi])$ 进行拟合,并计算拟合曲线和原函数在 $x=4$ 处的差值。

5. 请结合实际应用,列举一个数据插值或曲线拟合的应用案例,并进行求解。

操作题

1. 利用MATLAB提供的rand函数生成30000个符合均匀分布的随机数,然后检验随机

数的性质：

(1) 平均值和标准差。

(2) 最大元素和最小元素。

(3) 大于 0.5 的随机数个数占总数的百分比。

2. 从键盘输入方阵 **A**,求 **A** 的最大特征值和相应的特征向量。

3. 有 3 个多项式 $P_1(x)=x^4+2x^3+4x^2+5$,$P_2(x)=x+2$,$P_3(x)=x^2+2x+3$,试进行下列操作：

(1) 求 $P(x)=P_1(x)+P_2(x)P_3(x)$。

(2) 求 $P(x)=0$ 的根。

(3) 当 x 取矩阵 **A** 的每个元素时,求 $P(x)$的值。其中：

$$\boldsymbol{A}=\begin{bmatrix}-1 & 1.2 & -1.4\\ 0.75 & 2 & 3.5\\ 0 & 5 & 2.5\end{bmatrix}$$

(4) 当以矩阵 **A** 为自变量时,求 $P(x)$的值。其中 **A** 的值与(3)相同。

4. 在飞机制造中,机翼的加工是一项关键技术。由于机翼尺寸很大,通常在图纸中只能标出一些关键点的数据。表 6-9 给出了某型飞机机翼的下缘轮廓线数据。

表 6-9　某型飞机机翼的下缘轮廓线数据

x	0	3	5	7	9	11	12	13	14	15
y	0	1.2	1.7	2.0	2.1	2.0	1.8	1.2	1.0	1.6

(1) 求 y 的平均值与标准差。

(2) 用三次样条插值方法求 x 每改变 0.1 时 y 的值。

(3) 用三次多项式进行曲线拟合,求该多项式,并利用该多项式求出当 $x=[6,8,10]$时 y 的值。

5. 钢板长为 4m,宽为 2m,测得钢板表面(x,y)处的温度 t(℃)如表 6-10 所示。

表 6-10　钢板表面温度　　单位：℃

表面位置	0	1	2	3	4
0	44	25	20	24	30
1	42	21	20	23	38
2	25	23	19	27	40

(1) 用线性插值求(2.8,1.7)处钢板的温度。

(2) 用三次样条插值求出每隔 0.1m 处钢板的温度,并绘制插值后的温度分布图。

第7章 方程与最优化问题数值求解

在科学研究和工程应用中,很多问题都常常归结为解方程,包括线性方程组、非线性方程和常微分方程。研究方程的解析解固然能使人们更好地掌握问题的规律。但是,在很多情况下无法求出其解析解,这时数值解法就是一个十分重要的手段,MATLAB 为解决这类问题提供了极大的方便。最优化问题指在某些约束条件下,决定某些可选择的变量应该取何值,使所选定的目标函数达到最优。本章介绍线性方程组、非线性方程、常微分方程的 MATLAB 求解方法及最优化问题的 MATLAB 实现方法。

7.1 线性方程组求解

将包含 n 个未知数,由 n 个方程构成的线性方程组表示为

$$\begin{cases} a_{11}x_1 + a_{12}x_2 + \cdots + a_{1n}x_n = b_1 \\ a_{21}x_1 + a_{22}x_2 + \cdots + a_{2n}x_n = b_2 \\ \qquad \vdots \\ a_{n1}x_1 + a_{n2}x_2 + \cdots + a_{nn}x_n = b_n \end{cases}$$

其矩阵表示形式为

$$\boldsymbol{Ax} = \boldsymbol{b}$$

其中

$$\boldsymbol{A} = \begin{bmatrix} a_{11} & a_{12} & \cdots & a_{1n} \\ a_{21} & a_{22} & \cdots & a_{2n} \\ \vdots & \vdots & & \vdots \\ a_{n1} & a_{n2} & \cdots & a_{nn} \end{bmatrix}, \quad \boldsymbol{x} = \begin{bmatrix} x_1 \\ x_2 \\ \vdots \\ x_n \end{bmatrix}, \quad \boldsymbol{b} = \begin{bmatrix} b_1 \\ b_2 \\ \vdots \\ b_n \end{bmatrix}$$

在 MATLAB 中,关于线性方程组的解法一般可以分为两类:一类是直接法,就是在没有舍入误差的情况下,通过有限步的矩阵初等运算来求得方程组的解,即一次性解决问题;另一类是迭代法(iterative method),就是先给定一个解的初始值,然后按照一定的迭代算法进行逐步逼近,求出更精确的近似解。

7.1.1 线性方程组的直接解法

直接解法就是利用一系列公式进行有限步计算,直接得到方程组的精确解的方法。线性方程组的直接解法大多基于高斯消元法、主元素消元法、平方根法和追赶法等。在 MATLAB 中,这些算法已经被编制成了现成的库函数或运算符,因此,只需调用相应的函数或运算符即可完成线性方程组的求解。

1. 利用左除运算符的直接解法

线性方程组求解最简单的方法就是使用左除运算符"\",系统会自动根据输入的系数矩阵判断选用哪种方法进行求解。

对于线性方程组 Ax=b,可以利用左除运算符"\"求解:

x=A\b

当系数矩阵 A 为 N×N 的方阵时,MATLAB 会自行用高斯消元法求解线性方程组。若右端项 b 为 N×1 的列向量,则 x=A\b 可获得方程组的数值解 x(N×1 的列向量);若右端项 b 为 N×M 的矩阵,则 x=A\b 可同时获得系数矩阵 A 相同的 M 个线性方程组的数值解 x(为 N×M 的矩阵),即 x(:,j)=A\b(:,j),j=1,2,…,M。注意,如果矩阵 A 是奇异的或接近

奇异的,则 MATLAB 会给出警告信息。

当系数矩阵 A 不是方阵时,称这样的方程组为欠定方程组或超定方程组,MATLAB 将会在最小二乘意义下求解。

视频讲解

【例 7-1】 用直接解法求解下列线性方程组。

$$
\begin{cases}
2x_1 + x_2 - 5x_3 + x_4 = 13 \\
x_1 - 5x_2 + 7x_4 = -9 \\
2x_2 + x_3 - x_4 = 6 \\
x_1 + 6x_2 - x_3 - 4x_4 = 0
\end{cases}
$$

命令如下:

```
>> A = [2,1, - 5,1;1, - 5,0,7;0,2,1, - 1;1,6, - 1, - 4];
>> b = [13, - 9,6,0]';
>> x = A\b
x =
   - 66.5556
     25.6667
   - 18.7778
     26.5556
```

利用矩阵求逆来解线性方程组,即 $x = A^{-1}b$,其结果与使用左除运算相同。

2. 利用矩阵的分解求解线性方程组

矩阵分解是指根据一定的原理用某种算法将一个矩阵分解成若干矩阵的乘积。常见的矩阵分解有 LU 分解、QR 分解、Cholesky 分解,以及 Schur 分解、Hessenberg 分解、奇异分解等。通过这些分解方法求解线性方程组的优点是运算速度快,可以节省存储空间。这里着重介绍前 3 种常见的分解。

1) LU 分解

矩阵的 LU 分解就是将一个矩阵表示为一个交换下三角矩阵和一个上三角矩阵的乘积形式。线性代数中已经证明,只要方阵 A 是非奇异的,LU 分解总是可以进行的。

MATLAB 提供的 lu 函数用于对矩阵进行 LU 分解,其调用格式如下:

① [L,U]=lu(X)——产生一个上三角矩阵 U 和一个变换形式的下三角矩阵 L(行交换),使之满足 X=LU。注意,这里的矩阵 X 必须是方阵。

② [L,U,P]=lu(X)——产生一个上三角矩阵 U 和一个下三角矩阵 L 及一个置换矩阵 P,使之满足 PX=LU。当然矩阵 X 同样必须是方阵。

当使用第 1 种格式时,矩阵 L 往往不是一个下三角矩阵,但可以通过行交换成为一个下三角矩阵。设

$$
A = \begin{bmatrix} 1 & -1 & 1 \\ 5 & -4 & 3 \\ 2 & 1 & 1 \end{bmatrix}
$$

则对矩阵 A 进行 LU 分解的命令如下:

```
>> A = [1, - 1,1;5, - 4,3;2,1,1]
A =
      1     - 1     1
      5     - 4     3
      2       1     1
>> [L,U] = lu(A)
L =
```

```
    0.2000   -0.0769    1.0000
    1.0000         0         0
    0.4000    1.0000         0
U =
    5.0000   -4.0000    3.0000
         0    2.6000   -0.2000
         0         0    0.3846
```

为检验结果是否正确，输入命令：

```
>> LU = L * U
LU =
     1    -1     1
     5    -4     3
     2     1     1
```

结果是正确的。例中所获得的矩阵 L 并不是一个下三角矩阵，但经过各行互换后，即可获得一个下三角矩阵。

利用第 2 种格式对矩阵 A 进行 LU 分解：

```
>> [L,U,P] = lu(A)
L =
    1.0000         0         0
    0.4000    1.0000         0
    0.2000   -0.0769    1.0000
U =
    5.0000   -4.0000    3.0000
         0    2.6000   -0.2000
         0         0    0.3846
P =
     0     1     0
     0     0     1
     1     0     0
>> LU = L * U              % 这种分解其乘积不为 A
LU =
     5    -4     3
     2     1     1
     1    -1     1
>> inv(P) * L * U          % 考虑矩阵 P 后其乘积等于 A
ans =
     1    -1     1
     5    -4     3
     2     1     1
```

实现 LU 分解后，线性方程组 Ax=b 的解为 x=U\(L\b)或 x=U\(L\Pb)，这样可以大大提高运算速度。

【例 7-2】 用 LU 分解求解例 7-1 中的线性方程组。

命令如下：

```
>> A = [2,1,-5,1;1,-5,0,7;0,2,1,-1;1,6,-1,-4];
>> b = [13,-9,6,0]';
>> [L,U] = lu(A);
>> x = U\(L\b)
x =
  -66.5556
   25.6667
  -18.7778
   26.5556
```

或采用 LU 分解的第 2 种格式，命令如下：

```
[L,U,P] = lu(A);
x = U\(L\P * b)
```

将得到与上面同样的结果。

2) QR 分解

对矩阵 X 进行 QR 分解,就是把 X 分解为一个正交矩阵 Q 和一个上三角矩阵 R 的乘积形式。QR 分解只能对方阵进行。MATLAB 的函数 qr 可用于对矩阵进行 QR 分解,其调用格式如下:

① [Q,R]=qr(X)——产生一个正交矩阵 Q 和一个上三角矩阵 R,使之满足 X=QR。

② [Q,R,E]=qr(X)——产生一个正交矩阵 Q、一个上三角矩阵 R 及一个置换矩阵 E,使之满足 XE=QR。

设

$$A=\begin{bmatrix}1 & -1 & 1\\ 5 & -4 & 3\\ 2 & 7 & 10\end{bmatrix}$$

则对矩阵 A 进行 QR 分解的命令如下:

```
>> A = [1, - 1,1;5, - 4,3;2,7,10];
>> [Q,R] = qr(A)
Q =
    - 0.1826   - 0.0956   - 0.9785
    - 0.9129   - 0.3532     0.2048
    - 0.3651     0.9307   - 0.0228
R =
    - 5.4772     1.2780   - 6.5727
           0     8.0229     8.1517
           0          0   - 0.5917
```

为检验结果是否正确,输入命令:

```
>> QR = Q * R
QR =
     1.0000    - 1.0000     1.0000
     5.0000    - 4.0000     3.0000
     2.0000      7.0000    10.0000
```

结果是正确的。

利用第 2 种格式对矩阵 A 进行 QR 分解:

```
>> [Q,R,E] = qr(A)
Q =
    - 0.0953   - 0.2514   - 0.9632
    - 0.2860   - 0.9199     0.2684
    - 0.9535     0.3011     0.0158
R =
  - 10.4881    - 5.4347   - 3.4325
          0      6.0385   - 4.2485
          0           0     0.4105
E =
      0     0     1
      0     1     0
      1     0     0
>> Q * R/E                    % 验证 A = Q * R * inv(E)
ans =
     1.0000    - 1.0000     1.0000
     5.0000    - 4.0000     3.0000
     2.0000      7.0000    10.0000
```

实现 QR 分解后,线性方程组 Ax=b 的解为 x=R\(Q\b)或 x=E(R\(Q\b))。

【例 7-3】 用 QR 分解求解例 7-1 中的线性方程组。

命令如下:

```
>> A = [2,1, - 5,1;1, - 5,0,7;0,2,1, - 1;1,6, - 1, - 4];
>> b = [13, - 9,6,0]';
>> [Q,R] = qr(A);
>> x = R\(Q\b)
x =
   - 66.5556
     25.6667
   - 18.7778
     26.5556
```

或采用 QR 分解的第 2 种格式,命令如下:

```
[Q,R,E] = qr(A);
x = E * (R\(Q\b))
```

将得到与上面同样的结果。

3) Cholesky 分解

如果矩阵 X 是对称正定的,则 Cholesky 分解将矩阵 X 分解成一个下三角矩阵和一个上三角矩阵的乘积。设上三角矩阵为 R,则下三角矩阵为其转置,即 X=R'R。MATLAB 函数 chol(X)用于对矩阵 X 进行 Cholesky 分解,其调用格式如下:

① R=chol(X)——产生一个上三角矩阵 R,使 R'R=X。若 X 为非对称正定的,则输出一个出错信息。

② [R,p]=chol(X)——这个命令格式将不输出出错信息。若 X 为对称正定的,则 p=0,R 与上述格式得到的结果相同;否则 p 为一个正整数。如果 X 为满秩矩阵,则 R 为一个阶数为 q=p-1 的上三角矩阵,且满足 R'R=X(1:q,1:q)。

设

$$A=\begin{bmatrix}2 & 1 & 1\\1 & 2 & -1\\1 & -1 & 3\end{bmatrix}$$

则对矩阵 A 进行 Cholesky 分解的命令如下:

```
>> A = [2,1,1;1,2, - 1;1, - 1,3];
>> R = chol(A)
R =
    1.4142     0.7071     0.7071
         0     1.2247   - 1.2247
         0          0     1.0000
可以验证 R'R = A:
>> R' * R
ans =
    2.0000      1.0000      1.0000
    1.0000      2.0000    - 1.0000
    1.0000    - 1.0000      3.0000
```

利用第 2 种格式对矩阵 A 进行 Cholesky 分解:

```
>> [R,p] = chol(A)
R =
    1.4142     0.7071     0.7071
         0     1.2247   - 1.2247
         0          0     1.0000
```

```
p =
     0
```

结果中 p=0,这表示矩阵 A 是一个正定矩阵。如果试图对一个非正定矩阵进行 Cholesky 分解,则将得出错误提示信息,所以,chol 函数还可以用来判定矩阵是否为正定矩阵。

实现 Cholesky 分解后,线性方程组 Ax=b 变成 R'Rx=b,所以 x=R\(R'\b)。

【例 7-4】 用 Cholesky 分解求解例 7-1 中的线性方程组。

命令如下:

```
>> A = [2,1, - 5,1;1, - 5,0,7;0,2,1, - 1;1,6, - 1, - 4];
>> b = [13, - 9,6,0]';
>> R = chol(A)
错误使用 chol
矩阵必须为正定矩阵。
```

命令执行时,出现错误提示信息,说明 A 为非正定矩阵。

7.1.2 线性方程组的迭代解法

迭代解法是一种不断用变量的旧值递推新值的过程,是用计算机解决问题的一种基本方法。它利用计算机运算速度快、适合做重复性操作的特点,让计算机对一组指令(或一定步骤)进行重复执行,在每次执行这组指令(或这些步骤)时,都从变量的原值推出它的一个新值。

迭代解法非常适合求解大型稀疏矩阵的方程组。在数值分析中,迭代解法主要包括雅可比(Jacobi)迭代法、高斯-赛德尔(Gauss-Seidel)迭代法、超松弛迭代法和两步迭代法等。首先用一个例子说明迭代解法的思想。

为了求解线性方程组:

$$\begin{cases}10x_1 - x_2 = 9 \\ -x_1 + 10x_2 - 2x_3 = 7 \\ -2x_2 + 10x_3 = 6\end{cases}$$

将方程改写为

$$\begin{cases}x_1 = 10x_2 - 2x_3 - 7 \\ x_2 = 10x_1 - 9 \\ x_3 = \dfrac{1}{10}(6 + 2x_2)\end{cases}$$

这种形式的好处是将一组 x 代入右端,可以立即得到另一组 x。如果两组 x 相等,那么它就是方程组的解,不等时可以继续迭代。例如,选取初值 $x_1 = x_2 = x_3 = 0$,则经过一次迭代后,得到 $x_1 = -7, x_2 = -9, x_3 = 0.6$,然后再继续迭代。可以构造方程的迭代公式为

$$\begin{cases}x_1^{(k+1)} = 10x_2^{(k)} - 2x_3^{(k)} - 7 \\ x_2^{(k+1)} = 10x_1^{(k)} - 9 \\ x_3^{(k+1)} = 0.6 + 0.2x_2^{(k)}\end{cases}$$

1. 雅可比迭代法

对于线性方程组 $\boldsymbol{Ax} = \boldsymbol{b}$,如果 $\boldsymbol{A}$ 为非奇异方阵,即 $a_{ii} \neq 0 (i = 1, 2, \cdots, n)$,则可将 $\boldsymbol{A}$ 分解为 $\boldsymbol{A} = \boldsymbol{D} - \boldsymbol{L} - \boldsymbol{U}$,其中 $\boldsymbol{D}$ 为对角阵,其元素为 $\boldsymbol{A}$ 的对角元素,$\boldsymbol{L}$ 与 $\boldsymbol{U}$ 为 $\boldsymbol{A}$ 的下三角矩阵和上

三角矩阵：

$$\boldsymbol{L}=-\begin{bmatrix}0 & & & \\ a_{21} & 0 & & \\ \vdots & \ddots & \ddots & \\ a_{n1} & \cdots & a_{n,(n-1)} & 0\end{bmatrix},\quad \boldsymbol{U}=-\begin{bmatrix}0 & a_{12} & \cdots & a_{1n} \\ & 0 & \ddots & \vdots \\ & & \ddots & a_{(n-1),n} \\ & & & 0\end{bmatrix}$$

于是 $\boldsymbol{Ax}=\boldsymbol{b}$ 化为

$$\boldsymbol{x}=\boldsymbol{D}^{-1}(\boldsymbol{L}+\boldsymbol{U})\boldsymbol{x}+\boldsymbol{D}^{-1}\boldsymbol{b}$$

与之对应的迭代公式为

$$\boldsymbol{x}^{(k+1)}=\boldsymbol{D}^{-1}(\boldsymbol{L}+\boldsymbol{U})\boldsymbol{x}^{(k)}+\boldsymbol{D}^{-1}\boldsymbol{b}$$

这就是雅可比迭代公式。如果序列$\{\boldsymbol{x}^{(k+1)}\}$收敛于 $\boldsymbol{x}$，则 $\boldsymbol{x}$ 必是方程 $\boldsymbol{Ax}=\boldsymbol{b}$ 的解。雅可比迭代法的 MATLAB 函数文件 jacobi.m 如下：

```
function [y,n] = jacobi(A,b,x0,ep)
if nargin == 3
    ep = 1.0e-6;
elseif nargin < 3
    error('输入参数个数太少')
    return
end
D = diag(diag(A));      %求 A 的对角矩阵
L = - tril(A, - 1);     %求 A 的下三角矩阵
U = - triu(A,1);        %求 A 的上三角矩阵
B = D\(L + U);
f = D\b;
y = B * x0 + f;
n = 1;                  %迭代次数
while norm(y - x0)> = ep
    x0 = y;
    y = B * x0 + f;
    n = n + 1;
end
```

【例 7-5】 用雅可比迭代法求解下列线性方程组。设迭代初值为 0，迭代精度为 10^{-6}。

$$\begin{cases}10x_1-x_2=9\\ -x_1+10x_2-2x_3=7\\ -2x_2+10x_3=6\end{cases}$$

在命令中调用函数文件 jacobi.m，命令如下：

```
>> A = [10, - 1,0; - 1,10, - 2;0, - 2,10];
>> b = [9,7,6]';
>> [x,n] = jacobi(A,b,[0,0,0]',1.0e-6)
x =
    0.9958
    0.9579
    0.7916
n =
    11
```

2. 高斯-赛德尔迭代法

在雅可比迭代过程中，计算 $x_i^{(k+1)}$ 时，$x_1^{(k+1)}, x_2^{(k+1)}, \cdots, x_{i-1}^{(k+1)}$ 已经得到，不必再用 $x_1^{(k)}, x_2^{(k)}, \cdots, x_{i-1}^{(k)}$，即原来的迭代公式 $\boldsymbol{Dx}^{(k+1)}=(\boldsymbol{L}+\boldsymbol{U})\boldsymbol{x}^{(k)}+\boldsymbol{b}$ 可以改进为 $\boldsymbol{Dx}^{(k+1)}=\boldsymbol{Lx}^{(k+1)}+\boldsymbol{Ux}^{(k)}+\boldsymbol{b}$，于是得到：

$$x^{(k+1)}=(D-L)^{-1}Ux^{(k)}+(D-L)^{-1}b$$

该式即为高斯-赛德尔迭代公式。和雅可比迭代相比,高斯-赛德尔迭代用新分量代替旧分量,精度会高些。

高斯-赛德尔迭代法的 MATLAB 函数文件 gauseidel.m 如下:

```
function [y,n] = gauseidel(A,b,x0,ep)
if nargin == 3
    ep = 1.0e-6;
elseif nargin < 3
    error('输入参数个数太少')
    return
end
D = diag(diag(A));      %求 A 的对角矩阵
L = -tril(A,-1);        %求 A 的下三角矩阵
U = -triu(A,1);         %求 A 的上三角矩阵
G = (D-L)\U;
f = (D-L)\b;
y = G*x0 + f;
n = 1;                  %迭代次数
while norm(y-x0) >= ep
    x0 = y;
    y = G*x0 + f;
    n = n + 1;
end
```

【例 7-6】 用高斯-赛德尔迭代法求解下列线性方程组。设迭代初值为 0,迭代精度为 10^{-6}。

$$\begin{cases}10x_1-x_2=9\\-x_1+10x_2-2x_3=7\\-2x_2+10x_3=6\end{cases}$$

在命令中调用函数文件 gauseidel.m,命令如下:

```
>> A = [10,-1,0;-1,10,-2;0,-2,10];
>> b = [9,7,6]';
>> [x,n] = gauseidel(A,b,[0,0,0]',1.0e-6)
x =
    0.9958
    0.9579
    0.7916
n =
     7
```

由此可见,一般情况下高斯-赛德尔迭代比雅可比迭代要收敛快一些。但这也不是绝对的,在某些情况下,雅可比迭代收敛而高斯-赛德尔迭代却可能不收敛,看下面的例子。

【例 7-7】 分别用雅可比迭代法和高斯-赛德尔迭代法求解下列线性方程组,看是否收敛。

$$\begin{bmatrix}1&2&-2\\1&1&1\\2&2&1\end{bmatrix}\begin{bmatrix}x_1\\x_2\\x_3\end{bmatrix}=\begin{bmatrix}9\\7\\6\end{bmatrix}$$

命令如下:

```
>> a = [1,2,-2;1,1,1;2,2,1];
>> b = [9;7;6];
>> [x,n] = jacobi(a,b,[0;0;0])
x =
```

```
     -27
      26
       8
n =
       4
>> [x,n] = gauseidel(a,b,[0;0;0])
x =
    NaN
    NaN
    NaN
n =
          1012
```

可见对此方程，用雅可比迭代法收敛，而用高斯-赛德尔迭代法不收敛。因此，在使用迭代法时，要考虑算法的收敛性。

7.2 非线性方程数值求解

6.2.4 节曾介绍了多项式方程的求根，这里介绍更一般的非线性方程的求根方法。非线性方程的求根方法很多，常用的有牛顿迭代法，但该方法需要求原方程的导数，而在实际运算中这一条件有时是不能满足的，所以又出现了弦截法、二分法等其他方法。MATLAB 提供了有关的函数用于非线性方程求解。

7.2.1 单变量非线性方程求解

非线性方程 $f(x)=0$ 的求根，即求一元连续函数 $f(x)$的零点。

在 MATLAB 中提供了 fzero 函数用来求非线性方程的根。该函数的调用格式如下：

```
[x,fval] = fzero(fun,x0,options)
```

其中，第一个输入参数 fun 是待求零点的函数，x0 为搜索的起点。一个函数可能有多个零点，但 fzero 函数只给出离 x0 最近的那个零点。选项 options 为结构体变量，用于指定求解过程的优化参数，省略时，使用默认值优化。输出参数 x 返回方程的根，fval 返回函数在解 x 处的值。

例如，通过求正弦函数在 3 附近的零点计算 π，命令如下：

```
>> x = fzero(@sin,3)
x =
    3.1416
```

也可以求某初始区间内的零点。例如：

```
>> x = fzero(@sin,[2,4])
x =
    3.1416
```

fzero 的优化参数通常调用 optimset 函数设置。用户在命令行窗口输入下列命令，可以将优化参数全部显示出来：

```
>> optimset
```

如果希望得到某个优化函数（如 fzero 函数）当前的默认参数值，则可在命令行窗口输入命令：

```
>> optimset fzero
```

如果想改变其中某个参数选项，则可以调用 optimset 函数来完成。例如，'Display'参数选项决定函数调用时中间结果的显示方式，其中'off'为不显示，'iter'表示每步都显示，'final'只显示最终结果。如果要将'Display'选项设定为'off'，则可以使用命令：

```
>> options = optimset('Display','off')。
```

除了 fzero 函数外，fminbnd、fminsearch 等函数的优化参数也是调用 optimset 函数设置。

【例 7-8】 求 $f(x)=x-10^x+2=0$ 在 $x_0=0.5$ 附近的根。

程序如下：

```
fx = @(x) x - 10^x + 2;
z = fzero(fx,0.5)
```

程序运行结果如下：

```
z =
    0.3758
```

如果要观测方程求根过程，可先设置优化参数，然后求解，程序如下：

```
fx = @(x) x - 10^x + 2;
options = optimset('Display','iter'); % 设定显示迭代的中间结果
z = fzero(fx,0.5,options);
```

7.2.2 非线性方程组的求解

非线性方程组的一般形式是：

$$\begin{cases} f_1(x_1,x_2,\cdots,x_n)=0 \\ f_2(x_1,x_2,\cdots,x_n)=0 \\ \vdots \\ f_n(x_1,x_2,\cdots,x_n)=0 \end{cases}$$

MATLAB 提供 fsolve 函数求非线性方程组的数值解，函数的调用格式如下：

```
[X,fval] = fsolve(fun,X0,options)
```

其中，输入参数 fun 是待求根方程左侧的函数，X0 为搜索的起点。输出参数 X 返回方程组的解，fval 返回函数在解 X 处的值。选项 options 用于指定求解过程的优化参数，取值与 fzero 函数的相同。

例如，求矩阵 X，使其满足：

$$X^3=\begin{bmatrix} 1 & 2 & 0 \\ 3 & -2 & 1 \\ 1 & -5 & 2 \end{bmatrix}$$

用 fsolve 解方程，命令如下：

```
>> A = [1,2,0;3, - 2,1;1, - 5,2];
>> f = @(X) X^3 - A;
>> options = optimset('Display','off');
>> X1 = fsolve(f,ones(3),options)
X1 =
    0.4253     1.2443    - 0.1783
    1.7773    - 0.9953     0.5330
    1.6030    - 2.8432     1.6716
```

当然可以直接用矩阵的乘方运算，命令如下：

```
>> A = [1,2,0;3, - 2,1;1, - 5,2];
>> X2 = A^(1/3)
X2 =
    1.2138 + 0.4553i    0.2561 - 0.5705i    0.0422 + 0.1274i
    0.4053 - 0.7921i    0.7241 + 0.9927i    0.1492 - 0.2216i
  - 0.1043 - 0.9857i  - 0.7036 + 1.2353i    1.1940 - 0.2758i
```

两种方法得到的结果不同,因为采用的算法不同,但都是方程的解。将 X1 和 X2 分别代回方程,验证如下:

```
>> f(X1)
ans =
     1.0e-08 *
   -0.0554    0.0545    0.0008
    0.0518   -0.0683    0.0520
    0.2263   -0.2708    0.0636
>> f(X2)
ans =
    1.0e-14 *
  -0.2442 + 0.0500i  -0.1776 - 0.0333i   0.1249 + 0.0361i
  -0.0888 - 0.1554i   0.0000 + 0.0555i  -0.1332 - 0.0999i
   0.3997 - 0.1110i  -0.1776 + 0.0666i   0.1332 - 0.0500i
```

函数值均接近零点。

【例 7-9】 求下列非线性方程组在(0.5,0.5)附近的数值解。

$$\begin{cases} x-0.6\sin x-0.3\cos y=0 \\ y-0.6\cos x+0.3\sin y=0 \end{cases}$$

程序如下:

```
Myfun = @(x) [x(1) - 0.6 * sin(x(1)) - 0.3 * cos(x(2));x(2) - 0.6 * cos(x(1)) + 0.3 * sin(x(2))];
options = optimset('Display','off');
[x,fval] = fsolve(Myfun,[0.5,0.5],options)
```

程序运行结果如下:

```
x =
    0.6354    0.3734
fval =
   1.0e-09 *
    0.2375
    0.2957
```

函数值 fval 接近于零,可见得到了较高精度的结果。

7.3 常微分方程的数值求解

许多实际问题的数学模型可以用常微分方程来描述,但只有对一些典型的常微分方程才能用解析方法求解,在许多情况下难以求得其精确解,所以,一般是要求获得解在若干点上的近似值。

考虑常微分方程的初值问题,即

$$y'=f(t,y),\quad t_0\leqslant t\leqslant t_f$$
$$y(t_0)=y_0$$

所谓其数值解法,就是求它的解 $y(t)$在节点 $t_0<t_1<\cdots<t_m(t_m\leqslant t_f)$处的近似值 y_0,y_1,…,y_m 的方法。所求得的 $y_0,y_1,\cdots,y_m$ 称为常微分方程初值问题的数值解。一般采用等距节点 $t_n=t_0+nh(n=0,1,\cdots,m)$,其中 h 为相邻两个节点间的距离,叫作步长。

常微分方程初值问题的数值解法多种多样,比较常用的有欧拉(Euler)法、龙格-库塔(Runge-Kutta)法、线性多步法、预报校正法等。本节简单介绍龙格-库塔法及其 MATLAB 实现。

7.3.1 龙格-库塔法简介

对于一阶常微分方程的初值问题,在求解未知函数 y 时,y 在 t_0 点的值 $y(t_0)=y_0$ 是已

知的,并且根据拉格朗日中值定理,应有

$$\begin{cases} y(t_0+h)=y_1 \approx y_0+hf(t_0,y_0) \\ y(t_0+2h)=y_2 \approx y_1+hf(t_1,y_1) \end{cases}, \quad h>0$$

一般地,在任意点 $t_n=t_0+nh$,有

$$y(t_0+nh)=y_n \approx y_{n-1}+hf(t_{n-1},y_{n-1}) \quad (n=1,2,\cdots,m)$$

当(t_0,y_0)确定后,根据上述递推式能计算出未知函数 y 在点 $t_n=t_0+nh(n=0,1,\cdots,m)$的一列数值解 $y_n(n=0,1,\cdots,m)$。

当然,递推过程中有一个误差累计的问题。在实际计算过程中,使用的递推公式一般进行过改造,著名的四阶龙格-库塔公式是

$$y_n=y_{n-1}+\frac{h}{6}(k_1+2k_2+2k_3+k_4)$$

其中,

$$k_1=f(t_{n-1},y_{n-1})$$

$$k_2=f\left(t_{n-1}+\frac{h}{2},y_{n-1}+\frac{h}{2}k_1\right)$$

$$k_3=f\left(t_{n-1}+\frac{h}{2},y_{n-1}+\frac{h}{2}k_2\right)$$

$$k_4=f(t_{n-1}+h,y_{n-1}+hk_3)$$

下面给出四阶龙格-库塔法的 MATLAB 实现方法。先定义函数文件 ode_rk4.m。

```
function [t,y] = ode_rk4(df,tspan,y0,h)
    % 求解常微分方程 y' = f(t,y),y(t0) = y0
    % df 为函数 f(t,y)表达式
    % tspan 为求解区间[t0,tf]
    % y0 为初值
    % h 为时间步长
    t = tspan(1):h:tspan(2);
    y(1) = y0;
    for n = 2:length(t)
        k1 = feval(df,t(n-1),y(n-1));
        k2 = feval(df,t(n-1) + h/2,y(n-1) + h * k1/2);
        k3 = feval(df,t(n-1) + h/2,y(n-1) + h * k2/2);
        k4 = feval(df,t(n-1) + h,y(n-1) + h * k3);
        y(n) = y(n-1) + h * (k1 + 2 * k2 + 2 * k3 + k4)/6;
    end
end
```

程序中的 feval 函数用于调用指定的函数,例如 feval(@abs,−12)相当于 abs(−12)。下面调用四阶龙格-库塔函数 ode_rk4 来求以下常微分方程。

$$y'=t+y-1, \quad 0 \leqslant t \leqslant 0.5$$

$$y(0)=1$$

取 h=0.1,并与精确解 $y(t)=e^t-t$ 进行比较。命令如下。

```
>> df = @(t,y) t + y - 1;
>> [t,y] = ode_rk4(df,[0,0.5],1,0.1)
t =
         0    0.1000    0.2000    0.3000    0.4000    0.5000
y =
    1.0000    1.0052    1.0214    1.0499    1.0918    1.1487
>> y1 = exp(t) - t       % 精确解
```

```
y1 =
    1.0000    1.0052    1.0214    1.0499    1.0918    1.1487
>> y - y1              % 误差
ans =
   1.0e-06 *
         0   -0.0847   -0.1873   -0.3105   -0.4576   -0.6321
```

7.3.2 常微分方程数值求解的实现

MATLAB 提供了多个求常微分方程数值解的 ode(ordinary differential equation)函数，不同 ode 函数采用不同的求解方法。表 7-1 列出了各函数采用的算法和各个求解方法的适用问题。

表 7-1 求常微分方程数值解的函数

求解函数	算　法	适用场合
ode23	二阶与三阶龙格-库塔算法	非刚性微分方程
ode45	四阶与五阶龙格-库塔算法	非刚性微分方程
ode113	可变阶 Adams 算法	非刚性微分方程，计算时间比 ode45 短
ode15s	可变阶 NDFs 算法	刚性微分方程
ode23s	二阶 Rosebrock 算法	刚性微分方程，当精度较低时，计算时间比 ode15s 短
ode23t	梯形算法	适度刚性常微分方程
ode23tb	梯形算法＋后向差分公式	刚性微分方程，当精度较低时，计算时间比 ode15s 短

求解常微分方程时，可综合考虑精度要求和复杂度控制要求等实际需要，选择适当的求解函数求解。

若微分方程描述的一个变化过程包含着多个相互作用但变化速度相差悬殊的子过程，则这样一类过程就被认为具有“刚性”，这类方程具有非常分散的特征值分布。求解刚性方程的初值问题的解析解是困难的，常采用表 7-1 中的函数 ode15s、ode23s 和 ode23tb 求其数值解。求解非刚性的一阶常微分方程或方程组的初值问题的数值解常采用函数 ode23 或 ode45，其中 ode23 采用二阶龙格-库塔算法，用三阶公式作为误差估计来调节步长，具有低等的精度；ode45 则采用四阶龙格-库塔算法，用五阶公式作为误差估计来调节步长，具有中等的精度。

在 MATLAB 中，用于求解常微分方程数值解的函数用法相同，其基本调用格式为：

```
[t,y] = solver(odefun,tspan,y0)
```

其中，solver 是根据待求解问题的性质选用表 7-1 所列出的求解函数；t 为列向量，返回时间点；y 为矩阵，每一行向量返回 t 中各时间点相应的状态；odefun 代表函数 f(t,y)表达式，通常是一个函数句柄；tspan 指定求解区间，用二元向量[t0,tf]表示，若需获得求解区间内指定时刻的值，可采用[t0,t1,t2,…,tf]形式。y0 是初始状态向量。

【例 7-10】 设有初值问题：

$$y'=\frac{y^2-t-2}{4(t+1)},\quad 0\leqslant t\leqslant 10$$

$$y(0)=2$$

试求其数值解，并与精确解 $y(t)=\sqrt{t+1}+1$ 相比较。

程序如下：

```
odef1 = @(t,y) (y^2 - t - 2)/4/(t + 1);
tspan = 0:3;
y0 = 2;
```

```
[t,y] = ode23(odef1,tspan,y0);                %求数值解
y1 = sqrt(t + 1) + 1;                         %求精确解
[t,y,y1]
(y - y1)'                                     %误差
```

程序运行结果如下：

```
ans =
         0    2.0000    2.0000
    1.0000    2.4145    2.4142
    2.0000    2.7325    2.7321
    3.0000    3.0007    3.0000
ans =
   1.0e-03 *
         0    0.2513    0.4623    0.7095
```

y 为数值解，y1 为精确值，两者近似。

以上求解的是一阶常微分方程。对于高阶常微分方程，它总可以化成一阶常微分方程组(也称为状态方程)的形式。以二阶方程为例：

$$y''=f(t,y,y')$$
$$y(t_0)=y_0,\quad y'(t_0)=y'_0$$

可以化为一阶常微分方程组：

$$\begin{cases}y'_1=y_2\\y'_2=f(t,y_1,y_2)\\y_1(t_0)=y_0,\quad y_2(t_0)=y'_0\end{cases}$$

或者

$$\begin{cases}y'_1=f(t,y_1,y_2)\\y'_2=y_1\\y_1(t_0)=y'_0,\quad y_2(t_0)=y_0\end{cases}$$

所以没有必要再对高阶方程给出计算公式。MATLAB 提供的 ode 函数是对一阶常微分方程组设计的，因此对高阶常微分方程，需先将它转化为一阶常微分方程组，即状态方程。

【例 7-11】 求著名的范德波尔(Van der Pol)方程 $x''+(x^2-1)x'+x=0$。

选择状态变量 $x_1=x'$，$x_2=x$，则可写出范德波尔方程的状态方程形式：

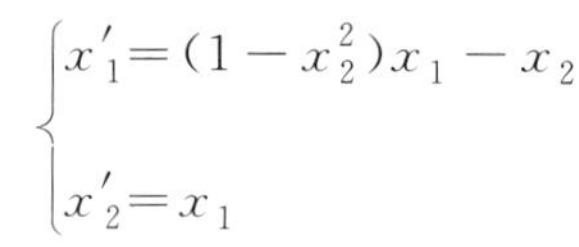

$$\begin{cases}x'_1=(1-x_2^2)x_1-x_2\\x'_2=x_1\end{cases}$$

基于以上状态方程，求解过程如下：

(1) 建立函数文件 vdpol.m。

```
function xdot = vdpol(t,x)
xdot(1) = (1 - x(2)^2) * x(1) - x(2);
xdot(2) = x(1);
xdot = xdot';
```

状态方程的表示形式并不是唯一的，例如范德波尔方程还可以表示成“xdot=[(1−x(2)^2) * x(1)−x(2);x(1)];”或“xdot=[(1−x(2)^2),−1; 1,0] * x;”。

(2) 求解微分方程。

```
>> t0 = 0;
>> tf = 20;
```

```
>> x0 = [0,0.25];
>> [t,x] = ode45(@vdpol,[t0,tf],x0);
>> [t,x]
ans =
         0          0     0.2500
    0.0002    - 0.0001    0.2500
    0.0004    - 0.0001    0.2500
    0.0006    - 0.0002    0.2500
      ⋮           ⋮          ⋮
   19.8241    - 0.7105    1.6224
   19.9121    - 0.7520    1.5581
   20.0000    - 0.7961    1.4900
```

结果第1列为 t 的采样点，第2列和第3列分别为 x'和 x 与 t 对应点的值(只列出部分结果)。

(3) 求出方程的数值解之后，还可以绘制解的曲线。

```
>> subplot(2,2,1);
>> plot(t,x(:,2),t,x(:,1),'--');          % 时间响应曲线 t - x(双画线是 t - x')
>> subplot(2,2,2);
>> plot(x(:,2),x(:,1))                     % 系统相平面曲线 x - x'
```

绘制系统的响应曲线及相平面曲线如图7-1所示。

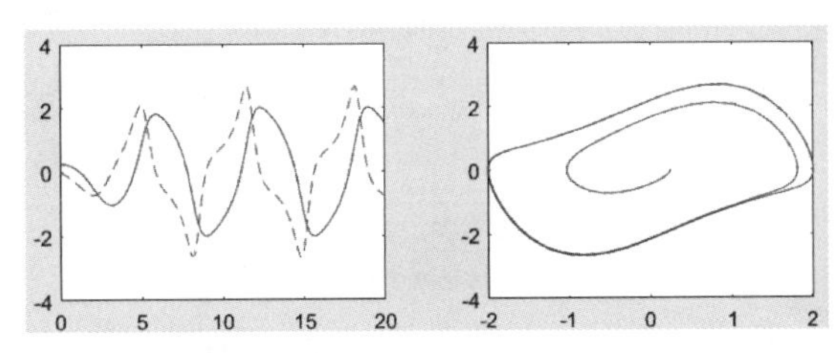

图 7-1 范德波尔方程的时间响应曲线及相平面曲线

【例 7-12】 洛伦兹(Lorenz)模型将大气流体运动的强度 x 与水平和垂直方向的温度变化 y 和 z 联系起来，用状态方程表示如下：

$$\begin{cases} x'(t) = -\sigma x(t) + \sigma y(t) \\ y'(t) = \rho x(t) - y(t) - x(t)z(t) \\ z'(t) = x(t)y(t) - \beta z(t) \end{cases}$$

取 $\sigma=10$，$\rho=28$，$\beta=8/3$，绘制系统时间响应曲线和相平面图。

程序如下：

```
loren = @(t,x,sigma,rho,beta) [ - sigma,sigma,0;rho, - 1, - x(1);0,x(1), - beta] * x;
odef2 = @(t,x) loren(t,x,10,28,8/3);
[t,x] = ode23(odef2,[0,20],[5,5,5]);
[t1,x1] = ode23(odef2,[0,20],[5.001,5,5]); % x 初值的微小变化
subplot(2,3,[1,2])
plot(t,x(:,1),t1,x1(:,1),'--')             % t - x 曲线
title('t - x 曲线')
subplot(2,3,3)
plot3(x(:,1),x(:,2),x(:,3));               % 三维相平面
title('三维相平面')
view(20,45)
subplot(2,3,4)
plot(x(:,1),x(:,2))                        % x - y 相平面
title('x - y 相平面')
subplot(2,3,5)
plot(x(:,1),x(:,3))                        % x - z 相平面
```

```
title('x-z相平面')
subplot(2,3,6)
plot(x(:,2),x(:,3))                         %y-z相平面
title('y-z相平面')
```

程序运行结果如图7-2所示。变量x在负值和正值之间来回跳动,产生随机振荡。对初始条件中的x稍加改变(从5变化到5.001),方程的解会表现出一种非常有趣的性质。将结果用虚线表示在图7-2中。虽然两组解的时间轨迹基本相同,但是到t=15后它们明显分离开来,可以看出洛伦兹模型对初始条件非常敏感。这样的解常称为是混沌的(chaotic)。动力系统对初始条件小扰动的敏感性有时也被称为蝴蝶效应(butterfly effect),即蝴蝶拍打翅膀引起空气的微小变化最终能导致像龙卷风这样的大规模天气现象。

虽然时间序列图是混沌的,但是相位平面图展现出潜在的结构。图7-2中显示了x-y、x-z和y-z相平面图。解在出现临界点的区域周围形成轨道,这些点在非线性系统研究中被称为奇怪吸引子(strange attractors)。与平面相位图一样,三维相平面图描述了以一定的模式绕着一对临界点循环的轨道。

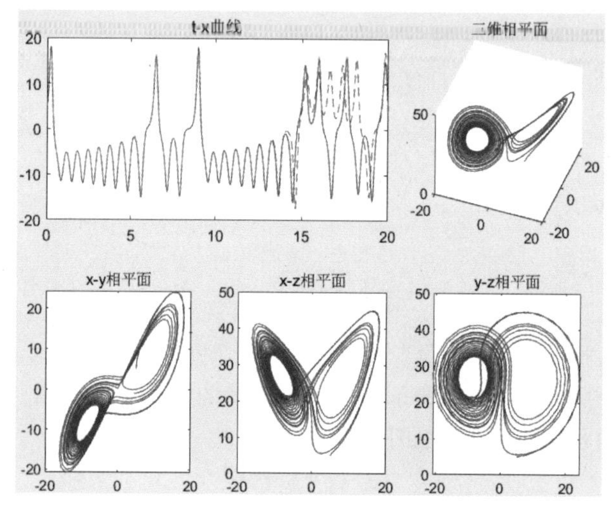

图7-2 洛伦兹模型计算结果

7.4 最优化问题求解

MATLAB提供了求非线性函数最小值问题的求解方法,为优化方法在工程中的实际应用提供了方便快捷的途径。利用MATLAB的优化工具箱,还可以求解线性规划、非线性规划和多目标规划等最优化问题。

7.4.1 无约束最优化问题求解

无约束最优化问题的一般描述为:

$$\min_{x} f(\boldsymbol{x})$$

其中,$\boldsymbol{x}=[x_1,x_2,\cdots,x_n]^{\mathrm{T}}$,该数学表示的含义亦即求取一组$\boldsymbol{x}$,使得目标函数$f(\boldsymbol{x})$为最小,故这样的问题又称为最小化问题。

在实际应用中,许多科学研究和工程计算问题都可以归结为一个最小化问题,如能量最小、时间最短等。MATLAB提供了3个求最小值的函数,它们的调用格式如下:

① [x,fval]=fminbnd(filename,x1,x2,options)——求一元函数在(x1,x2)区间的极小值点 x 和最小值 fval。

② [x,fval]=fminsearch(filename,x0,options)——基于单纯形算法求多元函数的极小值点 x 和最小值 fval。

③ [x,fval]=fminunc(filename,x0,options)——基于拟牛顿法求多元函数的极小值点 x 和最小值 fval。

确切地说,这里讨论的也只是局域极值的问题(全域最小问题要复杂得多)。filename 是定义的目标函数。fminbnd 的输入变量 x1、x2 分别表示被研究区间的左、右边界。fminsearch 和 fminunc 的输入变量 x0 是一个向量,表示极值点的初值。options 为优化参数,可以通过 optimset 函数来设置。当目标函数的阶数大于 2 时,使用 fminunc 比 fminsearch 更有效,但当目标函数高度不连续时,使用 fminsearch 效果较好。

MATLAB 没有专门提供求函数最大值的函数,但只要注意到 −f(x)在区间(a,b)上的最小值就是 f(x)在(a,b)的最大值,所以 fminbnd 函数也可以求 f(x)在指定区间上的最大值。

【例 7-13】 求函数

$$f(x)=x-\frac{1}{x}+5$$

在区间(−10,−1)和(1,10)上的最小值点。

命令如下:

```
>> f = @(x) x - 1./x + 5;
>> [x,fmin] = fminbnd(f, - 10, - 1)          %求函数在( - 10, - 1)内的最小值点和最小值
x =
   - 9.9999
fmin =
   - 4.8999
>> fminbnd(f,1,10)                           %求函数在(1,10)内的最小值点
ans =
    1.0001
```

【例 7-14】 设

$$f(x,y,z)=x+\frac{y^2}{4x}+\frac{z^2}{y}+\frac{2}{z}$$

求函数 f 在(0.5,0.5,0.5)附近的最小值。

建立函数文件 fxyz.m。

```
function f = fxyz0(u)
x = u(1);y = u(2);z = u(3);
f = x + y.^2./x/4 + z.^2./y + 2./z;
```

在 MATLAB 命令行窗口,输入如下命令:

```
>> [U,fmin] = fminsearch(@fxyz0,[0.5,0.5,0.5])      %求函数的最小值点和最小值
U =
    0.5000    1.0000    1.0000
fmin =
    4.0000
```

7.4.2 有约束最优化问题求解

有约束最优化问题的一般描述为:

$$\min_{\boldsymbol{x}\ \text{s.t.}\ G(\boldsymbol{x})\leqslant 0} f(\boldsymbol{x})$$

其中,$\boldsymbol{x}=[x_1,x_2,\cdots,x_n]^{\mathrm{T}}$,该数学表示的含义亦即求取一组 $\boldsymbol{x}$,使得目标函数 $f(\boldsymbol{x})$ 为最小,且满足约束条件 $G(\boldsymbol{x})\leqslant 0$。记号 s. t. 是英文 subject to 的缩写,表示 $\boldsymbol{x}$ 要满足后面的约束条件。

约束条件可以进一步细化为:

① 线性不等式约束:$\boldsymbol{A}\boldsymbol{x}\leqslant\boldsymbol{b}$。

② 线性等式约束:$\boldsymbol{A}_{\mathrm{eq}}\boldsymbol{x}=\boldsymbol{b}_{\mathrm{eq}}$。

③ 非线性不等式约束:$C(\boldsymbol{x})\leqslant 0$。

④ 非线性等式约束:$C_{\mathrm{eq}}(\boldsymbol{x})=0$。

⑤ $\boldsymbol{x}$ 的下界和上界:$\boldsymbol{L}_{\mathrm{bnd}}\leqslant\boldsymbol{x}\leqslant\boldsymbol{U}_{\mathrm{bnd}}$。

MATLAB 最优化工具箱提供了一个 fmincon 函数,专门用于求解各种约束下的最优化问题,其调用格式如下:

```
[x,fval] = fmincon(filename,x0,A,b,Aeq,beq,Lbnd,Ubnd,NonF,options)
```

其中,x、fval、filename、x0 和 options 的含义与求最小值函数相同。其余参数为约束条件,参数 NonF 为定义非线性约束的函数。定义非线性约束的函数要求输入一个向量 x,返回两个变量,分别是解 x 处的非线性不等式 C 和非线性等式 Ceq,即具有下面的形式:

```
function [c,ceq] = 函数名(x)
c = C(x)                                      % 计算 x 处的非线性不等式约束
ceq =  Ceq(x)                                 % 计算 x 处的非线性等式约束
```

如果某个约束不存在,则用空矩阵来表示。

【例 7-15】 求解有约束最优化问题。

$$\min_{\boldsymbol{x}\ \text{s.t.}\begin{cases}x_1+0.5x_2\geqslant 0.4\\0.5x_1+x_2\geqslant 0.5\\x_1\geqslant 0,x_2\geqslant 0\end{cases}} f(\boldsymbol{x})=0.4x_2+x_1^2+x_2^2-x_1x_2+\frac{1}{30}x_1^3$$

首先编写目标函数 M 文件 fop. m。

```
function f = fop(x)
f = 0.4 * x(2) + x(1)^2 + x(2)^2 - x(1) * x(2) + 1/30 * x(1)^3;
```

再设定约束条件,并调用 fmincon 函数求解此约束最优化问题,程序如下:

```
x0 = [0.5;0.5];
A = [ - 1, - 0.5; - 0.5, - 1];
b = [ - 0.4; - 0.5];
lb = [0;0];
options = optimset; options.LargeScale = 'off'; options.Display  = 'off';
[x,f] = fmincon(@fop,x0,A,b,[],[],lb,[],[],options)
```

程序运行结果如下:

```
x  =
     0.3396
     0.3302
f  =
     0.2456
```

7.4.3 线性规划问题求解

线性规划是研究线性约束条件下线性目标函数的极值问题的数学理论和方法。线性规划问题的标准形式为:

$$
\min_{x} \quad f(\boldsymbol{x}) \quad \text{s.t.} \begin{cases} \boldsymbol{A}\boldsymbol{x} \leqslant \boldsymbol{b} \\ \boldsymbol{A}_{\text{eq}}\boldsymbol{x} = \boldsymbol{b}_{\text{eq}} \\ \boldsymbol{L}_{\text{bnd}} \leqslant \boldsymbol{x} \leqslant \boldsymbol{U}_{\text{bnd}} \end{cases}
$$

在 MATLAB 中求解线性规划问题使用函数 linprog，其调用格式如下：

```
[x,fval] = linprog(f,A,b,Aeq,beq,Lbnd,Ubnd)
```

其中，x 是最优解，fval 是目标函数的最优值。函数中的各项参数是线性规划问题标准形式中的对应项，x、b、beq、Lbnd、Ubnd 是向量，A、Aeq 为矩阵，f 为目标函数系数向量。

【例 7-16】 生产计划问题。某企业在计划期内计划生产甲、乙、丙 3 种产品。这些产品分别需要在设备 A、B 上加工，需要消耗材料 C、D，按工艺资料规定，单件产品在不同设备上加工及所需要的资源如表 7-2 所示。已知在计划期内设备的加工能力各为 200 台时，可供材料分别为 360kg、300kg；甲、乙、丙 3 种产品每件可使企业获得的利润分别为 40、30、50 元，假定市场需求无限制。企业决策者应如何安排生产计划，使企业在计划期内总的利润收入最大。

表 7-2 单位产品资源消耗

资源	甲	乙	丙	现有资源
设备 A	3 件	1 件	2 件	200 台时
设备 B	2 件	2 件	4 件	200 台时
材料 C	4 件	5 件	1 件	360kg
材料 D	2 件	3 件	5 件	300kg
利润	40 元/件	30 元/件	50 元/件	

设在计划期内生产这 3 种产品的产量为 x_1、x_2、x_3，用 Z 表示利润，则有 $Z=40x_1+30x_2+50x_3$。

在安排 3 种产品的计划时，不得超过设备 A、B 的可用工时，材料消耗总量不得超过材料 C、D 的供应量，生产的产量不能小于零。企业的目标是要使利润达到最大，这个问题的数学模型为

$$
\max_{x} \quad Z = 40x_1 + 30x_2 + 50x_3 \quad \text{s.t.} \begin{cases} 3x_1+x_2+2x_3 \leqslant 200 \\ 2x_1+2x_2+4x_3 \leqslant 200 \\ 4x_1+5x_2+x_3 \leqslant 360 \\ 2x_1+3x_2+5x_3 \leqslant 300 \\ x_1 \geqslant 0, x_2 \geqslant 0, x_3 \geqslant 0 \end{cases}
$$

优化函数 linprog 用于求极小值，因此目标函数转换为：

$$
\min Z = -40x_1 - 30x_2 - 50x_3
$$

程序如下：

```
f = [ - 40, - 30, - 50];
A = [3,1,2;2,2,4;4,5,1;2,3,5];
b = [200;200;360;300];
[x,fval] = linprog(f,A,b,[],[],[0,0,0],[])
```

程序运行结果如下：

```
Optimal solution found.
x =
```

```
    50.0000
    30.0000
    10.0000
fval =
   - 3.4000e + 03
```

结果表明,A 产品的产量为 50 件、B 产品的产量为 30 件、C 产品的产量为 10 件时,利润最大,此时利润为 3400 元。

7.5 应用实战 7

视频讲解

【例 7-17】 平面桁架结构受力分析问题。桁架是工程中常用的一种结构,各构件在同一平面内的桁架称为平面桁架。如图 7-3 所示的平面桁架结构由连接于 A、B、C、D、E、F、G、H 共 8 个节点的 13 根杆件构成。在节点 B、E 和 F 上施加指定载荷,求桁架每根杆件上的轴力。

对于静态平衡的桁架而言,它的各个节点也一定是平衡的,即在任何节点上水平方向或垂直方向受力之和都必须为零。因此,可以对每一个节点列出两个独立的平衡方程,从而可求出杆件的轴力。对于 8 个节点,可以列出 16 个方程,方程数多于待定的 13 个未知量。为使该桁架静定,即为使问题存在唯一解,我们假定:节点 A 在水平和垂直方向上刚性固定,而节点 H 仅在垂直方向刚性固定。

将杆件轴力分解为水平、垂直两个分量,逐一研究各节点的平衡。以节点 E 为例,其受力如图 7-4 所示。

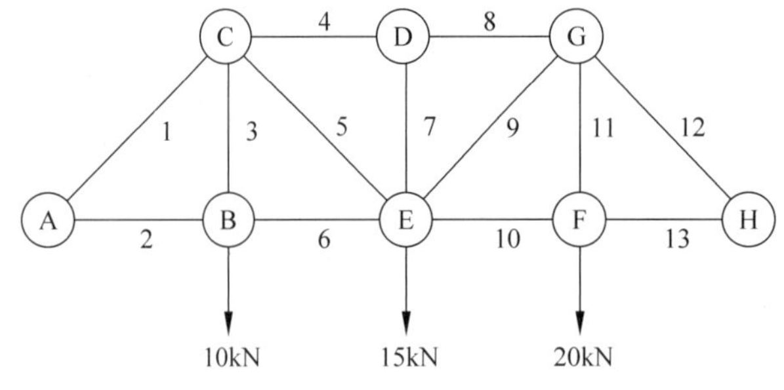

图 7-3 平面桁架结构

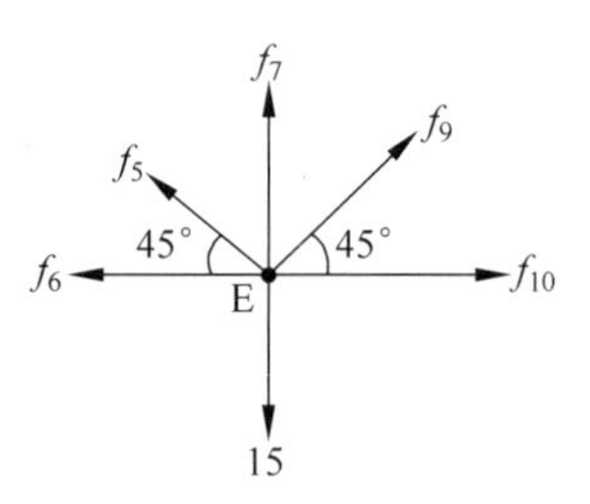

图 7-4 节点 E 受力分析

写出平衡方程有:

水平方向 $f_5\cos45°+f_6=f_9\cos45°+f_{10}$

垂直方向 $f_5\sin45°+f_7+f_9\sin45°=15$

令 $\alpha=\sqrt{2}/2$,则可得到 E 点的平衡方程为:

$$\alpha f_5+f_6=\alpha f_9+f_{10}$$

$$\alpha f_5+f_7+\alpha f_9=15$$

同理,可写出其他节点的平衡方程。

节点 B: $f_2=f_6$

$f_3=10$

节点 C: $\alpha f_1=f_4+\alpha f_5$

$\alpha f_1+f_3+\alpha f_5=0$

节点 D: $f_4=f_8$

$f_7=0$

节点 E：$\alpha f_5+f_6=\alpha f_9+f_{10}$

$\alpha f_5+f_7+\alpha f_9=15$

节点 F：$f_{10}=f_{13}$

$f_{11}=20$

节点 G：$f_8+\alpha f_9=\alpha f_{12}$

$\alpha f_9+f_{11}+\alpha f_{12}=0$

节点 H：$f_{13}+\alpha f_{12}=0$

其中，节点 H 在垂直方向刚性固定，故只有水平方向的平衡方程。

这是一个包含 13 个未知数的线性方程组，利用 MATLAB 很容易求出杆件轴力向量 f。

程序如下：

```
alpha = sqrt(2)/2;
A = [0,1,0,0,0,-1,0,0,0,0,0,0,0;
    0,0,1,0,0,0,0,0,0,0,0,0,0;
    alpha,0,0,-1,-alpha,0,0,0,0,0,0,0,0;
    alpha,0,1,0,alpha,0,0,0,0,0,0,0,0;
    0,0,0,1,0,0,0,-1,0,0,0,0,0;
    0,0,0,0,0,0,1,0,0,0,0,0,0;
    0,0,0,0,alpha,1,0,0,-alpha,-1,0,0,0;
    0,0,0,0,alpha,0,1,0,alpha,0,0,0,0;
    0,0,0,0,0,0,0,0,0,1,0,0,-1;
    0,0,0,0,0,0,0,0,0,0,1,0,0;
    0,0,0,0,0,0,0,1,alpha,0,0,-alpha,0;
    0,0,0,0,0,0,0,0,alpha,0,1,alpha,0;
    0,0,0,0,0,0,0,0,0,0,0,alpha,1];
b = [0;10;0;0;0;0;15;0;20;0;0;0];
f = A\b;
disp(f')
```

程序运行结果如下：

```
-28.2843   20.0000   10.0000   -30.0000   14.1421   20.0000         0   -30.0000    7.0711
25.0000   20.0000   -35.3553   25.0000
```

桁架杆件主要承受轴向拉力或压力，当杆件受拉时，轴力为拉力，其指向背离截面；当杆件受压时，轴力为压力，其指向截面。答案中的正数表示拉力，负数表示压力。

视频讲解

【例 7-18】 求常微分方程的数值解。

$$\begin{cases}\dfrac{d^2x}{dt^2}+2x=0\\ x(0)=0, x'(0)=1\end{cases}$$

二阶常微分方程要转换为一阶常微分方程组（称为状态方程），然后再利用 ode 系列函数求解。这里说明不同的转换方法。

方法 1：令 $x_2=x, x_1=x'$，则

$$\begin{cases}x_1'=-2x_2\\ x_2'=x_1\\ x_1(0)=1, x_2(0)=0\end{cases}$$

方法 2：令 $x_1=x, x_2=x'$，则

$$\begin{cases} x_1'=x_2 \\ x_2'=-2x_1 \\ x_1(0)=0, x_2(0)=1 \end{cases}$$

程序如下：

```
%方法1
f1 = @(t,x) [-2*x(2);x(1)];
[t,x] = ode45(f1,[0,20],[1,0]);
subplot(2,3,1);plot(t,x(:,2));
%方法2
f2 = @(t,x) [x(2);-2*x(1)];
[t,x] = ode45(f2,[0,20],[0,1]);
subplot(2,3,2);plot(t,x(:,1));
%理论解
xx = sin(sqrt(2)*t)/sqrt(2);
subplot(2,3,3);plot(t,xx);
```

第一种方法 x(1)代表 x'，x(2)代表 x，t-x 曲线用 plot(t,x(:,2))绘制；第二种方法 x(1)代表 x，x(2)代表 x'，t-x 曲线用 plot(t,x(:,1))绘制。程序运行结果如图 7-5 所示。

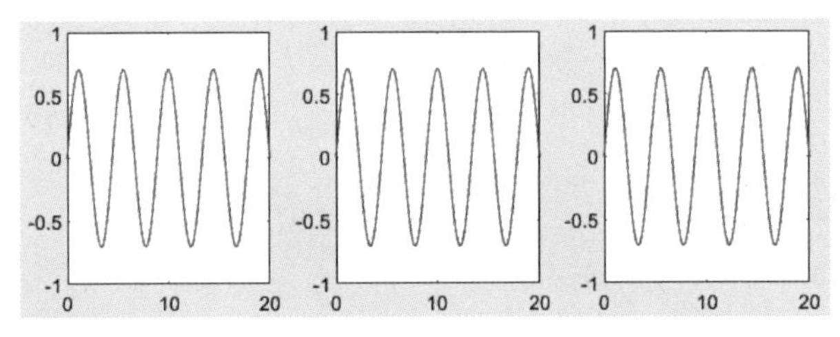

图 7-5　用不同方法得到的二阶常微分方程的解的曲线

【例 7-19】 仓库选址问题。某公司有 A、B、C、D、E 共 5 个工厂，分别位于 xy 平面上的坐标点(10,10)、(30,50)、(16.667,29)、(0.555,29.888)和(22.2221,49.988)处。设两点之间的距离表示在工厂之间开车的距离，以千米为单位。公司计划在平面上某点处建造一座仓库，预期平均每周到 A、B、C、D、E 工厂分别有 10、18、20、14 和 25 次送货。理想情况下，要使每周送货车的里程最小，仓库应建在 xy 平面的什么位置？

这是一个无约束最优化问题。总里程既取决于仓库与 5 个工厂之间的距离，也取决于送货车每周向 5 个工厂送货的次数，相当于权重。假设仓库所选点的坐标为(x,y)，则总里程表达式为：

$$\begin{aligned} d(x,y)=&10\sqrt{(x-10)^2+(y-10)^2}+18\sqrt{(x-30)^2+(y-50)^2}+ \\ &20\sqrt{(x-16.667)^2+(y-29)^2}+14\sqrt{(x-0.555)^2+(y-29.888)^2}+ \\ &25\sqrt{(x-22.2221)^2+(y-49.988)^2} \end{aligned}$$

所以原问题即求无约束条件下 $d(x,y)$的最小值。

用向量 a 表示 5 个工厂的横坐标，向量 b 表示 5 个工厂的纵坐标，向量 c 表示预期平均每周向 5 个工厂送货的次数，定义目标函数，调用 fminsearch 或 fmincon 函数求解。程序如下：

```
a = [10,30,16.667,0.555,22.2221];
b = [10,50,29,29.888,49.988];
c = [10,18,20,14,25];
f = @(x) sum(c.*sqrt((x(1)-a).^2+(x(2)-b).^2));
```

```
[xmin,fmin] = fminsearch(f,[15,30])
```

程序运行结果如下：

```
xmin =
   19.8143   41.1247
fmin =
   1.3618e+03
```

所以当仓库建在坐标点(19.8143,41.1247)处时，有最小距离为1.3618e+03千米。

【例7-20】 仓库选址问题的进一步讨论。如果由于地域的限制，仓库必须建在曲线 $y=x^2$ 上，则它应该建在何处？

相当于在例7-19的基础上增加了约束条件，在约束条件 $y=x^2$ 下的最小值。只需在例7-19的基础上再建立非线性约束的函数文件funny.m，非线性不等式约束为空。

```
非线性约束的函数文件 funny.m:
function [c,ceq] = funny(x)
c = [];
ceq = [x(2) - x(1)^2];
```

再在命令行中输入命令，即得到结果。

```
>> a = [10,30,16.667,0.555,22.2221];
>> b = [10,50,29,29.888,49.988];
>> c = [10,18,20,14,25];
>> f = @(x) sum(c. * sqrt((x(1) - a).^2 + (x(2) - b).^2));
>> [xmin,fmin] = fmincon(f,[15,30],[],[],[],[],[],[],@funny)
xmin =
    5.9363   35.2402
fmin =
   1.6676e+03
```

所以，当仓库建在坐标点(5.9363,35.2402)处时，有最小距离为1.6676e+03千米。

练习题

一、选择题

1. 对于线性方程组Ax=b，当det(A)≠0时，方程的解是(　　)。

   A. A/B　　B. b/A　　C. b\A　　D. A\b

2. 对于系数矩阵A的阶数很大，且零元素较多的大型稀疏矩阵线性方程组，非常适合采用(　　)求解。

   A. 直接法　　B. 迭代法　　C. 矩阵求逆　　D. 左除

3. 下列选项中不能用于求常微分方程数值解的函数是(　　)。

   A. ode23　　B. ode34　　C. ode45　　D. ode113

4. 求f(x)=xsin(2x−1)在x=0附近的最小值，相应的命令是(　　)。

   A. [x,fval]=fminbnd(@(x) x * sin(2 * x−1),0,0.5)

   B. [x,fval]=fminbnd(@(x) x * sin(2 * x−1),0)

   C. [x,fval]=fminsearch(@(x) x * sin(2 * x−1),[0,0.5])

   D. [x,fval]=fminunc(@(x) x * sin(2 * x−1),[0,0.5])

5. 【多选】下列方法中与线性方程组求解有关的是(　　)。

   A. 左除　　B. 矩阵求逆　　C. 矩阵转置　　D. 矩阵分解

6. 【多选】求方程 $e^x-3x^2-15=0$ 在[4,6]区间的解，使用的命令有(　　)。

   A. fx=@(x) exp(x)−3 * x * x−15; z=fzero(fx,5)

B. z=fzero(@(x) exp(x)-3 * x * x-15,5)

C. fx=@(x) exp(x)-3 * x * x-15; z=fzero(@fx,5)

D. 先建立函数文件 fx.m。

```
function f = fx(x)
f = exp(x) - 3 * x * x - 15;
```

再调用函数文件 z=fzero(@fx,5)。

二、问答题

1. 推导雅可比迭代公式,并编程实现。

2. 比较 fzero 函数和 fsolve 函数的用法。

3. 有人说,高斯-赛德尔迭代法比雅可比迭代法的收敛性能肯定要好一些,这种说法对吗?

4. 请结合实际应用,列举一个线性方程组的应用案例,并进行求解。

5. 请结合实际应用,列举一个常微分方程的应用案例,并求其数值解。

操作题

1. 某物理系统可用下列线性方程组来表示:

$$\begin{bmatrix} m_1\cos\theta & -m_1 & -\sin\theta & 0 \\ m_1\sin\theta & 0 & \cos\theta & 0 \\ 0 & m_2 & -\sin\theta & 0 \\ 0 & 0 & -\cos\theta & 1 \end{bmatrix} \begin{bmatrix} a_1 \\ a_2 \\ N_1 \\ N_2 \end{bmatrix} = \begin{bmatrix} 0 \\ m_1 g \\ 0 \\ m_2 g \end{bmatrix}$$

从键盘输入 m_1、m_2 和 θ 的值,求 a_1、a_2、N_1 和 N_2 的值。其中 g 取 9.8,输入 θ 时以角度为单位。

2. 求 $\sin^2 x\mathrm{e}^{-0.1x}-0.5|x|=0$ 在 $x=1.5$ 附近的根。

3. 求非线性方程组的数值解。

$$\begin{cases} \sin x + y^2 + \ln z - 7 = 0 \\ 3x + 2^y - z^3 + 1 = 0 \\ x + y + z - 5 = 0 \end{cases}, \quad 初值\ x_0=1, y_0=1, z_0=1$$

4. 求常微分方程的数值解。

$$\begin{cases} x^2 \dfrac{\mathrm{d}^2 y}{\mathrm{d}x^2} + 4x \dfrac{\mathrm{d}y}{\mathrm{d}x} + 2y = 0 \\ y(1) = 2 \\ y'(1) = -3 \end{cases}$$

5. 某公司生产两种产品分别为 x、y 千克,其相应的成本满足如下函数:

$$C(x,y) = x^2 + 2xy + 2y^2 + 2000$$

已知产品 x 的价格为 220 元/千克,产品 y 的价格为 300 元/千克,并假定两种产品全部售完,试求使公司获得最大利润的生产方案,公司获得的最大利润是多少?

第8章 数值微积分

在数学中,函数的导数是用极限来定义的,如果一个函数是以数值给出的离散形式,那么它的导数就无法用极限运算方法求得,更无法用求导方法去计算函数在某点处的导数。对于积分的计算,则需要找到被积函数的原函数,然后利用牛顿-莱布尼兹(Newton-Leibniz)公式来求定积分。但当被积函数的原函数无法用初等函数表示或被积函数为仅知离散点处函数值的离散函数时,就难以用牛顿-莱布尼兹公式求定积分。所以,在求解实际问题时,多采用数值方法来求函数的微分和积分。本章介绍微分与积分数值方法的基本思想以及数值微分、数值积分、离散傅里叶变换在MATLAB中的实现方法。

8.1 数值微分

在科学实验和生产实践中,有时要根据已知的数据点,推算某一点的一阶或高阶导数,这时就要用到数值微分。

一般来说,函数的导数依然是一个函数。设函数 $f(x)$的导函数 $f'(x)=g(x)$,高等数学关心的是 $g(x)$的形式和性质,而数值积分关心的问题是怎样计算 $g(x)$在多个离散点 $X=(x_1,x_2,\cdots,x_n)$的近似值 $G=(g_1,g_2,\cdots,g_n)$以及得到的近似值有多大误差。

8.1.1 数值差分与差商

根据离散点上的函数值求取某点导数可以用差商极限得到近似值,即可表示为

$$f'(x)=\lim_{h\to 0}\frac{f(x+h)-f(x)}{h}$$

$$f'(x)=\lim_{h\to 0}\frac{f(x)-f(x-h)}{h}$$

$$f'(x)=\lim_{h\to 0}\frac{f(x+h/2)-f(x-h/2)}{h}$$

上述式子中,均假设 $h>0$,如果去掉上述等式右端的 $h\to 0$ 的极限过程,并引进记号:

$$\Delta f(x)=f(x+h)-f(x)$$

$$\nabla f(x)=f(x)-f(x-h)$$

$$\delta f(x)=f(x+h/2)-f(x-h/2)$$

称$\Delta f(x)$、$\nabla f(x)$及 $\delta f(x)$分别为函数在 x 点处以 $h(h>0)$为步长的向前差分、向后差分和中心差分。当步长 h 充分小时,有

$$f'(x)\approx\frac{\Delta f(x)}{h}$$

$$f'(x)\approx\frac{\nabla f(x)}{h}$$

$$f'(x)\approx\frac{\delta f(x)}{h}$$

和差分一样,称$\Delta f(x)/h$、$\nabla f(x)/h$ 及 $\delta f(x)/h$ 分别为函数在 x 点处以 $h(h>0)$为步长的向前差商、向后差商和中心差商。当步长 $h(h>0)$足够小时,函数 f 在点 x 的微分接近于函数在该点的差分,而 f 在点 x 的导数接近于函数在该点的差商。

8.1.2 数值微分的实现

数值微分的基本思想是先用逼近或拟合等方法求出已知数据在一定范围内的近似函数,

再用特定的方法对此近似函数进行微分。有两种方式计算任意函数 $f(x)$ 在给定点 x 的数值导数。

1. 多项式求导法

用多项式或样条函数 $g(x)$ 对 $f(x)$ 进行逼近(插值或拟合),然后用逼近函数 $g(x)$ 在点 x 处的导数作为 $f(x)$ 在点 x 处的导数。曲线拟合给出的多项式原则上是可以求任意阶导数的,从而求出高阶导数的近似值,但随着求导阶数的增加,计算误差会逐渐增大,因此,该种方法一般只用在低阶数值微分。

2. 用 diff 函数计算差分

用 $f(x)$ 在点 x 处的某种差商作为其导数。在 MATLAB 中,没有直接提供求数值导数的函数,只有计算向前差分的函数 diff,其调用格式如下:

(1) DX=diff(X)——计算向量 X 的向前差分,DX(i)=X(i+1)-X(i),i=1,2,…,n-1。

(2) DX=diff(X,n)——计算向量 X 的 n 阶向前差分。例如,diff(X,2)=diff(diff(X))。

(3) DX=diff(X,n,dim)——计算矩阵 X 的 n 阶差分,dim=1 时(默认状态),按列计算差分;dim=2,按行计算差分。

对于求向量的微分,函数 diff 计算的是向量元素间的差分,故所得输出比原向量少了一个元素。

视频讲解

【例 8-1】 设 $f(x)=\sin x$,用 3 种不同的方法求函数 $f(x)$ 的数值导数,并在同一个坐标系中绘制用 3 种方法求得的 $f'(x)$ 曲线。

为确定计算数值导数的点,假设在[0,π]区间内以 π/24 为步长求数值导数。下面用 3 种方法求 $f(x)$ 在这些点的导数。首先用一个 5 次多项式 $p(x)$ 拟合函数 $f(x)$,并对 $p(x)$ 求一般意义下的导数 $dp(x)$,求出 $dp(x)$ 在假设点的值;第 2 种方法用 diff 函数直接求 $f(x)$ 在假设点的数值导数;第 3 种方法先求出导函数 $f'(x)=\cos x$,然后直接求 $f'(x)$ 在假设点的导数。最后在一个坐标图绘制这 3 条曲线。

程序如下:

```
x = 0:pi/24:pi;
%用 5 次多项式 p 拟合 f(x),并对拟合多项式 p 求导数 dp 在假设点的函数值
p = polyfit(x,sin(x),5);
dp = polyder(p);
dpx = polyval(dp,x);
%直接对 sin(x)求数值导数
dx = diff(sin([x,pi + pi/24]))/(pi/24);
%求函数 f 的导函数 g 在假设点的导数
gx = cos(x);
plot(x,dpx,'b - ',x,dx,'ko',x,gx,'r + ');
```

程序运行后得到图 8-1 所示的图形。结果表明,用 3 种方法求得的数值导数比较接近。

对于求矩阵的差分,即为求各列或各行向量的差分,从向量的差分值可以判断列或行向量的单调性、是否等间距以及是否有重复的元素。

视频讲解

【例 8-2】 生成一个五阶魔方矩阵,按列进行差分运算。

命令如下:

```
>> M = magic(5)
M =

    17    24     1     8    15
    23     5     7    14    16
```

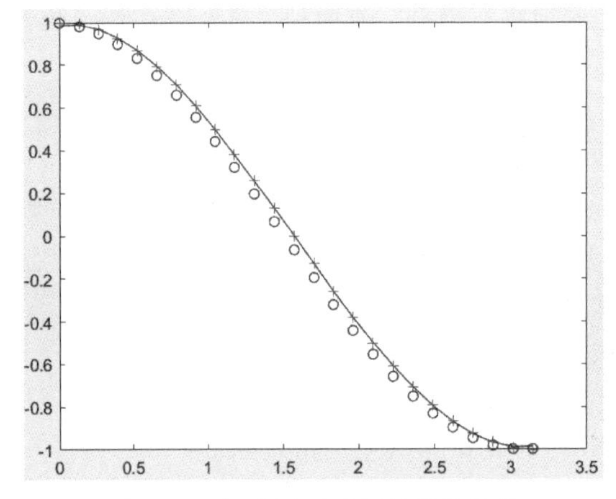

图 8-1 用不同方法求得的数值导数

```
     4     6    13    20    22
    10    12    19    21     3
    11    18    25     2     9
>> DM1 = diff(M)                    % 计算 M 的一阶差分
DM1 =
       6    - 19     6      6      1
    - 19      1      6      6      6
       6      6      6      1    - 19
       1      6      6    - 19     6
```

可以看出,diff 函数对矩阵 M 的每一列进行差分运算,因而结果矩阵 DM1 的列数是不变的,只有行数减 1。矩阵 DM1 第 3 列值相同,表明原矩阵第 3 列是等间距的。

再看命令:

```
>> DM2 = diff(M,1,2)
DM2 =
     7   - 23     7     7
  - 18      2     7     2
     2      7     7     2
     2      7     2  - 18
     7      7  - 23     7
```

diff 函数对矩阵 M 的每一行进行差分运算,因而结果矩阵 DM2 的行数是不变的,只有列数减 1。

8.2 数值积分

在工程及实际工作中经常会遇到求定积分的问题,利用牛顿-莱布尼兹公式可以精确地计算定积分的值,但它仅适用于被积函数的原函数能用初等函数表达出来的情形,大多数实际问题找不到原函数,或找到的原函数比较复杂,这时就需要用数值方法求积分近似值。

8.2.1 数值积分的原理

求解定积分的数值方法有多种,如矩形(rectangular)法、梯形(trapezia)法、辛普森(Simpson)法和牛顿-柯特斯(Newton-Cotes)法等都是经常采用的方法。它们的基本思想都是将整个积分区间$[a,b]$分成 n 个子区间$[x_i,x_{i+1}]$,$i=0,1,\cdots,n-1$,其中 $x_0=a$,$x_n=b$。这样求定积分问题就分解为下面的求和问题:

$$S=\int_a^b f(x)\mathrm{d}x=\sum_{i=0}^{n-1}\int_{x_i}^{x_{i+1}} f(x)\mathrm{d}x$$

而在每一个小的子区间上定积分的值可以近似求得，即采用分段线性近似。例如，矩形法是用矩形面积近似曲边梯形的面积，如图 8-2(a)所示；梯形法是用斜边梯形面积近似曲边梯形的面积，如图 8-2(b)所示；而辛普森法是用抛物线近似曲边。

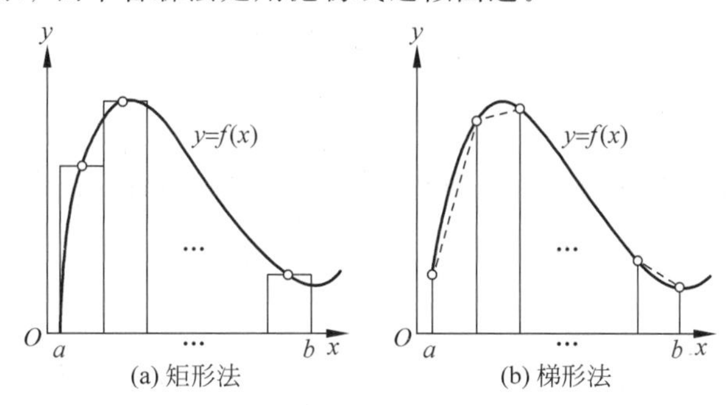

图 8-2　数值积分的矩形法和梯形法

1. 梯形法

将区间$[a,b]$分成 n 等份，在每个子区间上用梯形代替曲边梯形，则可得到求积近似公式为

$$\int_a^b f(x)\mathrm{d}x \approx \frac{b-a}{2n}\left(f(a)+2\sum_{i=1}^{n-1} f(x_i)+f(b)\right)$$

当被积函数为凹曲线时，用梯形法求得的梯形面积比曲边梯形面积偏小；当被积函数为凸曲线时，求得的梯形面积比曲边梯形面积偏大。若每段改用与它凸性相接近的抛物线来近似，则可避免上述缺点，这就是辛普森法。求积近似公式为

$$\int_a^b f(x)\mathrm{d}x \approx \frac{b-a}{6n}[y_0+y_{2n}+4(y_1+y_3\cdots+y_{2n-1})+2(y_2+y_4+\cdots+y_{2n-2})]$$

2. 辛普森法

辛普森法就是在积分子区间子区间$[x_i,x_{i+1}]$上另外添加一个中点$(x_i+x_{i+1})/2$，这 3 个点可以用抛物线 $g(x)=Ax^2+Bx+C$ 相连(如图 8-3 所示)，以 $g(x)$作为 $f(x)$的近似，用抛物线围成的曲边形面积来代替给定函数的定积分。

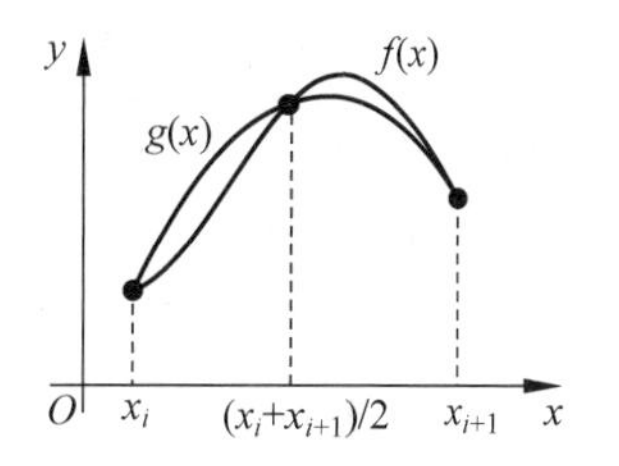

图 8-3　辛普森法示意图

辛普森公式推导如下。

$$\begin{aligned}
\int_{x_i}^{x_{i+1}} f(x)\mathrm{d}x &\approx \int_{x_i}^{x_{i+1}} g(x)\mathrm{d}x = \int_{x_i}^{x_{i+1}} (Ax^2+Bx+C)\mathrm{d}x \\
&= \frac{A}{3}x_{i+1}^3+\frac{B}{2}x_{i+1}^2+Cx_{i+1}-\left(\frac{A}{3}x_i^3+\frac{B}{2}x_i^2+Cx_i\right) \\
&= \frac{A}{3}(x_{i+1}^3-x_i^3)+\frac{B}{2}(x_{i+1}^2-x_i^2)+C(x_{i+1}-x_i) \\
&= \frac{x_{i+1}-x_i}{6}[2A(x_{i+1}^2+x_{i+1}x_i+x_i^2)+3B(x_{i+1}+x_i)+6C] \\
&= \frac{x_{i+1}-x_i}{6}\left\{(Ax_i^2+Bx_i+C)+(Ax_{i+1}^2+Bx_{i+1}+C)+\right. \\
&\quad \left. 4\left[A\left(\frac{x_i+x_{i+1}}{2}\right)^2+B\left(\frac{x_i+x_{i+1}}{2}\right)+C\right]\right\} \\
&= \frac{x_{i+1}-x_i}{6}\left[g(x_i)+g(x_{i+1})+4g\left(\frac{x_i+x_{i+1}}{2}\right)\right]
\end{aligned}$$

在实际计算中 $g(x)$ 的值可以用 $f(x)$ 的值来代替，于是有：

$$\int_{x_i}^{x_{i+1}} f(x)\mathrm{d}x \approx \frac{x_{i+1}-x_i}{6}\left[f(x_i)+f(x_{i+1})+4f\left(\frac{x_i+x_{i+1}}{2}\right)\right]$$

考虑到 $h=(b-a)/n, x_i=a+ih$，上式变为：

$$\int_{x_i}^{x_{i+1}} f(x)\mathrm{d}x \approx \frac{h}{6}\left\{f(a+ih)+f[a+(i+1)h]+4f\left(a+\frac{2i+1}{2}h\right)\right\}$$

将以上辛普森公式应用于各个小区间并相加，得到复合辛普森公式：

$$S=\int_a^b f(x)\mathrm{d}x=\sum_{i=0}^{n-1}\int_{x_i}^{x_{i+1}} f(x)\mathrm{d}x$$

$$=\frac{h}{6}\sum_{i=0}^{n-1}\left\{f(a+ih)+4f\left(a+\frac{2i+1}{2}h\right)+f[a+(i+1)h]\right\}$$

计算数学中已经证明，对于一般工程问题，复合辛普森积分公式具有足够的精度。

下面是辛普森积分的 MATLAB 实现。先定义函数文件 mysimp. m。

```
function S = mysimp(fname,a,b,n)
    % 用复合辛普森公式求定积分
    % fname 是被积函数
    % a,b 是积分区间左右端点
    % n 是积分区间的等分数
    if nargin == 3
        n = 100;                    % 默认等分数为 100
    end
    h = (b - a)/n;
    i = 0:n - 1;
    f1 = feval(fname,a + i * h);
    f2 = feval(fname,a + (2 * i + 1)/2 * h);
    f3 = feval(fname,a + (i + 1) * h);
    S = h/6 * sum(f1 + 4 * f2 + f3);
end
```

再调用该函数求以下定积分。

$$I=\int_0^1 \frac{4}{1+x^2}\mathrm{d}x$$

命令如下：

```
>> format long
>> f = @(x) 4./(1 + x. * x);
>> S = mysimp(f,0,1,50)
S =
   3.141592653589754
>> S = mysimp(f,0,1)
S =
   3.141592653589793
```

3. 高斯-克朗罗德(Gauss-Kronrod)法

辛普森求积公式是封闭型的(即区间的两端点均是求积节点)，而且要求求积节点是等距的，其代数精确度只能是 n(n 为奇数)或 $n+1$(n 为偶数)。高斯-克朗罗德法对求积节点也进行适当的选取，即在求积公式中 x_i 也加以选取，从而可提高求积公式的代数精确度。

8.2.2 定积分的数值求解的实现

在 MATLAB 中可以使用 integral、quadgk、trapz 函数来计算数值积分。

1. 自适应积分算法

MATLAB提供了基于全局自适应积分算法的integral函数来求定积分。函数的调用格式如下：

```
q = integral(filename,xmin,xmax)
```

其中，filename代表被积函数，xmin和xmax分别是定积分的下限和上限。

【例8-3】 求定积分。

$$\int_0^{\pi} \frac{x\sin x}{1+|\cos x|}\mathrm{d}x$$

(1) 建立被积函数文件fe.m。

```
function f = fe(x)
f = x. * sin(x)./(1 + abs(cos(x)));
```

(2) 调用数值积分函数integral求定积分。

```
>> q = integral(@fe,0,pi)
q =
   2.1776
```

在建立被积函数文件时，被积函数的参数通常是向量，所以被积函数定义中的表达式使用点运算符。

如果被积函数简单，可以不定义成函数文件，而采用匿名函数形式，如例8-3也可使用以下命令求解：

```
q = integral(@(x)( x. * sin(x)./(1 + abs(cos(x)))),0,pi)
```

2. 高斯-克朗罗德法

MATLAB提供了基于自适应高斯-克朗罗德法的quadgk函数来求振荡函数的定积分。该函数的调用格式如下：

```
q = quadgk(filename,xmin,xmax)
```

其中，函数参数的含义和用法与integral函数相同。积分上下限可以是－Inf或Inf，也可以是复数。如果积分上下限是复数，则quadgk在复平面上求积分。

【例8-4】 求定积分。

$$\int_0^1 \mathrm{e}^x \ln x\,\mathrm{d}x$$

```
>> format long;
>> I = quadgk(@(x)exp(x). * log(x),0,1)
I =
  - 1.317902162414081
```

3. 梯形积分法

在科学实验和工程应用中，函数关系往往是不知道的，只有实验测定的一组样本点和样本值，这时就无法使用integral函数计算其定积分。在MATLAB中，提供了函数trapz对由表格形式定义的离散数据用梯形法求定积分，函数调用格式如下：

(1) T＝trapz(Y)。这种格式用于求均匀间距的积分。通常，输入参数Y是向量，采用单位间距(即间距为1)，计算Y的近似积分。若Y是矩阵，则输出参数T是一个行向量，T的每个元素分别存储Y的每一列的积分结果。例如：

```
>> Z = trapz([1,11; 4,22; 9,33; 16,44; 25,55])
Z =
    42    132
```

若间距不为1,例如求 $\int_0^{\pi}\sin x\,dx$,则可以采用以下命令:

```
>> ts = 0.01;
>> Z = ts * trapz(sin(0:ts:pi))
Z =
    2.0000
```

(2) T=trapz(X,Y)。这种格式用于求非均匀间距的积分。通常,输入参数X、Y是两个等长的向量,X、Y满足函数关系 Y = f(X),按X指定的数据点间距,对Y求积分。若X是有m个元素的向量,Y是m×n矩阵,则输出参数T是一个有n个元素的向量,T的每个元素分别存储Y的每一列的积分结果。

【例 8-5】 从地面发射一枚火箭,表8-1记录了在0～80s火箭的加速度。试求火箭在第80s时的速度。

表 8-1 火箭发射加速度

t/s	0	10	20	30	40	50	60	70	80
a/(m/s²)	30.00	31.63	33.44	35.47	37.75	40.33	43.29	46.69	50.67

设速度为 $v(t)$,则 $v(t)=v(0)+\int_0^t a(t)\mathrm{d}t$,这样就把问题转化为求积分的问题。命令如下:

```
>> t = 0:10:80;
>> a = [30.00,31.63,33.44,35.47,37.75,40.33,43.29,46.69,50.67];
>> v = trapz(t,a)
v =
   3.0893e + 03
```

4. 累计梯形积分

在MATLAB中,提供了对数据积分逐步累计的函数cumtrapz。该函数调用格式如下:

(1) Z=cumtrapz(Y)。这种格式用于求均匀间距的累计积分。通常,输入参数Y是向量,采用单位间距(即间距为1),计算Y的近似积分。输出参数Z是一个与Y等长的向量,返回Y的累积积分。若Y是矩阵,则输出参数Z是一个与Y相同大小的矩阵,Z的每一列存储Y的对应列的累计积分。

例如,计算例8-5中各时间点的速度,命令如下:

```
>> v = cumtrapz(t,a)
v =
   1.0e + 03 *
  1 至 7 列
         0    0.3081    0.6335    0.9780    1.3442    1.7346    2.1526
  8 至 9 列
    2.6026    3.0894
```

(2) Z=cumtrapz(X,Y)。这种格式用于求非均匀间距的累计积分。通常,输入参数X、Y是两个等长的向量,X、Y满足函数关系Y=f(X),按X指定的数据点间距,对Y求积分。输出参数Z是一个与Y等长的向量,返回Y的累积积分。若Y是矩阵,则输出参数Z是一个与Y相同大小的矩阵,Z的每一列存储Y的对应列的累计积分。

8.2.3 多重定积分的数值求解实现

定积分的被积函数是一元函数,积分范围是一个区间;而多重积分的被积函数是二元函数或三元函数,原理与定积分类似,积分范围是平面上的一个区域或空间中的一个区域。二重积分常用于求曲面面积、曲顶柱体体积、平面薄片重心、平面薄片转动惯量、平面薄片对质点的引力等,三重积分常用于求空间区域的体积、质量、质心等。

MATLAB 中提供的 integral2、quad2d 函数用于求二重积分 $\int_c^d\int_a^b f(x,y)\mathrm{d}x\mathrm{d}y$ 的数值解,integral3 函数用于求三重积分 $\int_e^f\int_c^d\int_a^b f(x,y,z)\mathrm{d}x\mathrm{d}y\mathrm{d}z$ 的数值解。函数的调用格式如下:

```
q = integral2(filename,xmin,xmax,ymin,ymax)
q = quad2d(filename,xmin,xmax,ymin,ymax)
q = integral3(filename,xmin,xmax,ymin,ymax,zmin,zmax)
```

其中,输入参数 filename 为被积函数,[xmin, xmax]为 x 的积分区域,[ymin, ymax]为 y 的积分区域,[zmin, zmax]为 z 的积分区域。输出参数 q 返回积分结果。

【例 8-6】 计算二重定积分

$$\int_{-1}^1\int_{-2}^2 \mathrm{e}^{-x^2/2}\sin(x^2+y)\mathrm{d}x\mathrm{d}y$$

```
>> fxy = @(x,y) exp( - x.^2/2). * sin(x.^2 + y);
>> I =  integral2(fxy, - 2,2, - 1,1)
I =
    1.5745
```

【例 8-7】 计算三重定积分

$$\int_0^1\int_0^{\pi}\int_0^{\pi} 4xz\mathrm{e}^{-z^2y-x^2}\mathrm{d}x\mathrm{d}y\mathrm{d}z$$

命令如下:

```
>> fxyz = @(x,y,z) 4 * x. * z. * exp( - z. * z. * y - x. * x);
>> I = integral3(fxyz,0,pi,0,pi,0,1)
I =
    1.7328
```

8.3 离散傅里叶变换

离散傅里叶变换(DFT)广泛应用于信号分析、光谱和声谱分析、全息技术等各个领域。但直接计算 DFT 的运算量与变换的长度 N 的平方成正比,当 N 较大时,计算量太大。随着计算机技术的迅速发展,在计算机上进行离散傅里叶变换计算成为可能,特别是快速傅里叶变换(FFT)算法的出现,为离散傅里叶变换的应用创造了条件。

MATLAB 提供了一套计算快速傅里叶变换的函数,它们包括求一维、二维和 N 维离散傅里叶变换函数 fft、fft2 和 fftn,还包括求上述各维离散傅里叶变换的逆变换函数 ifft、ifft2 和 ifftn 等。本节先简要介绍离散傅里叶变换的基本概念和变换公式,然后讨论 MATLAB 中离散傅里叶变换的实现。

8.3.1 离散傅里叶变换算法简介

在某时间片等距地抽取 N 个抽样时间 t_m 处的样本值 $f(t_m)$,且记作 $f(m)$,这里 $m=0,1,2,\cdots,N-1$,称 $F(k)(k=0,1,2,\cdots,N-1)$为 $f(m)$的一个离散傅里叶变换,其中

$$F(k)=\sum_{m=0}^{N-1} f(m)\mathrm{e}^{-\mathrm{j}2\pi mk/N},\quad k=0,1,\cdots,N-1$$

因为 MATLAB 不允许有零下标,所以将上述公式中 m 的下标均移动 1,于是便得到相应的公式:

$$F(k)=\sum_{m=1}^{N} f(m)\mathrm{e}^{-\mathrm{j}2\pi(m-1)(k-1)/N},\quad k=1,2,\cdots,N$$

由 $f(m)$ 求 $F(k)$ 的过程,称为求 $f(m)$ 的离散傅里叶变换,或称为 $F(k)$ 为 $f(m)$ 的离散频谱;反之,由 $F(k)$ 逆求 $f(m)$ 的过程,称为离散傅里叶逆变换,相应的变换公式为:

$$f(m)=\frac{1}{N}\sum_{k=1}^{N} F(k)\mathrm{e}^{\mathrm{j}2\pi(m-1)(k-1)/N},\quad m=1,2,\cdots,N$$

8.3.2 离散傅里叶变换的实现

MATLAB 提供了对向量或直接对矩阵进行离散傅里叶变换的函数。下面只介绍一维离散傅里叶变换函数,其调用格式与功能如下:

(1) fft(X)——返回向量 X 的离散傅里叶变换。设 X 的长度(即元素个数)为 N,若 N 为 2 的幂次,则为以 2 为基数的快速傅里叶变换,否则为运算速度很慢的非 2 幂次的算法。对于矩阵 X,fft(X)应用于矩阵的每一列。

(2) fft(X,N)——计算 N 点离散傅里叶变换。它限定向量的长度为 N,若 X 的长度小于 N,则不足部分补上零;若大于 N,则删去超出 N 的那些元素。对于矩阵 X,它同样应用于矩阵的每一列,只是限定了向量的长度为 N。

(3) fft(X,[],dim)或 fft(X,N,dim)——这是对于矩阵而言的函数调用格式,前者的功能与 FFT(X)基本相同,而后者则与 FFT(X,N)基本相同。只是当参数 dim=1 时,该函数作用于 X 的每一列;当 dim=2 时,则作用于 X 的每一行。

值得一提的是,当已知给出的样本数 N_0 不是 2 的幂次时,可以取一个 N 使它大于 N_0 且是 2 的幂次,然后利用函数格式 fft(X,N)或 fft(X,N,dim)便可进行快速傅里叶变换。这样,计算速度将大大加快。

相应地,一维离散傅里叶逆变换函数是 ifft。ifft(F)返回 F 的一维离散傅里叶逆变换;ifft(F,N)为 N 点逆变换;ifft(F,[],dim)或 ifft(F,N,dim)则由 N 或 dim 确定逆变换的点数或操作方向。

【例 8-8】 给定数学函数

$$x(t)=12\sin(2\pi\times 10t+\pi/4)+5\cos(2\pi\times 40t)$$

取 $N=128$,试对 t 在 0~1s 采样,用 fft 作快速傅里叶变换,绘制相应的振幅-频率图。

在 0~1s 时间范围内采样 128 点,从而可以确定采样周期和采样频率。由于离散傅里叶变换时的下标应为 $0\sim N-1$,故在实际应用时下标应该前移 1。又考虑到对离散傅里叶变换来说,其振幅 $|F(k)|$ 是关于 $N/2$ 对称的,故只需使 k 为 $0\sim N/2$ 即可。

程序如下:

```
N = 128;                                  % 采样点数
T = 1;                                    % 采样时间终点
t = linspace(0,T,N);                      % 给出 N 个采样时间 ti(i = 1:N)
x = 12 * sin(2 * pi * 10 * t + pi/4) + 5 * cos(2 * pi * 40 * t);   % 求各采样点样本值 x
dt = t(2) - t(1);                         % 采样周期
f = 1/dt;                                 % 采样频率(Hz)
X = fft(x);                               % 计算 x 的快速傅里叶变换 X
F = X(1:N/2 + 1);                         % F(k) = X(k)(k = 1:N/2 + 1)
f = f * (0:N/2)/N;                        % 使频率轴 f 从零开始
plot(f,abs(F),'- * ')                     % 绘制振幅 - 频率图
```

```
xlabel('Frequency');
ylabel('|F(k)|')
```

运行程序所绘制的振幅-频率图如图8-4所示。从图8-4可以看出，在幅值曲线上有两个峰值点，对应的频率为10Hz和40Hz，这正是给定函数中的两个频率值。

求X的快速傅里叶逆变换，并与原函数进行比较。

```
>> ix = real(ifft(X));                %求逆变换,结果只取实部
>> plot(t,x,t,ix,':')                 %逆变换结果和原函数的曲线
>> norm(x - ix)                       %逆变换结果和原函数之间的距离
ans =
   3.1954e - 14
```

逆变换结果和原函数曲线如图8-5所示，可以看出两者一致。另外，逆变换结果和原函数之间的距离也很接近。

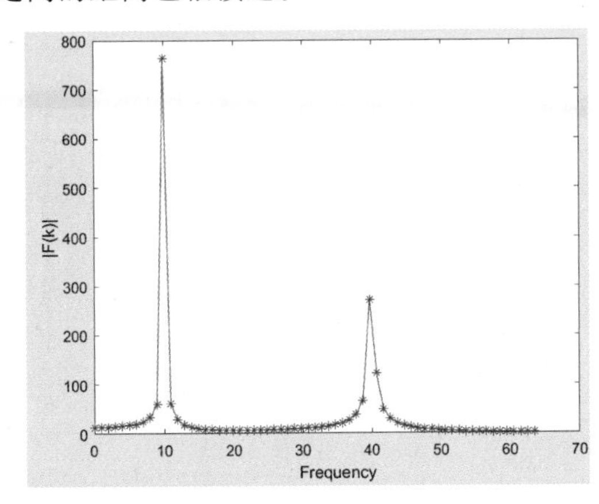

图8-4　振幅-频率图

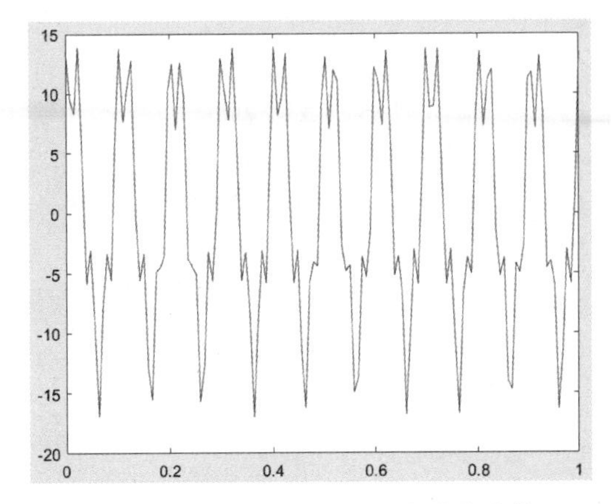

图8-5　逆变换结果和原函数曲线比较

8.4　应用实战8

【例8-9】　人造地球卫星的轨迹可视为平面上的椭圆。我国第一颗人造卫星近地点距离地球表面439km，远地点距离地球表面2384km，地球半径为6371km，求该卫星的轨迹长度。

分析：人造地球卫星的轨迹可用椭圆的参数方程来表示，即

$$\begin{cases} x = a\sin\theta \\ y = b\cos\theta \end{cases},\quad \text{其中 } \theta \in [0,2\pi], a > 0, b > 0$$

卫星的轨迹长度可表示为：

$$L = 4\int_0^{\pi/2} \sqrt{a^2\sin^2\theta + b^2\cos^2\theta}\, d\theta$$

由题目可知，$a=6371+2384=8755$，$b=6371+437=6810$。命令如下：

```
>> a = 8755;
>> b = 6810;
>> format long
>> funLength = @(x)sqrt(a^2. * sin(x).^2 +  b^2. * cos(x).^2);
>> L = 4 * integral(funLength,0,pi/2)
L =
   4.908996526868900e + 04
```

【例8-10】　测得河道某处宽(x)600m，其横截面不同位置某一时刻的水深(y)如表8-2所示，试估算河道截面面积。

表 8-2 河道横截面不同位置的水深(单位:m)

x	0	50	100	150	200	250	300	350	400	450	500	550	600
y	4.4	4.5	4.6	4.8	4.9	5.1	5.4	5.2	5.5	5.2	4.9	4.8	4.7

可以先绘制河底曲线图,大致了解截面形状,再求截面面积。程序如下:

```
x = 0:50:600;
y = [4.4,4.5,4.6,4.8,4.9,5.1,5.4,5.2,5.5,5.2,4.9,4.8,4.7];
plot(x,y,'-o');                          %绘制河底曲线图
s = diff(x).*(y(1:end-1) + y(2:end))/2;
I1 = sum(s)                              %求截面面积
I2 = trapz(x,y)                          %求截面面积
```

河底曲线如图 8-6 所示。求河截面道面积时用了两种方法:第一种方法是利用梯形法求每个小梯形的面积,并存在向量 s 中,对 s 求和即得整个截面面积;第二种方法是直接调用 trapz 函数。实际上,第一种方法就是 trapz 的内部实现。求 s 的表达式简洁、优雅、构思巧妙,这也是程序设计的魅力所在。

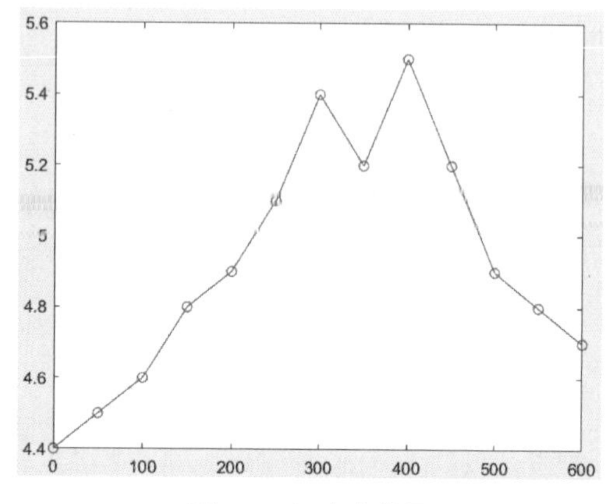

图 8-6 河底曲线图

运行程序后,得到河道截面面积如下:

```
I1 =
   2.9725e+03
I2 =
   2.9725e+03
```

练习题

一、选择题

1. diff([10,15])的值是(　　)。

   A. 5　　B. 10　　C. 15　　D. 25

2. 下列命令执行后,I 的值是(　　)。

```
>> I = trapz([1,2],[7,9])
```

   A. 7　　B. 8　　C. 9　　D. 10

3. 下列语句执行后,I 的值是(　　)。

```
I = integral(@(x) x,0,1)
```

   A. 0　　B. 1　　C. 0.5　　D. −1

4. 数值积分方法是基于(　　)的事实。

   A. 求原函数很困难　　B. 原函数无法用初等函数表示

   C. 无法知道被积函数的精确表达式　　D. A,B,C 三个选项

5. 以下选项不是离散傅里叶变换的函数是(　　)。

   A. fft　　B. fft2　　C. fft1　　D. fftn

6. 【多选】计算行向量 x 的 2 阶向前差分,可以使用的函数有(　　)。

   A. diff(x,2)　　B. diff(diff(x))

   C. diff(diff(x,1))　　D. diff(x,2,2)

二、问答题

1. 计算向量 **x** 的一阶向前差分，可以使用的命令有哪些？

2. 设 $f(x)=\sin^2 x$，在$[0,2\pi]$范围内随机采样，求函数在各点的数值导数，并与理论值 $f'(x)=\sin(2x)$进行比较。

3. 求数值积分时，被积函数的定义可以采取哪些形式？

4. 求定积分 $\int_0^{\infty} x^5 e^{-x} \sin x \, dx$。

5. MATLAB 提供了离散傅里叶变换函数 fft，对应的逆变换函数是什么？

操作题

1. 求函数在指定点的数值导数。

$$f(x)=\sqrt{x^2+1}, \quad x=1,2,3$$

2. 求定积分。

$$I=\frac{1}{\sqrt{2\pi}}\int_0^1 e^{-x^2/2}dx$$

3. 分别用矩形、梯形(trapz)公式计算由表 8-3 中数据给出的定积分 $I=\int_{0.3}^{1.5} f(x)dx$。

表 8-3 被积函数 $f(x)$数据表

x	0.3	0.5	0.7	0.9	1.1	1.3	1.5
$f(x)$	0.3895	0.6598	0.9147	1.1611	1.3971	1.6212	1.8325

4. 求二重定积分。

$$I=\int_0^1\int_0^1 \frac{1}{\sqrt{x^2+y^2}}dx\,dy$$

5. 已知 $h(t)=e^{-t}, t\geqslant 0$，取 $N=64$，对 t 从 0～5s 采样，用 fft 函数作快速傅里叶变换，并绘制相应的振幅-频率图。

第9章 符号计算

在科学研究和工程应用中，除了存在大量的数值计算外，还有对符号对象进行的运算，即在运算时无须事先对变量赋值，而将所得到结果以标准的符号形式来表示。MATLAB符号计算是通过集成在MATLAB中的符号运算工具箱(symbolic math toolbox)来实现的。应用符号计算功能，可以直接对抽象的符号对象进行各种计算，并获得问题的解析结果。应用符号计算功能，还可以实现可变精度的数值计算。本章介绍符号对象及其有关运算、求微积分的符号计算方法、级数求和与展开的符号方法以及方程符号求解。

9.1 符号对象及其运算

MATLAB为用户提供了一种符号数据类型，相应的运算对象称为符号对象，如符号常量、符号变量、矩阵以及有它们参与的数学表达式等。在进行符号运算前首先要建立符号对象。

9.1.1 建立符号对象

1. 建立符号变量

MATLAB提供了两个建立符号变量的函数：sym和syms，两个函数的用法不同。

(1) sym函数。sym函数用于创建单个符号变量，基本调用格式如下：

```
x = sym('x')
```

符号变量和在其他过程中建立的非符号变量是不同的。一个非符号变量在参与运算前必须赋值，变量的运算实际上是该变量所对应值的运算，其运算结果是一个与变量类型对应的值，而符号变量参与运算前无须赋值，其结果是一个由参与运算的变量名组成的表达式。下面的命令说明了符号变量和数值变量的差别。

```
>> a = sym('a');                    % 定义符号变量 a
>> w = a^3 + 3 * a + 10             % 符号运算
w =
a^3 + 3*a + 10
>> x = 5;                           % 定义数值变量 x
>> w = x^3 + 3 * x + 10             % 数值运算
w =
   150
```

执行第一条命令，定义了符号变量a。执行第二条命令，w为符号变量。执行第三条命令，定义了数值变量x。执行第四条命令，w变为数值变量。

利用sym函数还可以将常量、向量、矩阵转换为符号对象，命令格式如下：

```
x = sym(Num,flag)
```

其中，Num可以是常量、向量或矩阵，选项flag用于指定将Num转换为符号对象时所采用的方法，可取值有r、d、e和f，分别代表将Num转换为有理式、十进制数、带估计误差的有理式、与精确值对应的分式，默认为r。例如：

```
>> x1 = sym(pi)
x1 =
pi
>> x2 = sym(pi,'e')
x2 =
pi - (198 * eps)/359
>> x3 = sym(pi,'f')
```

```
x3 =
884279719003555/281474976710656
>> x4 = sym(pi,'d')
x4 =
3.1415926535897931159979634685442
```

使用符号对象进行代数运算和常规变量进行的运算不同。下面的命令用于比较符号对象与数值量在代数运算时的差别。

在 MATLAB 命令行窗口，输入命令：

```
>> p1 = sym(pi);a = sym(4);            % 定义符号对象 p1、a
>> c1 = cos((a + 10)^2) - sin(p1/4)    % 符号计算
c1 =
cos(196) - 2^(1/2)/2
>> p2 = pi; x = 4;                     % 定义数值变量 p2、x
>> c2 = cos((x + 10)^2) - sin(p2/4)    % 数值计算
c2 =
   -0.3646
```

从命令的执行情况可以看出，用符号对象进行计算更像在进行数学演算，所得到的结果是精确的数学表达式，而数值计算将结果近似为一个有限小数。

(2) syms 函数。sym 函数一次只能定义一个符号变量，MATLAB 提供了另一个函数 syms，一次可以定义多个符号变量。syms 函数的一般调用格式如下：

```
syms var1 … varN
```

其中，var1～varN 为变量名。用这种格式定义多个符号变量时，变量间用空格分隔。例如，用 syms 函数定义 4 个符号变量 a、b、c、d，命令如下：

```
>> syms a b c d
```

用不带参数的 syms 函数可以查看当前工作区的所有符号对象。

2. 建立符号表达式

(1) 使用已经定义的符号变量组成符号表达式。例如：

```
>> syms x y;
>> f = 3 * x^2 - 5 * y + 2 * x * y + 6
f =
3 * x^2 + 2 * y * x - 5 * y + 6
>> F = cos(x^2) - sin(2 * x) == 0
F =
cos(x^2) - sin(2 * x) == 0
```

在 MATLAB 中，由符号对象构成的矩阵称为符号矩阵，其创建方法与创建数值矩阵类似。例如：

```
>> syms a b c
>> A = [a b c; c a b; b c a]        % 建立符号矩阵
A =
[ a, b, c]
[ c, a, b]
[ b, c, a]
```

(2) 用 sym 函数将 MATLAB 的匿名函数转换为符号表达式，例如：

```
>> fexpr = sym(@(x) sin(x) + cos(x))
fexpr =
cos(x) + sin(x)
```

(3) 用 str2sym 函数将字符串转换为符号表达式,例如:

```
>> fx = str2sym('cos(x) + sin(x)')
fx =
cos(x) + sin(x)
```

3. 建立符号函数

(1) 使用已经定义的符号变量定义符号函数。例如:

```
>> syms x y;
>> f(x,y) = 3 * x^2 - 5 * y + 2 * x * y + 6
f(x, y) =
3 * x^2 + 2 * y * x - 5 * y + 6
>> f(2, - 1)
ans =
19
```

(2) 用 syms 函数定义符号函数,然后构造该符号函数所对应的表达式。例如:

```
>> syms f(t) fxy(x, y)
>> f(t) = t^2 + 1
f(t) =
t^2 + 1
>> f(x,y) = 3 * x^2 - 5 * y + 2 * x * y + 6
f(x, y) =
3 * x^2 + 2 * y * x - 5 * y + 6
```

(3) 用 symfun 函数建立符号函数。调用格式如下:

```
f = symfun(formula, inputs)
```

其中,输入参数 formula 为符号表达式或者由符号表达式构成的向量、矩阵,inputs 指定符号函数 f 的自变量。例如:

```
>> syms x y
>> f = symfun(3 * x^2 - 5 * y + 2 * x * y + 6,[x y])
f(x, y) =
3 * x^2 + 2 * y * x - 5 * y + 6
```

9.1.2 符号表达式中自变量的确定

symvar 函数用于获取符号表达式中的自变量,其调用格式如下:

```
symvar(s)
symvar(s,n)
```

symvar 函数返回 s 中的 n 个符号变量,默认返回 s 中的全部符号变量。s 可以是符号表达式、矩阵或函数,函数以向量形式返回结果。例如:

```
>> syms x a y z b;
>> s1 = 3 * x + y; s2 = a * y + b;
>> symvar(s1)
ans =
[ x, y]
>> symvar(s1 + s2)
ans =
[ a, b, x, y]
```

如果指定了返回变量个数 n,对于符号函数,MATLAB 按字母在字母表中的顺序(大写字母在小写字母前)确定各个自变量在返回的向量中的位置;对于符号表达式和矩阵,MATLAB 将按在字母表上与字母 x 的接近程度确定各自变量在返回的向量中的位置。例如:

```
>> syms a b w y z
>> f(a,b) = a * z + b * w;              % 定义符号函数
>> symvar(f,3)
ans =
[ a, b, w]
>> ff = a * z + b * w;                  % 定义符号表达式
>> symvar(ff,3)
ans =
[ w, z, b]
```

在求函数的极限、导数和积分时,如果用户没有明确指定自变量,那么 MATLAB 将按以下原则确定主变量并对其进行相应微积分运算。

(1) 寻找除 i、j 之外,在字母顺序上最接近 x 的小写字符。

(2) 若表达式中有两个符号变量与 x 的距离相等,则 ASCII 大者优先。

可用 symvar(s,1)查找表达式 s 的主变量。例如:

```
>> syms a b w y z
>> symvar(a * z + b * w,1)
ans =
w
>> h = sym([3 * b/2, (2 * x + 1)/3; a/x + b/y, 3 * x + 4]);   % 定义符号矩阵
>> symvar(h,1)
ans =
x
```

9.1.3 符号对象的算术运算

1. 符号对象的四则运算

符号表达式的四则运算与数值的数值运算一样,用+(或 plus 函数)、-(或 minus 函数)、*、/、^运算符实现,其运算结果依然是一个符号表达式。例如:

```
>> x = sym('x');
>> f = 2 * x^2 + 3 * x - 5;
>> g = x^2 - x + 7;
>> fsym = f + g    % 或   fsym = plus(f,g)
fsym =
3 * x^2  +  2 * x  +  2
>> gsym = f^g
gsym =
(2 * x^2  +  3 * x  -  5)^(x^2  -  x  +  7)
```

符号矩阵的算术运算规则与数值矩阵的算术运算规则相同,+、-以及点运算(.*、.\、./、.^)分别作用于矩阵的每一个元素,*、\、/、^则是矩阵运算。例如:

```
>> syms x y a b c d;
>> A = [x,10 * x; y,10 * y];
>> B = [a,b; c,d];
>> C1 = A + B
C1 =
[ a  +  x, b  +  10 * x]
[ c  +  y, d  +  10 * y]
>> C2 = A. * B
C2 =
[ a * x, 10 * b * x]
[ c * y, 10 * d * y]
>> C3 = A * B
C3 =
```

```
[ a*x + 10*c*x, b*x + 10*d*x]
[ a*y + 10*c*y, b*y + 10*d*y]
```

2. 提取符号表达式的分子和分母

如果符号表达式是一个有理分式或可以展开成有理分式，则可利用 numden 函数来提取符号表达式中的分子或分母，一般调用格式如下：

```
[n,d] = numden(s)
```

该函数提取符号表达式 s 的分子和分母，输出参数 n 与 d 中分别用于返回符号表达式 s 的分子和分母。例如：

```
>> [n,d] = numden(sym(10/33))
n =
10
d =
33
>> syms a b x
>> [n,d] = numden(a*x^2/(b+x))
n =
a*x^2
d =
b + x
```

numden 函数在提取各部分之前，将符号表达式有理化后返回所得的分子和分母。例如：

```
>> syms x;
>> [n,d] = numden((x^2+3)/(2*x-1)+3*x/(x-1))
n =
x^3 + 5*x^2 - 3
d =
(2*x - 1)*(x - 1)
```

如果符号表达式是一个符号矩阵，则 numden 返回两个矩阵 n 和 d，其中 n 是分子矩阵，d 是分母矩阵。例如：

```
>> syms a x y
>> h = sym([3/2,(2*x+1)/3;a/x+a/y,3*x+4])
h =
[        3/2, (2*x)/3 + 1/3]
[ a/x + a/y,        3*x + 4]
>> [n,d] = numden(h)
n =
[          3, 2*x + 1]
[a*(x + y), 3*x + 4]
d =
[   2,    3]
[ x*y,    1]
```

3. 符号表达式的因式分解、展开与合并

MATLAB 提供的符号表达式的因式分解与展开、合并函数分别是 factor 函数、expand 函数和 collect 函数。

(1) factor 函数。factor 函数用于分解因式，基本调用格式如下：

```
factor(s)
```

若参数 s 是一个整数，则函数返回 s 的所有素数因子；若 s 是一个符号对象，则函数返回由 s 的所有素数因子或所有因式构成的向量。例如：

```
>> F = factor(823429252)                                    %对整数分解因子
F =
```

```
          2           2          59          283          12329
>> F = factor(sym(823429252))                              % 对符号常量分解因子
F =
[ 2, 2, 59, 283, 12329]
>> syms x y;
>> s1 = x^3 - y^3;
>> factor(s1)                                              % 对 s1 分解因式
ans =
[ x - y, x^2 + x * y + y^2]
```

若符号表达式中有多个变量,需要按指定变量分解,则可以采用以下格式:

```
factor(s,v)
```

指定以 v 为符号表达式的自变量,对符号表达式 s 分解因式,v 可以是符号变量或由符号变量组成的向量。例如:

```
>> syms x y
>> F = factor(y^2 * x^2)                                   % 默认 x、y 都是自变量
F =
[ x, x, y, y]
>> F = factor(y^2 * x^2,x)                                 % 指定 x 是自变量
F =
[ y^2, x, x]
```

(2) expand 函数。expand 函数用于将符号表达式展开成多项式,调用格式如下:

```
expand(S,Name,Value)
```

其中,参数 S 是符号表达式或符号矩阵;选项 Name 用于设置展开方式,可用 ArithmeticOnly 或 IgnoreAnalyticConstraints,Value 为 Name 的值,可取值有 true 和 false,默认为 false。若 ArithmeticOnly 值为 true,则指定展开多项式时不展开三角函数、双曲函数、对数函数;若 IgnoreAnalyticConstraints 值为 true,则指定展开多项式时应用纯代数简化方法。例如:

```
>> syms x y
>> s2 = ( - 7 * x^2 - 8 * y^2) * ( - x^2 + 3 * y^2);
>> expand(s2)                                              % 对 s2 展开
ans =
7 * x^4 - 13 * x^2 * y^2 - 24 * y^4
>> expand(cos(x + y))
ans =
cos(x) * cos(y) - sin(x) * sin(y)
>> expand(cos(x + y),'ArithmeticOnly', true)
ans =
cos(x + y)
```

(3) collect 函数。collect 函数用于合并同类项,调用格式如下:

```
collect(P,v)
```

以 v 为自变量,对符号对象 P 按 v 合并同类项,v 省略时,以默认方式确定符号表达式的自变量。如果 P 是由符号表达式组成的向量或矩阵,运算时,函数对向量和矩阵的各个元素进行处理。

```
>> syms x y
>> s3 = (x + 2 * y) * (x^2 + y^2 + 1)
>> collect(s3)                    % 默认以 x 为自变量,对 s3 按 x 合并同类项
ans =
x^3 + (2 * y) * x^2 + (y^2 + 1) * x + 2 * y * (y^2 + 1)
>> collect(s3,y)                  % 以 y 为自变量,对 s3 按 y 合并同类项
ans =
```

```
2 * y^3 + x * y^2 + (2 * x^2 + 2) * y + x * (x^2 + 1)
```

4. 符号表达式系数的提取

如果符号表达式是一个多项式，可利用 coeffs 函数来提取符号表达式中的系数，一般调用格式如下：

```
C = coeffs(p)
[C,T] = coeffs(p,var)
```

第一种格式以默认方式确定符号表达式的自变量，按升幂顺序返回符号表达式 p 各项的系数；第二种格式指定以 var 为自变量，若 var 是符号变量，则按升幂顺序返回符号表达式 p 中变量 var 的系数，T 返回 C 中各系数的对应项。若 var 是由符号变量组成的向量，则依次按向量的各个变量的升幂顺序返回符号表达式 p 各项的系数。

例如：

```
>> syms x y
>> s = 5 * x * y^3 + 3 * x^2 * y^2 + 2 * y + 1;
>> coeffs(s)                    % 求各项系数,按所有变量的升幂排列
ans =
[ 1, 2, 3, 5]
>> coeffs(s,x)                  % 按 x 的升幂排列
[ 2 * y + 1, 5 * y^3, 3 * y^2]
>> coeffs(s,y)                  % 按 y 的升幂排列,返回变量 y 的系数
[ 1, 2, 3 * x^2, 5 * x]
>> coeffs(s,[x,y])
ans =
[ 1, 2, 5, 3]
```

5. 符号表达式的化简

MATLAB 提供的对符号表达式化简的函数如下。

```
simplify(s,Name,Value)
```

对 s 进行代数化简。如果 s 是一个符号向量或符号矩阵，则化简 s 的每一个元素。选项 Name 指定化简过程属性，Value 为该属性的取值。常见属性和可取值如表 9-1 所示。

表 9-1　符号表达式化简函数

属　　性	含义及可取值
Criterion	简化标准。'default'表示使用默认标准，'preferReal'表示解析表达式时偏重实型值
IgnoreAnalyticConstraints	简化规则。false 表示严格规则，true 表示应用纯代数简化方法
Seconds	设置简化过程的时限。默认为 Inf，也可以设定为一个正数
Steps	设置简化步骤限制。默认为 1，可以设定为一个正数

例如：

```
>> syms x;
>> s = (x^2 + 5 * x + 6)/(x + 2);
>> simplify(s)
ans =
x + 3
>> s = [2 * cos(x)^2 - sin(x)^2,sqrt(16)];
>> simplify(s)
ans =
[ 2 - 3 * sin(x)^2, 4]
```

除了常用的 simplify 函数，符号工具箱还提供了一系列将数学表达式转换成特定形式的函数，这些函数的运行速度比 simplify 函数快。

6. 符号对象与数之间的转换

1) 符号对象转换为基本数据类型

MATLAB 的符号工具箱提供了多个函数将符号对象转换成基本数据类型，如表 9-2 所示。

表 9-2 类型转换函数

函 数 名	含 义
char(A)	将符号对象 A 转换为字符串
int8(S), int16(S), int32(S), int64(S)	将符号对象 S 转换为有符号整数
uint8(S), uint16(S), uint32(S), uint64(S)	将符号对象 S 转换为无符号整数
single(S)	将符号对象 S 转换为单精度实数
double(S)	将符号对象 S 转换为双精度实数
R=vpa(A) R=vpa(A,d)	按指定精度计算符号常量表达式 A 的值，并转换为符号常量，d 指定生成的符号常量的有效数据位数，默认按前由 digits 函数的设置

其中，A 是符号标量或符号矩阵，S 是符号常量、符号表达式或符号矩阵，R 是符号对象。若 S 是符号常量，则返回数值；若 S 是符号矩阵，则返回数值矩阵。例如：

```
>> a = sym(2 * sqrt(2));
>> b = sym((1 - sqrt(3))^2);
>> T = [a, b; a * b, b/a];
>> R1 = double(T)                % R1 为数值矩阵
R1 =
    2.8284    0.5359
    1.5157    0.1895
>> R2 = vpa(T,10)                % R2 为符号矩阵
R2 =
[ 2.828427125,  0.5358983849]
[ 1.515749528,   0.189468691]
```

2) 符号多项式与多项式系数向量的转换

MATLAB 提供了函数 sym2poly(p)用于将符号多项式 p 转换为多项式系数向量，而函数 poly2sym(c,var)用于将多项式系数向量 c 转换为符号多项式，若未指定自变量，则采用系统默认自变量 x。例如：

```
>> syms x y;
>> u = sym2poly(x^3 - 2 * x - 5)
u =
     1     0    -2    -5
>> v = poly2sym(u,y)
v =
y^3 - 2 * y - 5
>> v = poly2sym(u)
v =
x^3 - 2 * x - 5
```

7. 指定符号对象的值域

在进行符号对象的运算前，可用 assume 函数设置符号对象的值域，函数调用格式如下：

```
assume(condition)
assume(expr, set)
```

第一种格式指定变量满足条件 condition，第二种格式指定表达式 expr 属于集合 set，set 的可取值有 integer、rational、real 和 positive，分别表示整数、有理数、实数和正数。例如：

```
>> syms x
>> assume(x < 0)
>> abs(x)
ans =
 - x
>> assume(x, 'positive')
>> abs(x)
ans =
x
```

若要清除符号表达式的值域，则可使用命令 assume(expr, 'clear')。

9.1.4 符号对象的关系运算

1. 关系运算

MATLAB 提供的 6 种关系运算符<、<=、>、>=、==、~=和对应的关系运算函数 lt、le、gt、ge、eq、ne 也可用于符号对象。若参与运算的有符号表达式，则其结果是一个符号关系表达式；若参与运算的是两个同型的矩阵(其中有符号矩阵)，则其结果是也是一个同型矩阵，矩阵的各个元素是符号关系表达式。例如：

```
>> syms x y a b c d;
>> A = [a * x, x * y; y/b, y^3];
>> B = [a, b; c, d];
>> x + y <= 100
ans =
x + y <= 100
>> A~ = B * 2
ans =
[ a * x ~= 2 * a, x * y ~= 2 * b]
[ y/b ~= 2 * c, y^3 ~= 2 * d]
```

2. piecewise 函数

MATLAB 提供了 piecewise 函数，专门用于定义分段函数的符号表达式。函数的调用格式如下：

```
pw = piecewise(cond1, val1, cond2, val2, ..., condn, valn)
```

其中，cond1、cond2……表示条件，val1、val2……表示值。当条件 cond1 成立时，pw 的值是 val1；当条件 cond2 成立时，pw 的值是 val2。

例如，$y=\begin{cases}\sqrt{x}, & x>0\\ x^2, & x<0\\ 1, & x=0\end{cases}$，执行以下命令生成该数学函数的符号表达式：

```
>> syms x
>> y = piecewise(x > 0, sqrt(x), x < 0, x * x, x == 0, 1)
y =
piecewise(0 < x, x^(1/2), x < 0, x^2, x == 0, 1)
```

3. isequaln 函数

MATLAB 还提供了 isequaln 函数，用于判断两个或多个符号对象是否一致。函数的调用格式如下：

```
isequaln(A1,A2,…,An)
```

若 A1,A2,…,An 都一致,则返回 1,否则返回 0。

例如:

```
>> syms x
>> isequaln(abs(x),x)
ans =
  logical
   0
>> assume(x > 0)
>> isequaln(abs(x),sqrt(x * x),x)
ans =
   logical
     1
```

9.1.5 符号对象的逻辑运算

1. 基本逻辑运算

MATLAB 提供的 4 个逻辑运算函数 and(与)、or(或)、xor(异或)、not(非)以及 3 个逻辑运算符 &(与)、|(或)、~(非)也可用于符号对象。符号表达式的逻辑运算结果也是一个符号表达式。例如:

```
>> syms x
>> y = x > 0 & x < 10                 % 或 y = and(x > 0 , x < 10)
y =
0 < x & x < 10
```

2. 其他逻辑运算

MATLAB 提供了 fold 函数,用于组合逻辑表达式。fold 函数的调用格式如下:

```
fold(@fun,v)
```

其中,fun 是逻辑运算函数,v 是一个由符号表达式组成的向量,例如:

```
>> syms a b c
>> fold(@and, [a < b + c, b < a + c, c < a + b])
ans =
a < b + c & b < a + c & c < a + b
```

9.1.6 符号矩阵的运算

由于符号矩阵是一个矩阵,所以符号矩阵还能进行有关矩阵的运算。曾介绍过的应用于数值矩阵的相关函数,如 diag、triu、tril、inv、det、rank、trace、eig 等,也可直接应用于符号矩阵。下面定义一个符号矩阵,并进行各种符号运算。

```
>> syms x
>> A = [sin(x),cos(x);acos(x),asin(x)]          % 建立符号矩阵
A =
[ sin(x), cos(x)]
[acos(x), asin(x)]
>> d = diag(A)                                   % 求矩阵主对角线元素
d =
 sin(x)
asin(x)
>> det(A)                                        % 求矩阵行列式的值
ans =
asin(x) * sin(x) - acos(x) * cos(x)
>> B = A.'                                       % 求转置矩阵。注意有点运算符
```

```
B =
[sin(x), acos(x)]
[cos(x), asin(x)]
```

9.2 符号微积分

微积分的数值计算方法只能求出以数值表示的近似解，而无法得到以函数形式表示的解析解。在 MATLAB 中，可以通过符号运算获得微积分的解析解。

9.2.1 符号极限

MATLAB 中求函数极限的函数是 limit，可用来求函数在指定点的极限值和左右极限值。对于极限值为"没有定义"的极限，MATLAB 给出的结果为 NaN；极限值为无穷大时，MATLAB 给出的结果为 Inf。limit 函数的调用格式如下：

(1) limit(f,x,a)——求符号函数 f(x)的极限值 $\lim\limits_{x \to a} f(x)$。计算当变量 x 趋近于常数 a 时，f(x)函数的极限值。

(2) limit(f,a)——求符号函数 f(x)的极限值。由于没有指定符号函数 f(x)的自变量，则使用该格式时，符号函数 f(x)的变量为函数 symvar(f)确定的默认自变量，即变量 x 趋近于 a。

(3) limit(f)——求符号函数 f(x)的极限值。符号函数 f(x)的变量为函数 symvar(f)确定的默认变量；没有指定变量的目标值时，系统默认变量趋近于 0，即 a=0 的情况。

(4) limit(f,x,a,'right')——求符号函数 f 的极限值 $\lim\limits_{x \to a^+} f(x)$。'right'表示变量 x 从右边趋近于 a。

(5) limit(f,x,a,'left')——求符号函数 f 的极限值 $\lim\limits_{x \to a^-} f(x)$。'left'表示变量 x 从左边趋近于 a。

【例 9-1】 求下列极限。

(1) $\lim\limits_{x \to a} \dfrac{x(e^{\sin x}+1)-2(e^{\tan x}-1)}{x+a}$。

(2) $\lim\limits_{x \to \infty} \left(1+\dfrac{2t}{x}\right)^{3x}$。

(3) $\lim\limits_{x \to +\infty} x(\sqrt{x^2+1}-x)$。

(4) $\lim\limits_{x \to 2^+} \dfrac{\sqrt{x}-\sqrt{2}-\sqrt{x-2}}{\sqrt{x^2-4}}$。

程序如下：

```
>> syms a m x;
>> f = (x * (exp(sin(x)) + 1) - 2 * (exp(tan(x)) - 1))/(x + a);
>> limit(f,x,a)                          % 极限 1
ans =
(a * (exp(sin(a)) + 1) - 2 * exp(sin(a)/cos(a)) + 2)/(2 * a)
>> syms x t;
>> limit((1 + 2 * t/x)^(3 * x),x,Inf)   % 极限 2
ans =
exp(6 * t)
>> syms x;
>> f = x * (sqrt(x^2 + 1) - x);
>> limit(f,x, +Inf)                      % 极限 3
```

```
ans =
1/2
>> syms x;
>> f = (sqrt(x) - sqrt(2) - sqrt(x - 2))/sqrt(x * x - 4);
>> limit(f,x,2,'right')                  % 极限 4
ans =
 - 1/2
```

9.2.2 符号导数

diff 函数用于对符号表达式求导数,其一般调用格式如下:

(1) diff(s)——没有指定变量和导数阶数,则系统按 symvar 函数指示的默认变量对符号表达式 s 求一阶导数。

(2) diff(s,v)——以 v 为自变量,对符号表达式 s 求一阶导数。

(3) diff(s,n)——按 symvar 函数指示的默认变量对符号表达式 s 求 n 阶导数,n 为正整数。

(4) diff(s,v,n)——以 v 为自变量,对符号表达式 s 求 n 阶导数。

视频讲解

【例 9-2】 求下列函数的导数。

(1) $y=e^{-x}+x$,求 y'。

(2) $y=\cos(x^2)$,求 y''、y'''。

(3) $\begin{cases} x=a\cos t \\ y=a\sin t \end{cases}$,求 y'_x、y''_x。

(4) $z=x+\dfrac{1}{y^2}$,求 z'_x、z'_y。

命令如下:

```
>> syms x y z a b t;
>> f = exp( - x) + x;
>> diff(f)                         % 求导数 1,未指定求导变量和阶数,按默认规则处理
ans =
1 - exp( - x)
>> f = cos(x * x);
>> diff(f,x,2)                     % 求导数 2,f 对 x 的二阶导数
ans =
 - 2 * sin(x^2) - 4 * x^2 * cos(x^2)
>> diff(f,x,3)                     % 求导数 2,f 对 x 的三阶导数
ans =
8 * x^3 * sin(x^2) - 12 * x * cos(x^2)
>> f1 = a * cos(t);f2 = b * sin(t);
>> diff(f2)/diff(f1)               % 求导数 3,按参数方程求导公式求 y 对 x 的导数
ans =
 - (b * cos(t))/(a * sin(t))
>> (diff(f1) * diff(f2,2) - diff(f1,2) * diff(f2))/(diff(f1))^3
                                   % 求导数 3,y 对 x 的二阶导数
ans =
 - (a * b * cos(t)^2 + a * b * sin(t)^2)/(a^3 * sin(t)^3)
>> f = x + 1/y^2;
>> diff(f,x)                       % 求导数 4,z 对 x 的偏导数
ans =
1
>> diff(f,y)                       % 求导数 4,z 对 y 的偏导数
ans =
 - 2/y^3
```

9.2.3 符号积分

符号积分由函数 int 来实现，一般调用格式如下：

(1) int(s)——没有指定积分变量和积分阶数时，系统按 symvar 函数指示的默认变量对被积函数或符号表达式 s 求不定积分。

(2) int(s,v)——以 v 为自变量，对被积函数或符号表达式 s 求不定积分。

(3) int(s,v,a,b)——求定积分运算。a,b 分别表示定积分的下限和上限。该函数求被积函数在区间[a,b]上的定积分。a 和 b 可以是两个具体的数，也可以是一个符号表达式，还可以是无穷(Inf)。当函数 f 关于变量 x 在闭区间[a,b]上可积时，函数返回一个定积分结果。当 a,b 中有一个是 Inf 时，函数返回一个广义积分。当 a,b 中有一个符号表达式时，函数返回一个符号函数。

【例 9-3】 求下列积分。

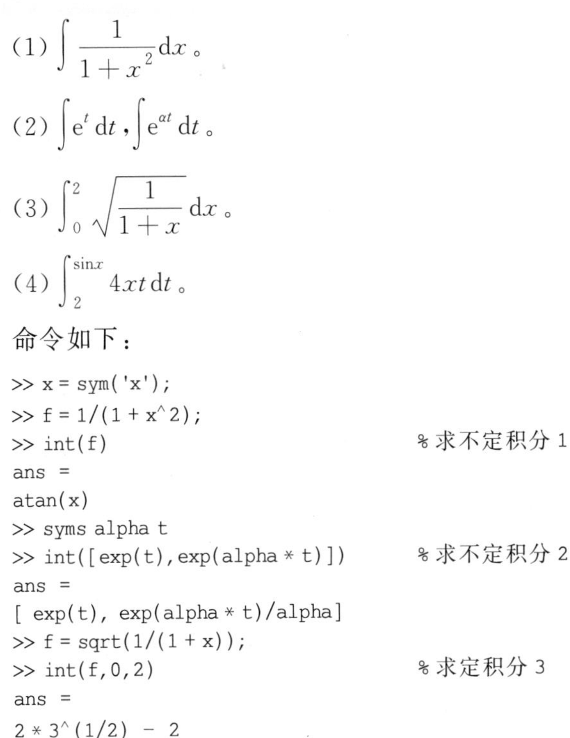

(1) $\int \frac{1}{1+x^2}\mathrm{d}x$。

(2) $\int \mathrm{e}^t \mathrm{d}t$，$\int \mathrm{e}^{\alpha t}\mathrm{d}t$。

(3) $\int_0^2 \sqrt{\frac{1}{1+x}}\mathrm{d}x$。

(4) $\int_2^{\sin x} 4xt\,\mathrm{d}t$。

命令如下：

```
>> x = sym('x');
>> f = 1/(1 + x^2);
>> int(f)                              %求不定积分 1
ans =
atan(x)
>> syms alpha t
>> int([exp(t),exp(alpha * t)])        %求不定积分 2
ans =
[ exp(t), exp(alpha * t)/alpha]
>> f = sqrt(1/(1 + x));
>> int(f,0,2)                          %求定积分 3
ans =
2 * 3^(1/2) - 2
>> int(4 * x * t,t,2,sin(x))           %求定积分 4
ans =
 - 2 * x * (cos(x)^2 + 3)
```

9.3 级数

级数是表示函数、研究函数性质以及进行数值计算的一种工具，特别是可以利用收敛的无穷级数来当逼近一些无理数，使它们的求值变得更方便。

9.3.1 级数符号求和

曾讨论过有限级数求和的函数 sum，sum 处理的级数是以一个向量形式表示的，并且只能是有穷级数，对于无穷级数求和，sum 是无能为力的。求无穷级数的和需要符号表达式求

和函数 symsum,其调用格式如下:

```
symsum(s,v,n,m)
```

其中,s 表示一个级数的通项,是一个符号表达式。v 是求和变量,v 省略时使用系统的默认变量。n 和 m 是求和的开始项和末项。

视频讲解

【例 9-4】 求下列级数之和。

(1) $1+\frac{1}{4}+\frac{1}{9}+\frac{1}{16}+\cdots+\frac{1}{n^2}+\cdots$

(2) $1+\frac{1}{3}+\frac{1}{5}+\cdots+\frac{1}{19}$

命令如下:

```
>> syms n;
>> s = symsum(1/n^2,1,Inf)              % 求级数 1
s =
pi^2/6
>> y = symsum(1/(2 * n - 1),1,10)       % 求级数 2
y =
31037876/14549535
>> eval(y)                              % 转换为数值
ans =
    2.1333
```

9.3.2 函数的泰勒级数

泰勒级数将一个任意函数表示为一个幂级数,并且,在许多情况下,只需要取幂级数的前有限项来表示该函数,这对于大多数工程应用问题来说,精度已经足够。MATLAB 提供了 taylor 函数将函数展开为幂级数,其调用格式如下:

```
taylor(f,v,a)
taylor(f,v,a,Name,Value)
```

该函数将函数 f 按变量 v 展开为泰勒级数,v 的默认值与 diff 函数相同。参数 a 指定将函数 f 在自变量 v=a 处展开,a 的默认值是 0。第二种格式用于运算时设置相关选项,Name 和 Value 成对使用,Name 为选项,Value 为 Name 的值。Name 有 3 个可取字符串。

(1) ExpansionPoint:指定展开点,对应值为标量或向量。未设置时,展开点为 0。

(2) Order:指定截断阶,对应值为一个正整数。未设置时,截断阶为 6,即展开式的最高阶为 5。

(3) OrderMode:指定展开式采用绝对阶或相对阶,对应值为'Absolute'或'Relative'。未设置时,'OrderMode'为'Absolute'。

视频讲解

【例 9-5】 求函数在指定点的泰勒级数展开式。

(1) 求$\frac{1+x+x^2}{1-x+x^2}$在 $x=0$ 处的泰勒级数展开式。

(2) 将 $\ln x$ 在 $x=1$ 处按五阶多项式展开。

命令如下:

```
>> syms x;
>> f1 = (1 + x + x^2)/(1 - x + x^2);
>> taylor(f1)                           % 求泰勒级数展开式 1
ans =
```

```
- 2 * x^5 - 2 * x^4 + 2 * x^2 + 2 * x + 1
>> taylor(log(x),x,1,'Order',6)      % 求泰勒级数展开式 2
ans =
x - (x - 1)^2/2 + (x - 1)^3/3 - (x - 1)^4/4 + (x - 1)^5/5 - 1
```

9.4 符号方程求解

前面介绍了代数方程以及常微分方程数值求解的方法，在 MATLAB 中也提供了 solve 和 dsolve 函数，用符号运算求解代数方程和常微分方程。

9.4.1 符号代数方程求解

代数方程是指未涉及微积分运算的方程，相对比较简单。在 MATLAB 中，求解用符号表达式表示的代数方程可由函数 solve 实现，其调用格式如下：

(1) solve(s)——求解符号表达式 s 的代数方程，求解变量为默认变量。

(2) solve(s,v)——求解符号表达式 s 的代数方程，求解变量为 v。

(3) solve(s1,s2,…,sn,v1,v2,…,vn)——求解符号表达式 s1,s2,…,sn 组成的代数方程组，求解变量分别为 v1,v2,…,vn。

【例 9-6】 解下列方程。

(1) $\frac{1}{x+2}+a=\frac{1}{x-2}$。

(2) $\begin{cases} x+2y-z=27 \\ x+z=3 \\ x^2+3y^2=12 \end{cases}$。

命令如下：

```
>> syms x y z a
>> x = solve(1/(x + 2) + a == 1/(x - 2),x)      % 解方程 1
x =
 - (2 * (a * (a + 1))^(1/2))/a
   (2 * (a * (a + 1))^(1/2))/a
>> [x y z] = solve(x + 2 * y - z == 27,x + z == 3,x^2 + 3 * y^2 == 12,x,y,z) % 解方程 2
x =
(627^(1/2) * 1i)/4 + 45/4
45/4 - (627^(1/2) * 1i)/4
y =
15/4 - (627^(1/2) * 1i)/4
(627^(1/2) * 1i)/4 + 15/4
z =
 - (627^(1/2) * 1i)/4 - 33/4
   (627^(1/2) * 1i)/4 - 33/4
```

9.4.2 符号常微分方程求解

在 MATLAB 中，微分用 diff()表示。例如，diff(y,t)表示$\frac{dy}{dt}$，diff(y,t,2)表示$\frac{d^2y}{d^2t}$。符号常微分方程求解可以通过函数 dsolve 来实现，其调用格式如下：

```
S = dsolve(eqn,cond,v)
```

该函数求解常微分方程 eqn 在初值条件 cond 下的特解。若没有给出初值条件 cond，则求方程的通解。eqn 可以是符号等式或由符号等式组成的向量。v 代表方程中的自变量，省略时按默认原则处理。

使用符号等式，必须先申明符号函数，然后使用符号"=="建立符号等式。例如求解微分方程$\frac{dy}{dx}=y+1$的命令如下：

```
>> syms y(x)
>> dsolve(diff(y,x) == y + 1)
ans =
C1 * exp(x) - 1
```

结果中的 C1、C2 等代表任意常数。

dsolve 在求常微分方程组时的调用格式为

```
[y1, ⋯ , yN] = dsolve(e1,e2, ⋯ ,en,c1, ⋯ ,cn,v)
```

该函数求解常微分方程组 e1,e2,⋯,en 在初值条件 c1,c2,⋯,cn 下的特解，将求解结果存储于变量 y1,⋯,yn。若不给出初值条件，则求方程组的通解，若边界条件少于方程(组)的阶数，则返回的结果中会出现代表任意常数的符号 C1,C2,⋯。若该命令得不到解析解，则返回一条警告信息，同时返回一个空的 sym 对象。这时，可以用命令 ode23 或 ode45 求解方程组的数值解。

【例 9-7】 求下列微分方程的解。

(1) 求$\frac{dy}{dt}=\frac{t^2+y^2}{2t^2}$的通解。

(2) 求$\frac{dy}{dx}=ay$，当 $y(0)=5$ 时的特解。

(3) 求$(1+x^2)\frac{d^2y}{dx^2}=2x\frac{dy}{dx}$，当 $y(0)=1, y'(0)=3$ 时的特解。

(4) 求$\begin{cases}\frac{dx}{dt}=4x-2y\\ \frac{dy}{dt}=2x-y\end{cases}$的通解。

命令如下：

```
>> syms y(t)
>> y1 = dsolve(diff(y,t) == (t^2 + y^2)/t^2/2)          % 解方程(1)
y1 =
-t * (1/(C1 + log(t)/2) - 1)
                            t
>> syms y(x) a
>> y2 = dsolve(diff(y,x) == a * y, y(0) == 5)           % 解方程(2)
y2 =
5 * exp(a * x)
>> syms y(x)
>> Dy = diff(y,x);
>> y3 = dsolve((1 + x^2) * diff(y,x,2) == 2 * x * diff(y,x),[y(0) == 1,Dy(0) == 3])   % 解方程(3)
y3 =
x * (x^2 + 3) + 1
>> syms x(t) y(t)
>> [x,y] = dsolve(diff(x,t) == 4 * x - 2 * y, diff(y,t) == 2 * x - y)          % 解方程组(4)
x =
C11/2 + 2 * C10 * exp(3 * t)
```

```
y =
C11 + C10 * exp(3 * t)
```

思考：求下列常微分方程初值问题的符号解，并与数值解进行比较。

$$x^2y'' - xy' + y = x\ln x$$
$$y(1) = y'(1) = 1$$

9.5 符号计算的可视化分析

视频讲解

MATLAB 为符号计算提供了多个可视化分析工具，常用的有 funtool、Taylor Tool 等。

9.5.1 funtool 工具

funtool 是一个可视化符号计算器，提供了一些常用的符号运算工具，可以通过单击按钮实现单自变量的符号计算，并在图形窗口显示符号表达式对应的图形。

在命令行窗口输入 funtool 命令，会打开一个 funtool 窗口和两个图形窗口。如图 9-1 所示，funtool 窗口分为两个部分。上半部分的面板中的 f 和 g 编辑框用于编辑参与运算的符号表达式，x 编辑框用于设置符号表达式 f 和 g 的自变量的值域，a 编辑框用于编辑表达式 f 的常因子。图形窗口分别显示表达式 f、g 的曲线，在 x 域的编辑框调整值域，f 图形窗口的图形会随之改变。

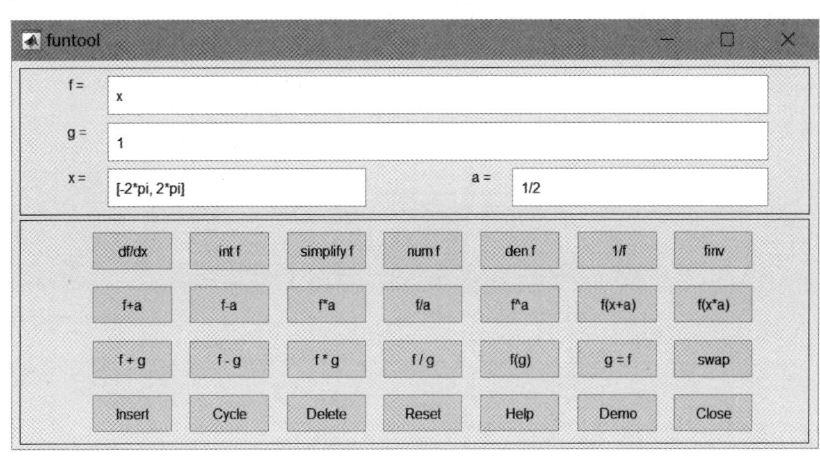

图 9-1 funtool 窗口

funtool 窗口下半部分的面板中的按钮用于符号表达式 f 的转换和多种符号计算，如符号表达式的算术运算、因式分解、化简、求导、积分等。

9.5.2 Taylor Tool 工具

Taylor Tool 用于将自变量为 x 的符号表达式 f 展开为泰勒级数，并以图形化的方式展现计算时的逼近过程。

在命令行窗口输入 taylortool 命令，会打开一个 Taylor Tool 窗口，如图 9-2 所示。窗口下部的编辑器用于输入原函数、修改计算参数、自变量的值域。例如，在原函数 f(x)编辑框中输入例 9-5 第(1)小题的表达式，设置截断阶 N 为 5，在中部的结果栏显现该表达式的泰勒级数展开式，如图 9-3 所示。修改截断阶为 6，可以观察到计算时的逼近过程与五阶时相同；修改截断阶为 4，则可以观察到计算时的逼近过程与五阶不同。

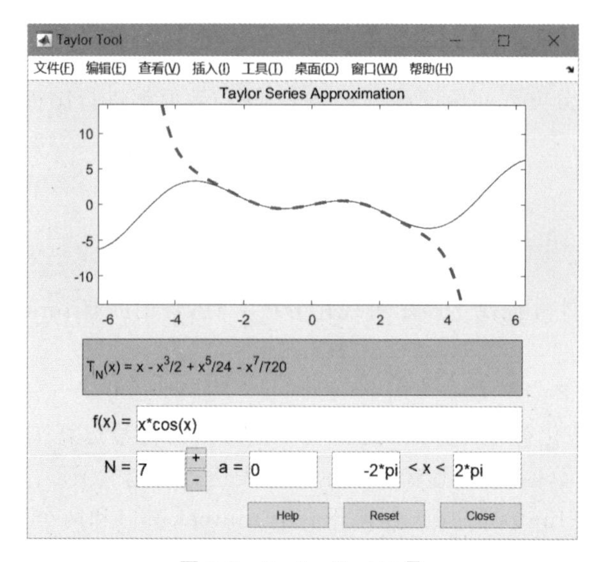

图 9-2 Taylor Tool 工具

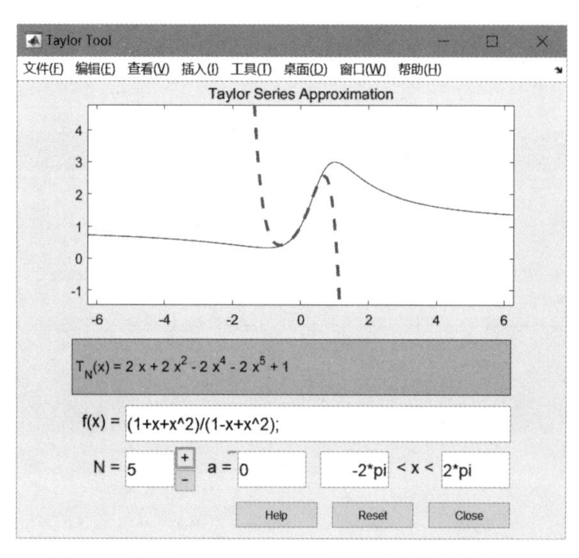

图 9-3 利用 Taylor Tool 工具进行泰勒级数展开

9.6 应用实战 9

【例 9-8】 疾病传染控制问题。通过研究传染病传染模型来分析受感染人数的变化规律,预报传染病的发展趋势,从而控制传染病的传染过程,一直是研究人员所关注的课题。以下是一个传染病传染模型。

假设条件:

(1) 人群分为易感染者和已感染者两类,在时刻 t 这两类人在总人数中所占的比例分别为 $s(t)$ 和 $y(t)$。

(2) 每个病人每天有效接触的平均人数是常数 λ,λ 称为日接触率。当病人与健康者有效接触时,健康者受感染称为病人。

(3) 病人每天被治愈的占病人总数的比例为 μ,称为日治愈率,显然,$1/\mu$ 是这种传染病的平均传染期。

根据假设,每个患者每天可使$\lambda s(t)$个健康者变为病人,每天有比例为μ的病人被治愈,因为病人数为$Ny(t)$(N为总人数),故每天共有$(\lambda s(t)Ny(t)-\mu Ny(t))$个健康者变为病人,即有:

$$N\frac{\mathrm{d}y}{\mathrm{d}t}=\lambda Nsy-\mu Ny$$

又因为$s(t)+y(t)=1$,初始时刻($t=0$)病人比例b为常数,则:

$$\begin{cases}\dfrac{\mathrm{d}y}{\mathrm{d}t}=\lambda y(1-y)-\mu y\\ y(0)=b\end{cases}$$

在命令行窗口输入命令求解微分方程:

```
>> syms a b c y(t);
>> f = dsolve(diff(y,t) == a * y * (1 - y) - c * y, y(0) == b)
f =
((a - c) * (tanh((t + (2 * atanh((2 * a * b)/(a - c) - 1))/(a - c)) * (a/2 - c/2)) + 1))/(2 * a)
```

假如$\lambda=\mu$,即$a=c$,则再次解常微分方程:

```
>> f = dsolve(diff(y,t) == a * y * (1 - y) - a * y, y(0) == b)
f =
b/(a * b * t + 1)
```

这时得到一个非常简洁的结果,即

$$y(t)=\frac{b}{\lambda bt+1}$$

接下来绘制病人比例曲线。程序如下:

```
syms a b c y(t);
f = dsolve(diff(y,t) == a * y * (1 - y) - a * y, y(0) == b);
a = 0.3;
c = 0.3;
b = 0.7;
t = 1:0.1:50;
subplot(2,1,1)
plot(t,eval(f));
title('{\lambda} = {\mu} = 0.3,b = 0.7')
subplot(2,1,2)
syms a b c y(t);
f = dsolve(diff(y,t) == a * y * (1 - y) - c * y, y(0) == b);
a = 0.3;
c = 0.15;
b = 0.3;
t = 1:0.1:50;
plot(t,eval(f));
title('{\lambda} = 0.3,{\mu} = 0.15,b = 0.3')
```

当$\lambda=\mu=0.3, b=0.7$时,绘制函数曲线如图9-4上图所示,结果表明,病人比例是渐渐减少的。当$\lambda=0.3,\mu=0.15,b=0.3$时,绘制函数曲线如图9-4下图所示,病人比例不断升高。

最后得出这样的结论:

(1) 当$\lambda\leqslant\mu$时,病人比例$y(t)$越来越小,最终趋于0。

(2) 当$\lambda>\mu$时,$y(t)$的增减值取决于b的大小,并随着t趋于无穷大,最终存在极限:

$$y(\infty)=1-\frac{\mu}{\lambda}$$

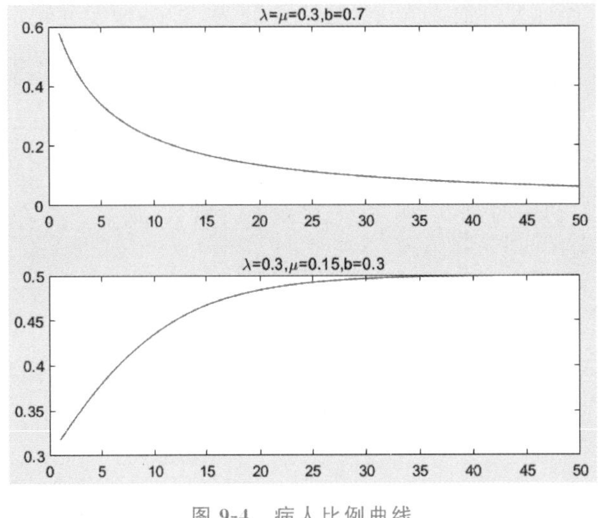

图 9-4　病人比例曲线

练习题

一、选择题

1. 函数 factor(sym(12))的值是(　　)。

A. '12'　　B. 12　　C. [3, 4]　　D. [2, 2, 3]

2. 下列命令执行后的输出结果是(　　)。

```
>> syms x
>> y = [x, 2 * x];
>> diff(y)
```

A. x　　B. [1, 2]　　C. 1　　D. 2x

3. 下列命令执行后的输出结果是(　　)。

```
>> f = sym(1);
>> eval(int(f,1,4))
```

A. 3　　B. 4　　C. 5　　D. 1

4. 若使用命令 taylor(f,x,1,'Order',6)对 f 进行泰勒展开,则展开式的最高阶为(　　)。

A. 5　　B. 6　　C. 7　　D. 3

5. 下列命令执行后的输出结果是(　　)。

```
>> syms x a b;
>> solve(a * x + b,a)
```

A. ax+b　　B. −b/a　　C. −b/x　　D. a * x+b

6. 【多选】对于符号运算中主变量的确定,下列说法正确的是(　　)。

A. 若没有指定主变量,MATLAB 将把除 i、j 之外在字母顺序上离 x 最近的小写字母作为主变量

B. 当符号表达式中有 x 且未指定主变量,则系统会默认 x 为主变量

C. 若符号表达式 s 中有多个变量,则 symvar(s)将返回一个系统默认的主变量

D. 若符号表达式中没有 x,但是有 y 和 z,则 MATLAB 将默认 z 为主变量

二、问答题

1. 简述符号计算与数值计算的区别。

2. 数值计算和符号计算都会用到 diff 函数，这两类计算有何区别？

3. 举例说明数值积分和符号计算的计算方法。

4. 在命令行窗口输入下列命令：

```
>> syms n;
>> s = symsum(n,1,10)
```

命令执行后 s 的值是多少？

5. 写命令，求解常微分方程$\frac{dy}{dt}=ay$，$y(0)=5$。

操作题

1. 用符号计算方法求下列极限或导数。

(1) $\lim\limits_{x\to 0}\frac{\tan x-\sin x}{x^3}$。

(2) $y=\frac{\tan x-\sin(2x)}{x^3}$，求 y'、y''。

2. 用符号计算方法求下列积分。

(1) $\int\frac{dx}{(\arcsin x)^2\sqrt{1-x^2}}$。

(2) $\int_0^{\infty}\frac{x}{x^4+1}dx$。

3. 输入 n，求下式的值。

$$\frac{1}{4}+\frac{1}{16}+\frac{1}{64}+\cdots+\frac{1}{4^n}+\cdots\left(=\frac{1}{3}\right)$$

(1) 用循环结构实现。

(2) 用向量运算来实现。

(3) 用符号计算实现。

4. 将函数 $f(x)=\frac{1}{x^2}$在 $x=2$ 处按五阶进行泰勒级数展开。

5. 求非线性方程的符号解。

$$\begin{cases}\frac{x}{y}=9\\ e^{x+y}=3\end{cases}$$

6. 求微分方程初值问题的符号解，并与数值解进行比较。

$$\begin{cases}\frac{d^2y}{dx^2}+4\frac{dy}{dx}+29y=0\\ y(0)=0,y'(0)=15\end{cases}$$

第10章 图形对象

MATLAB 的图形是由不同图形对象(如坐标轴、曲线、曲面或文本等)组成的。MATLAB 用句柄(handle)来标识对象,通过句柄对该图形对象的属性进行设置,也可以获取有关属性,从而能够更加自主地绘制各种图形。第 5 章介绍的绘图函数主要通过命令参数控制图形的绘制过程,图形每一部分的属性都是按默认属性或命令中选项指定的值进行设置,适用于绘制简单界面和单一图形,充分体现了 MATLAB 语言的实用性。相对于命令参数的自定义绘图,通过句柄设置对象属性,绘图操作控制和表现图形的能力更强,可以对图形对象进行更灵活、精细的控制,充分体现了 MATLAB 语言的开放性。本章介绍 MATLAB 图形对象及其句柄的概念、图形对象属性的设置方法、图形窗口与坐标轴对象的操作、利用图形对象进行绘图操作的方法。

10.1 图形对象及其句柄

MATLAB 的图形系统是面向图形对象的。图形对象是 MATLAB 为了描述具有类似特征的图形元素的集合,是用于显示图形和设计用户界面的基本要素。

10.1.1 图形对象简述

在 MATLAB 中,每一个具体的图形都是由若干不同的图形对象组成的。所有的图形对象都按父对象和子对象的方式组成层次结构,如图 10-1 所示。

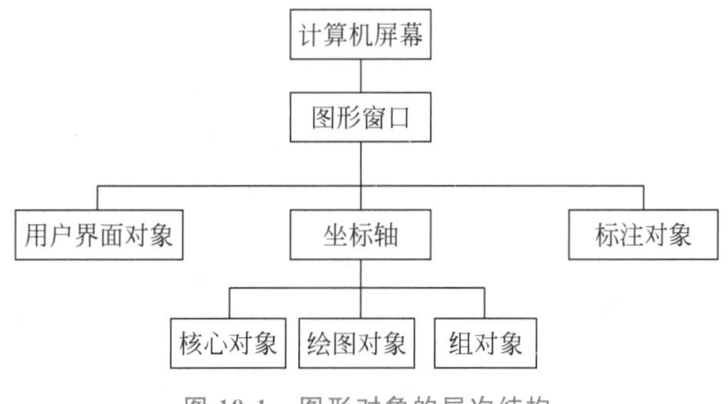

图 10-1 图形对象的层次结构

在图形对象的层次结构中,计算机屏幕是产生其他对象的基础,称为根对象(root)。MATLAB 图形系统只有一个根对象,其他对象都是它的子对象。当 MATLAB 启动时,系统自动创建根对象。

图形窗口(figure)是显示图形和用户界面的窗口。用户可建立多个图形窗口,所有图形窗口对象的父对象都是根对象,而其他图形对象都是图形窗口的子对象。图形窗口对象有 3 种子对象:坐标轴(axes)、用户界面(User Interface,UI)对象和标注(annotation)对象。用户界面对象用于构建图形用户界面,标注对象用于给图形添加标注,从而增强图形的表现能力。坐标轴有 3 种子对象:核心对象(core object)、绘图对象(plot object)和组对象(group object)。对坐标轴及其 3 种子对象的操作即构成对图形句柄的操作。

根对象可包含一个或多个图形窗口,每一个图形窗口可包含一组或多组坐标轴,每一组坐标轴上又可绘制多种图形。核心图形对象包括曲线、曲面、文本、图像、区域块、方块和光源对象等基本的绘图对象,它们都是坐标轴的子对象。绘图对象是由核心图形对象组合而成,绘图对象的属性提供了获取核心图形对象重要属性的简便途径。组对象允许将坐标轴的多个子对象作为一个整体进行处理。例如,可以使整个组可见或不可见、单击组对象时可选择该组所有对象或用一个变换矩阵改变对象的位置等。

10.1.2 图形对象句柄

图形对象句柄就代表图形对象,是一个图形对象的标识。一个句柄对应着一个图形对象,可以用对象句柄设置和查询对象属性。MATLAB 提供了若干函数用于识别特定图形对象,如表 10-1 所示。

表 10-1 常用图形对象的识别函数

函　数	功　能
gcf	返回当前图形窗口的句柄(get current figure)
gca	返回当前坐标轴的句柄(get current axis)
gco	返回当前对象的句柄(get current object)
gcbo	返回正在执行回调过程的对象句柄
gcbf	返回包含正在执行回调过程的对象的图形窗口句柄
findobj	返回与指定属性的属性值相同的对象句柄

可以利用图形对象的 Parent 属性获取包容此图形对象的容器,Children 属性获取此对象所容纳的图形对象。在获取对象的句柄后,可以通过句柄来获取或设置对象的属性。

视频讲解

【例 10-1】 绘制曲线并查看有关对象的句柄。

命令如下:

```
>> x = linspace( - pi, pi,30);
>> plot(x,5 * sin(x),'rx',x,x.^2,x,1./x);
>> h1 = gca;                                % 获取当前坐标轴的句柄
>> h1.Children                              % 查询当前坐标轴的子对象
ans =
  3x1 Line 数组:
  Line
  Line
  Line
```

结果显示当前坐标轴中有 3 个曲线对象,要查看其中某个对象(如第 1 个对象)的属性,使用以下命令:

```
>> h1.Children(1)
  Line (具有属性):
              Color: [0.8500 0.3250 0.0980]
          LineStyle: '-'
          LineWidth: 0.5000
             Marker: 'none'
         MarkerSize: 6
    MarkerFaceColor: 'none'
              XData: [1x30 double]
              YData: [1x30 double]
              ZData: [1x0 double]
显示 所有属性
```

单击最后一行的"所有属性"链接,则会显示该对象的所有属性值。

10.1.3 图形对象属性

每种图形对象都具有各种各样的属性(property),MATLAB 正是通过对属性的操作来控制和改变图形对象的外观和行为。

1. 属性名与属性值

同一类对象有着相同的属性,属性的取值决定了对象的表现。例如,LineStyle是曲线对象的一个属性,它的值决定着线型,取值可以是-、:、-.、--或none。在属性名的写法中,不区分字母的大小写,而且在不引起歧义的前提下,属性名可以只写前一部分。例如,lines就代表LineStyle。

2. 属性的操作

访问图形对象是指获取或设置图形对象的属性。不同图形对象所具有的属性不同,但访问的方法是一样的。一般使用点运算符来访问对象属性,一般形式是:对象句柄.属性名。

(1) 设置图形对象属性。格式如下:

```
H.属性名 = 属性值
```

其中,H是图形对象的句柄。绘制二维和三维曲线时,可以通过设置已有图形对象的属性修改曲线的颜色、线型和数据点的标记符号等。例如,绘制正弦曲线,然后将曲线线型修改为虚线,线条颜色为红色,命令如下:

```
>> h1 = fplot(@(x)sin(x),[0,2 * pi]);
>> h1.Color = [1 0 0];
>> h1.LineStyle = ':';
```

这种设置图形对象属性的方法每次只能作用于一个图形对象。若同时设置一组图形对象的属性,则可以采用set函数。set函数的调用格式如下:

```
set(H,Name,Value)
set(H,NameArray,ValueArray)
```

其中,H用于指明要操作的图形对象,如果H是一个由多个图形对象句柄构成的向量,则操作施加于H的所有对象。在第1种格式中,Name指定属性,属性名要用单撇号括起来,Value为该属性的值。在第2种格式中,NameArray、ValueArray是单元数组,存储了H所有对象的属性,NameArray存储属性名,ValueArray存储属性值。要为m个图形对象中的每个图形对象设置n个属性值,则NameArray是有n个元素的行向量,ValueArray应为m×n的单元数组。例如,绘制3条曲线,然后将曲线线型全部修改为虚线,线条颜色为蓝色,可以使用以下命令:

```
>> hlines = fplot(@(x)[sin(x),sin(2 * x),sin(3 * x)],[0,2 * pi]);
>> set(hlines,'Color',[0 0 1],'LineStyle',':');
```

若3条曲线分别采用不同颜色、不同线型,则可以使用以下命令:

```
>> hlines = fplot(@(x)[sin(x),sin(2 * x),sin(3 * x)],[0,2 * pi]);
>> NArray = {'LineStyle','Color'};
>> VArray = {'--',[1 0 0]; ':',[0 1 0]; '-.',[0 0 1]};
>> set(hlines,NArray,VArray)
```

(2) 获取图形对象属性。格式如下:

```
V = H.Name
```

其中,H是图形对象的句柄,Name是属性名。例如,以下命令用来获得前述曲线h1的颜色属性值:

```
>> hcolor = h1.Color
hcolor =
     1     0     0
```

这种方法每次只能获取一个图形对象的属性。若需要获取一组图形对象的属性,则可以采用get函数,调用格式如下:

```
V = get(H, Name)
```

其中,H 是图形对象句柄,选项 Name 指定要访问的属性,V 存储返回的属性值。如果在调用 get 函数时省略 Name,那么将返回对象所有的属性值。例如,hlines 是前面绘制的一组图形对象的句柄,包含 3 条曲线,要得到这些曲线的属性,可以使用以下命令:

```
>> hlines_p = get(hlines,{'Color','LineStyle'})
hlines_p =
  3×2 cell 数组
    {1×3 double}     {'--'}
    {1×3 double}     {':'}
    {1×3 double}     {'-.'}
```

(3) 属性检查器。

可通过 inspect 函数打开属性检查器,查询和修改图形对象的属性。inspect 函数的调用格式如下:

```
inspect(H)
inspect([h1,h2,…])
```

其中,参数 H、h1、h2……是图形对象句柄。第 2 种格式在打开属性检查器后,只显示所列图形对象都拥有的属性。例如:

```
>> x = linspace(0,2 * pi,100);
>> h1 = plot(x,log(x). * sin(x),'r:');
>> inspect(h1);
>> h2 = text(1,0,'example');
>> inspect([h1,h2])
```

执行命令 inspect(h1)打开如图 10-2(a)所示的属性检查器,执行命令 inspect([h1,h2])打开如图 10.2(b)所示的属性检查器。

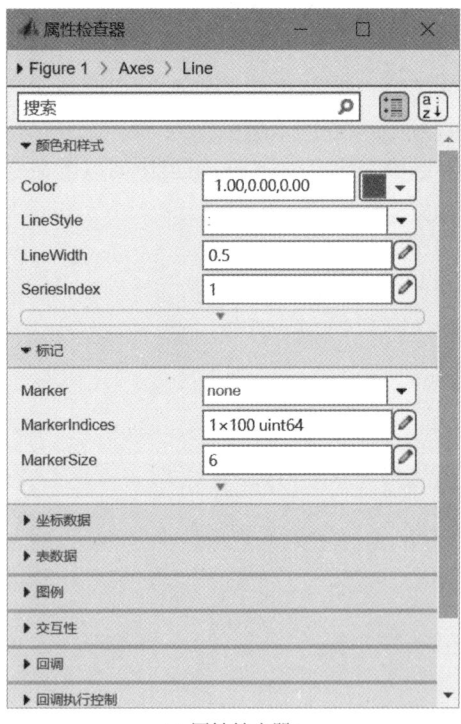

(a) 属性检查器1

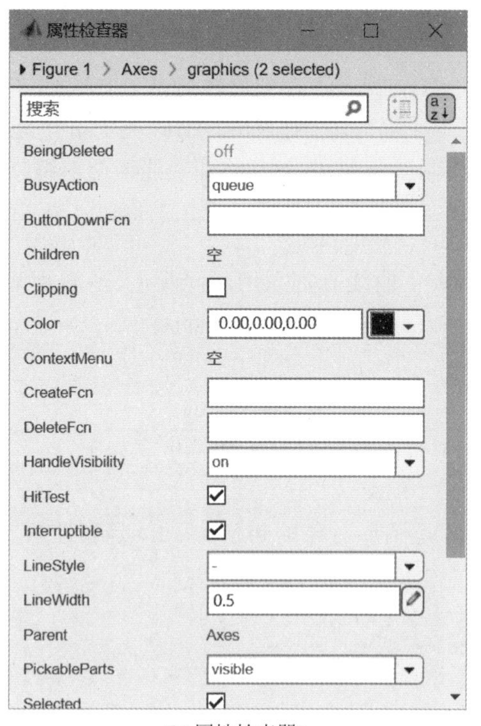

(b) 属性检查器2

图 10-2　图形对象属性检查器

3. 图形对象的公共属性

图形对象具有各种各样的属性，有些属性是所有对象共同具备的，有些属性则是各对象所特有的。这里先介绍图形对象的常用公共属性，即大部分对象都具有的属性。

（1）Children 属性。属性值是所有子对象的句柄构成的一个数组。

（2）Parent 属性。属性值是该对象的父对象句柄。

（3）Tag 属性。属性值是对象的标识名。当一个程序中包含很多类型、名称各不相同的对象时，可以通过 Tag 属性给每个对象建立标识，以方便对这些对象的管理。

（4）Type 属性。属性值是对象的类型，这是一个只读属性。

（5）Visible 属性。属性值是'On'（默认值）或'Off'，决定着图形对象在图形窗口中是否可见。

（6）CreateFcn 属性和 DeleteFcn 属性。用于指定创建图形对象和删除图形对象时调用的函数或执行的命令，可取值为函数句柄、由函数句柄和参数构成的单元数组、函数名或命令字符串。

视频讲解

【例 10-2】 在同一坐标下绘制红、绿两条不同曲线，希望获得绿色曲线的句柄，并对其进行设置。

程序如下：

```
x = 0:pi/50:2 * pi;
y = sin(x);
z = cos(x);
plot(x,y,'r',x,z,'g');                    % 绘制两条不同的曲线
h1 = gca;                                 % 获取当前坐标轴的句柄
H = h1.Children;                          % 获取两曲线句柄向量 H
for k = 1:length(H)
    if H(k).Color == [0 1 0]              % [0 1 0]代表绿色
        Hlg = H(k);                       % 获取绿色线条句柄
    end
end
pause                                     % 便于观察设置前后的效果
Hlg.LineStyle = ':';                      % 对绿色线条进行设置
Hlg.Marker = 'p';
```

10.2 图形窗口与坐标轴

除根对象外，所有图形对象都可以由与之同名的函数创建。所创建的对象置于适当的父对象之中，当父对象不存在时，MATLAB 会自动创建它。例如，用 line 函数画一条曲线，假如在画线之前，坐标轴、图形窗口不存在，MATLAB 会自动创建它们。假如在画线之前，坐标轴、图形窗口已经存在，那么将在当前坐标轴上画线，且不影响该坐标轴上已有的其他对象。

创建图形对象的函数调用格式类似，关键要了解对象的属性及其取值。前面介绍了各对象的公共属性，下面介绍图形窗口与坐标轴的创建方法及特殊属性。

10.2.1 图形窗口对象

图形窗口是 MATLAB 中很重要的一类图形对象。MATLAB 的一切图形图像的输出都是在图形窗口中完成的。掌握好图形窗口的控制方法，对于充分发挥 MATLAB 的图形功能和设计高质量的用户界面是十分重要的。

1. 图形窗口的基本操作

建立图形窗口对象使用 figure 函数，其调用格式如下：

```
句柄变量 = figure(属性名 1,属性值 1,属性名 2,属性值 2,…)
```

MATLAB 通过对属性的操作来改变图形窗口的形式。也可以使用 figure 函数按 MATLAB 默认的属性值建立图形窗口：

```
figure
句柄变量 = figure
```

MATLAB 通过 figure 函数建立图形窗口之后，还可以调用 figure 函数来显示该窗口，并将之设定为当前窗口：

```
figure(窗口句柄)
```

如果这里的句柄不是已经存在的图形窗口句柄，而是一个整数，那么也可以使用这一函数，它的作用是对这一句柄生成一个新的图形窗口，并将之定义为当前窗口。如果引用的窗口句柄不是一个图形窗口的句柄，也不是一个整数，那么该函数返回一条错误信息。

要关闭图形窗口，使用 close 函数，其调用格式如下：

```
close(窗口句柄)
```

另外，close all 命令可以关闭所有的图形窗口，clf 命令则用于清除当前图形窗口的内容，但不关闭窗口。

2. 图形窗口的属性

MATLAB 为每个图形窗口提供了很多属性。这些属性及其取值控制着图形窗口对象。除公共属性外，其他常用属性如下：

(1) MenuBar 属性。该属性的取值可以是 figure(默认值)或 none，用来控制图形窗口是否应该具有菜单条。如果它的属性值为 none，则表示该图形窗口没有菜单条。这时用户可以采用 uimenu 函数来加入自己的菜单条。如果属性值为 figure，则该窗口将保持图形窗口默认的菜单条，这时也可以采用 uimenu 函数在原默认的图形窗口菜单后面添加新的菜单项。

(2) Name 属性。该属性的取值可以是任何字符串，它的默认值为空。这个字符串作为图形窗口的标题。一般情况下，其标题形式为“Figure n：字符串”。

(3) NumberTitle 属性。该属性的取值是 on(默认值)或 off。决定着在图形窗口的标题中是否以“Figure n:”为标题前缀，这里 n 是图形窗口的序号。

(4) Resize 属性。该属性的取值是 on(默认值)或 off。决定着在图形窗口建立后可否用鼠标改变其大小。

(5) Position 属性。该属性的取值是一个由 4 个元素构成的向量，其形式为[n1,n2,n3,n4]。这个向量定义了图形窗口对象在屏幕上的位置和大小，其中 n1 和 n2 分别为窗口左下角的横坐标和纵坐标值，n3 和 n4 分别为窗口的宽度和高度。它们的单位由 Units 属性决定。

(6) Units 属性。该属性的取值可以是下列字符串中的任何一种：pixel(像素，为默认值)、normalized(相对单位)、inches(英寸)、centimeters(厘米)和 points(磅)。

Units 属性定义图形窗口使用的长度单位，由此决定图形窗口的大小与位置。除了 normalized 以外，其他单位都是绝对度量单位。相对单位 normalized 将屏幕左下角对应为(0,0)，而右上角对应为(1.0,1.0)。该属性将影响一切定义大小的属性项，如前面的 Position 属性。如果在程序中改变过 Units 属性值，那么在完成相应的操作后，建议将 Units 属性值设置为默认值，以防止影响其他函数操作。

(7) Color 属性。该属性的取值是一个颜色值，既可以用字符表示，也可以用 RGB 三元组表示。默认值为 k，即黑色。

(8) Pointer 属性。该属性的取值是 arrow(默认值)、crosshair、watch、topl、topr、botl、

botr、circle、cross、fleur、custom 等，用于设定鼠标标记的显示形式。

(9) 对键盘及鼠标响应属性。MATLAB 允许对键盘和鼠标键按下这样的动作进行响应，这类属性有 KeyPressFcn(键盘键按下响应)、WindowButtonDownFcn 或 ButtonDownFcn(鼠标键按下响应)、WindowButtonMotionFcn(鼠标移动响应)及 WindowButtonUpFcn(鼠标键释放响应)等，这些属性所对应的属性值可以为用 MATLAB 编写的函数名或命令名，表示一旦键盘键或鼠标键按下之后，将自动调用给出的函数或命令。

【例 10-3】 建立一个图形窗口。该图形窗口没有菜单条，标题名称为"图形窗口示例"。图形窗口位于距屏幕左下角[2cm, 2cm]处，宽度和高度分别为 14cm 和 8cm。当用户在键盘按下任意键时，在图形窗口绘制正弦曲线。

程序如下：

```
hf = figure;
hf.MenuBar = 'None';
hf.NumberTitle = 'Off';
hf.Name = '图形窗口示例';
hf.Units = 'centimeters';                    % 设置度量单位为 cm
hf.Position = [2,2,14,8];
hf.KeyPressFcn = 'fplot(@(x)sin(x),[0,2 * pi])';
```

程序运行后按下任意键，得到如图 10-3 所示的图形窗口。

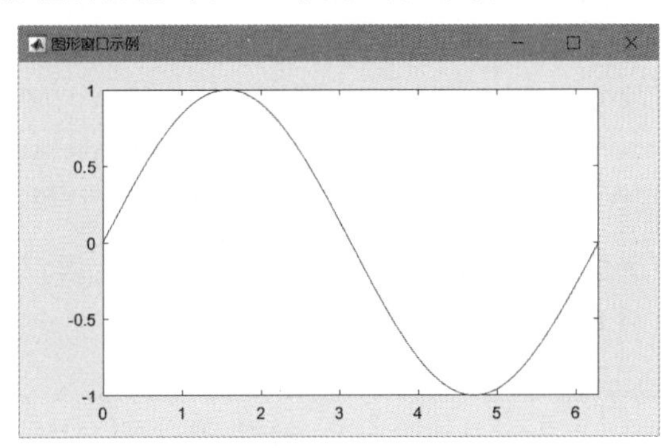

图 10-3 建立一个图形窗口

10.2.2 坐标轴对象

坐标轴是 MATLAB 中另一类很重要的图形对象。坐标轴对象是图形窗口的子对象，每个图形窗口中可以定义多个坐标轴对象，但只有一个坐标轴是当前坐标轴，在没有指明坐标轴时，所有的图形图像都是在当前坐标轴中输出。必须弄清一个概念，所谓在某个图形窗口中输出图形图像，实质上是指在该图形窗口的当前坐标轴中输出图形图像。

1. 坐标轴的基本操作

建立坐标轴对象使用 axes 函数，其调用格式如下：

```
句柄变量 = axes(parent, 属性名 1,属性值 1,属性名 2,属性值 2, …)
```

其中，属性用于设置坐标轴的特征，选项 parent 用于指定坐标轴的父对象，可以是图形窗口对象、面板对象或选项卡对象的句柄。

也可以使用 axes 函数按 MATLAB 默认的属性值在当前图形窗口创建坐标轴：

```
axes
句柄变量 = axes
```

如果 axes 函数的参数是坐标轴句柄，即

```
axes(坐标轴句柄)
```

则设定该句柄代表的坐标轴为当前坐标轴，随后绘制的图形都显示在这个坐标平面中。

要清除坐标轴中的图形，则使用 cla 函数，其调用格式为：

```
cla(坐标轴句柄)
```

不带参数的 cla 函数，表示清除当前坐标轴中的图形。

2. 坐标轴的属性

MATLAB 为每个坐标轴对象提供了很多属性。除公共属性外，其他常用属性如下：

(1) Box 属性。该属性的取值是 on 或 off(默认值)。它决定坐标轴是否带有边框。

(2) GridLineStyle 属性。该属性的取值可以是－(默认值)、:、－.、－－或 none。该属性定义网格线的类型。

(3) Position 属性。该属性的取值是一个由 4 个元素构成的向量，其形式为[n1,n2,n3,n4]。这个向量在图形窗口中决定一个矩形区域，坐标轴就位于其中。该矩形的左下角相对于图形窗口左下角的坐标为(n1,n2)，矩形的宽和高分别 n3 和 n4。它们的单位由 Units 属性决定。

(4) Units 属性。该属性的取值是 normalized(相对单位，为默认值)、inches(英寸)、centimeters(厘米)和 points(磅)。Units 属性定义 Position 属性的度量单位。

(5) Title 属性。该属性的取值是通过 title 函数建立的坐标轴标题文字对象的句柄，可以通过该属性对坐标轴标题文字对象进行操作。例如，要改变标题的颜色，可执行命令：

```
>> ha = gca;                           % 获得当前坐标轴的句柄
>> ht = ha.Title;                      % 获得标题文字对象句柄
>> ht.Color = 'r';                     % 设置标题颜色
```

(6) XLabel、YLabel、ZLabel 属性。3 种属性的取值分别是通过 xlabel、ylabel、zlabel 函数建立的标签对象的句柄，分别用于设置和修改 x、y、z 轴的说明文字。例如，要设置 x 轴文字说明，可使用命令：

```
>> ha = gca;                           % 获得当前坐标轴的句柄
>> ha.XLabel = xlabel('Values of X axis');   % 设置 x 轴文字说明
```

(7) XLim、YLim、ZLim 属性。3 种属性的取值都是具有两个元素的数值向量。3 种属性分别定义各坐标轴的上下限，默认值为[0,1]。以前介绍的 axis 函数实际上是对这些属性的直接赋值。

(8) XScale、YScale、ZScale 属性。3 种属性的取值都是 linear(默认值)或 log，这些属性定义各坐标轴的刻度类型。

(9) View 属性。用于定义视点，取值是二元向量[azimuth elevation]，azimuth 指定观察方位角；elevation 指定仰角；默认为[0 90]。

(10) 字体属性。MATLAB 允许对坐标轴标注的字体进行设置，这类属性有 FontName(字体名称)、FontWeight(字型)、FontSize(字号大小)、FontUnits(字号大小单位)、FontAngle(字体角度)等。FontName 属性的取值是系统支持的一种字体名或 FixedWidth；FontSize 属性的单位由 FontUnits 属性决定；FontWeight 属性的取值可以是 normal(默认值)、bold、light 或 demi；FontAngle 的取值可以是 normal(默认值)、italic 或 oblique。

视频讲解

【例 10-4】 利用坐标轴对象实现图形窗口的任意分割。

利用 axes 函数可以在不影响图形窗口上其他坐标轴的前提下建立一个新的坐标轴，从而实现图形窗口的任意分割。程序如下：

```
clf;                                            %清除图形窗口中的内容
x = linspace(0,2 * pi,30);
y = sin(x);
ha1 = axes('Position',[0.2,0.2,0.2,0.7]);
plot(y,x);
ha1.GridLineStyle = '--';
grid on
ha2 = axes('Position',[0.4,0.2,0.5,0.5]);
theta = 0:pi/100:20 * pi;
x = 1.5 * sin(theta);
y = 1.5 * cos(theta);
z = 4 * theta;
plot3(x,y,z);
ha3 = axes('Position',[0.55,0.6,0.25,0.3]);
[x,y] = meshgrid( - 8:0.5:8);
z = sin(sqrt(x.^2 + y.^2))./sqrt(x.^2 + y.^2);
mesh(x,y,z);
```

程序的运行结果如图10-4所示。

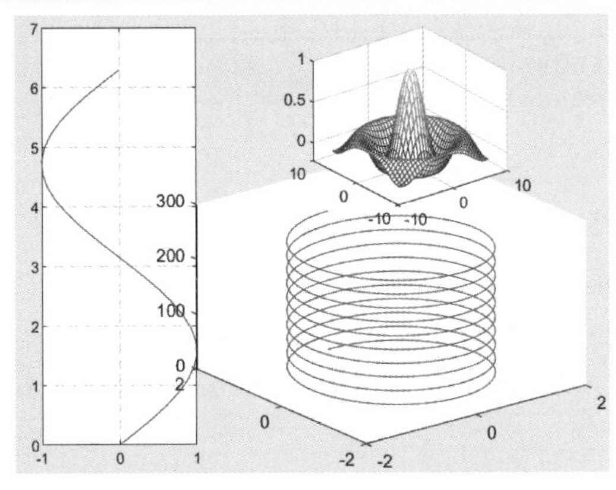

图10-4　利用坐标轴对象分割图形窗口

10.3　核心图形对象的操作

MATLAB将曲线、曲面、文本等图形均视为核心图形对象，通过句柄设置这些对象的属性，从而绘制出更具个性化的图形。

10.3.1　曲线对象

曲线对象是坐标轴的子对象，它既可以定义在二维坐标系中，也可以定义在三维坐标系中。建立曲线对象使用line函数，其调用格式如下：

```
句柄变量 = line(ax,x,y,属性名1,属性值1,属性名2,属性值2,…)
句柄变量 = line(ax,x,y,z,属性名1,属性值1,属性名2,属性值2,…)
```

其中，输入参数x、y、z的含义与plot、plot3函数一样，属性的设置与前面介绍过的figure、axes函数类似。选项ax用于指定曲线所属坐标轴，默认在当前坐标轴绘制曲线。

每个曲线对象也具有很多属性。除公共属性外，其他常用属性如下：

(1) Color属性。该属性的取值是代表某颜色的字符或RGB值。定义曲线的颜色。

(2) LineStyle属性。定义线型，其取值可以是-(默认值)、:、-.或--(参见表5-1)。

(3) LineWidth属性。定义线宽，默认值为0.5磅。

(4) Marker 属性。定义数据点标记符号,其取值参见表 5-3,默认值为 none。

(5) MarkerSize 属性。定义数据点标记符号的大小,默认值为 6 磅。

(6) MarkerEdgeColor 属性。用于定义标记符号边框的颜色,默认值为 auto。

(7) MarkerFaceColor 属性。用于定义标记符号内的填充色,默认值为 none。

(8) XData、YData、ZData 属性。3 种属性的取值都是数值向量,分别代表曲线对象的 3 个坐标轴数据。XData、YData 默认为[0 1],ZData 默认为空矩阵。

plot 函数每调用一次,就会刷新坐标轴,清空原有图形,再绘制新的曲线,而 line 函数生成的曲线则在已有图形上叠加显示。

视频讲解

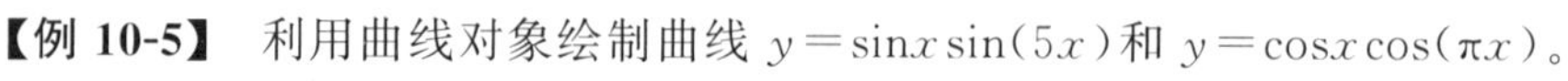

【例 10-5】 利用曲线对象绘制曲线 $y=\sin x\sin(5x)$ 和 $y=\cos x\cos(\pi x)$。

程序如下:

```
x = linspace(0,pi,800);
y1 = sin(x). * sin(5 * x);
y2 = cos(x). * cos(pi * x);
figh = figure('Position',[100,100,600,400]);
ha = axes('GridLineStyle','    ','XLim',[0,pi],'YLim',[ - 1,1]);
ha.Title = title('sin{\itx}sin(5{\itx})和 cos{\itx}cos({\pi}{\itx})');
hl1 = line('XData',x,'YData',y1);
hl1.LineStyle = '-- ';
hl2 = line(x,y2);
hl2.Color = 'b';
grid on
```

程序运行结果如图 10-5 所示。

【例 10-6】 利用曲线对象绘制螺旋线。

例 5-15 用 plot3 函数来绘制螺旋线,下面用 line 函数来实现同样的操作。程序如下:

```
theta = 0:pi/50:20 * pi;
x = 1.5 * sin(theta);
y = 1.5 * cos(theta);
z = 4 * theta;
line(x,y,z)
title('3D Line');axis equal
xlabel('X');ylabel('Y');zlabel('Z');
```

程序运行结果如图 10-6 所示。

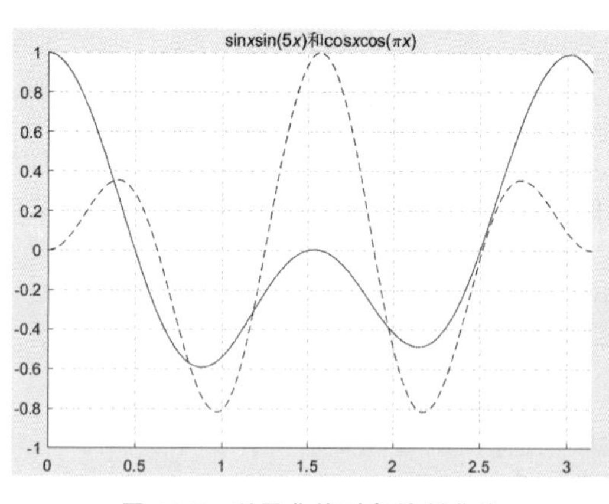

图 10-5 利用曲线对象绘制曲线

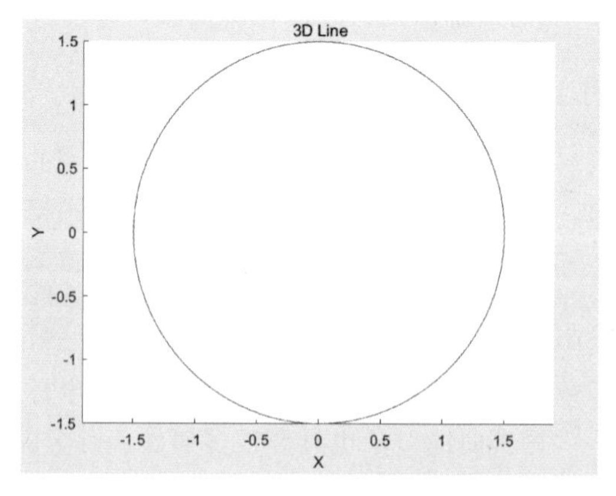

图 10-6 螺旋线的俯视图

这里看到的并不是空间的螺旋线,而是平面上的一个圆,为什么?这是因为在默认情况下,line 函数(包括后面要介绍的 surface 函数)使用默认二维视图显示空间曲线,也就是采用坐标轴对象的View属性的默认值[0,90],即定义视点的方位角为0,仰角为90°,相当于从z轴正上方去观看,得到的是一个俯视图。如果要将line或surface函数绘制的图形设置为三维视图,可以在line或surface绘图命令后加上view(3)命令,它等价于view(−37.5,30),即方位角为−37.5°,仰角为30°,这也是plot3、mesh、surf等函数采用的默认视点。相反,如果在plot3、mesh或surf绘图命令后加上view(2)命令或view(0,90)命令,则将得到三维图形的俯视图,形式上是二维平面图形。

10.3.2 曲面对象

1. 建立曲面对象

要建立曲面对象除了使用第5章介绍的mesh、surf等函数外,还可以使用surface函数,其调用格式如下:

```
句柄变量 = surface(ax,Z,C,属性名1,属性值1,属性名2,属性值2,…)
句柄变量 = surface(ax,X,Y,Z,C,属性名1,属性值1,属性名2,属性值2,…)
```

一般情况下,参数X、Y、Z是同型矩阵,X、Y是网格坐标矩阵,Z是网格点上的高度矩阵。当输入参数只有一个矩阵Z时,将Z每个元素的行和列索引用作x和y坐标,将Z每个元素的值用作z坐标绘制图形。选项C用于指定在不同高度下的曲面颜色。C省略时,MATLAB认为C=Z,亦即颜色的设定是正比于图形高度的。选项ax用于指定曲面所属坐标轴,默认在当前坐标轴绘制图形。

每个曲面对象也具有很多属性。除公共属性外,其他常用属性如下:

(1) LineStyle属性。定义曲面网格线的线型。

(2) LineWidth属性。定义曲面网格线的线宽,默认值为0.5磅。

(3) Marker属性。定义曲面数据点标记符号,默认值为none。

(4) MarkerSize属性。定义曲面数据点标记符号的大小,默认值为6磅。

(5) XData、YData、ZData属性。3种属性的取值都是数值向量或矩阵,分别代表曲面对象的3个坐标轴数据。

(6) EdgeColor属性。用于定义曲面网格线的颜色。属性值是代表某颜色的字符或RGB向量,还可以是'flat'、'interp'或'none',默认为[0 0 0](黑色)。

(7) FaceColor属性。用于定义曲面网格片的颜色或着色方式。属性值是代表某颜色的字符或RGB向量,还可以是flat(默认值)、interp、texturemap或none。flat表示每一个网格片用单一颜色填充;interp表示用渐变方式填充网格片;none表示网格片无颜色;texturemap表示用CData属性定义的颜色填充网格片。

(8) FaceAlpha属性。用于定义曲面的透明度,可取值为0(完全透明)~1(完全不透明)内的数或flat、interp、texturemap,默认为1。

(9) FaceLighting属性。用于定义投影到曲面的灯光的效果,可取值为flat(默认值)、gouraud、none。

(10) BackFaceLighting属性。用于定义背光效果,可取值为reverslit(默认值)、unlit、lit。

surf、mesh函数每调用一次,就会刷新坐标轴,清空原有图形,再绘制新的图形。而surface函数生成的曲面则在已有图形上叠加显示。

【例10-7】 利用曲面对象绘制三维曲面$z=50-(x^2+y^2)$。

程序如下:

```
[x,y] = meshgrid( - 5:0.3:5);
z = 50 - (x.^2 + y.^2);
hf = figure('Position',[350 275 500 350],'Color','y');
ha = axes('Color',[0.8,0.8,0.8]);
h = surface('XData',x,'YData',y,'ZData',z,'EdgeColor','k', …
    'FaceColor',ha.Color + 0.2, 'Marker','o','MarkerSize',2);
view(45,15)
```

程序运行结果如图 10-7 所示。

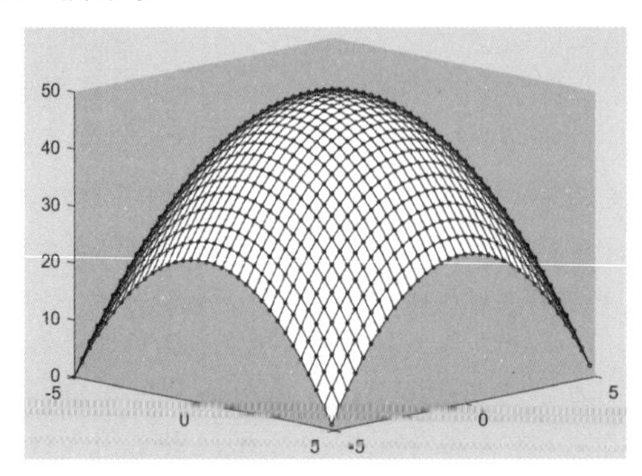

图 10-7　利用曲面对象绘制的曲面

【例 10-8】 利用曲面对象绘制三维曲面 $z=-x^2$。

程序如下：

```
x = linspace( - 3,3,30);
[x,y] = meshgrid(x);
z = - x. * x;
axes('view',[ - 37.5,30],'Position',[0.05,0.3,0.4,0.5])
hs1 = surface(x,y,z);
hs1.FaceColor = 'none';                    % 设置网格片无填充
hs1.EdgeColor = 'b';                       % 设置网格片边框为蓝色
hT1 = get(gca,'Title');
set(hT1,'String','网格曲面','FontSize',11,'Position',[2,2]);
axes('view',[ - 37.5,30],'Position',[0.55,0.3,0.4,0.5])
hs2 = surface(x,y,z);
hs2.FaceColor = 'interp';                  % 设置网格片用渐变色填充
hs2.EdgeColor = 'flat';                    % 设置网格片边框为单一颜色
hT2 = get(gca,'Title');
set(hT2,'String','着色曲面','FontSize',11,'Position',[2,2]);
```

开始网格片的颜色无填充，实际上得到的是网格图，然后，重新设置网格片的颜色，得到着色表面图，程序运行结果如图 10-8 所示。

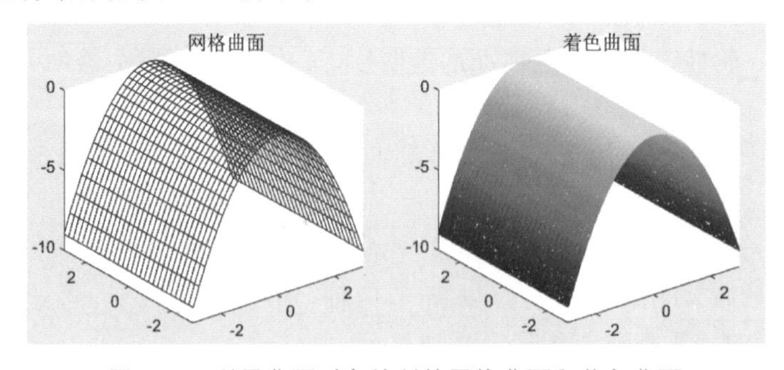

图 10-8　利用曲面对象绘制的网格曲面和着色曲面

2. 设置曲面颜色

曲面对象的 CData 属性称为颜色索引，用于定义曲面顶点的颜色。CData 属性的定义有以下两种方法。

1）使用色图

若 CData 属性值是一个 $m\times n$（与输入参数 X、Y、Z 同型）的矩阵 $\boldsymbol{C}$，则 $\boldsymbol{C}$ 中数据与色图（Colormap）中的颜色相关联，曲面网格顶点（i,j）的颜色为 C(i,j)在色图中对应的颜色。MATLAB 默认将 CData 属性完整的数据范围映射到色图上，颜色索引的最小值映射到色图矩阵的第一个 RGB 三元组，最大值映射到色图矩阵的最后一个 RGB 三元组，所有中间值线性映射到色图的矩阵中间的 RGB 三元组。

【例 10-9】 绘制三维曲面 $z=-x^2$，生成一个与 z 同型的随机矩阵 $\boldsymbol{C}$，将其作为 CData 属性值，观察曲面颜色与矩阵 $\boldsymbol{C}$ 的对应关系。

程序如下：

```
[X,Y] = meshgrid( - 10:1:10);
Z = - X.^2;
%生成元素值在[11,19]的随机矩阵
C = randi(9,size(Z)) + 10;
axes('view',[ - 37.5,30])
h1 = surface(X,Y,Z);
h1.CData = C;
colorbar
Cmap = colormap(gray);
```

运行程序，绘制出的图形如图 10-9 所示。colorbar 命令用于显示颜色栏，颜色栏的数据标记显示出数据与颜色的对应关系。程序中使用 gray 色图，C 的最小值 11 映射到色图的第 1 个颜色（黑色，[0 0 0]），最大值 19 映射到色图的最后 1 个颜色（白色，[255 255 255]），其他值线性映射到色图中间的其他颜色。

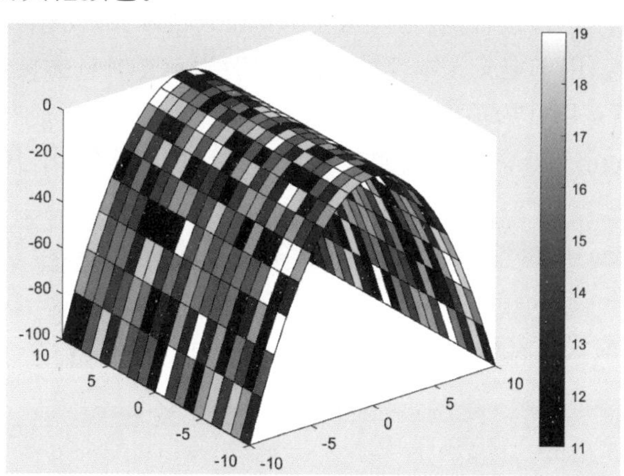

图 10-9　曲面对象的颜色映射

CData 属性仅影响 CDataMapping 属性为'scaled'的图形对象。如果 CDataMapping 属性值为 direct，则颜色索引的所有值不进行比例缩放，小于 1 的值都将裁剪映射至色图中的第一种颜色，大于色图长度的值则裁剪映射至色图中的最后一种颜色。

2）使用自定义颜色

若 CData 是一个 $m\times n\times 3$（输入参数 $\boldsymbol{X}$、$\boldsymbol{Y}$、$\boldsymbol{Z}$ 是 $m\times n$ 矩阵）的三维数组，则曲面网格顶点使用 CData 的第 3 维的 RGB 三元组定义的颜色。

10.3.3 文本对象

文本对象主要用于给图形添加文字标注。在文本对象中除使用一般的文本以外,还允许使用 TeX 文本。

使用 text 函数可以创建文本对象,其调用格式如下:

```
句柄变量 = text(ax,x,y,说明文本,属性名 1,属性值 1,属性名 2,属性值 2,…)
句柄变量 = text(ax,x,y,z,说明文本,属性名 1,属性值 1,属性名 2,属性值 2,…)
```

其中,x、y、z 定义文本对象的位置。说明文本中除使用标准的 ASCII 字符外,还可使用 TeX 的标识。选项 ax 用于指定文本对象所属坐标轴,默认在当前坐标轴输出文本。例如,执行以下命令:

```
h = text(1,1,'{\gamma} = {\rho}^2');
```

将在当前坐标轴的指定位置输出 $\gamma=\rho^2$。

文本对象除具有公共属性和曲线对象的属性(用于指定文本对象边框属性)外,还有一些与文本呈现效果有关的特有属性,常用属性如下。

(1) String 属性。指定显示的文本,属性值可以是数、字符数组、单元数组。

(2) Interpreter 属性。用于控制对文本字符的解释方式,属性值是 tex(默认值,使用 TeX 标记子集解释字符)、latex(使用 LaTeX 标记解释字符)或 none。常用 TeX 标识符参见表 5-5。

(3) 字体属性。这类属性有 FontName、FontSize、FontAngle(字体角度)等。FontName 属性用于指定文本使用的字体的名称,取值是系统支持的字体名称或 FixedWidth,如楷体;FontSize 属性指定字体大小,度量单位默认为磅,FontSize 默认值取决于操作系统和区域设置;FontWeight 属性用于指定文本字符是否加粗,取值是 normal(默认值)或 bold(加粗);FontAngle 属性用于文本字符是否倾斜,取值是 normal(默认值)或 italic。

(4) Rotation 属性。用于定义文本反向,取正值时表示逆时针方向旋转,取负值时表示顺时针方向旋转。属性值是以度为单位的数,默认为 0。

(5) HorizontalAlignment 属性。控制文本水平方向的对齐方式,其取值为 left(默认值)、center 或 right。

(6) VerticalAlignment 属性。控制文本垂直方向的对齐方式,其取值为 middle(默认值)、top、bottom、baseline 或 cap。

视频讲解

【例 10-10】 利用曲线对象绘制曲线并利用文本对象完成标注。

程序如下:

```
x = - pi:.1:pi;
y1 = sin(x);
y2 = cos(x);
h = line(x,y1,'LineStyle','-.','Color','g');
line(x,y2,'LineStyle','--','Color','b');
xlabel('-\pi \leq \Theta \leq \pi')
ylabel('sin(\Theta)')
title('Plot of sin(\Theta)')
text(-pi/4,sin(-pi/4),'\leftarrow sin(-\pi\div4)','FontSize',12)
set(h,'Color','r','LineStyle','-')              %改变曲线的颜色和线型
```

程序运行结果如图 10-10 所示。

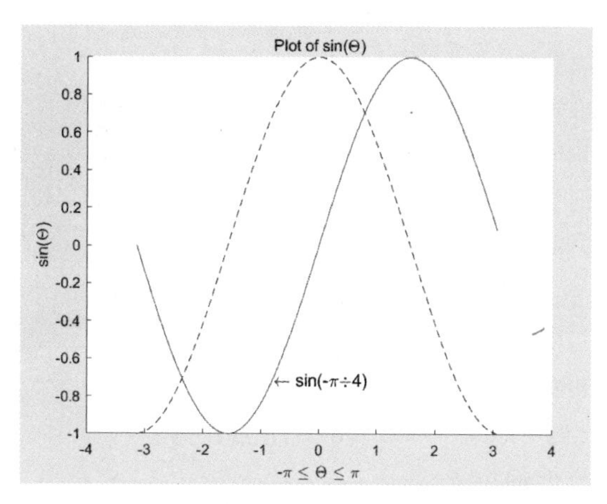

图 10-10 利用曲线对象绘制的曲线并标注

10.3.4 其他核心图形对象

1. 区域块对象

区域块对象由一个或多个多边形构成。在 MATLAB 中,创建区域块对象的函数是 patch 函数,通过定义多边形的顶点和多边形的填充颜色来实现。patch 函数的调用格式如下:

```
patch(ax,X,Y,C,属性名 1,属性值 1,属性名 2,属性值 2,…)
patch(ax,X,Y,Z,C,属性名 1,属性值 1,属性名 2,属性值 2,…)
```

其中,X、Y、Z 定义多边形顶点。若 X、Y、Z 是有 n 个元素的向量,则绘制一个有 n 个顶点的多边形;若 X、Y、Z 是 m×n 的矩阵,则每一列的元素对应一个多边形,绘制 m 个多边形。参数 C 指定填充颜色。选项 ax 用于指定补片对象所属坐标轴,默认在当前坐标轴绘制图形。

除公共属性外,区域块对象的其他常用属性如下:

(1) Vertices 和 Faces 属性。其取值都是一个 m×n 大小的矩阵。Vertices 属性定义各个顶点,每行是一个顶点的坐标。Faces 属性定义图形由 m 个多边形构成,每个多边形有 n 个顶点,其每行的元素是顶点的序号(对应 Vertices 矩阵的行号)。

(2) FaceVertexCData 属性。当使用 Faces 和 Vertices 属性创建区域块对象时,该属性用于指定区域块颜色。

(3) FaceColor 属性。设置区域块对象的填充样式,可取值为 RGB 三元组、none、flat 和 interp(线性渐变)。

(4) XData、YData 和 ZData 属性。其取值都是向量或矩阵,分别定义各顶点的 x、y、z 坐标。若它们为矩阵,则每一列代表一个多边形。

【例 10-11】 用 patch 函数绘制一个长方体。

长方体由 6 个面构成,每面有 4 个顶点。可以把一个面当成一个多边形处理,程序如下:

```
clf;
k = 1.5;                                    % k 为长宽比
%X、Y、Z 的每行分别表示各面的 4 个点的 x,y,z 坐标
X = [0 1 1 0;1 1 1 1;1 0 0 1;0 0 0 0;1 0 0 1;0 1 1 0]';
Y = k * [0 0 0 0;0 1 1 0;1 1 1 1;1 0 0 1;0 0 1 1;0 0 1 1]';
Z = [0 0 1 1;0 0 1 1;0 0 1 1;0 0 1 1;0 0 0 0;1 1 1 1]';
%生成和 X 同大小的颜色矩阵
tcolor = rand(size(X,1),size(X,2));
patch(X,Y,Z,tcolor,'FaceColor','interp');
```

```
view( - 37.5,35),
axis equal off
```

程序运行结果如图 10-11 所示。

图 10-11　利用区域块对象绘制的长方体

2. 方框对象

在 MATLAB 中,矩形、椭圆以及两者之间的过渡图形(如圆角矩形)都称为方框对象。创建方框对象的函数是 rectangle,该函数调用格式如下:

```
rectangle(属性名 1,属性值 1,属性名 2,属性值 2,…)
```

除公共属性外,方框对象的其他常用属性如下:

(1) Position 属性。与坐标轴的 Position 属性基本相同,相对坐标轴原点定义方框的位置。

(2) Curvature 属性。定义方框边的曲率。

(3) LineStyle 属性。定义线型。

(4) LineWidth 属性。定义线宽,默认值为 0.5 磅。

(5) EdgeColor 属性。定义边框线的颜色。

(6) FaceColor 属性。定义填充颜色。

【例 10-12】 在同一坐标轴上绘制矩形、椭圆和圆。

程序如下:

```
rectangle('Position',[3,3,35,25])
rectangle('Position',[3,3,35,25],'Curvature',[1,1],…
    'LineStyle','--','FaceColor','y')
for k = 0:12
    rectangle('Position',[7.5 + k,3 + k,25 - k * 2,25 - k * 2],…
    'Curvature',[1,1],'FaceColor',[mod(k,2),1,mod(k + 1,2)])
end
axis equal
```

程序运行结果如图 10-12 所示。

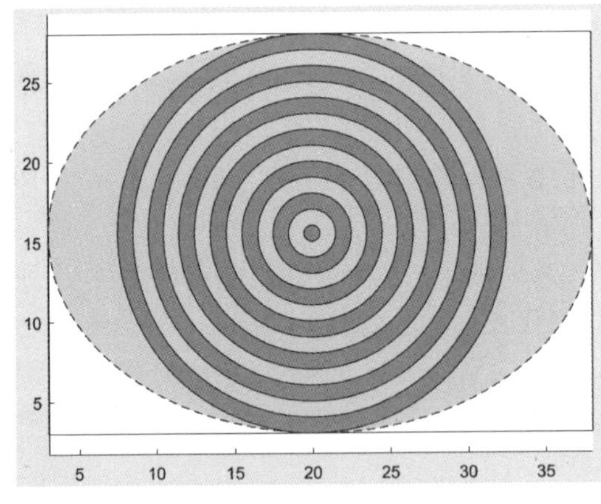

图 10-12　不同样式的方框对象

10.4　动画对象

MATLAB 中可以使用多种方法创建动画。第 5 章介绍了通过捕获多帧图像并连续播放的方法创建逐帧动画,本节介绍生成动画的其他方法。

10.4.1 创建轨迹动画

描绘质点运动轨迹的动画，称为轨迹动画。MATLAB 中提供了 comet 和 comet3 函数展现质点在二维平面和三维空间的运动轨迹。

```
comet(x,y,p)
comet3(x,y,z,p)
```

其中，x、y、z 组成曲线数据点的坐标，用法与 plot 和 plot3 函数相同。参数 p 用于设置绘制的彗星轨迹线的彗长，彗长为 p 倍 y 向量的长度，p 的可取值在[0,1]内，默认 p 为 0.1。

例如，以下程序用彗星运动轨迹演示曲线 $\begin{cases} x=\sin t-t\cos t \\ y=\cos t+t\sin t \\ z=t \end{cases}$ $(0\leqslant t\leqslant 10\pi)$的绘制过程。

```
t = linspace(0,10 * pi,200);
x = sin(t) - t. * cos(t);
y = cos(t) + t. * sin(t);
comet3(x,y,t);
```

执行程序，动画结束时的画面如图 10-13 所示。

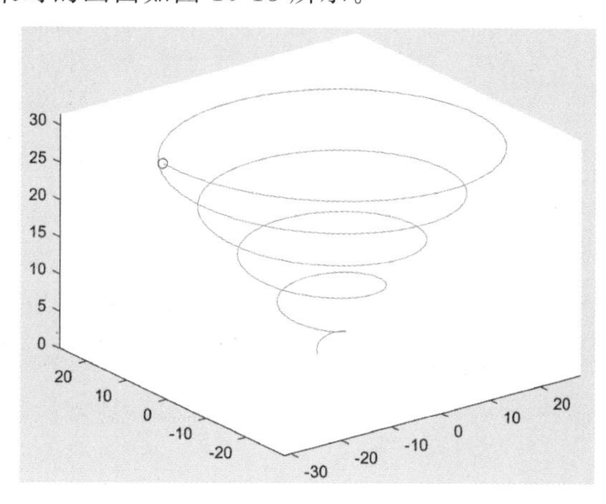

图 10-13 轨迹动画播放画面

10.4.2 创建线条动画

线条动画是通过修改动画线条对象的属性后刷新显示，产生动画效果。创建线条动画包括以下 3 个步骤。

（1）创建动画线条对象。

MATLAB 提供 animatedline 函数创建动画线条对象，函数的调用格式如下：

```
h = animatedline(ax,x,y,z,属性名 1,属性值 1, 属性名 2,属性值 2, …)
```

其中，选项 ax 指定动画线条对象的父对象，默认为当前坐标轴。x、y、z 定义动画线条对象的起始位置。动画线条对象的属性含义与用法（如线条颜色、线型、标记符号等）与 line 函数相同。

（2）添加数据点。

在动画线条对象上添加数据点使用 addpoints 函数，函数的调用格式如下：

```
addpoints(h,x,y)
addpoints(h,x,y,z)
```

其中,h 是动画线条对象句柄,x、y、z 是要加入的数据点的坐标。为了不影响绘制速度,一般先计算出所有数据点的坐标,然后再逐个添加。

(3) 更新显示。

使用 drawnow 或 drawnow limitrate 命令控制显示更新。在数据量大的情况下,drawnow limitrate 命令的更新比命令 drawnow 更快。

当动画中的所有数据点只有位置不同,而其他属性相同时,可以使用这种动画形式。为了控制坐标轴不会随图形的每一次刷新而变化,在创建动画之前,先设置坐标轴范围(XLim、YLim、ZLim),或将与之关联的模式属性(XLimMode、YLimMode、ZLimMode)改为手动模式。

【例 10-13】 绘制螺旋线$\begin{cases}x=\sin t-t\cos t\\y=\cos t+t\sin t\\z=t\end{cases}$ $(0\leqslant t\leqslant 10\pi)$,展示其绘制过程。

程序如下:

```
ha = axes('view',[ - 37.5,30]),
ha.XLim = [ - 30,30];
ha.YLim = [ - 30,30];
ha.ZLim = [0,30];
h = animatedline;
%生成数据
t = linspace(0,10 * pi,200);
x = sin(t) - t. * cos(t);
y = cos(t) + t. * sin(t);
%逐个添加数据点并绘制
for k = 1:length(t)
    addpoints(h,x(k),y(k),t(k));
    drawnow
end
```

10.4.3 创建变换动画

在 MATLAB 中,还可以通过变换对象沿着线条移动一组对象,产生动画效果。变换对象是一种特殊的图形对象,通过改变其属性可以控制图形对象的外观和行为。创建变换对象使用 hgtransform 函数,函数的调用方法如下:

```
h = hgtransform(ax, 属性名 1,属性值 1, 属性名 2,属性值 2, …)
```

其中,选项 ax 用于指定变换对象的父对象,默认为当前坐标轴。

创建变换对象后,通过将变换指定给父变换对象的 Matrix 属性将变换应用于图形对象。Matrix 属性值是一个 4×4 的矩阵,用 makehgtform 函数创建。makehgtform 函数简化了执行旋转、转换和缩放来构造矩阵的过程,函数的调用方法如下:

```
M = makehgtform
M = makehgtform('translate',tx,ty,tz)
M = makehgtform('scale',s)
M = makehgtform('scale',sx,sy,sz)
M = makehgtform('xrotate',t)
M = makehgtform('yrotate',t)
M = makehgtform('zrotate',t)
M = makehgtform('axisrotate',[ax,ay,az],t)
```

第 1 种格式创建恒等变换矩阵;第 2 种格式创建沿 x、y 和 z 轴按 tx、ty 和 tz 进行转换的变换矩阵,实现平移图形对象;第 3 种格式创建等比例缩放的变换矩阵,第 4 种格式创建分别沿 x、y 和 z 轴按 sx、sy 和 sz 进行缩放的变换矩阵；第 5、6、7 种格式分别创建绕 x、y、z 轴方向旋转 t 弧度的变换矩阵；第 8 种格式创建绕轴[ax ay az]旋转 t 弧度的变换矩阵。

【例 10-14】 绘制螺旋线，并在其上添加一个"o"形数据标记，标记从螺旋线始端移动到尾端，在移动的过程中显示曲线上各个数据点的坐标。螺旋线方程如下：

$$\begin{cases} x = \sin t - t\cos t \\ y = \cos t + t\sin t, \quad 0 \leqslant t \leqslant 10\pi \\ z = t \end{cases}$$

程序如下：

```
t = linspace(0,10 * pi,200);
x = sin(t) - t. * cos(t);
y = cos(t) + t. * sin(t);
plot3(x,y,t);                                  % 绘制螺旋线
ha = gca;
h = hgtransform;                               % 在当前坐标轴创建变换图形对象
plot3(h,x(1),y(1),t(1),'o');                   %  在变换对象上添加标记符号
ht = text(h,x(1),y(1),t(1),num2str(y(1)), ...
    'VerticalAlignment','bottom')              % 在变换对象上添加文本
for k = 2:length(x)
    m = makehgtform('translate',x(k),y(k),t(k));
    h.Matrix = m;
    ht.String = [ '(',num2str(x(k)),',',num2str(y(k)),')'];
    drawnow
end
```

程序运行结束时的画面如图 10-14 所示。

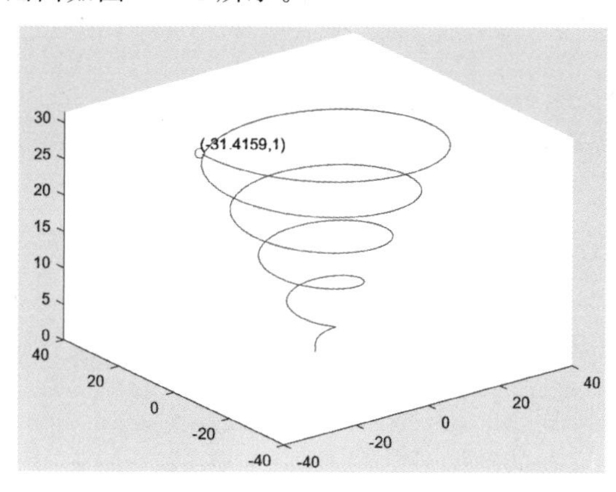

图 10-14　显示数据点坐标

10.5　光照和材质处理

曲面对象的呈现效果除了与自身属性有关，还与光照和材质有关。

10.5.1　光源对象

不同光源从不同位置、以不同角度投射光到物体的表面，使图形表面微小的差异体现得更清楚。

1. 创建光源对象

MATLAB 提供 light 函数创建光源对象，其调用格式为：

```
H = light(属性名 1,属性值 1,属性名 2,属性值 2,…)
```

其中,属性指定光源的特性。光源对象有如下 3 个重要属性。

(1) Color 属性。设置光的颜色,值是 RGB 三元组或描述颜色的字符串,默认为白色。

(2) Style 属性。设置光源类型,可取值为 infinite 或 local,分别表示无穷远光和近光,默认为无穷远。

(3) Position 属性。指定光源位置,值是一个三元向量。光源对象的位置与 Style 属性有关,若 Style 属性为 local,则设置的是光源的实际位置;若 Style 属性为 infinite,则设置的是光线射过来的方向。

2. 设置光照模式

利用 lighting 命令可以设置光照模式,其调用格式为:

```
lighting 选项
```

其中,选项有 4 种取值:flat 选项使得入射光均匀洒落在图形对象的每个面上,是默认选项;gouraud 选项先对顶点颜色插补,再对顶点勾画的面上颜色进行插补,用于表现曲面;phong 选项对顶点处的法线插值,再计算各个像素的反光,其生成的光照效果好,但更费时;none 选项关闭所有光源。

【例 10-15】 绘制光照处理后的球面并观察不同光照模式下的效果。

程序如下:

```
[X,Y,Z] = sphere(30);
axes('view',[ - 37.5,30],'Position',[0.05,0.1,0.4,0.85])
surface(X,Y,Z,'FaceColor','flat','EdgeColor','none');
axis equal
axes('view',[ - 37.5,30],'Position',[0.55,0.1,0.4,0.85])
surface(X,Y,Z,'FaceColor','flat','EdgeColor','none');
lighting gouraud
light('Position',[1 - 1 2],'Style','infinite');
axis equal
```

程序运行结果如图 10-15 所示。左图采用默认的光照模式,没有设置光源;右图采用'gouraud'光照模式,光源设置在远处。

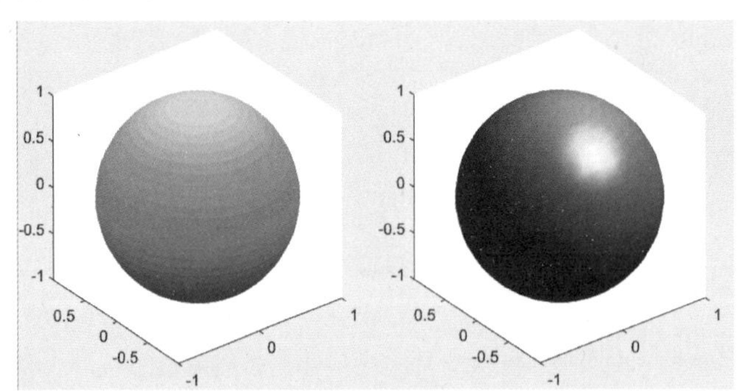

图 10-15　光照处理效果

10.5.2　材质处理

图形对象的反射特性也影响在光源照射下图形呈现的效果。图形对象的反射特性主要有 5 种:

(1) SpecularStrength 属性。用来控制对象表面镜面反射的强度,属性值取 0~1 的数,默认取 0.9。

(2) DiffuseStrength 属性。用来控制对象表面漫反射的强度,属性值取 0~1 的数,默认值取 0.6。

(3) AmbientStrength 属性。用于确定环境光的强度,属性值取 0~1 的数,默认值取 0.3。

(4) SpecularExponent 属性。用于控制镜面反射指数,值大于或等于 1,大多设置为 5~20,默认值为 10。

(5) BackFaceLighting 属性。控制对象内表面和外表面的差别,取值为'unlit'、'lit'和'reverselit'(默认值)。

【例 10-16】 绘制具有不同镜面反射强度的球面,并观察反射特性对图形效果的影响。

程序如下:

```
[X,Y,Z] = sphere(30);
axes('view',[-37.5,30],'Position',[0.05,0.1,0.4,0.85])
hs1 = surface(X,Y,Z,'FaceColor','flat','EdgeColor','none');
% 光源位置在[1 -1 2],光照模式为 phong
light('Position',[1 -1 2])
lighting phong
hs1.SpecularStrength = 0.1;
axis equal
axes('view',[-37.5,30],'Position',[0.55,0.1,0.4,0.85])
hs2 = surface(X,Y,Z,'FaceColor','flat','EdgeColor','none');
light('Position',[1 -1 2])
lighting phong
hs2.SpecularStrength = 1;
axis equal
```

程序的运行结果如图 10-16 所示。左图的 SpecularStrength 属性值为 0.1,表面暗,无光泽。右图的 SpecularStrength 属性值为 1,表面有光泽。

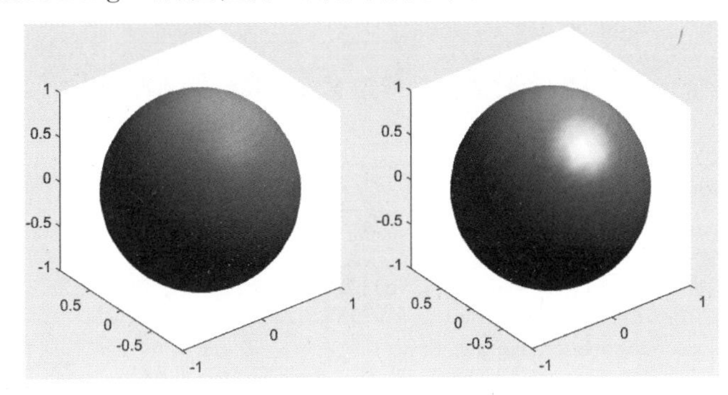

图 10-16 曲面不同的反射效果

10.6 应用实战 10

【例 10-17】 绘制 Fibonacci(斐波那契)螺旋线。

Fibonacci 螺旋线也称黄金螺旋线(golden spiral),是根据 Fibonacci 数列画出来的螺旋曲线,自然界中存在许多 Fibonacci 螺旋线的图案,是自然界最完美的经典黄金比例。Fibonacci 螺旋线,以 Fibonacci 数为边的正方形拼成的长方形,然后在正方形里面画一个 90°的扇形,连起来的弧线就是 Fibonacci 螺旋线,如图 10-17 所示。

首先,图 10-17 中每 1/4 圆的半径的长度符合 Fibonacci 数列的规律,所以首先需要产生一个 Fibonacci 数列。从 MATLAB R2017a 开始,MATLAB 中内置了 fibonacci(n)函数,能直

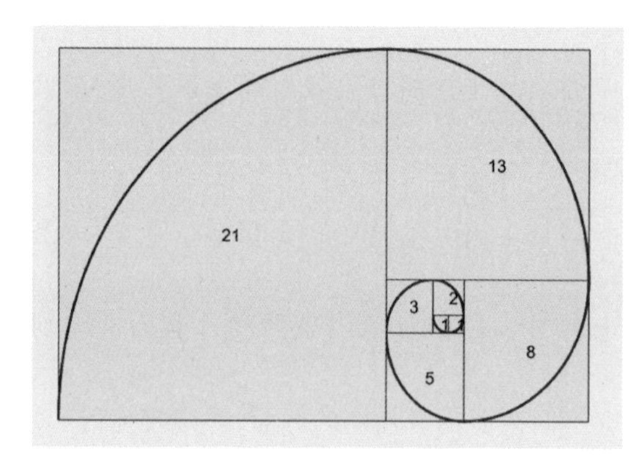

图 10-17 Fibonacci 螺旋线

接产生第 n 个 Fibonacci 数,这个数也就是对应的第 n 个正方形的边长。其次,要绘制正方形和相应的弧形,可以分别使用 rectangle 和 fimplicit 函数,关键在于找到每个正方形左下角的坐标,这可以分 4 种情况分类讨论,详情请参考如下程序。找到左下角坐标之后,便可以很快得到圆心的坐标,并写出圆的方程,进而利用 fimplicit 函数绘图。

程序如下:

```
x = 0;
y = 1;
syms v u
axis off
hold on
for n = 1:8
    a = fibonacci(n);
    switch mod(n,4)
        case 0
            y = y - fibonacci(n-2);
            x = x - a;
            ArcEqn = (u-(x+a))^2 + (v-y)^2 == a^2;
        case 1
            y = y - a;
            ArcEqn = (u-(x+a))^2 + (v-(y+a))^2 == a^2;
        case 2
            x = x + fibonacci(n-1);
            ArcEqn = (u-x)^2 + (v-(y+a))^2 == a^2;
        case 3
            x = x - fibonacci(n-2);
            y = y + fibonacci(n-1);
            ArcEqn = (u-x)^2 + (v-y)^2 == a^2;
    end
    pos = [x y a a];
    rectangle('Position', pos, 'FaceColor',[1,0.9,1])
    xText = (x+x+a)/2;
    yText = (y+y+a)/2;
    text(xText, yText, num2str(a))
    interval = [x x+a y y+a];
    fimplicit(ArcEqn, interval, 'b', 'LineWidth',1.5)
end
```

程序运行后即得到图 10-17 所示的 Fibonacci 螺旋线。

练习题

一、选择题

1. 用于获取当前图形窗口句柄的函数是(　　)。

A. gca　　B. gcf　　C. gco　　D. gcw

2. 用于决定坐标轴对象是否带边框的属性是(　　)。

A. Box　　B. Grid　　C. Position　　D. Font

3. 下列命令中,除一条命令外其他 3 条命令等价,这一条命令是(　　)。

A. line(x,y,'Color','r');　　B. line(x,y,'r');

C. plot(x,y,'Color','r');　　D. plot(x,y,'r');

4. h 代表一条曲线,要设置曲线的颜色为红色,可以使用命令(　　)。

A. h.Color='r';　　B. h.color='r';

C. h.COLOR='r';　　D. h.LineColor='r';

5. 用于标识图形对象的属性是(　　)属性。

A. Title　　B. String　　C. Tag　　D. Label

6.【多选】在图形窗口绘制三维曲面图 $z=\sin y\cos x$,且 $x\in[0,2\pi]$,$y\in[0,2\pi]$,可以使用的程序是(　　)。

A.
```
x = 0:pi/20:2 * pi;
[x,y] = meshgrid(x);
z = sin(y). * cos(x);
surf(x,y,z);
```

B.
```
x = 0:pi/20:2 * pi;
[x,y] = meshgrid(x);
z = sin(y). * cos(x);
surface(x,y,z);
grid on;
view(-37.5,30)
```

C.
```
fx = @(x,y) x;
fy = @(x,y) y;
fz = @(x,y) sin(y). * cos(x);
fsurf(fx,fy,fz,[0,2 * pi])
```

D.
```
fx = @(x,y) x;
fy = @(x,y) y;
fz = @(x,y) sin(y). * cos(x);
surface(fx,fy,fz,[0,2 * pi])
```

二、问答题

1. 什么叫图形对象句柄?有何作用?

2. 如何创建曲线对象和曲面对象?

3. 建立两个图形窗口,在每个图形窗口的左下角放置一个坐标轴。第一个窗口使用 pixels 作为度量单位,窗口大小为 400×300。第二个窗口使用相对度量单位,窗口宽、高分别为屏幕的 40%和 30%。比较 Units 属性对度量长度的影响。

4. 请比较用 plot 函数和 line 函数在同一坐标轴绘制多条曲线的方法。在同一坐标轴绘制 $y=\sin x$ 和 $y=\cos x$,其中 $x\in[0,2\pi]$。要求正弦曲线用蓝色实线,余弦曲线用绿色虚线。

5. 请比较用 surf 函数和 surface 函数在同一坐标平面绘制多个曲面的方法。在同一坐标平面绘制以下两个曲面。

(1) $\begin{cases} x=\dfrac{u^2}{2} \\ y=u \\ z=v \end{cases}$,　$-2\leqslant u\leqslant 2,-3\leqslant v\leqslant 3$

(2) $z=xye^{-x^2-y^2}$,　$-2\leqslant x\leqslant 2,-3\leqslant y\leqslant 3$

操作题

1. 利用图形对象绘制下列曲线，要求先利用默认属性绘制曲线，然后通过图形句柄操作来改变曲线的颜色、线型和线宽，并利用文本对象给曲线添加文字标注。

(1) $y=x^2e^{2x}$

(2) $\begin{cases} x=t^2 \\ y=5t^3 \end{cases}$

2. 利用图形对象绘制下列三维图形。

(1) $\begin{cases} x=t \\ y=2t\cos t, & -20\pi \leqslant t \leqslant 20\pi \\ z=5t\sin t \end{cases}$

(2) $v(x,t)=10e^{-0.01x}\sin(2000\pi t-0.2x+\pi)$

3. 以任意位置子图形式绘制出正弦、余弦、正切和余切函数曲线。

4. 利用 patch 函数绘制一个填充渐变色的正五边形。

5. 利用 rectangle 函数绘制两个相切的圆。

第11章 App设计

App是Application的简称,即应用程序,这里是指具有图形用户界面(Graphical User Interface,GUI)的MATLAB程序。图形用户界面是指由窗口、菜单、对话框等各种图形对象组成的用户界面。具有图形用户界面的App提供交互式的操作,使用很方便。在MATLAB中,可以使用MATLAB函数以编程方式开发App,也可以使用App设计工具以交互方式开发App。本章介绍UI图形窗口及回调函数的使用方法、使用uifigure、uimenu等函数创建App的方法以及App设计工具的使用方法。

11.1 UI图形窗口

在MATLAB中,可以使用uifigure或figure函数创建一个图形窗口以用作图形界面的容器。然后,以编程方式向其中添加组件。每种类型的图形窗口支持不同的组件和属性。推荐使用uifigure函数构建App,因为它创建专为App构建而配置的图形窗口,支持的组件类型与App设计工具相同。

11.1.1 创建UI图形窗口

创建用于设计App的UI图形窗口使用uifigure函数,一般调用格式为:

```
fig = uifigure
fig = uifigure(属性名1,属性值1,属性名2,属性值2,…)
```

其中,第一种调用格式创建一个用于构建UI图形窗口,并返回uifigure对象句柄;第二种调用格式使用一个或多个属性名、属性值对参数指定UI图形窗口的属性。例如:

```
>> fig = uifigure('Name', 'My App');      % 创建具有特定标题的UI图形窗口.
>> p = fig.Position                       % 获取UI图形窗口的位置、宽度和高度.
p =
   360   198   560   420
```

这意味着UI图形窗口位于主显示画面左下角的右侧360像素和上方198像素处,宽560像素,高420像素。

通过调整位置向量的第3个和第4个元素,将UI图形窗口宽度和高度减半。

```
>> fig.Position(3:4) = [280, 210];
```

11.1.2 回调函数

回调函数(callbacks)定义对象怎样处理信息并响应某事件。回调函数可以经由键盘按键、鼠标单击、项目选定、光标滑过特定组件等事件触发执行。

1. 事件驱动机制

面向对象程序设计是以对象感知事件的过程为编程单位,这种程序设计的方法称为事件驱动编程机制。当事件发生时,相应的程序段才会运行。

事件是由用户或操作系统引发的动作。事件发生在用户与应用程序交互时,不同对象对相同事件做出的响应是不同的。

2. 回调函数的执行

回调函数定义对象怎样处理信息并响应事件,该函数不会主动运行,是由主控程序调用的。主控程序一直处于前台操作,它对各种消息进行分析、排队和处理,当事件被触发时去调用指定的回调函数,执行完毕之后控制权又回到主控程序。回调函数的基本结构如下:

```
function 回调函数名(src, event, arg)
    …
end
```

回调函数至少接收前两个输入参数。其中，src 参数是正在执行回调的对象的句柄，在回调函数中使用该句柄引用回调对象；event 参数存储事件数据，它对于某些回调可能是空的，这时可以用符号“～”作为第 2 个参数；第 3 个参数 arg 是用户想要传递的参数，而且可以有多个。

要指定回调，通常有两种方法：一是引用回调函数句柄，二是包含回调函数句柄和其他参数的单元数组。例如，为 plot 函数绘制的曲线定义一个名为 lineCallback 的回调函数。

```
function lineCallback(src,~)
   src.Color = 'red';
end
```

其中，使用第 1 个参数 src 引用正在执行其回调的曲线，这里通过 src 设置曲线的 Color 属性。第 2 个参数为空，“～”字符表示该参数未使用。定义回调函数后，通过使用@运算符将回调函数句柄分配给曲线的 ButtonDownFcn 属性。例如：

```
x = linspace(0,2 * pi,50);
y = sin(x);
plot(x,y,'ButtonDownFcn',@lineCallback)
```

如果要定义回调函数的额外输入参数，则可以将参数添加到函数定义。例如：

```
function lineCallback(src,event,arg1,arg2)
   src.Color = 'red';
   src.LineStyle = arg1;
   src.Marker = arg2;
end
```

这时需要将包含回调函数句柄和额外参数的单元数组分配给 ButtonDownFcn 属性。例如：

```
plot(x,y,'ButtonDownFcn',{@lineCallback,'--','*'})
```

也可以使用匿名函数传递额外参数。例如：

```
plot(x,y,'ButtonDownFcn',@(src,eventdata)lineCallback(src,eventdata,'--','*'))
```

11.2 菜单设计

MATLAB 用户菜单对象是图形窗口的子对象，所以菜单设计总在图形窗口中进行。MATLAB 的图形窗口有自己的菜单栏，为了建立用户自己的菜单系统，可以先将图形窗口的 MenuBar 属性设置为 none，以取消图形窗口默认的菜单，然后再建立用户自己的菜单。

11.2.1 建立用户菜单

用户菜单通常包括一级菜单(菜单条)和二级菜单，有时根据需要还可以往下建立子菜单(三级菜单等)，每一级菜单又包括若干菜单项。要建立用户菜单可用 uimenu 函数，因其调用方法不同，该函数可以用于建立一级菜单项和子菜单项。

建立一级菜单项的函数调用格式为：

```
一级菜单项句柄 = uimenu(图形窗口句柄,属性名 1,属性值 1,属性名 2,属性值 2,…)
```

建立子菜单项的函数调用格式为：

```
子菜单项句柄 = uimenu(一级菜单项句柄,属性名 1,属性值 1,属性名 2,属性值 2,…)
```

建立一级菜单项时,要给出图形窗口的句柄值。在建立子菜单项时,必须指定一级菜单项对应的句柄值。例如:

```
>> hf = uifigure;
>> hm = uimenu(hf,'Text','File');
>> hm1 = uimenu(hm,'Text','Save');
>> hm2 = uimenu(hm,'Text','Save As');
```

图 11-1 建立用户菜单

将在 UI 图形窗口中建立名为 File 的菜单项。其中,Text 属性值 File 就是菜单项的名字,hm 是 File 菜单项的句柄值,供定义该菜单项的子菜单之用。后两条命令将在 File 菜单项下建立 Save 和 Save As 两个子菜单项,如图 11-1 所示。

11.2.2 菜单对象常用属性

菜单对象具有 Children、Parent、Tag、Type、Visible 等公共属性,它们的含义见 10.1.3 节有关内容。除公共属性外,还有一些常用的特殊属性。

(1) Text 属性。该属性的取值是字符串,用于定义菜单项的名字。可以在字符串中加入 & 字符,这时在该菜单项名字上,跟随 & 字符后的字符有一条下画线,& 字符本身不出现在菜单项中。对于这种有带下画线字符的菜单,可以用 Alt 键加该字符键来激活相应的菜单项。

(2) Accelerator 属性。该属性的取值可以是任何字母,用于定义菜单项的快捷键。如取字母 W,则表示定义快捷键为 Ctrl +W。

(3) MenuSelectedFcn 属性。该属性的取值是字符串,可以是某个 M 文件名或一组 MATLAB 命令。在该菜单项被选中以后,MATLAB 将自动调用此回调函数来做出对相应菜单项的响应,如果没有设置一个合适的回调函数,则此菜单项也将失去其应有的意义。

在产生子菜单时 Callback 选项也可以省略,因为这时可以直接打开下一级菜单,而不是侧重于对某一函数进行响应。

(4) Checked 属性。该属性的取值是 On 或 Off(默认值),该属性为菜单项定义一个指示标记,可以用这个特性指明菜单项是否已被选中。

(5) Enable 属性。该属性的取值是 On(默认值)或 Off,这个属性控制菜单项的可选择性。如果它的值是 Off,则此时不能使用该菜单项。此时,该菜单项呈灰色。

(6) Position 属性。该属性的取值是数值,它定义一级菜单项在菜单条上的相对位置或子菜单项在菜单组内的相对位置。例如,对于一级菜单项,若 Position 属性值为 1,则表示该菜单项位于图形窗口菜单条的可用位置的最左端。

(7) Separator 属性。该属性的取值是 On 或 Off(默认值)。如果该属性值为 On,则在该菜单项上方添加一条分隔线,可以用分隔线将各菜单项按功能分开。

视频讲解

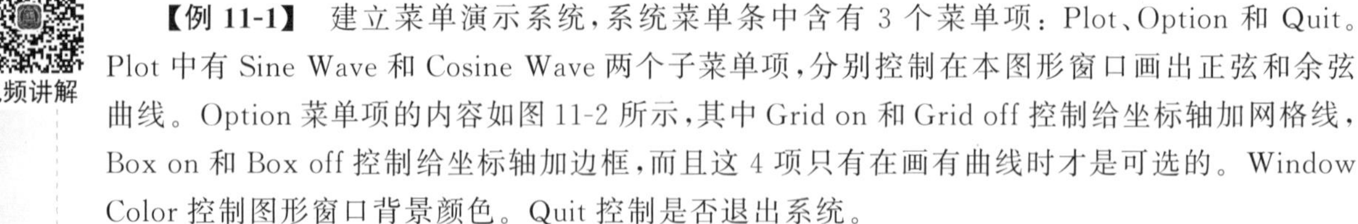

【例 11-1】 建立菜单演示系统,系统菜单条中含有 3 个菜单项:Plot、Option 和 Quit。Plot 中有 Sine Wave 和 Cosine Wave 两个子菜单项,分别控制在本图形窗口画出正弦和余弦曲线。Option 菜单项的内容如图 11-2 所示,其中 Grid on 和 Grid off 控制给坐标轴加网格线,Box on 和 Box off 控制给坐标轴加边框,而且这 4 项只有在画有曲线时才是可选的。Window Color 控制图形窗口背景颜色。Quit 控制是否退出系统。

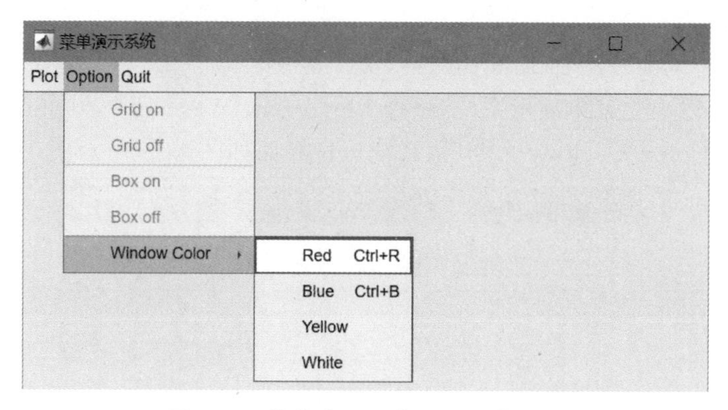

图 11-2 菜单演示系统 Option 菜单项

程序如下：

```
screen = get(0,'ScreenSize');                    % 获取屏幕的分辨率
W = screen(3);                                   % 屏幕宽度
H = screen(4);                                   % 屏幕高度
hf = uifigure('Name','菜单演示系统','Position',[0.3 * H,0.3 * H,0.4 * W,0.45 * H]);
% 定义 Plot 菜单项
hplot = uimenu(hf,'Text','&Plot');
uimenu(hplot,'Text','Sine Wave','MenuSelectedFcn',…
['ax = uiaxes(hf);','t = - pi:pi/20:pi;','plot(ax,t,sin(t));',…
'set(hgon,''Enable'',''On'');','set(hgoff,''Enable'',''On'');',…
'set(hbon,''Enable'',''On'');','set(hboff,''Enable'',''On'');']);
uimenu(hplot,'Text','Cosine Wave','MenuSelectedFcn',…
['ax = uiaxes(hf);','t = - pi:pi/20:pi;','plot(ax,t,sin(t));',…
'set(hgon,''Enable'',''On'');','set(hgoff,''Enable'',''On'');',…
'set(hbon,''Enable'',''On'');','set(hboff,''Enable'',''On'');']);
% 定义 Option 菜单项
hoption = uimenu(hf,'Text','&Option');
hgon = uimenu(hoption,'Text','&Grid on',…
'MenuSelectedFcn','grid(ax);','Enable','Off');
hgoff = uimenu(hoption,'Text','&Grid off',…
'MenuSelectedFcn','grid(ax);','Enable','Off');
hbon = uimenu(hoption,'Text','&Box on',…
'separator','On','MenuSelectedFcn','box(ax)','Enable','Off');
hboff = uimenu(hoption,'Text','&Box off',…
'MenuSelectedFcn','box(ax)','Enable','Off');
hwincor = uimenu(hoption,'Text','&Window Color','Separator','On');
uimenu(hwincor,'Text','&Red','Accelerator','r',…
'MenuSelectedFcn','set(hf,''Color'',''r'');');
uimenu(hwincor,'Text','&Blue','Accelerator','b',…
'MenuSelectedFcn','set(hf,''Color'',''b'');');
uimenu(hwincor,'Text','&Yellow','MenuSelectedFcn',…
'set(hf,''Color'',''y'');');
uimenu(hwincor,'Text','&White','MenuSelectedFcn',…
'set(hf,''Color'',''w'');');
```

```
%定义 Quit 菜单项
uimenu(hf,'Text','&Quit','MenuSelectedFcn','delete(hf)');
```

程序运行后可以建立菜单演示系统,选择 Plot→Sine Wave 命令、Option→Grid on 命令、Option→Window Color→Yellow 命令后,系统运行界面如图 11-3 所示。

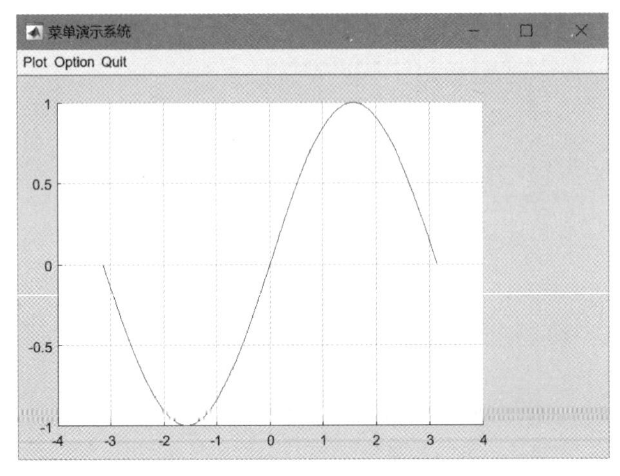

图 11-3 菜单演示系统运行界面

11.2.3 快捷菜单

快捷菜单是用鼠标右键单击某对象时在屏幕上弹出的菜单。这种菜单出现的位置是不固定的,而且总是和某个图形对象相联系。在 MATLAB 中,可以使用 uicontextmenu 函数和图形对象的 UIContextMenu 属性来建立快捷菜单,具体步骤为:

(1) 利用 uicontextmenu 函数建立快捷菜单。

(2) 利用 uimenu 函数为快捷菜单建立菜单项。

(3) 利用 set 函数将该快捷菜单和某图形对象联系起来。

【例 11-2】 绘制曲线 $y=\sin x\sin(2\pi x)$,并建立一个与之相联系的快捷菜单,用来控制曲线的线型和曲线宽度。

程序如下:

```
hf = uifigure('Name','快捷菜单','Position',[100,150,450,320]);
ax = uiaxes(hf);                        %为 App 中的绘图创建 UI 坐标区
x = 0:pi/100:2 * pi;
y = sin(x). * sin(2 * pi * x);
hl = plot(ax,x,y);
hc = uicontextmenu(hf);                 %建立快捷菜单
hls = uimenu(hc,'Text','线型');         %建立菜单项
hlw = uimenu(hc,'Text','线宽');
uimenu(hls,'Text','虚线','MenuSelectedFcn','set(hl,''LineStyle'','':'');');
uimenu(hls,'Text','实线','MenuSelectedFcn','set(hl,''LineStyle'',''-'');');
uimenu(hlw,'Text','加宽','MenuSelectedFcn','set(hl,''LineWidth'',2);');
uimenu(hlw,'Text','变细','MenuSelectedFcn','set(hl,''LineWidth'',0.5);');
hl.UIContextMenu = hc;                  %将该快捷菜单和曲线对象联系起来
```

程序运行后先按默认参数(0.5 磅实线)画线,若将鼠标指针指向线条并右击,则弹出快捷菜单,如图 11-4 所示,选择菜单命令可以改变线型和曲线宽度。

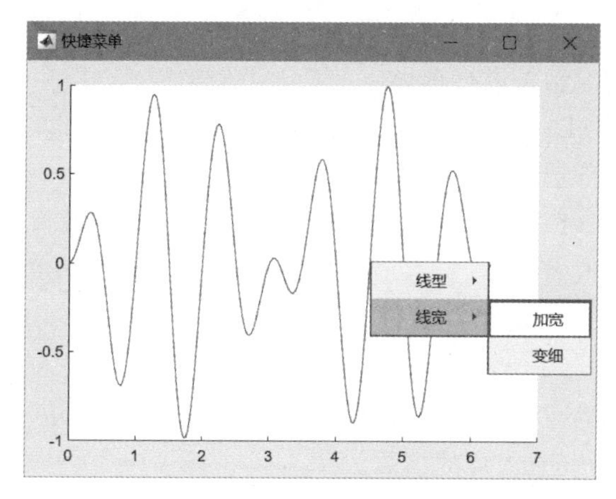

图 11-4 快捷菜单设计

11.3 对话框设计

对话框是用户与计算机进行信息交流的临时窗口,在现代软件中有着广泛的应用。在软件设计时,借助于对话框可以更好地满足用户操作的需要,使用户操作更加方便灵活。

11.3.1 常用组件

在对话框上有各种各样的组件(Component),利用这些组件可以实现有关界面控制,常用的组件如表 11-1 所示。

表 11-1 UI 图形窗口常用组件

组件名称	创建组件的函数名	功能说明
按钮	uibutton	创建普通按钮或状态按钮组件
单选按钮	uiradiobutton	创建单选按钮组件
复选框	uicheckbox	创建复选框组件
列表框	uilistbox	创建列表框组件
下拉框	uidropdown	创建下拉组件
编辑框	uieditfield	创建文本或数值编辑字段组件
标签	uilabel	创建标签组件
滑块	uislider	创建滑块组件

(1) 按钮。按钮(Button)是对话框中最常用的组件对象,其特征是在矩形框上加上文字说明。一个按钮代表一种操作,所以有时也称命令按钮。

(2) 单选按钮。单选按钮(Radio Button)是一个圆圈加上文字说明。它是一种选择性按钮,当被选中时,圆圈的中心有一个实心的黑点,否则圆圈为空白。在一组单选按钮中,通常只能有一个被选中,如果选中了其中一个,则原来被选中的就不再处于被选中状态,故称作单选按钮。

(3) 复选框。复选框(Check Box)是一个小方框加上文字说明。它的作用和单选按钮相似,也是一组选择项,被选中的项其小方框中有"√"。与单选按钮不同的是,复选框一次可以选择多项。这也是"复选框"名字的由来。

(4) 列表框。列表框(List Box)列出可供选择的一些选项,当选项很多而列表框装不下时,可使用列表框右端的滚动条进行选择。

(5) 下拉框。下拉框(Drop Down Box)平时只显示当前选项,单击其右端的向下箭头即弹出一个列表框,列出全部选项。其作用与列表框类似。

(6) 编辑框。编辑框(Edit Box)可供用户输入数据用。在编辑框内可提供默认的输入值,随后用户可以进行修改。

(7) 标签。标签(Label)是在对话框中显示的说明性文字,一般用来给用户作必要的提示。

(8) 滑块。滑块(Slider)可以用图示的方式输入指定范围内的一个数量值。用户可以移动滑动条中间的游标来改变它对应的参数。

11.3.2 组件的操作

1. 组件的属性

组件常见属性如下:

(1) Enable 属性。用于控制组件对象是否可用,取值是'On'(默认值)或'Off'。

(2) Value 属性。用于获取和设置组件对象的当前值。对于不同类型的组件对象,其含义和可取值是不同的。例如,对于列表框、下拉框对象,Value 属性值是选中的列表项的值。对于单选按钮、复选框对象,当对象处于选中状态时, Value 属性值是 true; 当对象处于未选中状态时, Value 属性值是 false。

(3) Limits 属性。用于获取和设置滑块等组件对象的值域。属性值是一个二元向量[Lmin,Lmax],Lmin 用于指定组件对象的最小值,Lmax 用于指定组件对象的最大值。

(4) Position 属性。用于定义组件对象在界面中的位置和大小,属性值是一个四元向量[n1,n2,n3,n4]。n1 和 n2 分别为组件对象左下角相对于父对象的 x、y 坐标,n3 和 n4 分别为组件对象的宽度和高度。

2. 组件的创建

在 MATLAB 中,要设计一个对话框,首先要建立一个 UI 图形窗口,然后在图形窗口中放置有关用户组件对象。MATLAB 提供了用于创建组件对象的函数,下面以按钮组件为例进行说明。

创建按钮组件使用 uibutton 函数,其调用格式为:

```
对象句柄 = uibutton(图形窗口句柄,属性名 1,属性值 1,属性名 2,属性值 2, …)
```

uibutton 函数使用由一个或多个属性名、属性值对指定的属性创建按钮组件。

【例 11-3】 创建一个 App,其中包含一个按钮和一个 UI 坐标区,当用户按下该按钮时,将绘制正弦函数曲线。

程序如下:

```
function buttonApp
hf = uifigure('Name','按钮组件的应用','Position', [50, 50, 450, 250]);
ax = uiaxes(hf,'Position',[30, 30, 300, 200]);    % 创建 UI 坐标区
 % 创建按钮
Btn = uibutton(hf,'Position',[350, 50, 60, 25],'Text','绘   图', …
    'ButtonPushedFcn', {@plotButtonPushed, ax});
end
```

```
% 创建 ButtonPushedFcn 回调函数
function plotButtonPushed(src,~,ax)
    x = linspace(0,2 * pi,100);
    y = sin(x);
    plot(ax,x,y)
end
```

程序运行后单击“绘图”按钮，MATLAB 将绘制曲线，如图 11-5 所示。

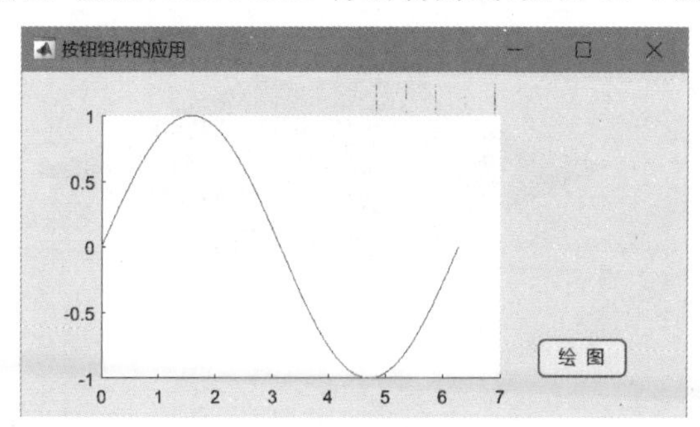

图 11-5　按钮组件的使用

【例 11-4】　创建一个 App，其中包含下拉组件、标签和 UI 坐标区，当用户从下拉组件中选择不同图形时，将绘制相应的图形。

程序如下：

```
function simpleApp
hf = uifigure('Name','App 演示');                    % 创建图形窗口
% 创建 UI 组件
lbl = uilabel(hf,'Text','选择图的类型: ','Position',[50,360,200,30]);
dd = uidropdown(hf,'Position',[150,360,350,30]);
ax = uiaxes(hf,'Position',[60,30,450,320]);
% 设置下拉组件选项及选项的值
dd.Items = ["Surf","Mesh","Contour3"];
dd.Value = "Surf";
surf(ax,peaks);
% 指定下拉组件的值更改后要执行的回调
dd.ValueChangedFcn = {@changePlotType,ax};
end
% 根据不同选项绘制图形
function changePlotType(src,~,ax)
type = src.Value;
switch type
    case 'Surf'
        surf(ax,peaks);
    case 'Mesh'
        mesh(ax,peaks);
    case 'Contour3'
        contour3(ax,peaks);
end
end
```

程序运行后结果如图 11-6 所示。从下拉组件选择不同选项可以得到相应的图形。

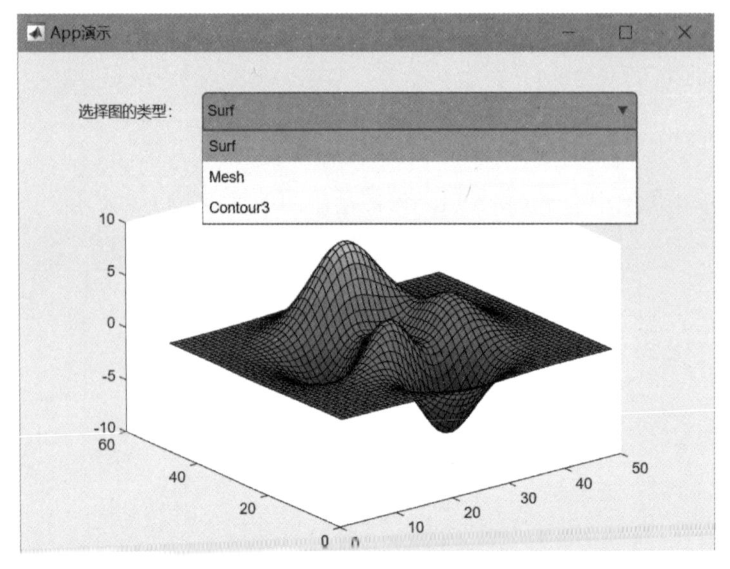

图 11-6　下拉组件的使用

11.4　App 设计工具

App 设计工具是一个可视化集成设计环境。除了提供标准用户界面组件,还提供了一组和工业应用相关的组件,如仪表盘、旋钮、开关、指示灯等。使用 App 设计工具可以开发出操作界面友好、可以共享的 MATLAB 应用程序。

11.4.1　App 设计工具窗口

1. 打开 App 设计工具窗口

打开 App 设计工具窗口有两种方法。

(1) 在 MATLAB 桌面选择"主页"选项卡,单击"文件"命令组中的"新建"按钮,从弹出的命令列表中选择 App 命令进入"App 设计工具首页"页面,单击"空白 App"按钮打开 App 设计工具窗口。

(2) 在 MATLAB 命令行窗口输入 appdesigner 命令,打开 App 设计工具窗口。

2. App 设计工具窗口的组成

App 设计工具窗口由功能区、快速访问工具栏和 App 编辑器组成,如图 11-7 所示。

功能区提供了操作文件、打包程序、运行程序、调整用户界面布局、编辑调试程序的工具。功能区的工具栏与快速访问工具栏中的"运行"按钮都可用于运行当前 App。

App 设计工具窗口用于用户界面设计和代码编辑,用户界面的设计布局和功能的实现代码都存放在同一个.mlapp 文件中。App 编辑器包括设计视图和代码视图,选择不同的视图,编辑器窗口的内容也不同。

(1) 设计视图。设计视图用于编辑用户界面。选择设计视图时,编辑器窗口左边是组件库面板,右边是组件浏览器和属性面板,中间区域是用户界面设计区,称为画布。

组件库提供了构建应用程序用户界面的组件模板,如坐标区、按钮、仪表等。组件浏览器用于查看界面的组织架构,属性面板用于查看和设置组件的属性。

设计视图功能区的"画布"功能区的按钮用于修改用户界面的布局,包括对齐对象、排列对

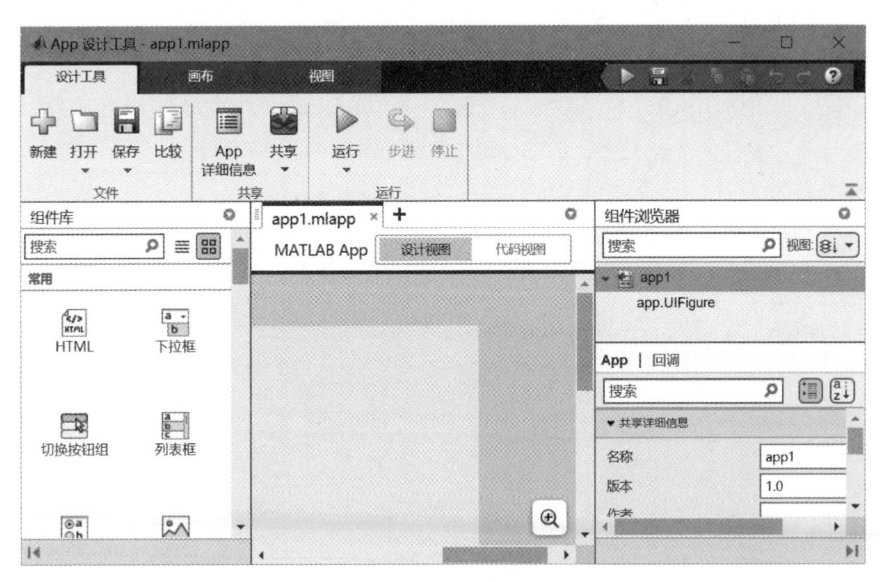

图 11-7 App 设计工具窗口

象、调整间距等。“视图”功能区用于改变视图的显示模式。

(2) 代码视图。代码视图用于编辑、调试、分析代码。选择代码视图时,编辑器窗口左边是代码浏览器和 App 的布局面板,右边是组件浏览器和属性面板,中间区域是代码编辑区。

代码浏览器用于查看和增删图形窗口和组件对象的回调、自定义函数以及应用程序的属性,回调定义对象怎样处理信息并响应某事件,属性用于存储回调和自定义函数间共享的数据。代码视图的属性面板用于查看和设置组件的值、值域、是否可见、是否可用等控制属性。

代码视图功能区有“设计工具”“编辑器”“视图”3 个选项卡,使用其中的命令按钮可实现代码的管理。

11.4.2 App 组件库

App 设计工具将组件库按功能分成 4 类。

(1) 常用组件。常用组件与传统的可视化设计工具功能相似(通常称为控件),包括按钮、列表框、单选按钮、复选框、滑块等。

(2) 容器类组件。容器类组件用于将界面上的元素按功能进行分组,包括“网格布局”“选项卡组”“面板”组件。

(3) 图窗工具。图窗工具用于建立用户界面的菜单和工具栏,包括“菜单栏”“上下文菜单”“工具栏”组件。

(4) 仪器类组件。仪器类组件用于模拟实际电子设备的操作平台和操作方法,如各类仪表、“分档旋钮”“开关”“信号灯”等。

组件对象可以在设计视图中用组件库中的组件来生成,也可以在代码中调用 App 组件函数(如 uibutton 函数等)来创建,而组件对象所属图形窗口是用 uifigure 函数来创建的,这与在传统图形窗口不同。

11.4.3 App 类的基本结构

用 App 设计工具设计的应用程序,采用面向对象设计模式,声明对象、定义函数、设置属性和共享数据都封装在一个类中,一个.mlapp文件就是一个类的定义。数据变成了对象的属性(properties),函数变成了对象的方法(methods)。

App类的基本结构如下:

```
classdef 类名 < matlab.apps.AppBase
    % 组件属性
    properties (Access = public)
        …
    end
    % 组件方法
    methods (Access = private)
        function 函数 1(app)
            …
        end
        function 函数 2(app)
            …
        end
    end
    methods (Access = public)
        function 函数 1(app)
            …
        end
        function 函数 2(app)
            …
        end
    end
end
```

其中,classdef是类的关键字,类名的命名规则与变量的命名规则相同。后面的"<"引导的一串字符表示该类继承于MATLAB的Apps类的子类AppBase。properties段是属性的定义,主要包含属性声明代码。methods段是方法的定义,由若干函数组成。App设计工具自动生成一些函数框架。组件对象的回调函数一般有两个参数:app参数存储了界面中各个成员的数据,event参数存储事件数据。其他函数则大多只有一个app参数。

存取数据和调用函数称为访问对象成员。对成员的访问有两种权限限定:私有的(private)和公共的(public),私有成员只允许在本类中访问,公共成员则可用于与App的其他类共享数据。在.mlapp文件中,属性的声明、界面的启动函数startupFcn、建立界面组件的函数createComponents以及其他回调函数都定义成私有的。

为了帮助理解面向对象程序设计,下面看一个简单的例子。

【例11-5】 定义一个圆类,用于求圆的面积。

圆具有半径、面积、周长等属性,也具有求面积、求周长等操作,定义MATLAB类时用数据成员来表示类的属性,在properties段中进行定义;用函数成员来表示类的方法,在methods段中定义,方法即代表类的操作。利用classdef关键字定义圆类如下:

```
classdef Circle < handle
    properties
        r;
        s;
    end
    methods
        function obj = Circle(r0)
            obj.r = r0;
        end
        function obj = Area(obj)
```

```
            obj.s = pi * obj.r^2;
        end
        function Print(obj)
            disp(obj.s);
        end
    end
end
```

上面的程序段定义了 Circle 类，有 r 和 s 两个属性，分别代表圆半径和圆面积。类中定义了 3 个方法(即 3 个函数成员)，分别用于确定圆的半径、求面积和输出圆面积。第一个函数成员的函数名与类名相同，称为构造函数，在定义对象时自动被调用。在命令行窗口输入以下命令，输出半径为 10 的圆的面积。

```
>> c = Circle(10);                  % 定义一个半径为 10 的圆对象
>> c.Area();                        % 利用对象调用 Area 方法求圆面积
>> c.Print()                        % 调用 Print 方法输出圆面积
   314.1593
```

11.5 应用实战 11

【例 11-6】 生成一个用于观察视点仰角和坐标轴着色方式对三维图形显示效果影响的 App，界面如图 11-8 所示。界面右上部的列表框用于选择绘图数据、切换按钮组用于选择绘图方法，中间的旋钮用于设置视点方位角和仰角，右下部的分档旋钮用于设置坐标轴着色方式、跷板开关用于显示网格线。

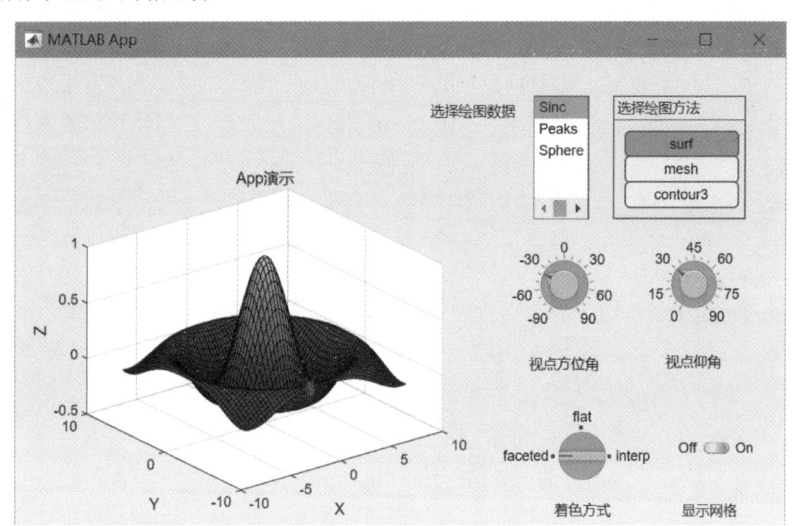

图 11-8 App 运行界面

操作步骤如下。

1. 打开 App 设计工具窗口，添加组件

在 App 设计工具组件库选中“坐标区”组件，将其拖动至编辑区，调整好大小和位置。再添加一个列表框、一个切换按钮组、两个旋钮、一个分挡旋钮和一个跷板开关，然后按图 11-9 调整组件的位置和大小。

2. 利用属性面板设置组件对象的属性

在设计视图的编辑区依次选择各个组件对象，在对应的属性面板中按表 11-2 设置组件对象的属性。

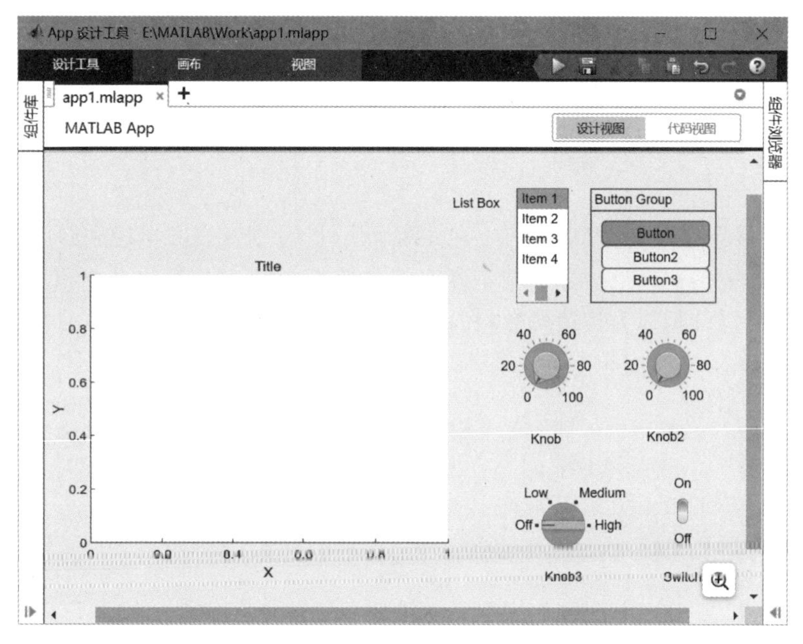

图 11-9 App 界面设计

表 11-2 组件对象的主要属性

组件对象	属性	属性值
坐标区(UIAxes)	标题(Title. String)	App 演示
	网格(XGrid、YGrid、ZGrid)	选择启用边框
列表框(ListBox)	标签	选择绘图数据
	项目(Items)	Sinc(选定) Peaks Sphere
切换按钮组(ButtonGroup)	标题(Title)	选择绘图方法
	按钮文本(Text)	surf(选定) mesh contour3
旋钮(Knob)	标签	视点方位角
	值(Value)	−37.5
	最小值,最大值(Limits)	−90,90
旋钮(Knob2)	标签	视点仰角
	值(Value)	30
	最小值,最大值(Limits)	0,90
分挡旋钮(Knob3)	标签	着色方式
	项目(Items)	faceted(选定) flat interp
跷板开关(Switch)	标签	显示网格
	值(Value)	Off
	方向(Orientation)	水平

3. 编写代码,实现组件功能

(1) 编写自定义函数,包括用于绘制图形的 my_plot 函数和调整视点的 my_view 函数。

① my_plot 函数。切换到 App 设计工具的代码视图,选择功能区的"编辑器"选项卡,单击"插入"命令组中的"添加函数"按钮,这时,在代码中增加了一个私有函数框架,结构如下:

```
function results = func(app)
    …
end
```

也可以在 App 设计工具的代码浏览器中选择"函数"选项卡,单击"搜索"栏右端的"添加函数"按钮,添加一个私有函数框架。若需要添加公共函数,则单击"添加函数"下拉按钮,从展开的列表中选"公共函数"选项。

将上述函数的名称 func 更改为 my_plot。由于不需要返回值,删去函数头中的"results="。然后在 my_plot 函数体中加入以下代码:

```
%根据在列表框中的选择项目,确定绘图数据
switch app.ListBox.Value
    case 'Sinc'
        [x,y] = meshgrid( - 8:0.3:8);
        r = sqrt(x.^2 + y.^2);
        z = sin(r)./r;
    case 'Peaks'
        [x,y,z] = peaks;
    case 'Sphere'
        [x,y,z] = sphere;
end
%根据在切换按钮组中按下的按钮,确定绘图方法
switch  app.ButtonGroup.SelectedObject
    case app.Button
        surf(app.UIAxes,x,y,z)
        app.Knob3.Enable = 'On';
    case app.Button2
        mesh(app.UIAxes,x,y,z)
        app.Knob3.Enable = 'Off';
    case app.Button3
        contour3(app.UIAxes,x,y,z)
        app.Knob3.Enable = 'Off';
end
```

② my_view 函数。按同样方式建立用于更新坐标轴视点的 my_view 函数框架,然后在 my_view 函数体中加入以下代码:

```
el = app.Knob2.Value;
az = app.Knob.Value;
view(app.UIAxes,az,el)
```

(2) 编写组件对象回调函数。

① 为打开用户界面窗口编写响应代码。在设计视图中的图形窗口空白处右击,从快捷菜单中选择"回调"菜单项下的"添加 StartupFcn 回调"命令,这时,将切换到代码视图,并且在代码中增加了 StartupFcn 函数框架,结构如下:

```
% Code that executes after component creation
function startupFcn(app)
    …
end
```

也可以在代码视图的代码浏览器中选择"回调"选项卡,单击搜索栏右端的"添加回调函数

以响应用户交互”按钮,在弹出的“添加回调函数”对话框中选组件、回调,修改回调函数名(默认名称与回调相同),然后单击“确定”按钮来添加 StartupFcn 函数框架。要在运行中打开用户界面窗口时,使用默认数据和绘图函数绘制图形,则在 StartupFcn 函数体中加入以下代码:

```
my_plot(app)
```

② 为列表框和切换按钮组编写响应代码。在设计视图中,右击列表框对象 ListBox,从快捷菜单中选择“回调”菜单项下的“添加 ValueChangedFcn 回调”命令,这时,将切换到代码视图,并且在代码的 methods 段中增加了 ListBoxValueChanged 函数框架,如下所示:

```
% Value changed function: ListBox
function ListBoxValueChanged(app, event)
    …
end
```

当程序运行时,用户在列表框中选择一个绘图数据源,将调用 my_plot 函数绘制图形,因此在 ListBoxValueChanged 函数体中输入以下代码:

```
my_plot(app)
```

单击切换按钮组的某个按钮也将重绘图形,因此按同样方式建立按钮组的回调函数 ButtonGroupSelectionChanged,并在函数体中输入以下代码:

```
my_plot(app)
```

③ 为旋钮对象编写响应代码。建立用于设置视点方位角的旋钮对象的回调函数 KnobValueChanged 和设置视点仰角的旋钮对象的回调函数 Knob2ValueChanged,并在两个函数的函数体中输入以下代码:

```
my_view(app)
```

④ 为分挡旋钮编写响应代码。分挡旋钮用于设置着色方式,建立该对象的回调函数 Knob3ValueChanged,并在函数体中输入以下代码:

```
shading(app.UIAxes,app.Knob3.Value)
```

⑤ 为跷板开关编写响应代码。

跷板开关用于显示/隐藏网格,建立该对象的回调函数 SwitchValueChanged,并在函数体中输入以下代码:

```
switch app.Switch.Value
    case 'On'
        grid(app.UIAxes,'On')
    case 'Off'
        grid(app.UIAxes,'Off')
end
```

4. 运行 App

单击 App 设计工具窗口功能区“设计工具”选项卡中的 “运行”按钮,或快速访问工具栏的“运行”按钮,或按 F5 键,即可运行程序,结果如图 11-8 所示。

5. 打包 App

App 设计成功后,可以将它打包为一个 MATLAB 应用模块。在设计视图下单击“设计工具”选项卡中“共享”按钮下的 MATLAB App 选项,弹出如图 11-10 所示的对话框。

在对话框中“描述您的 App”区域输入图标名称等信息,在对话框右边“打包为安装文件”区域的“输出文件夹”栏指定打包文件的输出文件夹,然后单击“打包”按钮。

打包完成后,对话框右边出现“打开输出文件夹”链接。单击此链接,可以看到在输出文件夹生成了两个文件:app1.prj 和 app1.mlappinstall。

图 11-10　应用程序打包对话框

在 MATLAB 桌面的“当前文件夹”中找到文件 app1.mlappinstall，双击这个文件，将弹出如图 11-11 所示“安装”对话框。

在对话框中单击“安装”按钮进行安装。安装成功后，选择 MATLAB 桌面的 APP 选项卡，单击功能区右端的“显示更多”下拉按钮，可以看到应用列表中加入了这个应用模块。此后，在其他 MATLAB 程序中可以使用这个模块。

图 11-11　App“安装”对话框

练习题

一、选择题

1. 定义菜单项时，为了使该菜单项呈灰色，应将其 Enable 属性设置为（　　）。

A. 'On'　　B. 'Off'　　C. 'Yes'　　D. 'No'

2. 建立快捷菜单的函数是（　　）。

A. uicontextmenu　　B. UIContext　　C. uimenu　　D. ContextMenu

3. 组件的 BackgroundColor 属性和 FontColor 属性分别代表（　　）。

A. 前景色和背景色　　B. 前景色和说明文字的颜色

C. 说明文字的颜色和背景色　　D. 背景色和说明文字的颜色

4. 用于定义组件被选中后的响应命令的属性是（　　）。

A. String　　B. Command　　C. ButtonPushedFcn　　D. Value

5. 在一组按钮中，通常只能有一个被选中，如果选中了其中一个，则原来被选中的就不再处于被选中状态，这种按钮称为（　　）。

A. 按钮　　B. 单选按钮

C. 复选框　　D. 切换按钮

6. 用于保存 App 应用程序的文件是（　　）。

A. .app　　B. .mlapp　　C. .mat　　D. .fig

7. 用于获取旋钮对象Knob1的Value属性值的表达式是(　　)。

A. Knob. Value　　B. Knob1. Value

C. app. Knob. Value　　D. app. Knob1. Value

8. 【多选】App设计工具的组件库提供包括的组件有(　　)。

A. 图形窗口　　B. 坐标轴　　C. 面板　　D. 旋钮

二、问答题

1. uifigure图形窗口和figure图形窗口有何区别?

2. 如何定义和使用回调函数?

3. 菜单设计的基本思路是什么?

4. 在MATLAB应用程序的用户界面中,常用的组件有哪些?各有何作用?

5. 结合MATLAB中App设计工具的操作,请谈谈对可视化程序设计的理解。

操作题

1. 在UI图形窗口增加一个Plot菜单项,利用该菜单项可以在本窗口绘制三维曲面图形。

2. 建立对话框,其中有一个编辑框和按钮,当单击按钮时,使编辑框的内容加5。

3. 用App设计工具建立一个图形用户界面,其中包含一个坐标轴、一个旋钮、一个离散旋钮和一个"绘图"按钮,旋钮的值域为[0, 5],离散旋钮的值域为[1, 4]。运行该用户界面,单击"绘图"按钮,从旋钮获取 m 的值,从离散旋钮获取 n 的值,在坐标轴绘制曲线,以下是曲线方程:

$$\begin{cases} x = m\sin t \\ y = n\cos t \end{cases},\quad t \in [0, 2\pi]$$

4. 实现如图11-12所示App。单击"绘图"按钮,以"倍频"旋钮的值和"相角"旋钮的值为三角函数的参数绘制曲线。单击"清空"按钮,清除坐标轴中的图形。

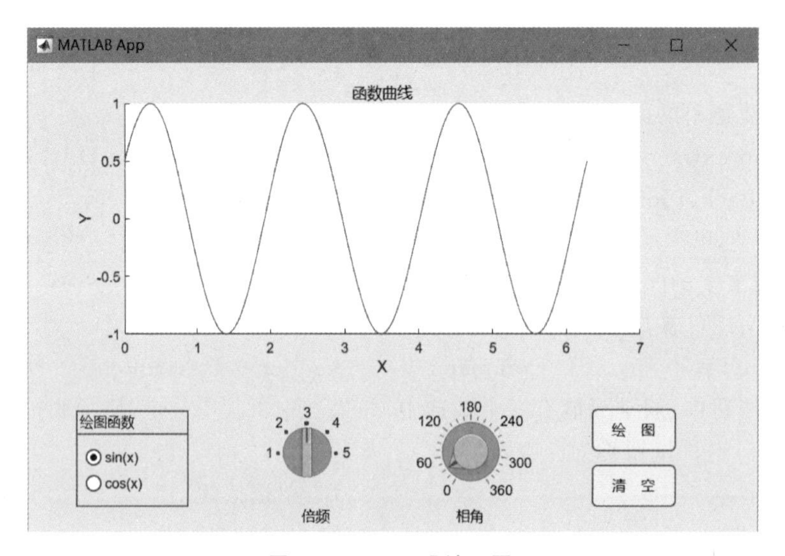

图11-12　App设计习题

第12章 Simulink系统仿真

Simulink是一个以MATLAB为基础的软件包,用于对动态系统进行建模和仿真。Simulink提供了一个图形化编辑器,在编辑器中加入可定制的模块,并将它们适当地连接起来就可以构成动态系统的仿真模型,即可视化建模。建模以后,以该模型为对象运行Simulink中的仿真程序,可以对模型进行仿真,并可以随时观察仿真结果和干预仿真过程。由于功能强大、使用方便,Simulink已成为应用广泛的动态系统仿真软件。本章介绍创建Simulink仿真模型的方法、设置仿真参数和运行仿真模型的方法、MATLAB子系统以及S函数的设计与应用。

12.1 Simulink操作基础

1990年MathWorks公司为MATLAB增加了用于建立系统模型和仿真的组件,1992年将该组件命名为Simulink。Simulink既适用于线性系统,也适用于非线性系统;既适用于连续系统,也适用于离散系统和连续与离散混合系统;既适用于定常系统,也适用于时变系统。

12.1.1 Simulink的工作环境

在安装MATLAB的过程中,若选中了Simulink组件,则在MATLAB安装完成后,Simulink也就安装好了。要注意,Simulink不能独立运行,只能在MATLAB环境中运行。

1. 启动Simulink

在MATLAB桌面单击“主页”选项卡中的Simulink按钮,或从“主页”选项卡“文件”命令组的“新建”按钮的展开列表中选择“Simulink模型”选项,或在命令行窗口输入simulink命令,将打开“Simulink起始页”对话框,其中分类列出了Simulink模板和项目模板。选择一种模板后,将打开Simulink编辑器。若选择“空白模型”模板,则打开的Simulink编辑器如图12-1所示。

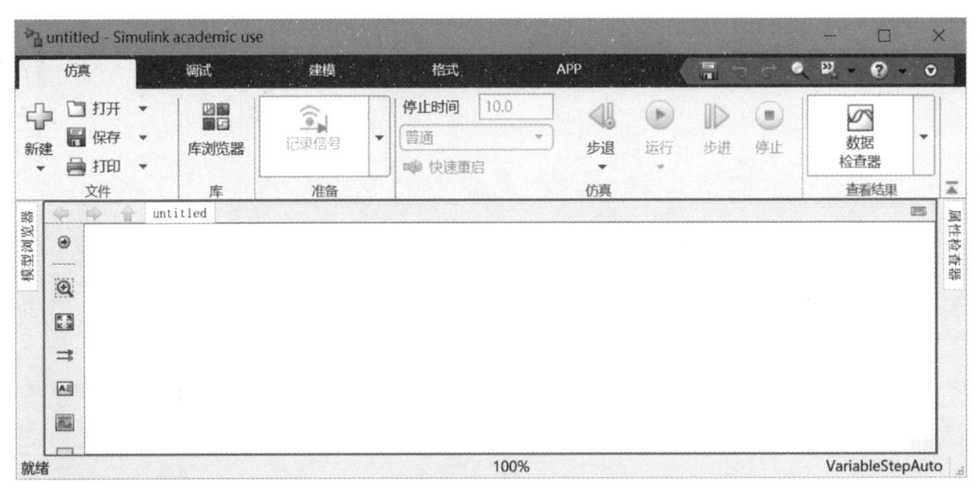

图12-1 Simulink编辑器

2. Simulink编辑器

Simulink编辑器提供了基于模型的设计、仿真和分析工具,用于构建和管理层次结构模块图。在编辑、编译模型的过程中,出错的模块会高亮显示,并弹出错误、警告标记,单击错误、警告标记,可以看到此处错误、警告的具体描述。

编辑器左边的工具面板提供了调整模型显示方式的工具,包括隐藏/显示浏览条、框图缩放、显示采样时间、添加注释、添加图像等工具。编辑器的功能区提供了常用的模型文件操作、模型编辑、仿真控制、模型编译的工具。

3. Simulink 库浏览器

单击 Simulink 编辑器功能区中的"库浏览器"按钮,将打开如图 12-2 所示的"Simulink 库浏览器"窗口。也可以在 MATLAB 命令行窗口执行以下命令打开"Simulink 库浏览器"窗口。

```
>> slLibraryBrowser
```

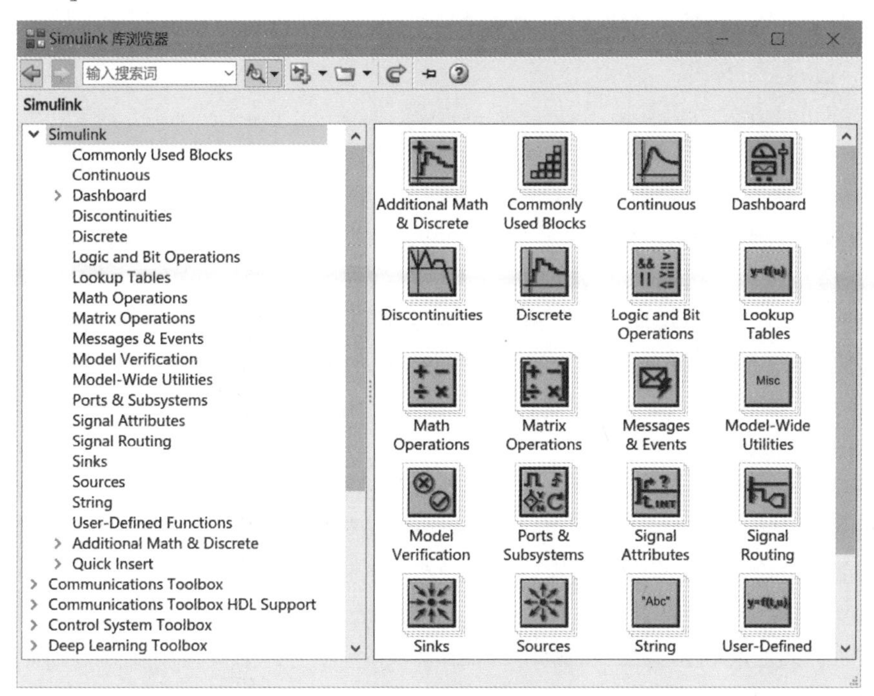

图 12-2 "Simulink 库浏览器"窗口

"Simulink 库浏览器"窗口的左窗格以树状列表的形式列出了所有模块库,右窗格以图标方式列出在左窗格中所选模块库的子库或在左窗格中所选子库的模块。模块库浏览器工具栏提供了用于创建或打开 Simulink 模型的按钮。

Simulink 的模块库由两部分组成:基本模块库和专业模块库。第一个库是 Simulink 库,该库为基本模块库,按功能分为若干子库,例如,Continuous(连续)模块库、Discontinuous(非连续)模块库、Discrete(离散)模块库、Sinks(信宿)模块库、Sources(信号源)模块库、User-Defined Functions(用户自定义函数)模块库等。Simulink 库下面的模块库为专业模块库,它扩展了 Simulink 多领域建模功能,包括 Communications(通信)、Control System(控制系统)、Deep Learning(深度学习)等模块库。

12.1.2 Simulink 的仿真过程

1. 模块类型

Simulink 模型由多个模块构建,一个典型的 Simulink 模型包括以下 3 类模块。

(1) 信号源(Source)。信号源就是给系统提供的输入信号,可以是 Constant(常量)、Clock(时钟)、Sine Wave(正弦波)、Step(单位阶跃函数)等。

(2) 系统模块。系统模块用于处理输入信号,生成输出信号。例如,Continuous(连续系统)模块库、Discrete(离散系统)模块库、MathOperations(数学运算)模块库等。

(3) 信宿(Sink)。信宿用于可视化呈现输出信号,可以在Scope(示波器)、XYGraph(图形记录仪)上显示仿真结果,也可以将仿真结果存储到文件(ToFile)或导出到工作空间(ToWorkspace)。

2. 仿真步骤

利用Simulink进行系统仿真的基本步骤如下:

(1) 建立系统仿真模型,包括添加模块、设置模块参数、进行模块连接等操作。

(2) 设置仿真参数。

(3) 启动仿真并分析仿真结果。

(4) 分析模型,优化模型架构。

3. 仿真实例

下面通过一个简单实例,说明利用Simulink建立仿真模型并进行系统仿真的方法。

视频讲解

【例 12-1】 利用Simulink仿真曲线 $y=x^2\sin(2\pi x)(0\leqslant x\leqslant 2\pi)$。

x^2 可以用Sources模块库(信号源)中的两个时钟模块(Clock)相乘来实现,正弦信号由信号源模块库中的SineWave(正弦波)模块提供,求积用MathOperations模块库(数学运算)中的Product模块(乘积)实现,再用Sinks模块库(信宿)中的Scope模块(示波器)输出波形,操作过程如下:

(1) 新建一个空模型,打开一个名为untitled的模型编辑窗口。

(2) 向模型中添加模块。打开"Simulink库浏览器"窗口,在左窗格中展开Simulink模块库,然后在左窗格单击Sources模块库,在右窗格中分别找到Clock模块和Sine Wave模块,用鼠标将其拖动到模型编辑窗口。单击Math Operations模块库,在右边的窗口中找到Product模块,用鼠标将其拖动到模型窗口;单击Sinks模块库,在右边的窗口中找到Scope模块,用鼠标将其拖动到模型窗口。

(3) 设置模块参数。先双击Sine Wave模块,打开其模块参数对话框,设置频率(Frequency)为2π,其余参数不改变,如图12-3所示。对于Product模块,设置输入端数目(Number of inputs)为3。

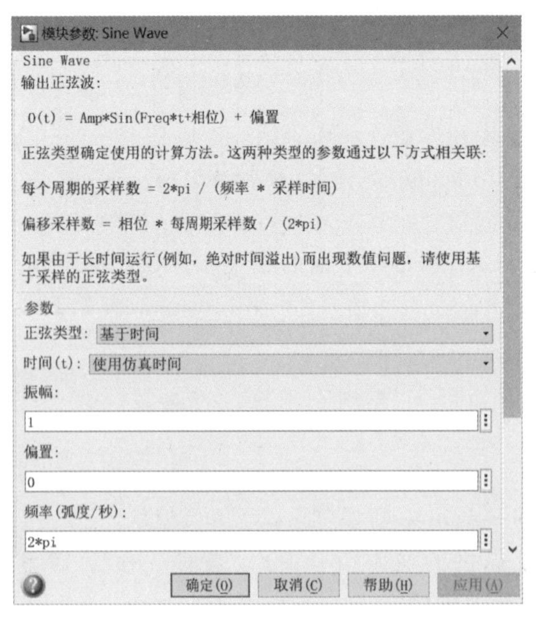

图 12-3 Sine Wave模块参数设置

在添加模块时,模型编辑器会给各个模块命名,模块名默认与所选模块类型名相同(如Sine Wave),第二个及以后添加的同类型模块的模块名会在类型名后附加序号(如Sine Wave1)。在模块名上单击,可以修改模块名。

(4) 模块连接并存盘。添加模块并设置好模块参数后,还需要用连线将各个模块连接起来组成系统仿真模型。大多数模块两边有符号">",与符号">"尖端相连的为模块的输入端,与开口端相连的为模块的输出端。连线时从一个模块的输出端按下鼠标左键,拖曳至另一模块的输入端,松开鼠标左键完成连线操作，连线箭头表示信号流的方向。也可以选中信号源模块后，按住 Ctrl 键，然后单击信宿模块，实现模块连线。曲线 $y=x^2\sin(2\pi x)$ 的仿真模型如图 12-4 所示。

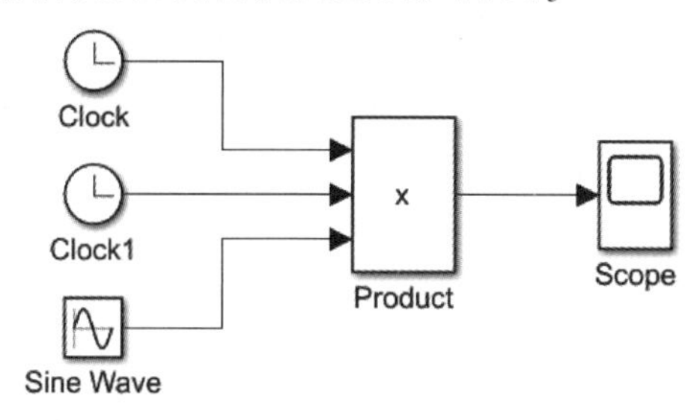

图 12-4　$y=x^2\sin(2\pi x)$ 的仿真模型

模型建好后，单击模型编辑窗口工具栏中的“保存”命令按钮，将模型以模型文件的格式（扩展名为. slx）存盘。

（5）设置系统仿真参数。右击模型编辑窗口空白处，在弹出的快捷菜单中选择“模型配置参数”命令或按 Ctrl+E 键，打开“配置参数”对话框。在“开始时间”框设置起始时间为 0，在“停止时间”框设置终止时间为 2π。在“求解器选择”栏的类型列表中选择“类型”为“定步长”，并在其右的“求解器”列表中选择 ode5（Dormand-Prince），即五阶 Runge-Kutta 算法，把“固定步长（基础采样时间）”的值设置为 0. 001，如图 12-5 所示。最后单击“确定”按钮返回模型编辑器。

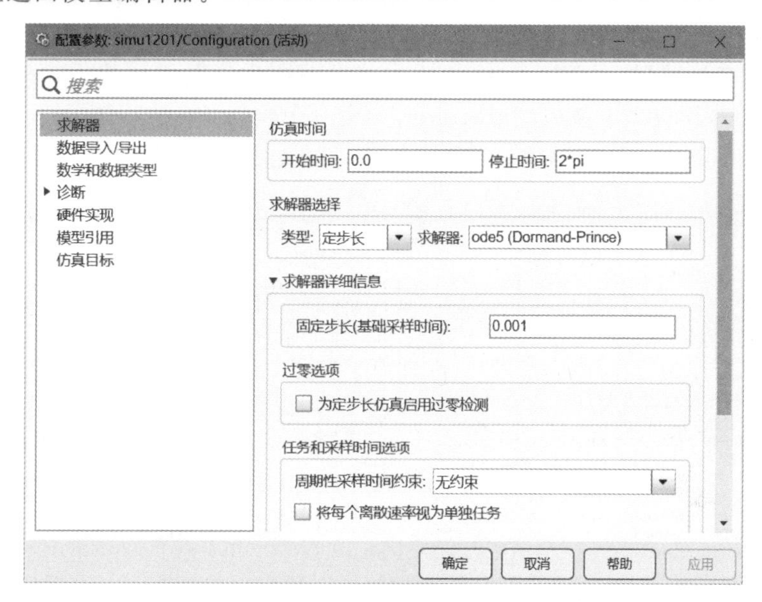

图 12-5　仿真参数设置

（6）仿真操作。单击 Simulink 编辑器功能区中的“运行”按钮或按 Ctrl+T 键，再双击 Scope 模块，就可在示波器窗口中看到仿真结果，如图 12-6 所示。

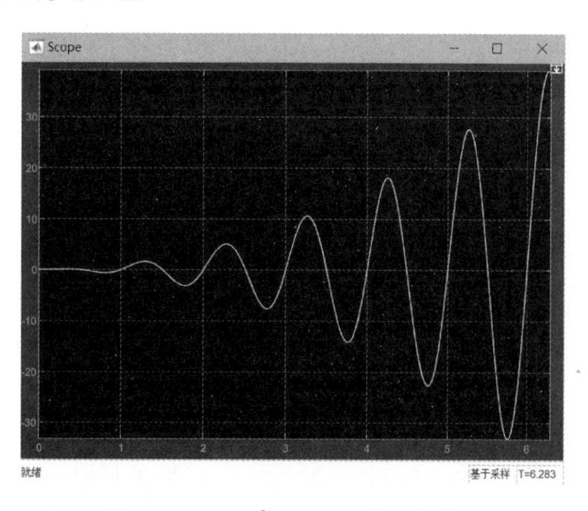

图 12-6　$y=x^2\sin(2\pi x)$ 的仿真曲线

作为对仿真结果的验证，对比图 5-1 后发现，仿真结果和用 plot 函数绘制的函数曲线是一样的。

同一系统的建模方法可能有多种，读者可以尝试使用 User-Defined Functions（用户自定义函数）模块库中的 MATLAB Function 模块来建立模型并对曲线 $y=x^2\sin(2\pi x)$ 进行仿真。

12.2 仿真模型的创建

Simulink 采用基于模块的系统模型设计方法,模型贯穿于系统的需求分析、系统设计、系统实现和系统测试的所有环节。系统的数学模型是用一组方程(如代数方程、微分方程、差分方程等)来表示的,Simulink 模型框图是系统数学模型的图形化描述。

12.2.1 模块库的打开

在 Simulink 库浏览器窗口的左窗格中单击 Simulink 前面的大于号(>),将展开 Simulink 模块库,在列表中单击某个子库,右窗格中将列出该子库所包含的模块。也可以在 Simulink 库浏览器窗口右击左侧的 Simulink 选项,在弹出的快捷菜单中选择“打开 Simulink 库”命令,将打开 Simulink 基本模块库窗口,双击其中的子模块库图标,打开子模块库,找到仿真所需要的模块。

以 Continuous(连续系统)模块库为例,在 Simulink 库浏览器窗口 Simulink 下选中 Continuous 选项,然后在 Simulink 库浏览器窗口右侧打开连续系统模块库。也可以在 Simulink 基本模块库窗口,双击 Continuous 模块库的图标打开该模块库窗口,如图 12-7 所示。在 Continuous 模块库中,包含 Integrator(积分环节)、Derivative(微分环节)、State-Space(状态方程)、Transfer Fcn(传递函数)等许多模块,可供连续系统建模使用。

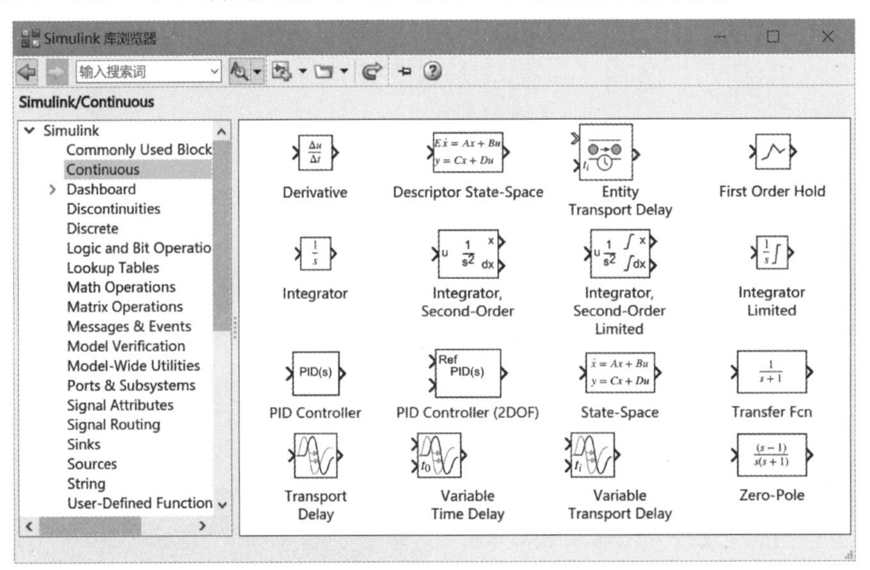

图 12-7 Continuous(连续系统)模块库

Simulink 模块库内容十分丰富,其他模块库的打开方法与连续系统模块库相同。

12.2.2 模块的操作

模块是构成系统仿真模型的基本单元,用适当的方式把各种模块连接在一起就能够建立动态系统的仿真模型,所以构建系统仿真模型主要涉及 Simulink 模块的操作。

1. 添加与删除模块

要把一个模块添加到模型中,首先要在 Simulink 模块库中找到该模块,然后将这个模块拖动到模型编辑窗口中即可。

删除模块的方法是：在模型编辑窗口选中模块后按 Delete 键，或右击模块，在弹出的快捷菜单中选择“剪切”命令，此时将删除的模块送到剪贴板。

2. 选取模块

要在模型编辑窗口中选择单个模块，单击模块即可，这时模块四周出现深色边框。要选取多个模块，可以在所有模块所占区域的一角按下鼠标左键不放，拖向该区域的对角，在此过程中会出现深色框，当深色框包住了要选的所有模块后，放开鼠标左键，这时所有被选中模块的周围会出现深色边框，表示模块都被选中了。

3. 复制模块

在建立系统仿真模型时，可能需要多个相同的模块，这时可采用模块复制的方法。在同一模型编辑窗口中复制模块的方法是：单击要复制的模块，按住鼠标左键并同时按下 Ctrl 键，移动鼠标到适当位置放开鼠标，模块复制以后，会发现复制出的模块名称在原名称的基础上加上了编号，这是 Simulink 的约定，每个模型中的模块和名称是一一对应的，每一个模块都有不同的名字。

在不同的模型编辑窗口之间复制模块的方法是：首先打开源模块和目标模块所在的窗口，然后单击要复制的模块，按住鼠标左键移动鼠标到相应窗口(不用按住 Ctrl 键)，然后释放鼠标，该模块就会被复制过来，而源模块不会被删除。

复制操作还可以右击模块，在弹出的快捷菜单中选择“复制”“粘贴”命令。

4. 模块外形的调整

要改变单个模块的大小，首先将鼠标指针指向该模块，此时模块的角上出现白色的小方块，用鼠标左键点住其周围的 4 个白方块中的任何一个并拖动到需要的位置后释放鼠标即可。

要调整模块的方向，可以右击模块，在弹出的快捷菜单中选择“格式”命令，再选择不同的旋转命令可以使模块顺时针方向旋转 90°、逆时针方向旋转 90°以及使模块翻转等。还可以改变模块的颜色，包括设置模块的前景颜色和背景颜色。

5. 模块名的处理

要隐藏或显示模块名，可以右击模块，在弹出的快捷菜单中选择“格式”→“显示模块名称”命令，使模块隐藏的名字显示出来或隐藏模块名。

要修改模块名，单击模块名的区域，这时会在此处出现编辑状态的光标，在这种状态下能够随意修改模块名。模块名和模块图标中的字体也可以更改，方法是从模型编辑窗口的“格式”菜单中选择相关命令。

模块名的位置有一定的规律，当模块的接口在左右两侧时，模块名只能位于模块的上下两侧，默认在下侧；当模块的接口在上下两侧时，模块名只能位于模块的左右两侧，默认在左侧，因此，模块名只能从原位置移动到相对的位置。可以用鼠标将模块名拖动到其相对的位置。

12.2.3 模块的连接

当设置好了各个模块后，还需要把它们按照一定的顺序连接起来才能组成一个完整的系统模型。

1. 连接两个模块

从一个模块的输出端连到另一个模块的输入端，这是 Simulink 仿真模型最基本的连接情况。方法是先移动鼠标指针到输出端，当鼠标指针变成十字形光标时按住鼠标左键，移动鼠标指针到另一个模块的输入端，当连接线由虚线变成实线时，释放鼠标左键就完成了两个模块的连接。

如果两个模块不在同一水平线上,连线是一条折线。要用斜线表示,需要在连线后,选中连线,再按住 Shift 键进行拖动。

2. 模块间连线的调整

调整模块间连线位置可采用鼠标拖放操作来实现。先将鼠标指针移动到需要移动的线段的位置,按住鼠标左键,移动鼠标到目标位置,释放鼠标左键。

3. 连线的分支

在仿真过程中,经常需要把一个信号输送到不同的模块,这时就需要从一根连线分出另一根连线。操作方法是,在先连好一条线之后,把鼠标指针移到分支点的位置,先按下 Ctrl 键,然后按住鼠标拖动到目标模块的输入端,释放鼠标和 Ctrl 键。

4. 标注连线

为了使模型更加直观,可读性更强,可以为传输的信号做标记。操作方法是:双击要做标记的连线,将出现一个小文本编辑框,在其中输入标注文本,这样就建立了一个信号标记。

12.2.4 模块的参数和属性设置

模块参数定义模块的动态行为和状态,属性定义模块的外观。

1. 模块的参数设置

打开模块参数设置对话框有以下方法:

(1) 在模型编辑窗口中双击要设置的模块。

(2) 在模型编辑窗口右击模块,在弹出的快捷菜单中选择"模块参数"命令。

模块参数设置对话框分为两部分:上面一部分是模块功能说明,下面一部分用来进行模块参数设置。如图 12-3 所示为正弦波模块参数对话框,用户可以设置它的振幅、偏置、频率、相位等参数。

2. 模块的属性设置

要打开模块属性设置对话框,可以在模型编辑窗口右击模块,在弹出的快捷菜单中选择"属性"命令。在弹出的"模块属性"对话框中包括"常规""模块注释""回调"3 个选项卡。

(1) "常规"选项卡中可以设置以下 3 个基本属性。

① "描述"属性对该模块在模型中的用法进行说明。

② "优先级"属性规定该模块在模型中相对于其他模块执行的优先顺序。优先级的数值必须是整数(可以是负整数),该数值越小,优先级越高。也可以不输入优先级数值,这时系统自动选取合适的优先级。

③ "标记"属性是用户为模块添加的文本格式的标记。

(2) "模块注释"选项卡中指定在该模块的图标下显示模块的哪个参数。

(3) "回调"选项卡中指定当对该模块实施某种操作时需要执行的 MATLAB 命令或程序。

12.3 系统的仿真与分析

系统的模型建立之后,选择仿真参数和数值算法,便可以启动仿真程序对该系统进行仿真。

12.3.1 设置仿真参数

在系统仿真过程中，事先必须对仿真算法、输出模式等各种仿真参数进行设置。要打开仿真参数设置对话框，可以在模型编辑窗口空白处右击，并在弹出的快捷菜单中选择“模型配置参数”命令，打开“配置参数”对话框，如图 12-8 所示。

图 12-8 “配置参数”对话框

在“配置参数”对话框中，仿真参数分为以下 7 类。

(1) “求解器”参数：用于设置仿真开始和停止时间，选择微分方程求解算法并为其规定参数，以及选择某些输出选项。

(2) “数据导入/导出”参数：用于管理工作空间数据的导入和导出。

(3) “数学和数据类型”参数：用于设置仿真优化模式，以提高仿真性能和由模型生成代码的性能。

(4) “诊断”参数：用于设置在仿真过程中出现各类错误时发出警告的等级。

(5) “硬件实现”参数：用于设置实现仿真的硬件。

(6) “模型引用”参数：用于设置参考模型。

(7) “仿真目标”参数：用于设置仿真模型目标。

1. “求解器”参数设置

求解器是指模型中所采用的计算系统动态行为的数值算法。Simulink 提供的求解算法可支持多种系统的仿真，其中包括连续时间(模拟)信号系统、离散时间(数字)信号系统、混合信号系统和多采样频率系统等。

这些求解算法可以对刚性系统以及具有不连续过程的系统进行仿真，可以指定仿真过程的参数，包括求解算法的类型和属性、仿真的开始时间和结束时间以及是否加载或保存仿真数据。此外，还可以设置优化和诊断信息。在仿真参数对话框左边窗格中单击“求解器”选项，在右边的窗格中会列出所有“求解器”参数，如图 12-8 所示。

(1) 设置仿真开始和停止时间。在“仿真时间”栏的“开始时间”框和“停止时间”框中，通过直接输入数值来设置仿真开始时间和停止时间，时间单位是秒(s)。

(2) 仿真算法的选择。

在“求解器选择”栏的“类型”下拉列表中选择算法类别，包括变步长和定步长两类，在“求解器”下拉列表中选择具体算法。

仿真算法根据步长的变化分为变步长类算法和定步长类算法。变步长是指在仿真过程中要根据计算的要求调整步长，而定步长是指在仿真过程中计算步长不变。这两类算法所对应的相关选项以及具体算法都有所不同。

在采用变步长算法时，首先应该指定允许的误差限，包括相对容差和绝对容差，当计算过程中的误差超过该误差限时，系统将自动调整步长，步长的大小将决定仿真的精度。在采用变步长类算法时还要设置所允许的最大步长，在默认值(Auto)的情况下，系统所给定的最大步长为：最大步长=(停止时间－开始时间)/50。在一般情况下，系统所给的最大步长已经足够，但如果用户所进行的仿真时间过长，则默认步长值就非常大，有可能出现失真的情况，这时应根据需要设置较小的步长。

在采用定步长算法时，要先设置固定步长。通常，减小步长大小将提高结果的准确性，但会增加系统仿真所需的时间。

变步长和定步长包含多种不同的具体算法，如图 12-9 所示。一般情况下，连续系统仿真应该选择 ode45 变步长算法，对刚性问题可以选择变步长的 ode15s 算法，离散系统一般默认选择定步长的离散(无连续状态)算法，要注意在仿真模型中含有连续环节时不能采用该仿真算法，而可以采用诸如 ode45 这样的算法来求解问题。

(a) 变步长仿真算法　　(b) 定步长仿真算法

图 12-9　Simulink 仿真算法

2. “数据导入/导出”参数设置

导入的数据包括模型的输入信号和初始状态，输入信号可以用标准信号或自定义函数生成。导出的数据包括输出信号和仿真过程的状态数据，可以用于生成图形或进行其他处理。“数据导入/导出”参数选项如图 12-10 所示，主要包含“从工作区加载”和“保存到工作区或文件”两个部分。

(1) “从工作区加载”参数。在仿真过程中，如果模型中有输入端口(In 模块)，可从工作区直接把数据加载到输入端口，即先选中“从工作区加载”栏的“输入”复选框，然后在后面的编辑框内输入 MATLAB 工作空间的变量名。变量名可以采用不同的输入形式。

① 矩阵形式。如果以矩阵形式输入变量名，则矩阵的列数必须比模型的输入端口数多一个，MATLAB 把矩阵的第一列默认为时间向量，后面的每一列对应每一个输入端口，矩阵的

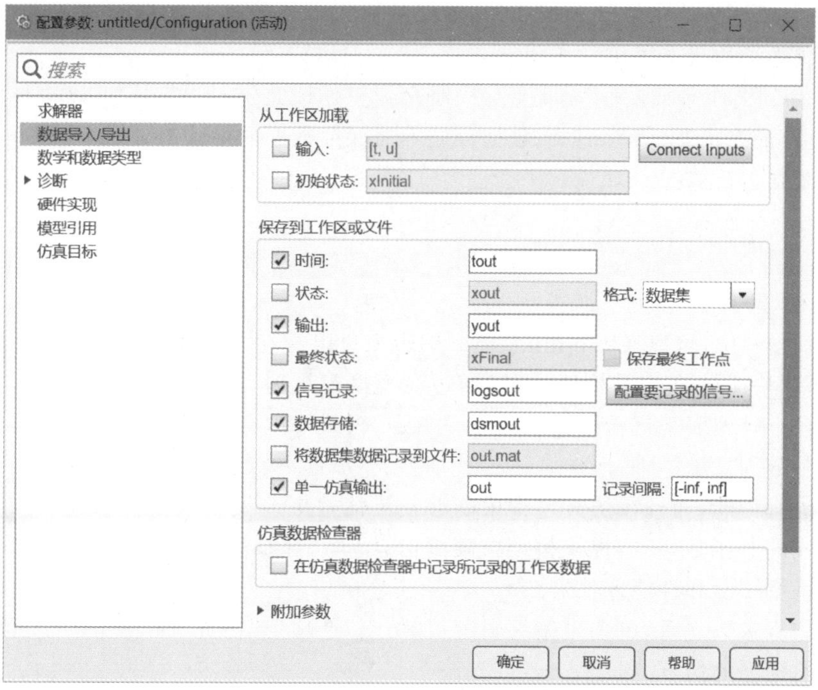

图 12-10 “数据导入/导出”参数选项

第一行表示某一时刻各输入端口的输入状态。另外,也可以把矩阵分开来表示,即 MATLAB 默认的表示方法[t,u],其中 t 是一维时间列向量,表示仿真时间,u 是和 t 长度相等的 n 维列向量(n 表示输入端口的数量),表示状态值。例如,在命令行窗口中定义 t 和 u。

```
t = (0:0.1:10)';
u = [sin(t),cos(t). * sin(t),exp( - 2 * t). * sin(t)];
```

则 3 个输入端口输入的数据与时间的关系分别为:$\sin t$、$\cos t\ \sin t$ 和 $e^{-2t}\sin t$,用图 12-11 所示模型可观察各输入端口的输入数据曲线。

② 包含时间的结构体格式。用来保存数据的结构体必须有两个名字不能改变的顶级成员:time 和 signals。time 成员是列向量,表示仿真时间。signals 成员是一个结构体数组,每个结构体对应模型的一个输出端口。signals 的每个元素必须包含一个名字同样不能改变的 values 成员,values 成员也包含一个列向量,对应于输入端口的输入数据。例如,对于上例,若改为包含时间的结构体输入,则命令格式如下:

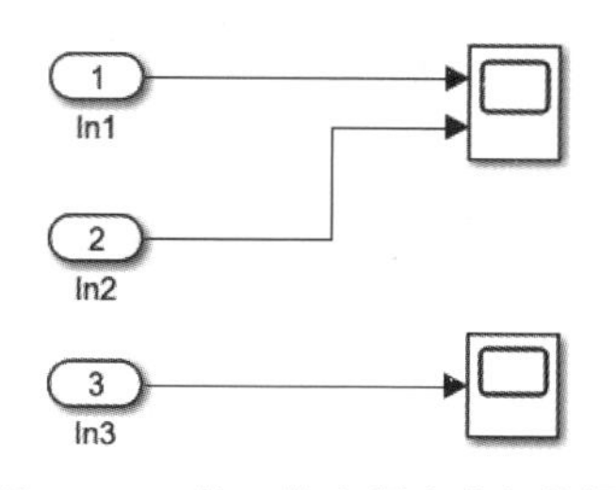

图 12-11 从工作空间中载入数据

```
t = (0:0.1:10)';
A.time = t;
A.signals(1).values = sin(t);
A.signals(2).values = cos(t). * sin(t);
A.signals(3).values = exp( - 2 * t). * sin(t);
```

在“输入”复选框右侧的文本框中输入 A,则产生的仿真曲线与上面矩阵形式数据输入后的输出曲线完全相同。

在“输入”复选框的下面,还有一个“初始状态”复选框,它表示的是模块的初始化状态。对模块进行初始化的方法是:先选中“初始状态”复选框,然后在后面的文本框中输入初始化数据的变量名,对于变量要求的几种形式,与前面的输入端口数据的变量形式基本相同,但变量中的数据个数必须和状态模块数相同。

(2)“保存到工作区或文件”参数。在“保存到工作区或文件”栏中,可以选择的选项有时间、状态、输出、最终状态、信号记录、数据存储等。保存数据的格式有4种,可以在“格式”下拉列表中根据需要进行选择。

12.3.2 运行仿真与仿真结果输出

1. 运行仿真

在MATLAB中,可以在Simulink模型编辑窗口以交互方式运行仿真。Simulink仿真有“普通”“加速”“快速加速”3种模式,可以通过在模型编辑窗口选择“仿真”选项卡“仿真”命令组中的“普通”下拉列表来进行选择。其中,“普通”模式以解释方式运行,仿真过程中能够灵活地更改模型参数和显示结果,但仿真运行速度慢;“加速”模式通过创建和执行已编译的目标代码来提高仿真性能,而且在仿真过程中能够较灵活地更改模型参数。加速模式下运行的是模型编译生成的S函数,不能提供模型覆盖率信息;“快速加速”模式能更快地进行模型仿真,该模式不支持调试器和性能评估器。

设置完仿真参数之后,单击模型编辑窗口“仿真”选项卡“仿真”命令组中的“运行”按钮,便可启动对当前模型的仿真。

Simulink支持使用仿真步进器进行调试,通过步进方式,逐步查看仿真过程数据,观察系统状态变化及状态转变的时间点。单击模型编辑窗口“仿真”选项卡“仿真”命令组中的“步进”按钮,启动单步仿真;单击“停止”按钮,终止单步仿真。

运行仿真前,单击模型编辑窗口“仿真”选项卡“仿真”命令组中的“步退”按钮,在弹出的对话框中选中“启用步退”复选框,则可以在仿真过程中,通过单击“步退”按钮,回溯仿真过程。

2. 仿真结果输出

在仿真过程中,可以设置不同的输出方式来观察仿真结果。为了观察仿真结果的变化轨迹可以采用两种方法。

(1)把仿真结果送给Scope模块或者XYGraph模块。Scope模块显示系统输出量对于仿真时间的变化曲线,XYGraph模块显示送到该模块上的两个信号中的一个对另一个的变化关系,如图12-12所示。

双击模型中的Scope模块打开示波器窗口,单击示波器窗口工具栏最左边的“配置属性”按钮,或在示波器窗口空白处右击,在弹出的快捷菜单中选择“配置属性”命令,出现如图12-13所示的“配置属性”对话框,可用于设置示波器属性,例如示波器输入端口个数等。

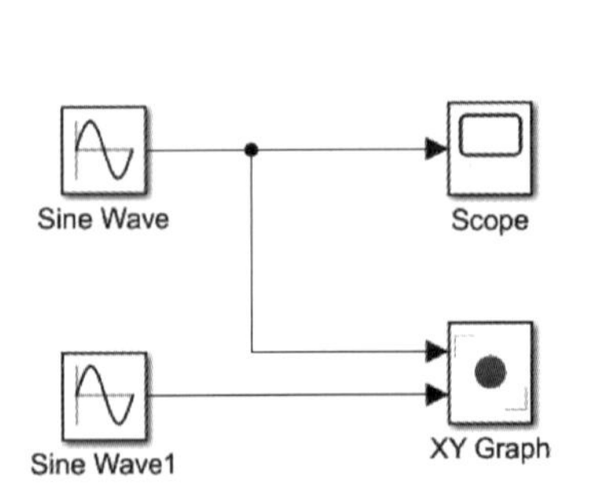

图12-12 仿真结果送至Scope模块或XYGraph模块

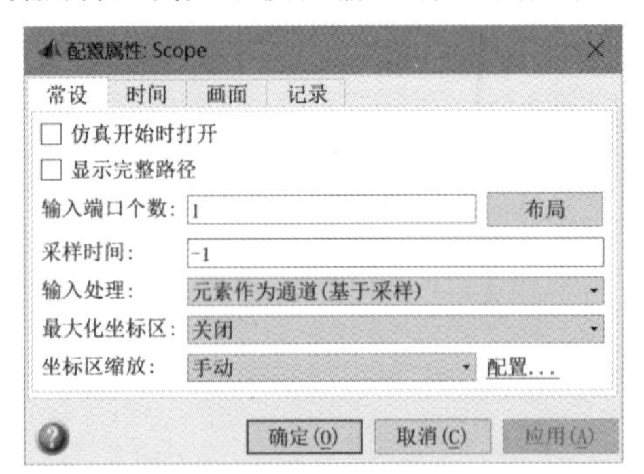

图12-13 示波器“配置属性”对话框

(2) 把仿真结果送到输出端口或 To Workspace 模块，将结果导出到工作空间，然后用 MATLAB 命令画出该变量的变化曲线。在运行这个模型的仿真之前，先在“配置参数”对话框的“数据导入/导出”选项卡中，规定时间变量和输出变量的名称(假定分别设定为 t 和 y)，那么，当仿真结束后，时间值保存在时间变量 t 中，对应的输出端口的信号值保留在输出变量 y 中，这时可以用绘图命令“plot(t,y)”画出系统输出量的变化曲线。

仿真输出结果还有其他一些输出方式，例如，使用 Display 模块可以显示输出数值。看下面的例子。

【例 12-2】 利用 Simulink 仿真求 $I=\int_0^1 \sqrt{1-x^2}\,dx$。

首先打开模型编辑窗口，将所需模块添加到模型中。在 Simulink 库浏览器窗口中单击 Sources 模块库，将 Clock 模块拖到模型编辑窗口。同样，在 User-Defined Functions 模块库中把 MATLAB Function(MATLAB 函数)模块拖到模型编辑窗口，在连续系统模块库 Continuous 中把 Integrator 模块拖到模型编辑窗口，在 Sinks 模块库中把 Display 模块拖到模型编辑窗口。

设置模块参数并连接各个模块组成仿真模型。双击 MATLAB Function 模块，在函数编辑区中输入 y=sqrt(1－u * u)，其余模块参数不用设置。设置模块参数后，用连线将各个模块连接起来组成仿真模型，如图 12-14 所示。

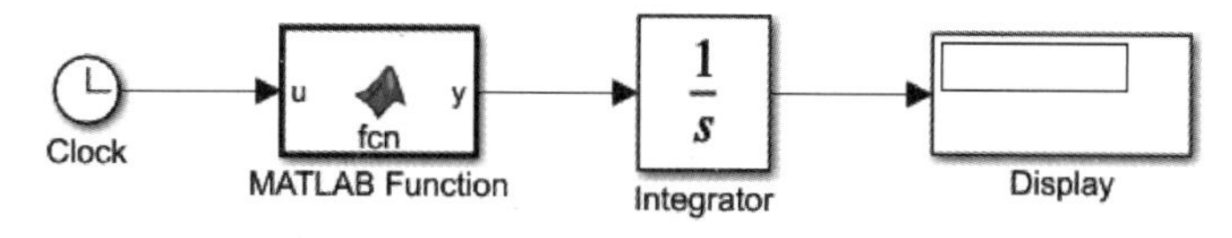

图 12-14 求定积分的仿真模型

设置系统仿真终止时间为 1s。单击模型编辑窗口的“运行”按钮，开始系统仿真。系统仿真结束后，Display 模块显示仿真结果为 0.7854(理论值为 π/4)。

12.4 子系统

当模型的规模较大或较复杂时，用户可以把几个模块组合成一个新的模块，这样的模块称为子系统。子系统把功能上有关的一些模块集中到一起保存，能够完成几个模块的功能。建立子系统可以减少系统中的模块数目，使系统易于调试。

12.4.1 子系统的创建

建立子系统有两种方法：通过 Subsystem 模块建立子系统和将已有的模块转换为子系统。两者的区别是：前者先建立子系统，再为其添加功能模块；后者先选择模块，再建立子系统。

1. 通过 Subsystem 模块建立子系统

新建一个仿真模型，打开 Simulink 模块库中的 Ports & Subsystems 模块库，将 Subsystem 模块添加到模型编辑窗口中。双击 Subsystem 模块打开子系统编辑窗口，窗口中已经自动添加了一个输入模块和输出模块(表示子系统的输入端口和输出端口)。将要组合的模块插入到输入模块和输出模块中间，一个子系统就建好了。若双击该 Subsystem 模块，则打开原来的子系统内部结构窗口。

2. 通过已有的模块建立子系统

先选择要建立子系统的模块,然后执行创建子系统的命令,原来的模块变为子系统。

【例 12-3】 PID 控制器是在自动控制中经常使用的模块,PID 控制器由比例单元(P)、积分单元(I)和微分单元(D)组成。PID 控制的传递函数为

$$U(s)=K_{\mathrm{p}}+\frac{K_{\mathrm{i}}}{s}+K_{\mathrm{d}}s$$

建立 PID 控制器的模型并建立子系统。

先建立 PID 控制器的模型,如图 12-15(a)所示。注意,模型中含有 3 个变量 K_{p}、K_{i} 和 K_{d},仿真时这些变量应该在 MATLAB 工作空间中赋值。

选中模型的所有模块,在其右击快捷菜单中选择"基于所选内容创建子系统"命令,或按 Ctrl+G 组合键建立子系统,所选模块将被一个 Subsystem 模块取代,如图 12-15(b)所示。

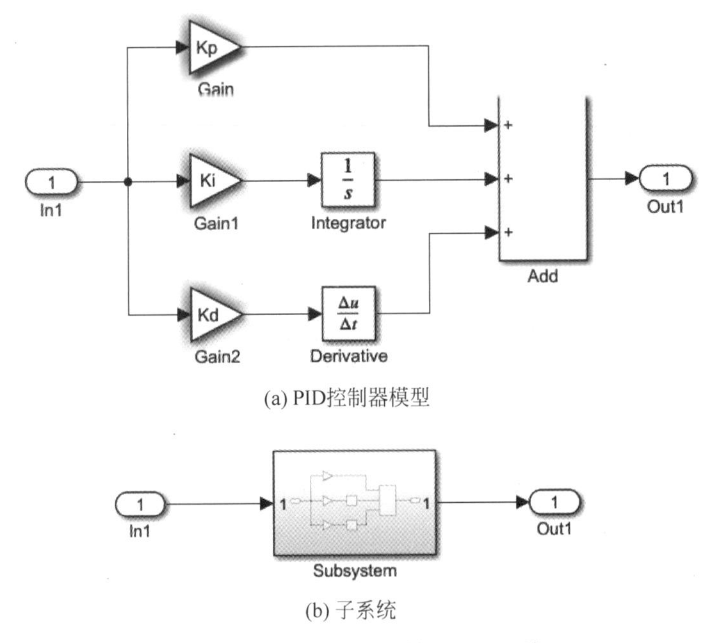

(a) PID控制器模型

(b) 子系统

图 12-15 PID 控制器模型及子系统

12.4.2 子系统的条件执行

子系统的执行可以由信号来控制,用于控制子系统执行的信号称为控制信号,而由控制信号控制的子系统称为条件执行子系统。在一个复杂模型中,有的模块的执行依赖于其他模块,在这种情况下,条件执行子系统是很有用的。条件执行子系统分为使能子系统、触发子系统和使能加触发子系统。

1. 使能子系统

使能子系统(enabled subsystem)表示子系统在由控制信号控制时,控制信号由负变正时子系统开始执行,直到控制信号再次变为负时结束。控制信号可以是标量也可以是向量。如果控制信号是标量,则当标量的值大于 0 时子系统开始执行。如果控制信号是向量,则向量中任何一个元素大于 0,子系统将执行。

使能子系统外观上有一个"使能"控制信号输入口。"使能"是指当且仅当"使能"输入信号为正时,该模块才接收输入端的信号。可直接选择 Enabled Subsystem 模块来建立使能子系

统，双击 Enabled Subsystem 模块，打开其内部结构窗口，如图 12-16 所示。

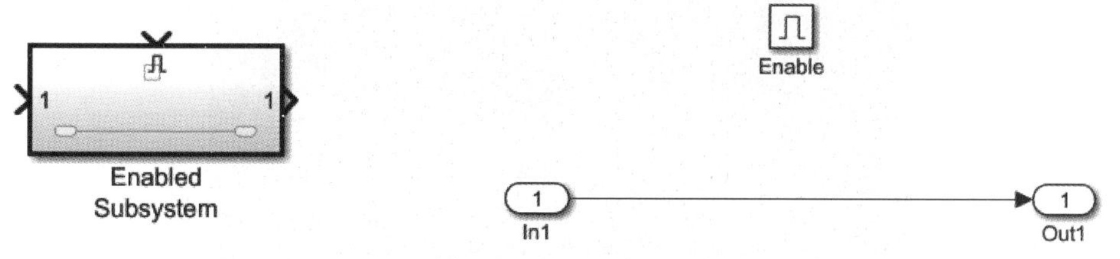

图 12-16　使能子系统

也可以展开已有子系统，添加 Ports & Subsystems 模块库中的 Enable 模块，将该子系统转换为使能子系统

【例 12-4】　利用使能子系统构成一个正弦半波整流器。

打开模型编辑窗口，并添加 Sine Wave、Enabled Subsystem 和 Scope 模块，再连接各模块并存盘，如图 12-17 所示。其中使能信号端接 Sine Wave 模块。

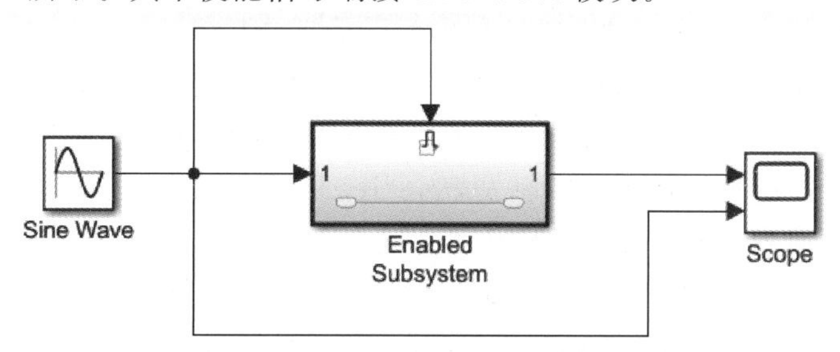

图 12-17　利用使能子系统实现半波整流

为了便于比较，除显示半波整流波形外，还显示正弦波，故在示波器参数对话框中将“输入端口个数”参数设置为 2，并设置输出布局形式。

使能子系统建立好后，可对 Enable 模块进行参数设置。双击 Enable 模块打开其参数对话框，如图 12-18 所示。在“主要”选项卡中选中“显示输出端口”复选框，可以为 Enable 模块添加一个输出端，用于输出控制信号。在“启用时的状态”下拉列表中有“保持”和“重置”两个选项，“保持”选项表示当使能子系统停止输出后，输出端口的值保持最近的输出值；“重置”选项表示当使能子系统停止输出后，输出端口重新设为初始值。在此选择“重置”选项。

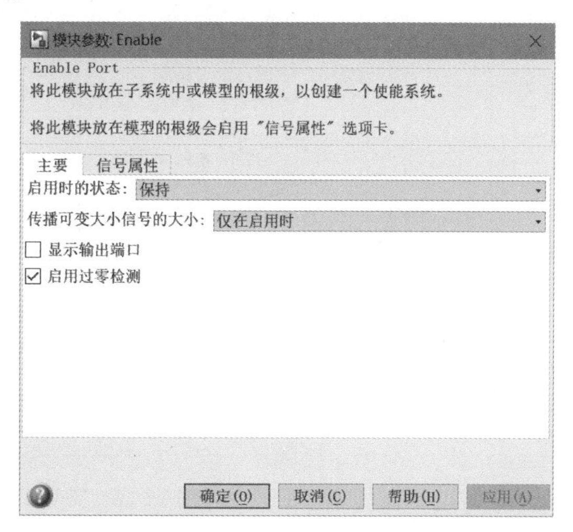

图 12-18　Enable 模块参数对话框

在模型编辑窗口单击“运行”按钮，就可看到如图 12-19 所示的半波整流波形和正弦波形。

2. 触发子系统

触发子系统是指当触发事件发生时开始执行子系统。与使能子系统相类似，触发子系统的建立可直接选择 Triggered Subsystem 模块，或者展开已有子系统，添加 Ports & Subsystems 模块库中的 Trigger 模块，将该子系统转换为触发子系统。

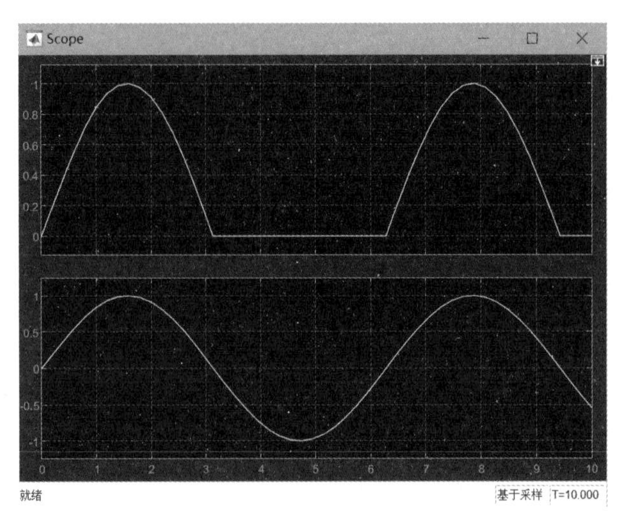

图 12-19 半波整流波形和正弦波形

触发子系统在每次触发结束到下次触发之前总是保持上一次的输出值,而不会重新设置初始输出值。触发形式在 Trigger 模块参数对话框中从"主要"选项卡的"触发器类型"下拉列表中选择,如图 12-20 所示。"上升沿"触发表示当控制信号从负值或 0 上升到正值时子系统开始执行,"下降沿"触发表示当控制信号从正值或 0 下降到负值时子系统开始执行,"任一沿"触发表示当控制信号满足上升沿或下降沿触发条件时子系统开始执行,"函数调用"触发表示子系统的触发由 S 函数的内部逻辑决定,这种触发方式必须与 S 函数配用。

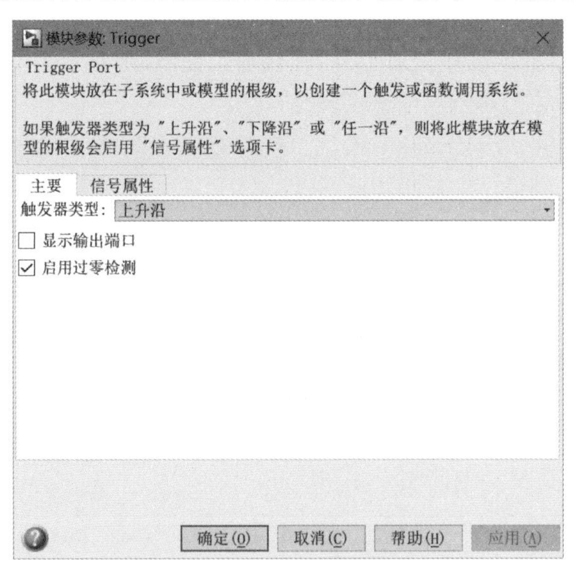

图 12-20 Trigger 模块参数对话框

Trigger 模块参数对话框中,还有一个"显示输出端口"复选框,表示是否为 Trigger 模块添加一个输出端,选中后还可以选择输出信号的数据类型。

【例 12-5】 利用触发子系统将一锯齿波转换成方波。

打开模型编辑窗口,并添加用 Signal Generator、Triggered Subsystem 和 Scope 模块,再连接各模块并存盘,如图 12-21 所示。双击 Signal Generator 模块图标,在"波形"下拉列表框中选择"锯齿"选项,幅值(Amplitude)设为 4,频率(Frequency)设为 1Hz。打开 Triggered

Subsystem 模块结构窗口，再双击 Trigger 模块，在其参数对话框中选择“触发器类型”参数为“任一沿”选项，即上升沿或下降沿触发。触发信号端接锯齿波模块。为了便于比较，除显示方波外，还显示锯齿波。

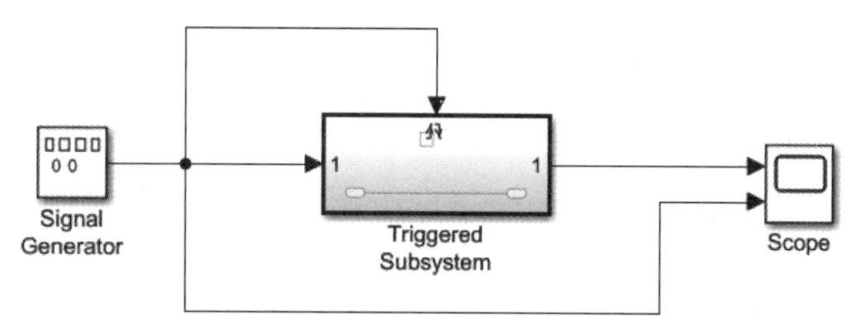

图 12-21　利用触发子系统将锯齿波转换为方波

把仿真的终止时间参数设置为 10，在模型编辑窗口单击“运行”按钮，就可在示波器窗口看到图 12-22 所示的波形。

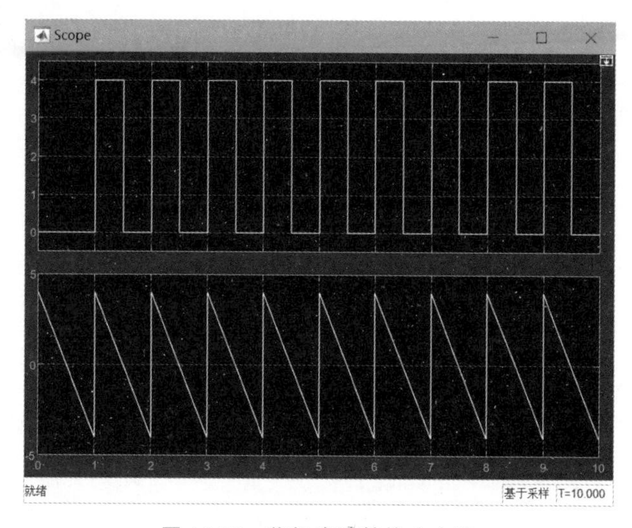

图 12-22　将锯齿波转换为方波

3. 使能加触发子系统

所谓使能加触发子系统就是当使能控制信号和触发控制信号共同作用时执行子系统。该系统的行为方式与触发子系统相似，但只有当使能信号为正时，触发事件才起作用。

12.5　S 函数的设计与应用

S 函数用于开发新的 Simulink 通用功能模块，是一种对模块库进行扩展的工具。S 函数可以采用 MATLAB 语言、C、C++、FORTRAN、Ada 等语言编写。在 S 函数中使用文本方式输入公式、方程，非常适合复杂动态系统的数学描述，并且在仿真过程中可以对仿真进行更精确的控制。

S 函数称为系统函数(System Function)，采用非图形化的方式描述功能块。MATLAB 语言编写的 S 函数可以充分利用 MATLAB 所提供的丰富资源，方便地调用各种工具箱函数和图形函数；使用 C 语言编写的 S 函数可以实现对操作系统的访问，如实现与其他进程的通信和同步等。非 MATLAB 语言编写的 S 函数需要用编译器生成 MEX 文件。本节介绍用 MATLAB 语言设计 S 函数的方法，并通过例子介绍 S 函数的应用。

12.5.1 用MATLAB语言编写S函数

S函数有固定的程序格式,可以从Simulink提供的S函数模板程序开始构建自己的S函数。

1. 主程序

S函数主程序的引导语句如下:

```
function [sys,x0,str,ts] = fname(t,x,u,flag)
```

其中,fname是S函数的函数名,t、x、u、flag分别为仿真时间、状态向量、输入向量和子程序调用标志。flag控制在仿真的各阶段调用S函数的哪一个子程序,其含义和有关信息如表12-1所示。Simulink每次调用S函数时,必须给出这4个参数。sys、x0、str和ts是S函数的返回参数。sys是一个返回参数的通用符号,它得到何种参数,取决于flag值。例如,flag = 3时,sys得到的是S函数的输出向量值。x0是初始状态值,如果系统中没有状态变量,x0将得到一个空阵。str仅用于系统模型同S函数API(应用程序编程接口)的一致性校验。对于M文件S函数,它将被置成一个空阵。ts是一个两列矩阵,一列是S函数中各状态变量的采样周期,另一列是相应的采样时间的偏移量。采样周期按递增顺序排列,ts中的一行对应一个采样周期。对于连续系统,采样周期和偏移量都应置成0。如果取采样周期为-1,则将继承输入信号的采样周期。

表12-1 flag参数的含义

取值	功能	调用函数名	返回参数
0	初始化	mdlInitializeSizes	sys为初始化参数,x0,str,ts如定义
1	计算连续状态变量的导数	mdlDerivatives	sys返回连续状态
2	计算离散状态变量的更新	mdlUpdate	sys返回离散状态
3	计算输出信号	mdlOutputs	sys返回系统输出
4	计算下一个采样时刻	mdlGetTimeOfNextVarHit	sys返回下一步仿真的时间
9	结束仿真任务	mdlTerminate	无

此外,在主程序输入参数中还可以包括用户自定义参数表:p1、p2、…、pn,这也就是希望赋给S函数的可选变量,其值通过相应S函数的参数对话框设置,也可以在命令行窗口赋值。于是S函数主程序的引导语句可以写成:

```
function [sys,x0,str,ts] = fname(t,x,u,flag,p1,p2,…,pn)
```

主程序采用switch语句,引导Simulink到正确的子程序。

2. 子程序

S函数M文件共有6个子程序,供Simulink在仿真的不同阶段调用,这些子程序的前缀为mdl。每一次调用S函数时,都要给出一个flag值,实际执行S函数中与该flag值对应的那个子程序。Simulink在仿真的不同阶段,需要调用S函数中不同的子程序。

(1) 初始化子程序mdlInitializeSizes。子程序mdlInitializeSizes定义S函数参数,如采样时间、输入量、输出量、状态变量的个数以及其他特征。为了向Simulink提供这些信息,在子程序mdlInitializeSizes的开始处应调用simsizes函数,这个函数返回一个sizes结构,结构的成员sizes.NumContStates、sizes.NumDiscStates、sizes.NumOutputs和sizes.NumInputs分别表示连续状态变量的个数、离散状态变量的个数、输出的个数和输入的个数。这4个值可以置为－1,使其大小动态改变。成员 sizes.DirFeedthrough 是直通标志,即输入信号是否直接在输出端出现的标志,是否设定为直通,取决于输出是否为输入的函数,或者是取样时间是否为输入的函数。1 表示 yes,0 表示 no。成员 sizes.NumSampleTimes 是模块采样周期的个数,一般取 1。

按照要求设置好的结构 sizes 用 sys = simsizes(sizes)语句赋给 sys 参数。除了 sys 外,还应该设置系统的初始状态变量 x0、说明变量 str 和采样周期变量 ts。

(2) 其他子程序。状态的动态更新使用 mdlDerivatives 和 mdlUpdate 两个子程序,前者用于连续模块的状态更新,后者用于离散状态的更新。这些函数的输出值,即相应的状态,均由 sys 变量返回。对于同时含有连续状态和离散状态的混合系统,则需要同时写出这两个函数来分别描述连续状态和离散状态。

模块输出信号的计算使用 mdlOutputs 子程序,系统的输出仍由 sys 变量返回。

一般应用中很少使用 flag 为 4 和 9 的情况,mdlGetTimeOfNextVarHit 和 mdlTerminate 两个子程序较少使用。

12.5.2 S 函数的应用

下面来看用 M 文件编写 S 函数的例子。

【例 12-6】 采用 S 函数实现 $y=k(1+x)$,即把一个输入信号加 1 后放大 k 倍。

(1) 编写 S 函数,程序如下:

```
%S 函数 timek.m,其输出是输入加 1 的 k 倍
function [sys,x0,str,ts] = timek(t,x,u,flag,k)
switch flag,
case 0
    [sys,x0,str,ts] = mdlInitializeSizes;              %初始化
case 3
    sys = mdlOutputs(t,x,u,k);                         %计算输出量
case {1,2,4,9}
    sys = [];
otherwise                                              %出错处理
    error(num2str(flag));
end

%mdlInitializeSizes: 当 flag 为 0 时进行整个系统的初始化
function [sys,x0,str,ts] = mdlInitializeSizes()
%调用函数 simsizes 以创建结构 sizes
sizes = simsizes;
%用初始化信息填充结构 sizes
sizes.NumContStates = 0;                               %无连续状态
sizes.NumDiscStates = 0;                               %无离散状态
sizes.NumOutputs = 1;                                  %有一个输出量
sizes.NumInputs = 1;                                   %有一个输入量
sizes.DirFeedthrough = 1;                              %输出量中含有输入量
sizes.NumSampleTimes = 1;                              %单个采样周期
%根据上面的设置设定系统初始化参数
sys = simsizes(sizes);
%给其他返回参数赋值
x0 = [];                                               %设置初始状态为零状态
```

```
str = [];                                       % 将 str 变量设置为空字符串
ts = [ - 1,0];                                  % 假定继承输入信号的采样周期

% mdlOutputs: 当 flag 值为 3 时,计算输出量
function sys = mdlOutputs(t,x,u,k)
sys = k * (1 + u);
```

将该程序以文件名 timek.m 存盘。编好 S 函数后,就可以对该模块进行测试了。

(2) S 函数模块的测试。建立 S-Function 模块和编写的 S 函数文件之间的联系。新建一个模型,向模型编辑窗口中添加 User-Defined Functions 模块库中的 S-Function 模块,还有 Sine Wave 模块和 Scope 模块,构建如图 12-23 所示的仿真模型。

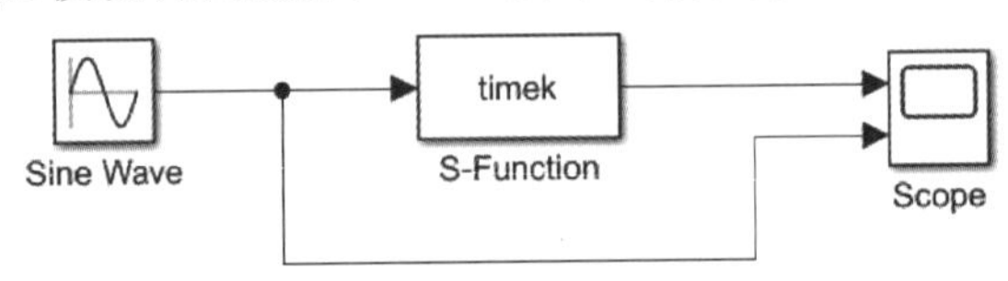

图 12-23 S 函数仿真模型

在模型编辑窗口中双击 S-Function 模块,打开其参数对话框,在"S-function 名称"框中填入 S 函数名 timek,在"S-function 参数"框中填入外部参数 k,如图 12-24 所示。如果有多个外部参数,参数之间用逗号分隔。k 可以在 MATLAB 工作区用命令定义。当输入 k 的值为 5 时,运行得到的仿真结果如图 12-25 所示。

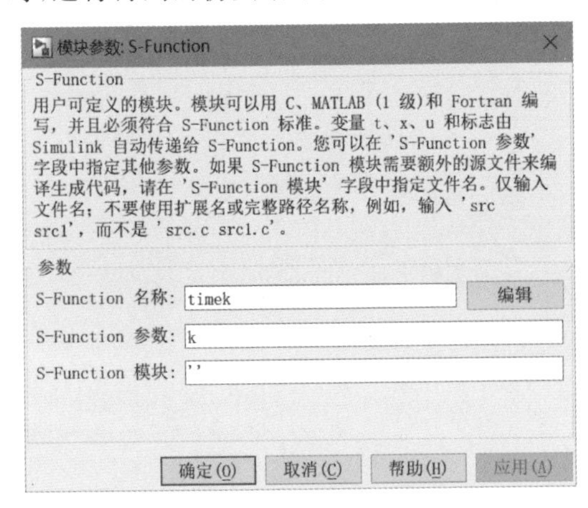

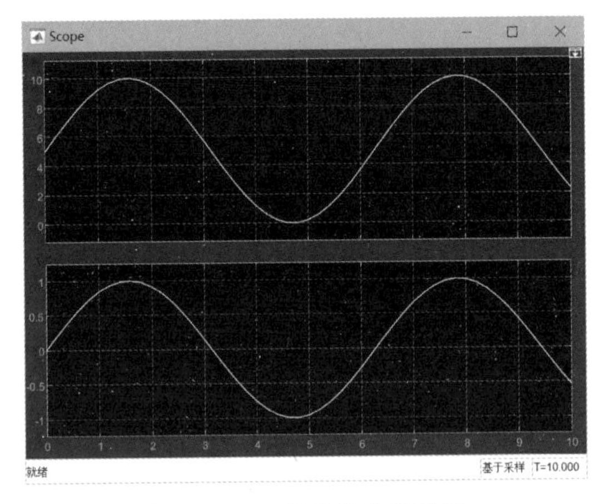

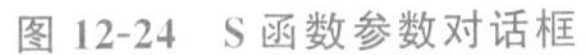

图 12-24 S 函数参数对话框

图 12-25 S 函数的仿真结果

12.6 应用实战 12

【例 12-7】 建立 Simulink 模型,实现以下分段函数:

$$f(x)=\begin{cases}\sqrt[3]{x}, & x \leqslant 4 \\ 6, & x > 4\end{cases}$$

首先打开模型编辑窗口,将合适的 Simulink 模块添加到模型中,包括 Source 模块库中的 Clock 模块、Constant 模块(两个),Logical and Bit operations 模块库中的 Relational Operator 模块,Signal Routing 模块库中的 Switch 模块,Sink 模块库中的 Scope 模块,User-Defined Functions 模块库中的 MATLAB Function 模块。

两个 Constant 模块的"常量值"参数分别设为 4 和 6,MATLAB Function 模块设置为 y=

3 * sqrt(u)，其余模块参数不用设置。设置模块参数后，用连线将各个模块连接起来组成仿真模型，如图 12-26 所示。

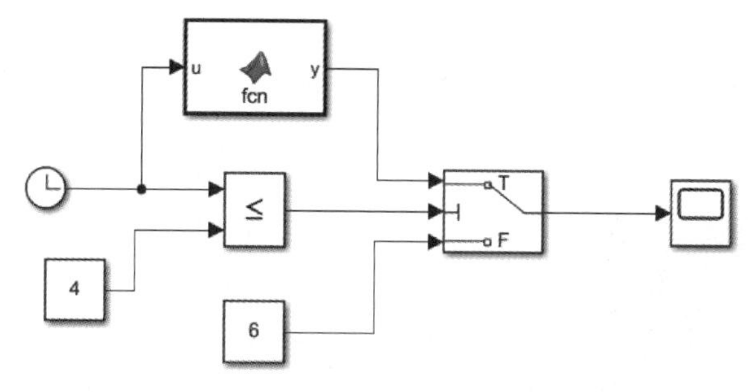

图 12-26　求分段函数的仿真模型

设置系统仿真终止时间为 10s，运行模型后，结果如图 12-27 所示。

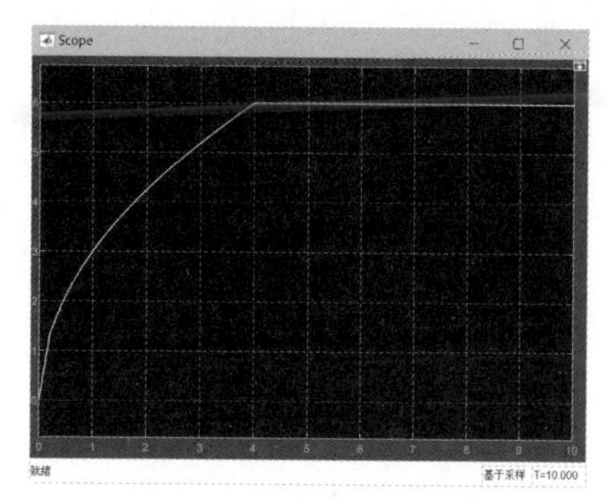

图 12-27　分段函数仿真曲线

视频讲解

【例 12-8】 有初始状态为 0 的二阶微分方程 $y''+1.5y'+10y=1.5u(t)$，其中 $u(t)$是单位阶跃函数，试建立系统模型并仿真。

下面将分别采用不同建模方法为系统建模并仿真。

方法 1：用积分器直接构造求解微分方程的模型。

把原微分方程改写为

$$y''=1.5u(t)-1.5y'-10y$$

y''经积分作用得 y'，y'再经积分模块作用就得 y，而 u、y'和 y 经代数运算又产生 y''，据此可以建立系统模型并仿真，步骤如下：

(1) 利用 Simulink 模块库中的基本模块建立系统模型如图 12-28 所示。

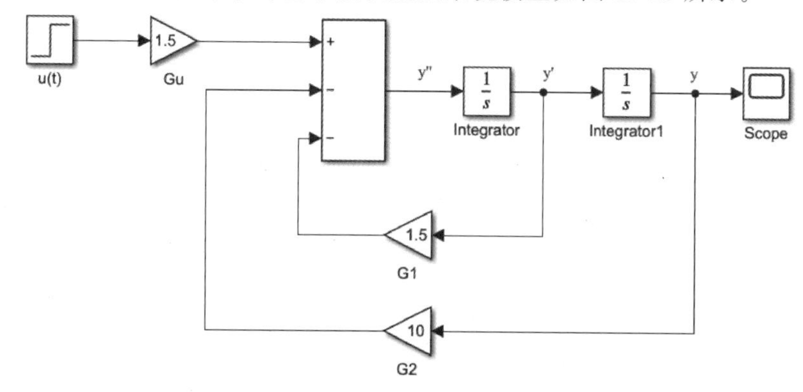

图 12-28　求解二阶微分方程的模型

模型中各个模块的说明如下。

① u(t)输入模块：它的“阶跃时间”参数设为0，模块名称由原来的Step改为u(t)。

② Gu增益模块：“增益”参数设为1.5。

③ Add求和模块：其“图标形状”参数选择“矩形”选项，“符号列表”参数设置为+ − −。

④ Integrator和Integrator1积分模块：参数不需改变。

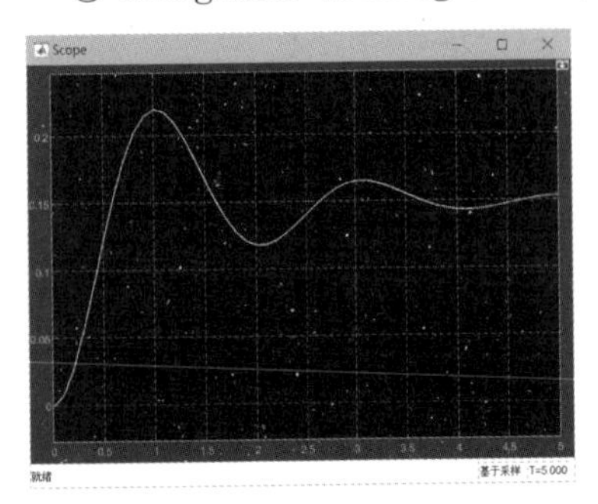

图12-29　二阶微分方程仿真曲线

⑤ G1和G2反馈增益模块：“增益”参数分别设置为1.5和10，它们的方向翻转可借助模块右键快捷菜单的“格式”菜单项中的翻转命令实现。

(2) 设置系统仿真参数。打开模型“配置参数”对话框，把仿真的终止时间设置为5s。

(3) 仿真操作。双击示波器图标，打开示波器窗口。单击模型编辑窗口的“运行”按钮，就可在示波器窗口中看到仿真结果的变化曲线，如图12-29所示。

方法2：利用传递函数模块建模。

对方程 $y''+1.5y'+10y=1.5u(t)$ 两边取拉普拉斯(Laplace)变换，得：

$$s^2Y(s)+1.5sY(s)+10Y(s)=1.5U(s)$$

经整理得传递函数：

$$G(s)=\frac{Y(s)}{U(s)}=\frac{1.5}{s^2+1.5s+10}$$

在Continuous模块库中有标准的Transfer Fcn(传递函数)模块可供调用，于是就可以构建求解微分方程的模型并仿真。

在模型编辑窗口添加Step、Transfer Fcn和Scope模块，并将Transfer Fcn模块的名称改为G(s)，Step模块名称改为u(t)。双击Transfer Fcn模块，打开参数设置对话框，在“分子系数”栏中填写传递函数的分子多项式系数[1.5]，在“分母系数”栏中填写传递函数的分母多项式的系数[1,1.5,10]，如图12-30所示。根据系统传递函数构建如图12-31所示的仿真模型。

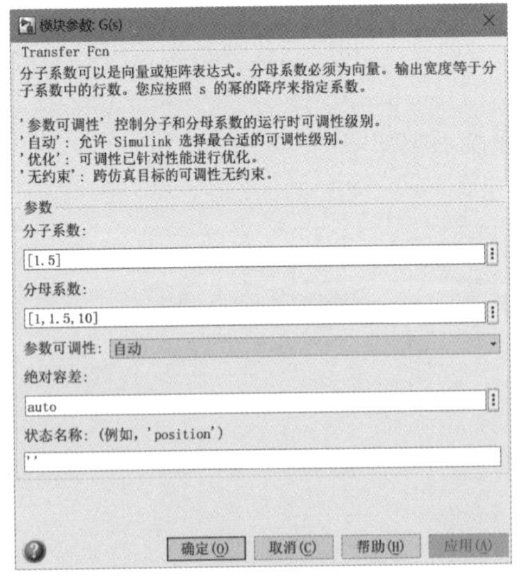

图12-30　Transfer Fcn模块参数设置

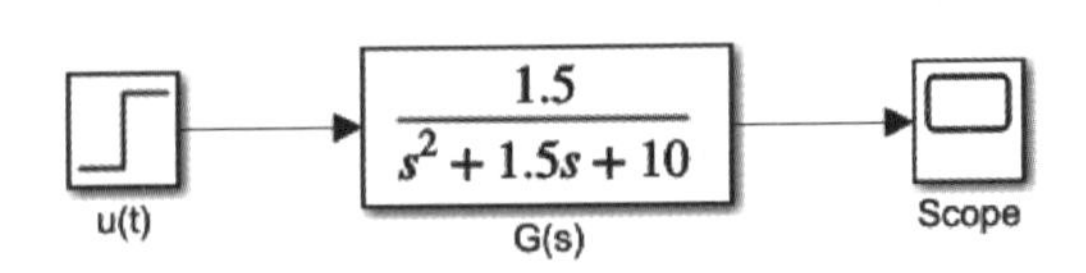

图12-31　由传递函数模块构建的仿真模型

设置仿真参数并启动仿真后，得到和方法 1 一样的仿真结果。

方法 3：利用状态方程模块建模。

若令 $x_1=y, x_2=y'$，那么微分方程 $y''+1.5y'+10y=1.5u(t)$ 可写成：

$$\begin{cases} x'_1=x_2 \\ x'_2=-10x_1-1.5x_2+1.5u(t) \end{cases}$$

$$\boldsymbol{x}'=\begin{bmatrix} x'_1 \\ x'_2 \end{bmatrix}=\begin{bmatrix} 0 & 1 \\ -10 & -1.5 \end{bmatrix}\begin{bmatrix} x_1 \\ x_2 \end{bmatrix}+\begin{bmatrix} 0 \\ 1.5 \end{bmatrix}u(t)$$

写成状态方程为：

$$\begin{cases} \boldsymbol{x}'=\boldsymbol{Ax}+\boldsymbol{Bu} \\ y=\boldsymbol{Cx}+\boldsymbol{Du} \end{cases}$$

式中 $\boldsymbol{A}=\begin{bmatrix} 0 & 1 \\ -10 & -1.5 \end{bmatrix}$，$\boldsymbol{B}=\begin{bmatrix} 0 \\ 1.5 \end{bmatrix}$，$\boldsymbol{C}=[1\ 0]$，$D=0$。

在 Continuous 模块库中有标准的 State-Space（状态方程）模块可供调用，于是，就可以构建求解微分方程的模型并仿真。

在模型编辑窗口添加 Step、State-Space 和 Scope 模块后，Step 模块名称改为 u(t)。双击 State-Space 模块，打开参数设置对话框，在 A、B、C、D 各栏依次填入[0,1;−10,−1.5]、[0;1.5]、[1,0]和 0，如图 12-32 所示。根据系统状态方程构建如图 12-33 所示的仿真模型。

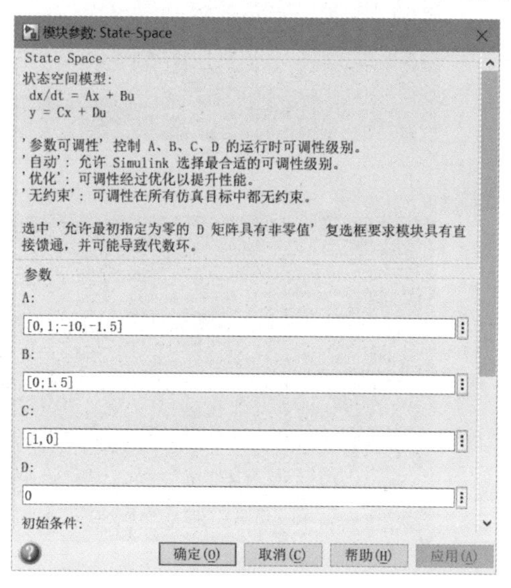

图 12-32 State-Space 模块参数设置

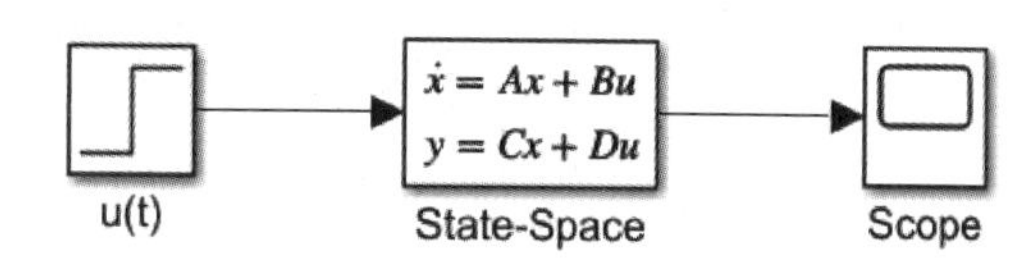

图 12-33 用状态方程模块构建的仿真模型

设置仿真参数并启动仿真后，得到和方法 1 一样的仿真结果。

练习题

一、选择题

1. 将模块连接好之后，如果要分出一根连线，操作方法是(　　)。

A. 把鼠标指针移到分支点的位置，按住鼠标左键拖动到目标模块的输入端

B. 双击分支点的位置，按住鼠标左键拖动到目标模块的输入端

C. 将鼠标指针移到分支点的位置，按下 Ctrl 键并按住鼠标拖动到目标模块的输入端

D. 将鼠标指针移到分支点的位置，按下 Shift 键并按住鼠标拖动到目标模块的输入端

2. 使用 S 函数时，要在模型编辑窗口添加(　　)。

A. Sine Wave 模块　　B. S-Program 模块

C. Subsystem 模块　　D. S-Function 模块

3. 已知仿真模型如图 12-34 所示，各模块参数均采用默认设置，则示波器的输出波形是(　　)。

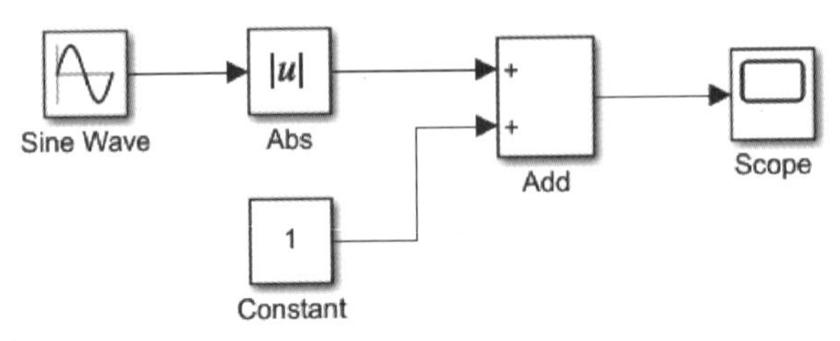

图 12-34　系统仿真习题

A.
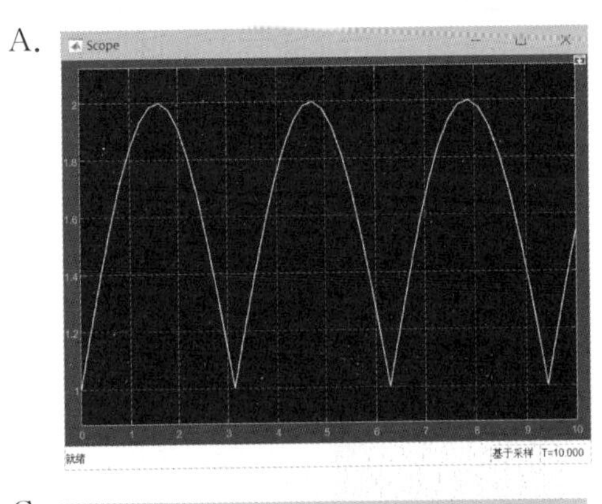

B.
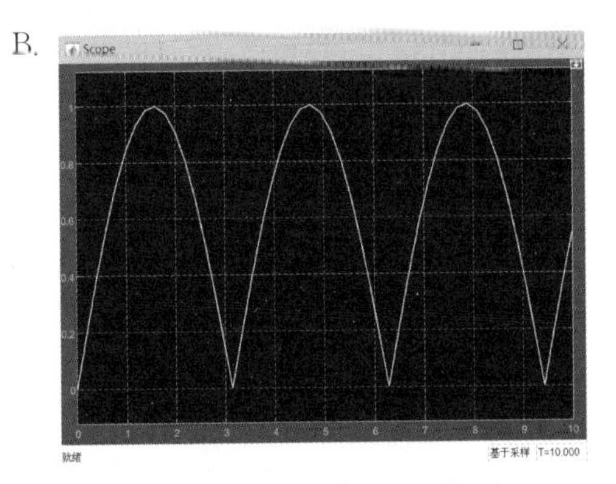

C.
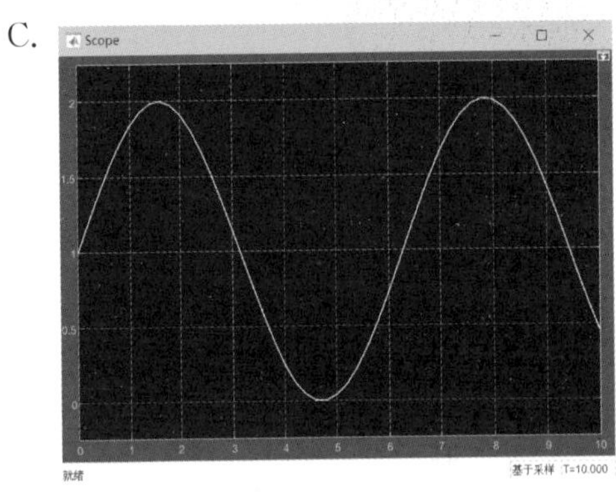

D.
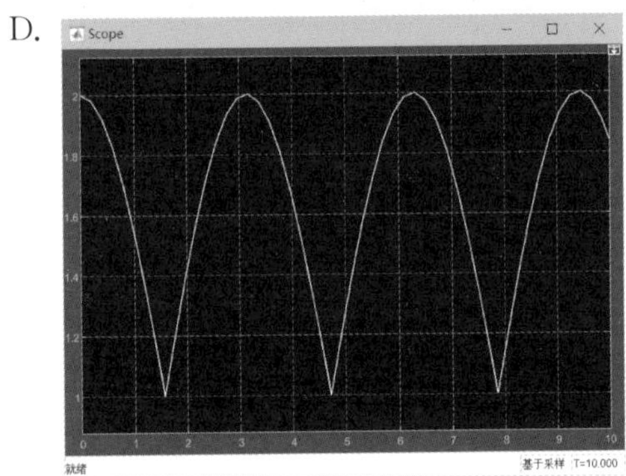

4. 【多选】根据控制信号的控制方式不同，条件执行子系统分为(　　)。

A. 事件驱动子系统　　B. 使能子系统

C. 触发子系统　　D. 使能加触发子系统

5. 【多选】以下关于 S 函数的描述中，正确的有(　　)。

A. S 函数称为系统函数(System Function)

B. S 函数只能用 MATLAB 语言编写

C. S 函数有现成的模板程序

D. S 函数是一种对 Simulink 模块库进行扩展的工具

二、问答题

1. Simulink 的主要功能是什么？应用 Simulink 进行系统仿真的主要步骤有哪些？

2. 用 Simulink 仿真求定积分，并与数值积分和符号积分进行对比。

3. 用 Simulink 仿真一个函数的曲线，并与绘图方法进行对比。

4. 使用 Signal Routing（信号路由）模块库中的 Switch 模块实现一个分段函数。函数的形式自定，要求输出函数的波形曲线。

5. 什么叫子系统？什么叫 S 函数？它们各有什么作用？

操作题

1. 利用 Simulink 仿真 $x(t)=\frac{8A}{\pi^2}\left[\cos(\omega t)+\frac{1}{9}\cos(3\omega t)+\frac{1}{25}\cos(5\omega t)\right]$，取 $A=1$，$\omega=2\pi$。

2. 设系统的微分方程为：

$$X'(t)=-4X(t)+2u(t)$$

其中，$u(t)$是一个幅度为 1、角频率为 1rad/s 的方波输入信号，试建立系统模型并进行仿真。

3. 在例 7-11 中给出了范德波尔（Van der Pol）方程的数值解法，试利用 Simulink 构建该方程的仿真模型并仿真，将得出的结果和数值解法的结果进行比较。

4. 先建立一个子系统，再利用该子系统产生曲线 $y=2e^{-0.5x}\sin(2\pi x)$。

5. 采用 S 函数来构造分段函数，并进行模块测试。

$$y=\begin{cases}0.5t, & 0\leqslant t<4\\ 2, & 4\leqslant t<8\\ 6-t/2, & 8\leqslant t<10\\ 1, & t\geqslant 10\end{cases}$$

第13章 外部应用接口

MATLAB 提供了扩展 MATLAB 应用的数据接口和应用程序接口(Application Programming Interface,API)。数据接口用于 MATLAB 和其他应用程序间交换数据;应用程序接口用于将 MATLAB 程序集成到其他高级语言开发的程序中,或在 MATLAB 中调用其他语言开发的程序,提高程序的开发效率,丰富程序开发的手段。本章介绍 MATLAB 与 Excel 混合使用的方法、MATLAB 数据文件操作方法与 MAT 文件的应用以及 MATLAB 与其他程序设计语言的混合编程方法。

13.1 MATLAB 与 Excel 的接口

Microsoft Office 是应用十分广泛的办公软件。MATLAB 与 Office 中的 Excel 相结合,为用户提供了一个集数据编辑和科学计算于一体的工作环境。在这种工作环境下,用户可以利用 Excel 的编辑功能录入数据后导入到 MATLAB 工作空间,也可以把 MATLAB 程序和数据导出到 Excel 工作表中。

13.1.1 Spreadsheet Link 的使用

Spreadsheet Link 插件是 MATLAB 提供的 Excel 与 MATLAB 的接口。通过 Spreadsheet Link,可以在 Excel 工作表和 MATLAB 工作区之间进行数据交换,即在 Excel 中将 Excel 工作表中的数据导出到 MATLAB 工作空间,或者将 MATLAB 工作空间数据导入到 Excel 工作表中。

1. Spreadsheet Link 的安装与启动

Spreadsheet Link 的安装是在 MATLAB 安装过程中,随其他组件一起安装的。安装完成后,还需要在 Excel 中进行一些设置后才能使用。

以 Excel 2016 为例,启动 Excel 后,从"文件"菜单选择"选项"命令,弹出"Excel 选项"对话框。在这个对话框中,单击左窗格的"加载项"选项,然后单击右窗格的加载项面板下端的"转到"按钮,弹出"加载项"对话框。在"加载项"对话框中,单击"浏览"按钮,打开"浏览"对话框,找到 MATLAB 安装文件夹下的子文件夹 toolbox\exlink,选中 excllink. xlam 文件,单击"确定"按钮返回到"加载项"对话框。这时,"加载项"对话框的"可用加载宏"列表中多了一个 Spreadsheet Link 3. 4. 7 for use with MATLAB and Excel 选项。选中该项后,单击"确定"按钮,返回 Excel 编辑窗口。此时,在 Excel 窗口的"开始"选项卡的功能区右端多了一个 MATLAB 命令按钮。该命令按钮下拉列表包含的命令如表 13-1 所示。

表 13-1 Spreadsheet Link 命令

命 令	功 能
Start MATLAB	启动 MATLAB
Send data to MATLAB	导出数据到 MATLAB 工作区
Send named ranges to MATLAB	导出命名区域的数据到 MATLAB 工作区
Get data from MATLAB	从 MATLAB 工作区导入数据
Run MATLAB command	执行 MATLAB 命令
Get MATLAB figure	导入 MATLAB 中绘制的图形
MATLAB Function Wizard	调用 MATLAB 函数
Preferences	设置 MATLAB 插件的运行模式

2. Spreadsheet Link 的主要功能和操作

利用 Spreadsheet Link 提供的工具,可以轻松地实现 Excel 和 MATLAB 之间的数据交换。Spreadsheet Link 工具支持 MATLAB 的二维数值数组、一维字符数组和二维单元数组，不支持多维数组和结构。

(1) 将 Excel 工作表中的数据导出到 MATLAB 工作空间中。在 Excel 中选中需要的数据，在"开始"选项卡的 MATLAB 命令组的下拉列表中选择 Send data to MATLAB 命令，弹出 Microsoft Excel 对话框，在 Variable name in MATLAB 栏输入变量名，单击"确定"按钮，如果指定的变量在 MATLAB 工作空间中不存在，则创建该变量；否则，更新指定变量。导出成功后，MATLAB 工作区出现了该变量。

(2) 从 MATLAB 工作空间导入数据到 Excel 工作表中。在 Excel 中选中要导入数据的起始单元格，在"开始"选项卡的 MATLAB 命令组的下拉列表中选择 Get data from MATLAB 命令，弹出 Microsoft Excel 对话框，在对话框的 Name of Matrix to get from MATLAB 栏中填入 MATLAB 工作区的变量名，单击"确定"按钮完成导入操作。

13.1.2 在 Excel 中调用 MATLAB 函数

通过 Spreadsheet Link，还可以在 Excel 中调用 MATLAB 的计算、图形引擎，方便、高效地处理和分析数据。

在"开始"选项卡的 MATLAB 命令组的下拉列表中选择 MATLAB Function Wizard 命令，弹出 MATLAB Function Wizard 对话框。在 Select a category 栏内选择函数的类别(如 matlab\elmat)后，在 Select a function 栏内出现该类的所有函数。这时选择其中的一个函数(如 flip)，在 Select a function signature 栏内出现所选函数的所有调用方法，如图 13-1 所示。在列表中选择一种(如 flip(A))，弹出 Function Arguments 对话框，如图 13-2 所示。

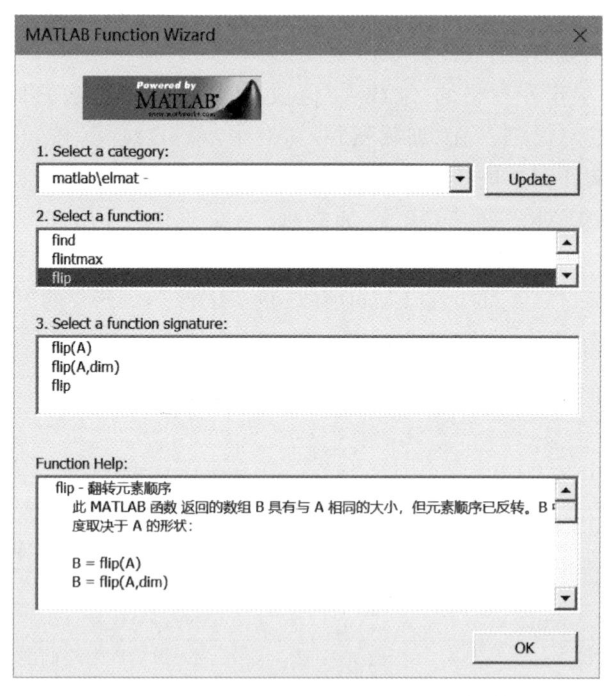

图 13-1 MATLAB Function Wizard 对话框

在 Function Arguments 对话框中可以设置函数的输入、输出参数。这时可以在 Inputs 编辑框中直接输入一个常量或 MATLAB 变量，也可以单击编辑框右侧的展开按钮，在

Function Arguments
FLIP
Inputs:
A
Optional output cell(s):
flip - 翻转元素顺序
此 MATLAB 函数 返回的数组 B 具有与 A 相同的大小，但元素顺序已反转。B 中重
度取决于 A 的形状：
B = flip(A)
OK Cancel

图 13-2 Function Arguments 对话框

Excel 工作表中选择作为输入的数据区域，然后单击编辑框右端的确认按钮，返回 Function Arguments 对话框。然后单击 Optional output cell(s)编辑框右侧的展开按钮，在 Excel 工作表中单击输出单元的起始位置，按 Enter 键，返回 Function Arguments 对话框，单击 OK 按钮确认设置，返回 MATLAB Function Wizard 对话框。这时，在 Excel 工作表呈现出结果。

如果不需要修改，则在 MATLAB Function Wizard 对话框中单击 OK 按钮，确认操作。

13.1.3 在 MATLAB 中导入/导出数据

在 MATLAB 中，可以通过导入工具和命令从 Excel 表中读取数据，也可以通过命令将数据写入 Excel 文件。

1. 导入工具

通过 MATLAB 的导入工具，可以从 Excel 文件、分隔文本文件和等宽的文本文件中导入数据。

在 MATLAB 桌面的"主页"选项卡中单击"变量"命令组中的"导入数据"按钮，将弹出"导入数据"对话框，在对话框中选择要读取的数据文件，单击"打开"按钮，将打开数据导入窗口，如图 13-3 所示。也可以通过在 MATLAB 桌面的"当前文件夹"的文件列表中双击数据文件，或在命令行窗口输入如下命令打开数据导入窗口。

```
uiimport(数据文件名)
```

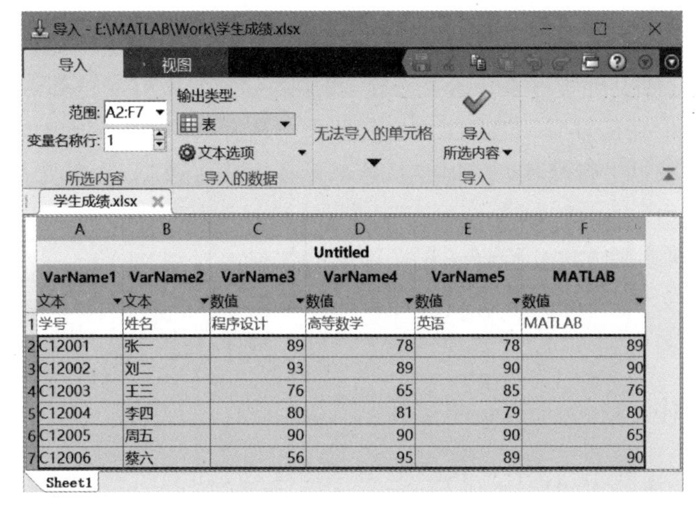

	A	B	C	D	E	F
	VarName1	VarName2	VarName3	VarName4	VarName5	MATLAB
	文本	文本	数值	数值	数值	数值
1	学号	姓名	程序设计	高等数学	英语	MATLAB
2	C12001	张一	89	78	78	89
3	C12002	刘二	93	89	90	90
4	C12003	王三	76	65	85	76
5	C12004	李四	80	81	79	80
6	C12005	周五	90	90	90	65
7	C12006	蔡六	56	95	89	90

图 13-3 数据导入窗口

数据导入窗口的“导入”选项卡提供了导入操作的工具,“所选内容”命令组用于显示和修改要导入的数据区域,“导入的数据”命令组用于指定将创建的 MATLAB 变量类型,“无法导入的单元格”命令组用于指定所选数据中包含无法导入数据的处理方式,“导入”命令组用于实现导入操作。例如,在导入窗口打开一个名为“学生成绩.xlsx”文件,选择数据后,在“输出类型”列表中选择“数值矩阵”选项,然后单击“导入所选内容”按钮,这时在 MATLAB 工作区增加了一个变量。

2. 读写 Excel 文件的 MATLAB 函数

(1) xlsread 函数。xlsread 函数用于读取 Excel 文件,其调用格式如下:

```
[num,txt,raw,custom] = xlsread(filename,sheet,xlRange,'',processFcn)
```

其中,输入参数 filename 指定要读取的文件;选项 sheet 指定要读取的工作表,默认读取 Excel 文件的第一个工作表;选项 xlRange 指定要读取的区域,例如'A1:C3',默认读取表中所有的数据;选项 processFcn 是函数句柄,指定调用 processFcn 函数处理读取的数据。若中间的选项不需指定,则对应位置使用空字符向量''。

xlsread 函数的输出参数一般只有一个 num,存储读到的数据;选项 txt 和 raw 是单元数组,若读取的数据有多重类型,可用 txt 返回文本字段,raw 返回数值数据和文本数据;选项 custom 用于返回调用 processFcn 函数处理后的数据。

读取 Excel 文件时,MATLAB 将 Inf 值转换为 65535。

(2) xlswrite 函数。xlswrite 函数用于将数据写入 Excel 文件,其调用格式如下:

```
[status,message] = xlswrite(filename,A,sheet,xlRange)
```

其中,输入参数 filename 指定要写入数据的文件,A 是存储数据的 MATLAB 变量;选项 sheet 指定要写的工作表,默认写入 Excel 文件的第一个工作表;选项 xlRange 指定要写的区域,例如'A1:C3',如果 xlRange 大于输入数组 A 的大小,则 Excel 将使用#N/A 填充该区域的其余部分;如果 xlRange 小于数组 A 的大小,则将适应 xlRange 的子集写入到文件。

xlswrite 函数的输出参数一般只有一个 status,存储写入操作的状态。当操作成功时,status 为 1;否则,status 为 0。选项 message 返回操作过程的警告或错误消息。

向 Excel 文件写入数据时,MATLAB 将 NaN 值转换为空单元格。

13.2 数据接口

MATLAB 语言和其他程序设计语言一样,程序运行中的所有变量都保存在工作空间,这些变量可以在程序中直接引用。但是工作空间的大小是有限的,如果处理的数据量较大,则需要和磁盘文件中的数据进行交换。有时要从外部设备中输入数据,有时要把程序处理过的数据输出到外部设备中。

MATLAB 提供多种方法支持将磁盘文件中的数据导入到 MATLAB 的工作空间,对于结构较简单的数据文件,可以使用 13.1 节中介绍的数据导入工具,而对于结构复杂、内容繁多的数据文件则可以调用 MATLAB 提供的输入/输出函数读写数据。

13.2.1 文件操作

MATLAB 提供了一系列文件操作函数,这些函数是基于 ANSI 标准 C 语言库实现的,所以两者的格式和用法有许多相似之处。

1. 文件打开与关闭

对一个文件进行操作以前，必须先打开该文件，系统将为其分配一个输入/输出缓冲区。当文件操作结束后，还应关闭文件，及时释放缓冲区。

(1) fopen 函数。

fopen 函数用于打开文件以供读写，其基本调用格式如下：

```
fid = fopen(filename, permission)
```

其中，输入参数 filename 指定待操作的文件名，文件名可带路径，默认文件位于当前文件夹；参数 permission 用于指定对文件的访问方式，常用值如表 13-2 所示，默认为'r'。输出参数 fid 为文件识别号，其值是一个大于 2 的整数(0、1、2 是系统分配给标准输入设备、标准输出设备和标准错误设备的识别号)。打开文件成功时，fid 返回一个整数，用来标识该文件；打开文件不成功时，fid=－1。

表 13-2 文件的访问方式

参数	文件访问方式
'r'	为输入数据打开一个文件。如果指定的文件不存在，则返回值为－1
'w'	为输出数据打开一个文件。如果指定的文件不存在，则创建一个新文件，再打开它；如果存在，则打开该文件，并清空原有内容
'a'	为输出数据打开一个文件。如果指定的文件不存在，则创建一个新文件，再打开它；随后的写操作将在该文件末尾追加数据
'r+'	为输入和输出数据打开一个文件。如果指定的文件不存在，则返回值为－1；如果指定的文件存在，则打开该文件，文件打开后，既可以读取数据，也可以写入数据
'w+'	为输入和输出数据打开一个文件。如果指定的文件不存在，则创建一个新文件，再打开它；如果存在，则打开该文件，并清空原有内容。文件打开后，必须先写入数据，然后才可以读取其中的数据
'a+'	为输入和输出数据打开一个文件。如果指定的文件不存在，则创建一个新文件，再打开它；随后的输出操作在该文件末尾添加数据

文件打开后，默认以二进制模式读写数据，若要以文本模式读写文件，则需在参数值后加't'，如'rt'、'wt'等。例如：

```
F1 = fopen('old.txt','rt')       % 以文本模式打开文件 old.txt,允许进行读操作
F2 = fopen('new.dat','w+')       % 在以二进制模式打开可供读写的文件 new.dat
```

在 Windows 系统中，以二进制模式读写文件比以文本模式读写文件速度更快，且采用二进制模式写入的文件更精简。

(2) fclose 函数。

fclose 函数用于关闭已打开的文件，其调用格式如下：

```
status = fclose(fid)
```

其中，输入参数 fid 是要关闭文件的标识号。若 fid 为'all'，则关闭所有已打开的文件，但标准文件除外，即屏幕、键盘。输出参数 status 返回 0 表示关闭成功，返回－1 则表示关闭不成功。

2. 文本文件的读写

日常生活中很多类型的数据用文本文件保存，如监控日志、观测记录、实验结果等。文本文件中的数据为 ASCII 字符形式，该类型的文件可以用任何文本编辑器打开查看，但数据在读写时需要转换类型，即读取时由字符串转换为对应的数，写入时将数中的数字逐个转换为对

应的 ASCII 字符，因此对于大量数据的读写，花费的时间较长。

在 MATLAB 中，常用 fscanf 函数和 fprintf 函数读写文本文件，函数名的第一个字符 f 表示文件，最后一个字符 f 表示按格式存取数据。

(1) fprintf 函数。

fprintf 函数可以将数据按指定格式写入到文本文件中，其调用格式如下：

```
count = fprintf(fid,fmt,A1,A2,…,An)
```

其中，输入参数 fid 为文件识别号，默认为 1，即输出到屏幕。参数 fmt 用于控制输出数据的格式，用一个字符串描述，常见的格式描述符如表 13-3 所示。输入参数 A1，A2，…，An 为存储数据的 MATLAB 变量。输出参数 count 返回成功写入文件的字节数。

表 13-3 数据格式描述符

格式描述符	含　义
%d 或 %i	有符号整数
%u	无符号的十进制整数
%o	无符号的八进制整数
%x 或 %X	无符号的十六进制整数
%f	定点记数法形式的实数，使用精度操作符指定小数点后的位数
%e 或 %E	指数记数法形式的实数，使用精度操作符指定小数点后的位数
%g 或 %G	根据数据长度自动确定采用 e 或 f 格式，使用精度操作符指定有效数字位数
%s	字符串、字符向量或字符串数组
%c	字符

在%和格式描述符之间还可以加上输出宽度和输出精度等标识。例如，输出实型数据时，%10.3f 表示输出占 10 个字符，其中小数部分占 3 位。

视频讲解

【例 13-1】 计算当 $x=0.0, 0.1, 0.2, \cdots, 1.0$ 时，$f(x)=e^x$ 的值，并将结果写入文件 file1.txt。

程序如下：

```
x = 0:0.1:1;
Y = [x;exp(x)];
fid = fopen('file1.txt','w');
fprintf(fid,'%6.2f   %12.8f\n',Y);
fclose(fid);
```

程序中的格式字符串中的'\n'表示换行符，其他常用特殊字符包括回车符'\r'、水平制表符'\t'等。通常用这些符号以及空格作为文件中数据的分隔符。程序中格式符“%6.2f”控制 x 的值占 6 个字符，其中小数部分占 2 位，数据实际的输出宽度小于 6，前面填充空格；格式符“%12.8f”控制指数函数 exp(x)的输出格式，占 12 个字符宽度，其中小数部分占 8 位。

程序执行后，在当前文件夹生成了文件 file1.txt。由于是文本文件，所以可以在 MATLAB 命令行窗口用 type 命令查看其内容，或者在 MATLAB 编辑器中打开查看内容。

```
>> type file1.txt
  0.00     1.00000000
  0.10     1.10517092
  0.20     1.22140276
  0.30     1.34985881
  0.40     1.49182470
  0.50     1.64872127
  0.60     1.82211880
```

```
0.70    2.01375271
0.80    2.22554093
0.90    2.45960311
1.00    2.71828183
```

(2) fscanf 函数。

fscanf 函数用于读取文本文件，并按指定格式存入 MATLAB 变量，其基本调用格式如下：

```
[A,count] = fscanf(fid,fmt,size)
```

其中，输入参数 fid 为文件识别号，fmt 用于控制读取的数据格式，size 指定读取多少数据。输出参数 A 用于存放读取的数据，A 的类型和大小取决于输入参数 fmt，若 fmt 仅包含字符或文本格式符（%c 或%s），则 A 为字符数组；若 fmt 仅包含整型格式符，则 A 为整型数组，否则为 double 型数组。输出选项 count 返回成功读取的字符个数。输入参数 size 的可取值如下：

- Inf——表示一致读取到文件尾，默认值是 Inf。
- n——表示最多读取 n 个数据。
- [m,n]——表示最多读取 m×n 个数据，数据按列的顺序存放到变量 A 中，即读到的第 1～m 个数据作为 A 的第 1 列，读到的第 m+1～2m 个数据作为 A 的第 2 列……n 的值可以为 Inf。

视频讲解

【例 13-2】 将整数 1～200 写入文件 file2.txt，每行放置 5 个数据，数据之间用空格分隔。然后重新打开文件，用不同格式读取数据。

```
u = 1:200;
fid = fopen('file2.txt','wt');
fprintf(fid,'%d %d %d %d %d\n',u);
fclose(fid);
fid = fopen('file2.txt','rt');
x = fscanf(fid,'%d',10);          %从当前位置读取 100 个整数,存入列向量 x 中
y = fscanf(fid,'%d',[10,10]);     %从当前位置读取 100 个整数,存入 10×10 矩阵 y 中
A = fscanf(fid,'%s',4);           %从当前位置读取 4 个数据,存储为一个字符串
C = fscanf(fid,'%d',[2 inf]);     %从当前位置读取后面的所有数据,生成一个 2 行的矩阵
```

(3) fgetl 与 fgets 函数。

除上述读写文本文件的函数外，MATLAB 还提供了 fgetl 和 fgets 函数，用于按行读取数据。其基本调用格式如下：

```
tline = fgetl(fid)
tline = fgets(fid,nchar)
```

fgetl 函数读入数据时去掉了文件中的换行符，fgets 函数读入数据时保留了文件中的换行符。fgets 函数的选项 nchar 指定最多读取的字符个数。输出参数 tline 是一个字符向量，存储读取的数据，若文件为空或读到文件尾，则 tline 返回－1。

【例 13-3】 读出并显示例 13-1 生成的文件 file1.txt 中的数据。

程序如下：

```
fid = fopen('file1.txt','rt');
tline = fgetl(fid);               %读取第 1 行数据
while tline~ = -1                 %判断是否读到文件尾
    disp (tline);
    tline = fgetl(fid);
end
fclose(fid);
```

该程序把文件 file1.txt 的内容一行一行地读入到变量 tline，每读一行在屏幕上显示一

行，直至文件尾。当读到文件尾时，line 的返回值为−1，终止读操作。

(4) textscan 函数。

textscan 函数用于读取多种类型数据重复排列、非规范格式的文件。函数的基本调用格式如下：

```
C = textscan(fid,fmt,N,param,value)
```

其中，输入参数 fid 为文件识别号，fmt 用以控制读取的数据格式。选项 N 指定重复使用该格式的次数。选项 param 与 value 成对使用，param 指定操作属性，value 是属性值。例如，跳过两行标题行可将'headerlines'属性设为 2。输出参数 C 为单元数组。

【例 13-4】 假定文件 file4.txt 中有以下格式的数据：

```
Name      English    Chinese    Mathmatics
Wang      99          98          100
Li        98          89          70
Zhang     80          90          97
Zhao      77          65          87
```

此文件第一行是标题行，第 2～5 行是记录的数据，每一行数据的第一个数据项为字符型，后 3 个数据项为整型数据。打开文件，跳过第一行，读取前 3 行数据，程序如下：

```
fid = fopen('file4.txt','rt');
grades = textscan(fid,'%s %d %d %d',3,'headerlines',1);
fclose(fid);
```

3. 二进制文件的读写

二进制文件中的数据为二进制编码，例如，图片文件、视频文件，数据在读写时采用二进制模式，不需要转换类型，因此对于大量数据的读写，二进制文件比文本文件读写速度更快，文件更小，读写效率更高。

(1) fread 函数。

fread 函数用于读取二进制文件中的数据，其基本调用格式如下：

```
[A,count] = fread(fid,size,precision,skip)
```

其中，输入参数 fid 为文件识别号；选项 size 用于指定读入数据的元素数量，取值可与 fscanf 函数相同，默认读取整个文件内容；选项 precision 指定读写数据的精度，通常为数据类型名；选项 skip 称为循环因子，若 skip 值不为 1，则按 skip 指定的比例周期性地跳过一些数据，使得读取的数据具有选择性，默认为 0。输出参数 A 用于存放读取的数据，count 返回所读取的数据个数。

一个文本文件可以以文本模式或二进制模式打开，两种模式的区别是：二进制模式在读写时不会对数据进行处理，而文本方式会按一定的方式对数据作相应的转换。例如，在文本模式中回车换行符被当成一个字符，而二进制模式读到的是回车换行符的 ASCII 码 0x0D 和 0x0A。

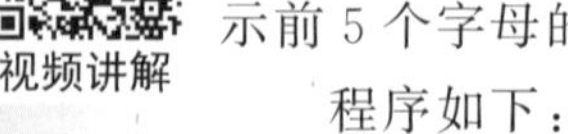

视频讲解

【例 13-5】 假设文件 alphabet.txt 的内容是按顺序排列的 26 个小写英文字母，读取并显示前 5 个字母的 ASCII 码和这 5 个字符。

程序如下：

```
%以二进制模式读取数据
fid = fopen('alphabet.txt','r');
c1 = fread(fid,5);
display(c1)
fclose(fid);
```

```
%以文本模式读取数据
fid = fopen('alphabet.txt','rt');
c2 = fgets(fid,5);
display(c2)
fclose(fid);
```

程序运行结果如下：

```
>> aa
c1 =
    97
    98
    99
   100
   101
c2 =
    'abcde'
```

(2) fwrite 函数。

fwrite 函数用于将数据用二进制模式写入文件，其基本调用格式如下：

```
count = fwrite(fid,A,precision,skip)
```

其中，输入参数 fid 为文件识别号，A 是存储了数据的变量；选项 precision 用于控制数据输出的精度，默认按列顺序以 8 位无符号整数的形式写入文件；选项 skip 控制每次执行写入操作跳过的字节数，默认为 0。输出参数 count 返回成功写入文件的数据个数。

【例 13-6】 建立数据文件 magic5.dat，用于存放五阶魔方阵。

程序如下：

```
fid = fopen('magic5.dat','w');
cnt = fwrite(fid,magic(5),'int32');
fclose(fid);
```

上述程序将五阶魔方阵以 32 位整数格式写入文件 magic5.dat 中。下列程序则可实现对数据文件 magic5.dat 的读操作。

```
fid = fopen('magic5.dat','r');
[B,cnt] = fread(fid,[5,inf],'int32')
fclose(fid);
```

程序执行结果如下：

```
B =
    17    24     1     8    15
    23     5     7    14    16
     4     6    13    20    22
    10    12    19    21     3
    11    18    25     2     9
cnt =
    25
```

4. 其他文件操作

当打开文件并进行数据的读写时，需要判断和控制文件的读写位置，例如，判断文件数据是否已读完，或者读写指定位置上的数据等。MATLAB 自动创建一个文件位置指针来管理和维护文件读写数据的位置。

(1) fseek 函数。

fseek 函数用于定位文件位置指针，其调用格式如下：

```
status = fseek(fid,offset,origin)
```

其中，输入参数 fid 为文件识别号；offset 表示位置指针相对移动的字节数，若为正整数则表示向文件尾方向移动,若为负整数则表示向文件头方向移动;origin 表示位置指针移动的参照位置,可取值有 3 种:cof 或 0 表示文件指针的当前位置,bof 或 -1 表示文件的开始位置,eof 或 1 表示文件的结束位置。若操作成功,status 返回值为 0,否则返回值为 -1。

例如:

```
fseek(fid,0,-1)                 % 指针移动到文件头
fseek(fid,-5,'eof')             % 指针移动到文件尾倒数第 5 字节
```

(2) frewind 函数。

frewind 函数用来将文件位置指针移至文件首,其调用格式如下:

```
frewind(fid)
```

(3) ftell 函数。

ftell 函数用来查询文件位置指针的当前位置,其调用格式如下:

```
position = ftell(fid)
```

position 返回位置指针的当前位置。若查询成功,则返回从文件头到指针当前位置的字节数;若查询不成功,则返回 -1。

(4) feof 函数。

feof 函数用来判断当前的文件位置指针是否到达文件尾,其调用格式如下:

```
status = feof(fid)
```

当到达文件尾时,测试结果为 1,否则返回 0。

(5) ferror 函数。

ferror 函数用来查询最近一次输入或输出操作中的出错信息,其调用格式如下:

```
[message,errnum] = ferror(fid,'clear')
```

其中,选项 clear 用于清除文件的错误指示符。输出参数 message 返回最近的输入/输出操作的错误消息;输出选项 errnum 用于返回错误代号,若 errnum 为 0 则表示最近的操作成功,为负值则表示 MATLAB 错误,为正值则表示系统的 C 库错误。

13.2.2 MAT 文件与应用

MAT 文件是 MATLAB 存储数据的标准格式,在 MAT 文件中不仅保存变量的值,而且保存了变量的名称、大小、数据类型等信息。每个变量的相关信息放在变量所存储的数据之前,称为变量头信息。MAT 文件为其他语言程序读写 MATLAB 数据提供了一种简便的操作机制。下面以 C++为例,说明在其他语言程序中读写 MAT 文件的方法。

1. MAT 文件

MAT 文件的数据单元分为标志和数据两个部分,标志包含数据类型、数据大小等信息。

在 MATLAB 中,使用 save 命令将工作区的数据保存为 MAT 文件,使用 load 命令读取 MAT 文件中的数据并加载到工作区。在其他语言程序中,读写 MAT 文件需要调用 MATLAB 提供的 API 函数,这些函数封装于两个标准库文件中:libmat.lib 文件包含对 MAT 文件的操作函数,libmx.lib 文件包含对 mxArray 矩阵的操作函数。它们的具体位置在 MATLAB 2022a 的安装文件夹\extern\lib\win64\microsoft 和 MATLAB 2022a 的安装文件夹\extern\lib\win64\mingw64,其中 microsoft 下的库是使用微软的 Visual Studio 系列的编译器编译出来的,mingw64 下的库是使用 Windows 下的 gcc 系列编译器编译出来的。

2. MAT 文件的基本操作

在 C++程序中,通过指向 MAT 文件的指针对文件进行操作,因此,首先需要申明一个文

件指针。定义指向 MAT 文件的指针的格式如下：

```
MATFile *mfp;
```

其中，MATFile 指定指针类型，mfp 为指针变量。MATFile 类型是在头文件 mat.h 中定义的，因此，C++程序首部要使用命令：

```
#include "mat.h"
```

该头文件是 MATLAB 提供的，位置在 MATLAB 2022a 的安装文件夹\extern\include 文件夹下。

在其他语言的程序中，通过调用 MAT 函数对 MAT 文件进行操作，分成 3 步。

(1) 打开 MAT 文件。对 MAT 文件进行操作前，必须先打开这个文件。matOpen 函数用于打开 MAT 文件，其调用格式如下：

```
mfp = matOpen(filename,mode)
```

其中，输入参数 filename 指定待操作的文件，选项 mode 指定对文件的使用方式。输出参数 mfp 是已经定义为 MATFile 类型的指针变量。如果文件打开成功，mfp 返回文件句柄，否则返回 NULL。选项 mode 常用取值如下：

- r——以只读方式打开文件(默认方式)。
- u——以更新方式打开文件，既可从文件读取数据，又可将数据写入文件。
- w——以写方式打开一个文件。如果指定的文件不存在，则创建一个新文件，再打开它；如果存在，则打开该文件，并清空文件中的原有内容。

(2) 读写 MAT 文件。读写 MAT 文件是指向文件输出数据和从文件中获取数据。读写操作中常用以下 3 类函数。

① 将数据写入 MAT 文件的函数。matPutVariable 函数用于将数据写入 MAT 文件，其调用格式如下：

```
matPutVariable(mfp,name,mp)
```

其中，输入参数 mfp 是指向 MAT 文件的指针，name 指定将数据写入文件中所使用的变量名，mp 是 mxArray 类型指针，指向内存中待写入文件的数据块。如果文件中存在与 name 同名的 mxArray，则覆盖原来的值；否则将其添加到文件尾。若写操作成功，则返回 0，否则返回一个非 0 值。

matPutArrayAsGlobal 函数也用于将数据写入 MAT 文件，但写入文件后，使用 load 命令装入文件中的这个变量时，该变量将成为 MATLAB 全局变量。函数调用格式如下：

```
matPutArrayAsGlobal(mfp,name,mp)
```

② 从 MAT 文件读取数据的函数。matGetVariable 函数用于从 MAT 文件读取指定变量，其调用格式如下：

```
matGetVariable(mfp,name)
```

其中，输入参数 mfp 是指向 MAT 文件的指针，name 是 mxArray 类型变量。如果读操作成功，则返回一个 mxArray 类型值，否则返回 NULL。

matGetVariableInfo 函数用于获取指定变量的头信息。如果操作成功，返回指定变量的头信息，否则返回 NULL。其调用方法与 matGetVariable 函数相同。

③ 获取 MAT 文件变量列表的函数。matGetDir 函数用于获取 MAT 文件的变量列表，其调用格式如下：

```
matGetDir(mfp,n)
```

其中,输入参数 mfp 是指向 MAT 文件的指针;参数 n 是整型指针,用于存储 MAT 文件中所包含的 mxArrary 类型变量的个数。若操作成功,则返回一个字符数组,其每个元素存储 MAT 文件中的一个 mxArray 变量名;若操作失败,则 mfp 返回一个空指针,n 值为−1。若 n 为 0,则表示 MAT 文件中没有 mxArray 变量。

matGetDir、matGetVariable 函数通过 mxCalloc 函数申请内存空间,在程序结束时,必须使用 mxFree 函数释放内存。

(3) 关闭 MAT 文件。读写操作完成后,要用 matClose 函数关闭 MAT 文件,释放其所占用的内存资源。函数的调用格式如下:

```
matClose(mfp);
```

其中,参数 mfp 是指向 MAT 文件的指针。如果操作成功,则返回 0,否则返回 EOF。

3. mx 函数

在 C++程序中,使用 mxArray 类型的数据需要调用 mx 函数进行处理。MATLAB 的矩阵运算是以 C++的 mwArray 类为核心构建的,mwArray 类的定义在 MATLAB 安装文件夹的子文件夹 extern\include 下的 matrix.h 文件中。表 13-4 列出了 C++程序中常用 mx 函数及功能。

表 13-4 C++程序中常用 mx 函数及功能

mx 函数	功 能
char *mxArrayToString(const mxArray *array_ptr);	将 mxArray 数组转变为字符串
mxArray *mxCreateDoubleMatrix(int m,int n, mxComplexity ComplexFlag);	创建二维双精度类型 mxArray 数组
mxArray *mxCreateString(const char *str)	创建 mxArray 字符串
void mxDestroyArray(mxArray *array_ptr);	释放由 mxCreate 类函数分配的内存
int mxGetM(const mxArray *array_ptr);	获取 mxArray 数组的行数
int mxGetN(const mxArray *array_ptr);	获取 mxArray 数组的列数
void mxSetM(mxArray *array_ptr,int m);	设置 mxArray 数组的行数
void mxSetN(mxArray *array_ptr,int m);	设置 mxArray 数组的列数
double *mxGetPr(const mxArray *array_ptr);	获取 mxArray 数组元素的实部
double *mxGetPi(const mxArray *array_ptr);	获取 mxArray 数组元素的虚部
void mxSetPr(mxArray *array_ptr,double *pr);	设置 mxArray 数组元素的实部
void mxSetPi(mxArray *array_ptr,double *pr);	设置 mxArray 数组元素的虚部
void *mxCalloc(size_t n,size_t size);	在内存中分配 n 个大小为 size 字节的单元,并初始化为 0

4. 读写 MAT 文件的方法

下面用实例说明 C++程序中读写 MAT 文件的方法。

【例 13-7】 编写 C++程序,创建一个 MAT 文件 TryMat.mat,并写入 3 种类型的数据。

程序如下:

```
#include "mat.h"
#include <iostream>
using namespace std;
int main()
{
    MATFile *pmat;  //定义 MAT 文件指针
    mxArray *pa1, *pa2, *pa3;
```

```
    double data[9] = {1.1,2.2,3.3,4.4,5.5,6.6,7.7,8.8,9.9};
    const char *file = "TryMat.mat";
    int status;
    //打开一个 MAT 文件,如果不存在则创建一个 MAT 文件,如果打开失败,则返回
    cout <<"生成文件: "<< file << endl;
    pmat = matOpen(file,"w");
    if (pmat == NULL) {
        cout << "不能创建文件 : " << file << endl;
        cout << "(请确认是否有权限访问指定文件夹?)\n";
        return(EXIT_FAILURE);
    }
    //创建 3 个 mxArray 对象,其中 pa1 存储一个实数,pa2 为 3×3 的实型矩阵,
    //pa3 存储字符串,如果创建失败则返回
    pa1 = mxCreateDoubleScalar(1.234);
    if (pa1 == NULL) {
        cout << "不能创建变量.\n";
        return(EXIT_FAILURE);
    }
    pa2 = mxCreateDoubleMatrix(3,3,mxREAL);
    if (pa2 == NULL) {
        cout <<"不能创建矩阵.\n";
        return(EXIT_FAILURE);
    }
    memcpy((void *)(mxGetPr(pa2)),(void *)data,sizeof(data));
    pa3 = mxCreateString("MAT 文件示例");
    if (pa3 == NULL) {
        cout << "不能创建字符串.\n";
        return(EXIT_FAILURE);
    }
    //向 MAT 文件中写数据,失败则返回
    status = matPutVariable(pmat,"LocalDouble",pa1);
    if (status != 0) {
        cout <<"写入局部变量时发生错误. \n";
        return(EXIT_FAILURE);
    }
    status = matPutVariableAsGlobal(pmat,"GlobalDouble",pa2);
    if (status != 0) {
        cout << "写入全局变量时发生错误. \n";
        return(EXIT_FAILURE);
    }
    status = matPutVariable(pmat,"LocalString",pa3);
    if (status != 0) {
        cout <<"写入 String 类型数据时发生错误. \n";
        return(EXIT_FAILURE);
    }
    //清除矩阵
    mxDestroyArray(pa1);
    mxDestroyArray(pa2);
    mxDestroyArray(pa3);
    //关闭 MAT 文件
    if (matClose(pmat) != 0) {
        cout << "关闭文件时发生错误. \n";
        return(EXIT_FAILURE);
    }
    cout << "文件创建成功!\n";
    return(EXIT_SUCCESS);
}
```

5. 编译读写 MAT 文件的 C++程序

读写 MAT 文件的 C++源程序用 MATLAB 的编译器编译、生成应用程序，也可以用其他编译器编译、生成应用程序。

以使用 MATLAB 编译器编译为例，在 MATLAB 编辑器中输入例 13-7 的程序，并保存为.cpp 文件(如 MatDemo.cpp)，然后在 MATLAB 命令行窗口执行以下命令：

```
>> mex -v -client engine MatDemo.cpp
```

这时，在 MATLAB 当前文件夹下生成了应用程序文件 MatDemo.exe。

6. 运行应用程序

(1) 设置运行环境。打开 Windows 的“环境变量”对话框，在“系统变量”列表中双击 Path 变量，在弹出“编辑环境变量”对话框中添加 MATLAB 动态链接库文件 libmx.dll、libmat.dll 所属文件夹(如 C:\Program Files\MATLAB\R2022a\bin\win64)，单击“确定”按钮返回。

(2) 运行应用程序。运行编译成功后生成的应用程序，这时，在相同文件夹下生成了 MAT 文件 TryMat.mat。

(3) 加载 MAT 文件。在 MATLAB 桌面的“当前文件夹”面板双击 TryMat.mat 文件，工作区将增加 3 个变量，如图 13-4 所示。

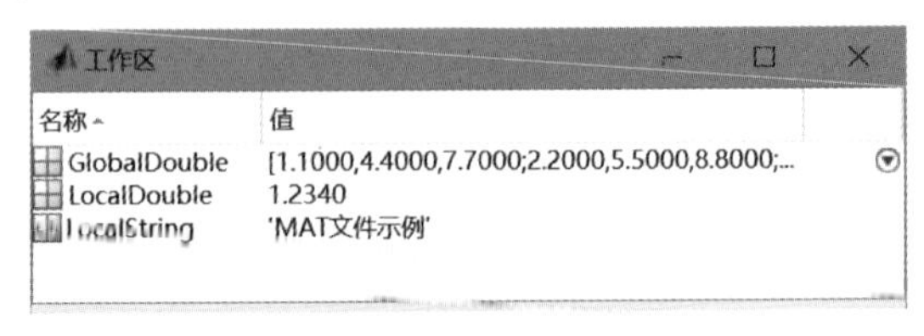

图 13-4 加载 MAT 文件后的工作区

13.3 MATLAB 编译器

MCR(MATLAB Compiler Runtime)是 MATLAB 提供的编译工具。使用 MCR，可以编译 M 文件、MEX 文件、使用 MATLAB 对象的 C++程序，生成基于 Windows、UNIX 等平台的独立应用程序或共享库，从而使 MATLAB 程序集成到用其他高级编程语言(如 Java、Microsoft .NET)开发的程序中，或在其他语言程序中使用 MATLAB 对象，提高程序的开发效率。

MATLAB 2022a 的编译器支持所有 MATLAB 对象以及大多数的 MATLAB 工具箱函数。

实现 MATLAB 与其他编程语言混合编程的方法很多，通常在混合编程时根据是否需要 MATLAB 运行，可以分为两大类：MATLAB 在后台运行和脱离 MATLAB 环境运行。这些方法各有优缺点，具体使用时需要结合开发者的具体情况。

下面以实例来说明用 MATLAB 编译器将 MATLAB 脚本编译生成独立应用程序的方法。

【例 13-8】 设当前文件夹下有 MyCompile.m 文件，内容如下：

```
a = 30;
k = 5;
t = linspace(0,2 * pi,300);
x = a * (1 + sin(k * t)). * sin(t);
y = a * (1 + sin(k * t)). * cos(t);
plot(x,y)
```

用 MATLAB 编译器将 MyCompile.m 文件生成一个独立的应用程序。步骤如下：

(1) 建立工程。在 MATLAB 桌面选 APP 选项卡，从 APP 命令组的下拉列表中选 Application Compiler 命令按钮，打开如图 13-5 所示的编译器窗口。也可以在 MATLAB 命令面板中输入以下命令打开编译器窗口。

```
>> applicationCompiler
```

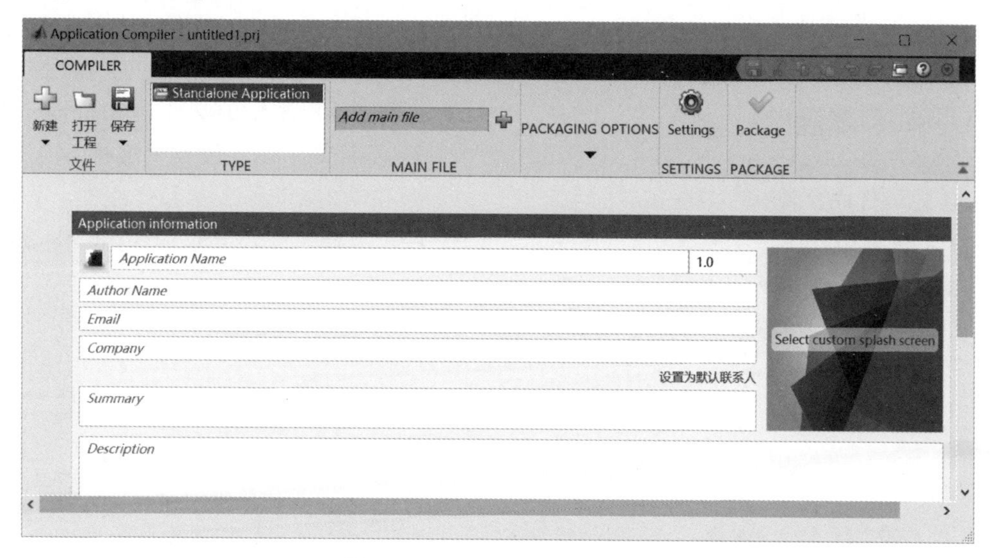

图 13-5 MATLAB 编译器窗口

编译器窗口的工具栏提供多种工具，"文件"命令组的按钮用于新建、打开和保存工程文件，TYPE 栏用于选择工程类型，MAIN FILE 编辑框用于输入工程主文件，PACKAGING OPTIONS 命令组的工具用于设置在其他机器上运行该应用程序时所需的 MATLAB 库文件的来源，Settings 命令按钮用于打开工程属性设置对话框，Package 命令按钮用于打包工程。

单击编译器窗口工具栏的 Add main file to the project 按钮，弹出"添加文件"对话框，在文件列表中选择文件 MyCompile. m，单击"打开"按钮返回。

这时，在编译器窗口 Application information 区的第一行编辑框内填入应用工程名，默认应用工程名为第一次添加的主文件名(如 MyCompile)。单击编辑框左侧的按钮，将弹出应用图标的设置面板，可以选择图标图像、设置图标的大小等参数。在编辑区的其他栏可按提示输入开发者名称、版本号、应用描述等。设置完成后，单击工具栏的"保存"按钮保存工程，保存为. prj 文件。

MATLAB 应用程序运行时需要 MATLAB 运行库支持，因此打包前必须通过工具栏的 PACKAGING OPTIONS 命令组设置 MATLAB 应用运行库来源。Runtime downloaded from web 表示安装时从 Mathworks 公司的服务器下载 MATLAB 运行库文件；Runtime included in package 表示在打包时将 MATLAB 运行库文件与应用程序一起打包，安装时直接从安装包获取。

(2) 打包工程。单击编译器工具栏右端的 Package 命令按钮，开始对工程进行编译和打包。打包成功后，在当前文件夹下会创建工程文件夹，工程文件夹下有以下内容：

① for_redistribution 文件夹——存储安装程序。如果编译前在编译器工具栏的 PACKAGING OPTIONS 组中选 Runtime downloaded from web 选项，则打包完成后，此文件夹下生成了安装文件 MyAppInstaller_web. exe；如果编译前选 Runtime included in package 选项，则打包完成后，此文件夹下生成了安装文件 MyAppInstaller_mcr. exe。

② for_redistribution_files_only 文件夹——存储发布成功的应用程序、图标、说明文档等文件。

③ for_testing 文件夹——存储用于测试的应用程序文件。

④ PackagingLog. html 文件——记录编译过程的相关信息。

(3) 安装应用程序。运行工程文件夹的子文件夹 for_redistribution 下的安装程序(MyAppInstaller_mcr. exe 或 MyAppInstaller_web. exe)安装应用程序。第一次在没有安装过 MATLAB 的系统中安装 MATLAB 的应用时,安装程序会在系统的文件夹 Program Files 下建立子文件夹 MATLAB\MATLAB Runtime\v912,这个文件夹下包含了运行 MATLAB 应用所需的运行库文件。

(4) 运行应用程序。安装成功后,在 Windows 下运行工程文件夹中的 MyCompile. exe 文件,得到如图 13-6 所示的图形。

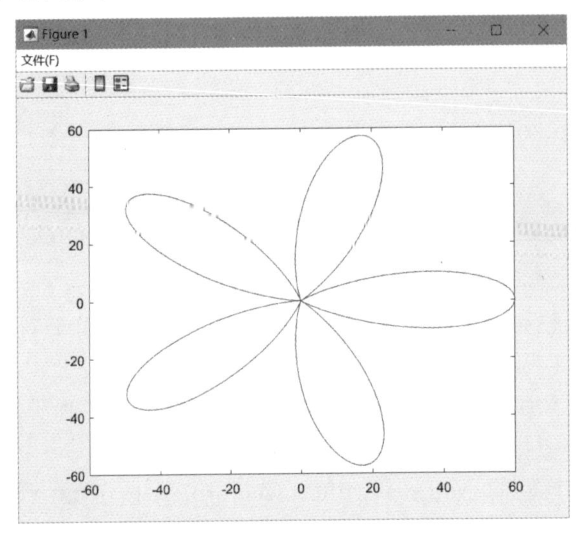

图 13-6 M 文件编译后的运行结果

13.4 MATLAB 与其他语言的接口

应用接口是 MATLAB 与其他语言相互调用各自函数的方法,MEX 文件使 MATLAB 程序中可以调用或链接其他语言编写的函数,而 MATLAB 引擎使其他语言程序中可以调用 MATLAB 函数。

13.4.1 MEX 文件

MEX 是 MATLAB Executable 的缩写,是 MATLAB 中用于调用其他语言编写的程序的接口。用其他语言编写的 MEX 程序经过编译,生成 MEX 文件,可以作为 MATLAB 的扩展函数。MEX 文件能够在 MATLAB 环境中调用,在用法上和 MATLAB 函数类似,但 MEX 文件优先于 MATLAB 函数执行。下面以 C++ 为例,介绍 MEX 库函数、MEX 源程序的构成、编译 MEX 源程序以及调用 MEX 文件的方法。

1. MEX 函数

MEX 库函数用于 MEX 程序与 MATLAB 环境交换数据和从 MATLAB 工作空间获取相应信息。所有 MEX 函数均在 MATLAB 的子文件夹 extern\include 中的头文件 mex. h 得到声明。表 13-5 列出了 C/C++ 语言常用 MEX 函数及功能。

表 13-5　C/C++语言常用 MEX 函数及功能

MEX 函数	功　　能
mexCallMATLAB	调用 MATLAB 函数
mexErrMsgTxt	输出从 MATLAB 工作空间获取运行过程错误信息
mexWarnMsgTxt	输出从 MATLAB 工作空间获取运行过程警告信息
mexEvalString	在 MATLAB 环境中执行表达式。如果该命令执行成功，返回值为 0，否则返回一个错误代码
mexGetVariable	从 MATLAB 工作区获取指定变量
mexPutVariable	向 MATLAB 工作区输出指定变量
mexGet	获得图形对象的属性
mexSet	设置某个图形对象的属性
mexAtExit	在 MEX 文件被清除或 MATLAB 终止运行时释放内存、关闭文件

2. MEX 文件源程序的建立

MEX 文件源程序由如下两个部分组成。

(1) 入口子程序。入口子程序的默认名字 mexFunction，其作用是在 MATLAB 系统与被调用的外部子程序之间建立联系，定义被 MATLAB 调用的外部子程序的入口地址、MATLAB 系统和子程序传递的参数等。入口子程序的定义格式如下：

```
void mexFunction(int nlhs,mxArray *plhs[],int nrhs,const mxArray *prhs[])
{
    …
}
```

入口子程序有 4 个参数。nlhs 定义输出结果的个数，plhs 指向用于返回输出结果的变量，nrhs 定义输入参数的个数，prhs 指向存储输入参数的变量。prhs 和 plhs 都是指向 mxArray 对象的指针，C++程序与 MATLAB 工作空间交换数据必须使用 mxArray 对象，对象各成员的值默认为 double 类型。

(2) 计算子程序。计算子程序包含所有完成计算功能的程序，由入口子程序调用。计算子程序的定义格式和其他 C/C++子程序的定义格式相同。

头文件 mex.h 中包含了所有的 MEX 函数声明，因此在文件首部需要加入宏命令：

```
#include "mex.h"
```

下面用一个实例说明 MEX 文件的基本结构。

【例 13-9】 用 C++编写求两个数的最小公倍数的 MEX 文件源程序，并编译生成 MEX 文件。调用该 MEX 文件，求两个整数的最小公倍数。

程序如下：

```
#include "mex.h"
//求最小公倍数子程序
double com_multi(double *x,double *y)
{
    int a,b,c,d;
    a = int(*x);
    b = int(*y);
    c = a >= b?a:b;
    d = c;
    while (c % a!= 0 || c % b!= 0)
        c = c + d;
    return c;
}
```

```
//入口子程序
void mexFunction( int nlhs,mxArray *plhs[],int nrhs,const mxArray *prhs[])
{
    double *result;
    int m,n,i;
    //检查参数数目是否正确
    if(nrhs!= 2) {
        mexErrMsgTxt("输入参数应有两个!");return;
    }
    if(nlhs!= 1) {
        mexErrMsgTxt("应有一个输出参数!");return;
    }
    //检查输入参数的类型
    for(i = 0;i < 2;i++){
        m = int(mxGetM(prhs[i]));
        n = int(mxGetN(prhs[i]));
        if( mxIsClass(prhs[i],"int") || !(m == 1 && n == 1) ) {
            mexErrMsgTxt("输入参数必须是一个数.");
        }
    }
    //准备输出空间
    plhs[0] = mxCreateDoubleMatrix(1,1,mxREAL);
    result = mxGetPr(plhs[0]);
    //计算
    *result = com_multi(mxGetPr(prhs[0]),mxGetPr(prhs[1]));
}
```

将以上程序保存到当前文件夹,文件名为 TryMex.cpp。

3. MEX 文件源程序的编译

MEX 文件源程序的编译需要具备两个条件:一是要求已经安装 MATLAB 应用程序接口组件及其相应的工具,另一个是要求有合适的 C/C++语言编译器。

编译 MEX 文件源程序有两种方法:一是利用 MATLAB 提供的编译器,二是利用其他编译工具,如 Microsoft Visual Studio。若使用 MATLAB 提供的编译器,则编译 MEX 源程序使用 mex 命令。例如,编译例 13-9 的 MEX 源程序,在 MATLAB 命令行窗口输入如下命令:

```
>> mex TryMex.cpp
```

系统使用默认编译器编译源程序,编译成功,将在当前文件夹下生成与源程序同名的 MEX 文件 TryMex.mexw64。扩展名.mexw64 表示生成的是一个可以在 64 位 Windows 系统下运行的 MEX 文件。

调用 MEX 文件的方法和调用 M 函数的方法相同。例如,在 MATLAB 命令行窗口输入以下命令测试上述 MEX 文件:

```
>> z = TryMex(8,34)
z =
   136
```

13.4.2 MATLAB 引擎

MATLAB 引擎(engine)是用于和外部程序结合使用的一组函数和程序库,在其他语言编写的程序中利用 MATLAB 引擎来调用 MATLAB 函数。MATLAB 引擎函数在 UNIX 系统中通过通道来和一个独立的 MATLAB 进程通信,而在 Windows 操作系统中则通过组件对象模型(COM)接口来通信。

当用户使用 MATLAB 引擎时,采用 C/S(客户机/服务器)模式,相当于在后台启动了一个 MATLAB 进程作为服务器。MATLAB 引擎函数库在用户程序与 MATLAB 进程之间搭起了交换数据的桥梁，完成两者的数据交换和命令的传送。

下面以 C++ 程序为例，说明在其他语言程序中如何使用 MATLAB 引擎，以及 MATLAB 引擎程序的编译与运行方法。

1. MATLAB 引擎函数

MATLAB 引擎提供了用于在其他语言程序中打开和关闭 MATLAB 引擎、与 MATLAB 工作空间交换数据、调用 MATLAB 命令等函数。头文件 engine.h 包含了所有 C/C++ 引擎函数的定义，因此在文件首部需要加入宏命令：

```
#include "engine.h"
```

在 C++ 程序中，通过指向 MATLAB 引擎对象的指针操作 MATLAB 引擎对象。定义指向 MATLAB 引擎对象指针的格式如下：

```
engine *mep
```

其中，engine 是 MATLAB 引擎类型，mep 为指针变量。

引擎函数名以 eng 开头，函数的第一个参数是 Engine 类型的指针，表示在该指针所指向的工作区进行操作。C/C++ 程序常用引擎函数及功能如表 13-6 所示。

表 13-6 C/C++ 语言常用引擎函数及功能

C/C++ 语言引擎函数	功　能
engOpen	启动 MATLAB 引擎
engClose	关闭 MATLAB 引擎
engGetVariable	从 MATLAB 工作空间获取数据
engPutVariable	向 MATLAB 工作空间输出数据
engEvalString	执行 MATLAB 命令

在 C/C++ 程序中使用 MATLAB 引擎，还要用到 mx 函数，以实现对 mxArray 对象的操作。

2. MATLAB 引擎的使用

使用 MATLAB 的计算引擎，需要创建 mxArray 类型的变量，用来在其他语言程序中和 MATLAB 的工作空间交换数据。主要步骤如下：

(1) 建立 mxArray 类型的变量。常用 mxCreateDoubleMatrix 函数建立 mxArray 类型的变量存储数值数据，函数原型如下：

```
mxArray *mxCreateDoubleMatrix(mwSize m,mwSize n,mxComplexity ComplexFlag);
```

其中，m、n 指定矩阵的大小，ComplexFlag 指定成员值是否为复数，当 ComplexFlag 为 mxREAL 时，成员值是实数。

(2) 给 mxArray 类型的变量赋值。通常调用 memcpy 函数将自定义的数据复制到 mxArray 类型的变量中，函数原型如下：

```
void *memcpy ( void *destinationPtr,const void *sourcePtr,size_t num );
```

其中，destinationPtr、sourcePtr 分别为指向目标矩阵、源矩阵的指针，num 指定复制的数据个数。复制数据时，应注意 C++ 程序和 MATLAB 中数据存储方式的差别，在 MATLAB 中多维矩阵成员是按列存储的，而 C++ 的多维数组元素是按行存储的。

(3) 将变量放入 MATLAB 引擎所启动的工作区中。通过调用以 engPut 开头的函数将变量放入 MATLAB 引擎所启动的工作区中。通过调用 engEvalString 函数来实现执行

MATLAB 的命令。

下面用一个实例说明计算引擎的使用方法。

【例 13-10】 编写 C++程序,调用 MATLAB 的绘图函数绘制极坐标方程 $\rho=7\cos\theta+4$ 的曲线。

程序如下:

```
#include <engine.h>
#include <cmath>
#include <iostream>
using namespace std;
int main()
{
    engine *ep;
    //声明 2 个 mxArray 类型的指针,用于指向所调用 MATLAB 函数的输入对象和输出对象
    mxArray *T = NULL, *R = NULL;
    double t[180],r[180];
    for (int i = 0;i < 180;i++){
        t[i] = i * 0.1;
        r[i] = 7 * cos(t[i]) + 4;
    }
    //启动 MATLAB 计算引擎
    //如果函数的参数为空字符串,指定在本地启动 MATLAB 计算引擎
    //如果在网络中启动,则需要指定服务器,即 engOpen("服务器名")
    if (!(ep = engOpen(NULL))){
        cout <<"\n 不能启动 MATLAB 引擎\n";
        return 0;
    }
    //创建 MATLAB 变量 T、R
    T = mxCreateDoubleMatrix(1,180,mxREAL);
    R = mxCreateDoubleMatrix(1,180,mxREAL);
    //将数组 t,r 各元素的值复制给指针 T,R 所指向的矩阵
    memcpy((void *)mxGetPr(T),(void *)t,sizeof(t));
    memcpy((void *)mxGetPr(R),(void *)r,sizeof(r));
    //将数据放入 MATLAB 工作空间
    engPutVariable(ep,"T",T);
    engPutVariable(ep,"R",R);
    //执行 MATLAB 命令
    engEvalString(ep,"polarplot(T,R);");
    engEvalString(ep,"title('极坐标曲线 ρ = 7cosθ + 4');");
    //暂停程序的执行,使得运行的图形窗口暂时不关闭
    system("pause");
    //释放内存空间,关闭计算引擎
    mxDestroyArray(T);
    mxDestroyArray(R);
    engClose(ep);
    return 1;
}
```

将源程序保存在当前文件夹,文件名为 TryEng.cpp。

3. 编译 MATLAB 计算引擎程序

使用 mex 命令对源程序文件进行编译,生成可执行程序文件。例如,编译例 13-10 的计

算引擎程序，在 MATLAB 命令行窗口输入以下命令：

```
>> mex -client engine TryEng.cpp
```

编译成功后，会在当前文件夹下生成一个与源程序文件同名的可执行文件 TryEng.exe。

如果在 MATLAB 中测试该程序，则在命令行窗口输入以下命令：

```
>> !TryEng
```

运行结果如图 13-7 所示。

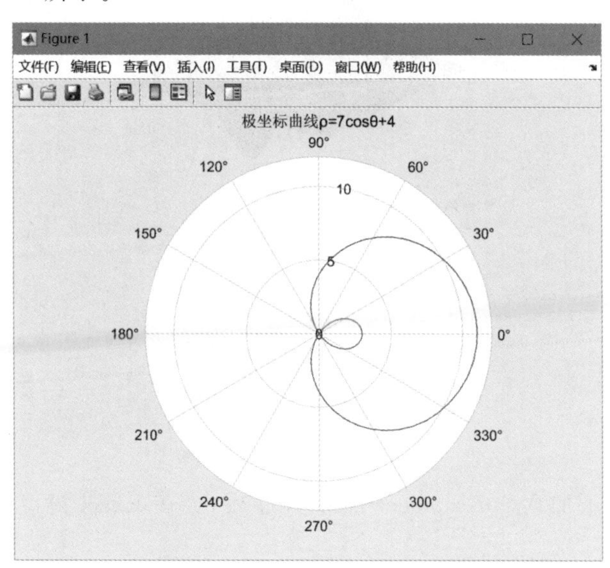

图 13-7 用 MATLAB 计算引擎绘制的极坐标曲线

13.5 应用实战 13

【例 13-11】 编写 C++程序，利用 MATLAB 引擎绘制多峰函数曲面。

程序如下：

```
#include <engine.h>
#include <iostream>
using namespace std;
int main()
{
    Engine *ep;
    //启动 MATLAB 引擎
    if(!(ep = engOpen("\0"))){
        cout <<"不能启动 MATLAB 引擎"<< endl;
        return 0;
    }
    //执行 MATLAB 命令
    engEvalString(ep,"[x,y,z] = peaks;");
    engEvalString(ep,"surf(x,y,z)");
    fgetc(stdin);
    engClose(ep);
    return 0;
}
```

对程序进行编译后运行，结果如图 13-8 所示。

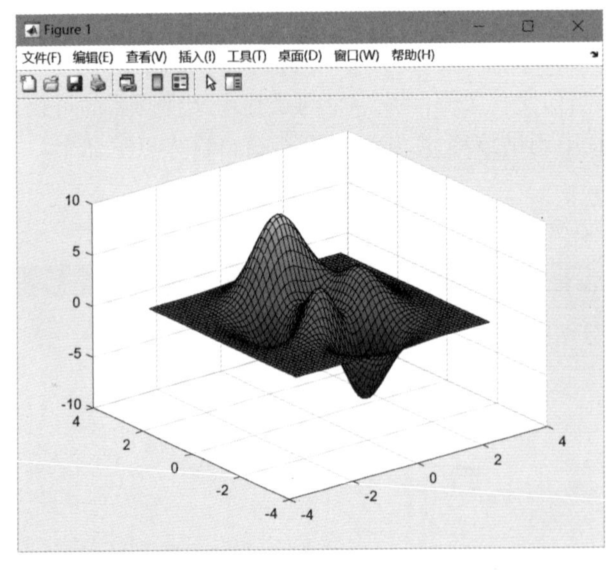

图 13.8 用 MATLAB 计算引擎绘制多峰函数曲面

练习题

一、选择题

1. 在 Excel 系统下加载 Spreadsheet Link 程序后,会在 Excel 窗口的“开始”选项卡中添加(　　)。

A. Excel 命令组　　B. Spreadsheet Link 命令组

C. MATLAB 命令组　　D. Notebook 命令组

2. 打开一个可读可写的文件,其打开方式为(　　)。

A. r　　B. r+　　C. a　　D. rw

3. 判断文件指针是否到达文件尾的函数是(　　)。

A. ftell　　B. fseek　　C. feof　　D. ferror

4. 在 C/C++中,用于定义指向 MAT 文件指针的语句是(　　)。

A. MATFile *p;　　B. MAT *p;　　C. File *p;　　D. FILE *p;

5. 在 C/C++中,用于打开 MAT 文件的函数是(　　)。

A. fopen　　B. matOpen

C. mexOpen　　D. MATFileOpen

6. 【多选】关于 MATLAB 引擎,下列说法中正确的是(　　)。

A. 利用 MATLAB 引擎,可以在 C/C++程序中执行 MATLAB 命令

B. 通过 MATLAB 引擎,可以提高开发应用程序的效率

C. 通过 MATLAB 引擎,可以在 MATLAB 中直接调用 C/C++函数

D. 包含 MATLAB 引擎函数的程序的执行效率降低

二、问答题

1. 下列程序执行后,C 的值是多少?

```
fid = fopen('data.dat','r + ');
fwrite(fid,eye(5));
fseek(fid,0, - 1);
B = fread(fid,[5,5]);
```

```
C = sum(sum(B))
fclose(fid);
```

2. 写出 MATLAB 文件操作的基本步骤。

3. 什么是 MEX 文件？如何建立 MEX 文件？

4. 如何在 C++程序中调用 MATLAB 函数？

操作题

1. 从键盘输入若干行字符串，将其写入文件 paper.txt，然后计算 1～1000 的整数正弦值，将得到的数据以每行 10 个数、每个数之间以 3 个空格分隔的方式添加到文件 paper.txt 末尾。

2. 编写 C++程序，创建一个 MAT 文件，将文件 paper.txt 中的全部数据写入该 MAT 文件。

3. 函数定义如下：

$$M(n)=\begin{cases}M(M(n+11)), & n\leqslant 100\\ n-10, & n>100\end{cases}$$

设计 MEX 文件，编译成库文件后，在 MATLAB 环境中调用该库文件计算 $M(30)$、$M(150)$的值。

4. 编写 C++程序，利用 MATLAB 引擎完成以下操作。

(1) 已知：

$$\boldsymbol{A}=\begin{bmatrix}23 & 10 & 15 & 0\\ 7 & -5 & 65 & 5\\ 32 & 5 & 0 & 32\\ 6 & 12 & 54 & 31\end{bmatrix},\quad \boldsymbol{B}=\begin{bmatrix}3 & -21 & 32\\ 2 & 54 & 8\\ 9 & -17 & 0\\ 10 & 23 & 9\end{bmatrix}$$

计算 $\boldsymbol{A}^{-1}$ 和 $\boldsymbol{A}\cdot\boldsymbol{B}$。

(2) 绘制三维图形 $f(x,y)=x^2\sin(x^2-y-2)$，$-2\leqslant x\leqslant 2$，$-2\leqslant y\leqslant 2$。

参 考 文 献

[1] 刘卫国. MATLAB 程序设计与应用[M]. 3 版. 北京：高等教育出版社，2017.

[2] 刘卫国. 轻松学 MATLAB 2021 从入门到实战（案例・视频・彩色版）[M]. 北京：中国水利水电出版社，2021.

[3] Moler C B. MATLAB 数值计算[M]. 张志涌，译. 北京：北京航空航天大学出版社，2015.

[4] Steven C C. 工程与科学数值方法的 MATLAB 实现[M]. 林赐，译. 4 版. 北京：清华大学出版社，2018.

[5] 马昌凤. 现代数值分析（MATLAB 版）[M]. 北京：国防工业出版社，2013.

[6] Moore H. MATLAB for Engineers[M]. 3rd ed. New Jersey: Prentice Hall, 2012.

[7] Pratap R. Getting Started with MATLAB: A Quick Introduction for Scientists and Engineers[M]. New York: Oxford University Press, 2009.

[8] Lent C S. Learning to Program with MATLAB: Building GUI Tools[M]. New Jersey: John Wiley & Sons, Inc., 2013.